电子信息科学与工程类专业规划教材

智能仪器原理与设计

——基于STC15系列可在线仿真8051单片机

朱兆优　周航慈　胡文龙
刘　琦　朱日兴　吴光文　等编著

姚永平　主审

電子工業出版社
Publishing House of Electronics Industry
北京·BEIJING

内 容 简 介

智能仪器是以微型计算机或者微处理器为核心的测量仪器，具有对数据存储、运算、逻辑判断及自动补偿、校正、自动化操作等功能。智能仪器凭借其体积小、功能强、功耗低等优势，在电子测量、科研单位和工业企业中得到了广泛的应用。智能仪器的出现，极大地扩充了仪器的应用范围。本书主要介绍“智能仪器”的基本原理、硬件结构与电路设计、软件规划和各功能模块设计方法，是作者编写的《单片机原理与应用》的升级版，是编著者总结多年教学经验，并参考国内同类书籍精心编写而成。

全书共14章，内容包括微处理器的选择，软件系统设计概述，数字信号输入/输出通道、模拟信号输入/输出通道，总线与通信系统，时钟系统，人机接口，常用数据处理功能，可靠性设计，基于电压测量、时间测量、波形测量的智能仪器和C51编程与实验指导等。为突出智能仪器的特点，本书加重了软件设计的份量，减少了与其他课程雷同的硬件设计内容。为配合教学，每章均附有一定数量的练习与思考题。

本书可作为高等院校工科电子类本科专业教材或培训教材，也可作为电子技术人员从事单片机应用系统研制开发的参考书。

图书在版编目（CIP）数据

智能仪器原理与设计：基于STC15系列可在线仿真8051单片机 / 朱兆优等编著.
— 北京：电子工业出版社，2016.7

ISBN 978-7-121-29047-3

I. ①智… II. ①朱… III. ①智能仪器－高等学校－教材 IV. ①TP216

中国版本图书馆CIP数据核字（2016）第131800号

责任编辑：竺南直　　特约编辑：丁　波
印　　刷：北京盛通数码印刷有限公司
装　　订：北京盛通数码印刷有限公司
出版发行：电子工业出版社
　　　　　北京市海淀区万寿路173信箱　　邮编　100036
开　　本：787×1092　1/16　　印张：20　　字数：538千字
版　　次：2016年7月第1版
印　　次：2024年1月第6次印刷
定　　价：45.00元

凡所购买电子工业出版社图书有缺损问题，请向购买书店调换。若书店售缺，请与本社发行部联系，联系及邮购电话：（010）88254888，88258888。

质量投诉请发邮件至 zlts@phei.com.cn，盗版侵权举报请发邮件至 dbqq@phei.com.cn。

本书咨询联系方式：davidzhu@phei.com.cn。

前　言

随着单片机、嵌入式系统的不断发展，传统仪器发生了深刻变化。我们已经身处计算机的海洋，它们本来可以安全地隐藏在军事研究中心或大学实验室，但现在已经随处可见。单片机与嵌入式系统是计算机的一个重要分支，是智能仪器的核心，已经成为各种仪器不可或缺的部件。正是由于嵌入了这样的单片型微处理器，使得仪器实现操作“傻瓜化”、检测校准自动化、数据处理程序化和人机对话人性化。加上人工智能在测试技术方面的广泛应用，使现代仪器具有视觉（图形及色彩辨读）、听觉（语音识别及语言领悟）、思维（推理、判断、学习与联想）等方面的能力，成为名副其实的智能仪器，有力地推动了仪器朝着微型化、多功能、人工智能化、网络化、虚拟仪器方向发展。各类仪器经过智能化后，在自动化技术、测控技术、通信技术、生物技术、航空航天、军事科学、医疗领域都能起到独特的作用，成为科研院所、工程科学技术人员不可缺少的智能仪器。

单片机与嵌入式系统种类很多，性能各异，从数据总线宽度来说，有 8 位、16 位、32 位和 64 位的处理器，从功能特性来讲，有单片机、ARM 嵌入式系统、DSP 数字信号处理器、FPGA 可编程逻辑处理器等，而且各种类型的单片机与嵌入式系统又对应有很多厂家生产的很多不同系列的微处理器芯片。因此，单片机与嵌入式系统非常重要，在教学过程中，不可能面面俱到，只能挑选一款或两款经典的嵌入式处理器进行教学。大学生至少要掌握一款嵌入式微处理器的开发应用才能适应时代的要求。并以此为基础，根据生产实际需要，经过深入学习，触类旁通，举一反三，学会更多的单片机与嵌入式系统的使用方法，以便设计开发出适合某一方面应用的智能仪器，解决实际问题。

智能仪器是对单片机应用的深化，是综合性的电子系统设计，高等院校工科电子类专业的学生毕业后大多从事电子产品开发设计工作，为此，在本科教育阶段开设一门“智能仪器”的课程显得非常必要。由于智能仪器是各种智能化电子产品的典型代表，其硬件结构和软件系统可以作为一般智能化电子产品的模型，故以“智能仪器”课程作为工科电子类专业学习“智能电子产品设计”是比较合适的，通过本课程的学习，能够使学生基本掌握电子产品的设计方法。

过去，人们称计算机专业是学“软件”的，电子专业是学“硬件”的。随着电子产品使用单片机与嵌入式系统为核心部件开发智能仪器，软件设计在智能电子产品开发中所占比重也越来越大，“电子专业是学硬件的”这种观点已经过时。如今智能仪器集微电子技术、信息技术、控制技术于一身，使仪器能够自动完成信号采集、处理、输出控制，实现人机交互、自动校正、与其他仪器的接口等功能和人工智能的能力。作为工科电子专业的学生，要树立新的观念，必须“软硬”兼施、“软硬”融合，既要掌握硬件电路设计知识、理论分析，更要具备软件规划、程序设计能力。只有那些硬件功底扎实，软件设计能力很强的学生将来才能在这个领域有所作为、有所创新。然而，大凡编程书，必定不好啃。而且智能仪器面对的是一个比较复杂系统的软硬件设计、编程规划，很容易让人摸不到“门”、找不到“北”。故在学习过程中，一定要循序渐进、精讲多练、理论联系实际，坚持在“学”中“做”，在“做”中“学”。只要能够使用单片机做出 1 个智能作品，将会极大地提升对单片机、智能仪器课程的兴趣，增强自己的成就感与自豪感，而且所有的困惑将烟消云散，很多问题将迎刃而解。要充分认识到理论与实践的辩证关系：如果在实践中出现障碍，解决不了问题、进行不下去，一定是缺乏理论的指导，对理论理解不深、造成瓶颈；如果在理论上出现模糊不清，必定是缺乏在实践中检验，没有进行深入的实验研究，造成闭门造车、不知所以。单片机、智能仪器设计工程师就是在不断实践、不断研究，在实践中发现问题、在实践中解决问题里锻炼出来的。过去有勤能补拙的说法，毛主席还有实践出真知的理论，而在学习科学技术方面，唯有实践才是产品创新设计的必由之路，才是检验理论正确性的唯一途径。

为了适应智能仪器的新要求，软件设计能力的培养在本教材中得到了加强，与其他课程内容雷同的硬件设计篇幅作了相应压缩，这也是本教材的一大特色。另外，本教材与国内已经出版的同类书籍和教材相比，除了加重软件设计的份量外，硬件设计中大量采用串行器件也是一个特色。随着单片机与嵌入式系统的集成度的提高，很多情况下只要选择一种合适的内嵌了所需功能部件的新型单片机、嵌入式系统就可以满足要求，不需要再外接其他功能芯片；即使需要外接功能部件，也采用串行接口芯片，体现单芯片、少接口的设计风格，提高智能仪器的性价比。只有在信息量非常大、速度要求非常高的场合才采用并行总线接口。

全书共14章，第1章是“绪论”，介绍了智能仪器的一些基本知识；第2章是“微处理器的选择”，介绍几种当前流行的单片机与嵌入式系统的性能特点，使学生从单一的8051单片机中走出来，学会思考和选择，达到开阔视野的目的；第3章是“软件系统设计概述”，使学生了解一个完整的软件系统是如何进行功能设计、层次结构设计与规划的；第4章和第5章介绍了数字信号和模拟信号的输入/输出通道；第6章是“总线与通信系统”，介绍了几种主要的通信协议；第7章是“时钟系统”，介绍智能仪器运行的基础和设计方法；第8章是“人机接口”，介绍了显示、打印、键盘的接口设计；第9章是“常用数据处理功能”，介绍了有关数据处理、误差处理、标度变换和自动测量的基本知识；第10章是“可靠性设计”，介绍抗干扰设计和容错设计的基本知识；第11章到第13章分别介绍了基于电压测量、时间测量和波形测量的智能仪器的基本知识和智能电子产品设计实例；第14章是“C51编程与课程设计实验指导”，挑选了9个课程设计项目实验，使学生初步掌握智能仪器的设计方法。

为了配合教学，每一章都有适量的习题。本书全部内容计划学时为60课时，不同专业可根据需要选择教学内容和讲授深度，将实际教学课时控制在40～60课时之间。

全书由朱兆优负责策划、内容安排、编写、修改整理和审定，周航慈、胡文龙、吴光文参与完成了第3章、第5章、第6章、第7章、第8章、第9章、第10章的资料整理和编写工作，朱日兴、刘琦参与了第4章、第9章、第10章、第14章的资料整理和编写工作。本书在编写过程中得到 STC 宏晶科技公司总裁姚永平先生的大力支持，得到东华理工大学有关部门的关心和资助，朱日兴、刘琦、胡文龙、涂晓红、王海涛、赵永科对书中部分的图件、程序进行了制作和验证，在此一并表示衷心感谢！

由于本书涉及知识领域广泛，而且变化日新月异，限于时间和水平的限制，难免有差错和不足之处，敬请读者指正！

编著者

2016年6月10日

目　录

第1章 绪　论

1.1 智能仪器的结构特点

1.1.1 什么叫智能仪器

智能仪器是电子系统和微型计算机技术结合的产物。电子系统是指由电子元器件或部件组成的能够产生、传输或处理电信号及信息的客观实体，例如，电子测量系统、通信系统、自动控制系统等。这些应用系统在功能与结构上具有高度的综合性、层次性和复杂性。一个复杂的电子系统可以分成若干个子系统，其中每一个子系统又可分解为由若干部件组成的系统。而组成子系统的每个部件又可分解为由许多元件组成的电路。实际上智能仪器是一个由微处理器为核心构成的专用计算机系统，它包含硬件和软件两大部分。因此，通常只要是包含了程序并由软件负责控制操作的仪器都可以叫做智能仪器。

1.1.2 智能仪器的特点

与传统的电子仪器比较，智能仪器具有以下几个主要特点：

（1）用键盘替代了旋转式或琴键式切换开关。智能仪器使用键盘代替传统仪器中的旋转式或琴键式切换开关来实施对仪器的控制，从而使仪器面板的布置和仪器内部有关部件的安排不再相互限制和牵连。例如，在传统电子仪器中，与衰减器相连的旋转式开关要安装在正前方的面板上，使面板的布置受到限制，可能给用户的使用带来诸多不方便。而现在的智能仪器广泛使用键盘，使面板的布置可以完全独立于仪器的功能部件，极大地改善了仪器前面板及有关功能部件结构的设计，提高了仪器技术指标，也方便了仪器的操作。

（2）用微处理器极大地提高了仪器的性能。例如，由于智能仪器加入了单片微处理器，利用微处理器强大的运算处理和逻辑判断能力，通过算法编程可以消除由于漂移、增益的变化和干扰等因素所引起的误差，提高仪器的测量精度。同时，智能仪器具有很强的数据处理能力，使传统的数字多用表（DMM）只能测量电阻、交直流电压、电流等，变成为智能型的数字多用表，不仅能进行电阻、电压、电流的测量，而且还能对测量结果进行诸如零点平移、平均值、极值、统计分析以及更加复杂的数据处理功能，使用户从繁重的数据处理中解放出来。目前有些智能仪器还运用了专家系统技术，使仪器具有更深层次的分析能力，帮助人们思考，解决专家才能解决的问题。

（3）用微处理器实现了仪器的自动控制功能。运用微处理器的控制功能，可以方便地实现量程自动转换、自动调零、触发电平自动调整、自动校准、自诊断等功能，有力地改善了仪器的自动化测量水平。例如智能型的数字示波器有一个自动设置键（Autoset），测量时只要按这个键，仪器就能根据被测信号的频率及幅度，自动设置好最合理的垂直灵敏度、时基以及最佳的触发电平，使信号的波形稳定地显示在屏幕上。此外，有的智能仪器还具有自诊断功能，当仪器发生故障时，可以自动检测出故障的部位，并能协助诊断故障的原因，甚至有些智能仪器还具有自动切换备用件进行自维修功能，极大地方便了仪器的维护。

（4）具有友好的人机对话能力。使用智能仪器时，只需通过键盘打入命令，仪器就能实现指定的某一种测量和处理功能。同时，还通过显示屏将仪器运行情况、工作状态以及对测量数据的处理结果及时告诉操作者，使人机之间的联系密切且友好。

（5）具备数据通信功能。智能仪器一般都配有 GP-IB 或 RS-232 等通信接口，使智能仪器具有可程控操作的能力。从而可以很方便地与计算机或与其他仪器一起组成用户所需要的多种功能的自动测量系统，来完成更复杂的测试任务。

1.1.3　智能仪器的硬件系统组成

智能仪器通常包括硬件和软件两大部分，其硬件系统主要包括微机系统、输入/输出电路、人机接口和通信接口电路四部分，如图 1-1 所示。

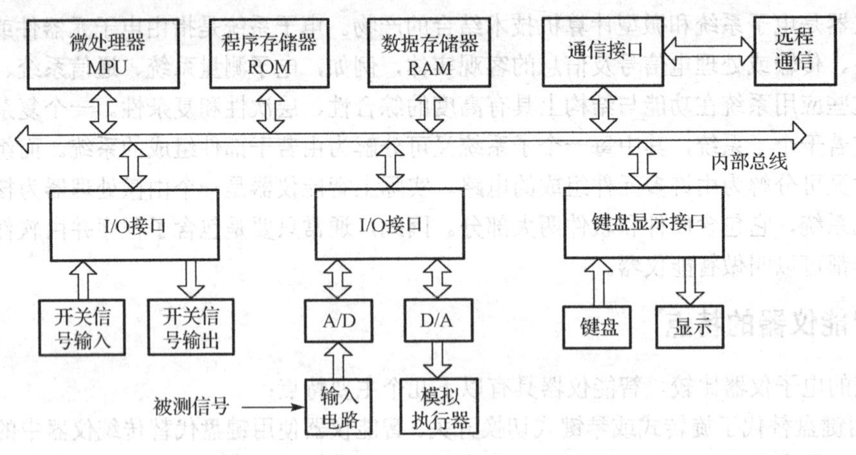

图 1-1　智能仪器通用硬件结构框图

（1）微机系统：主要应完成信号的数字化处理和控制显示、打印、通信等智能化处理的功能，功能简单可以选单片机系统，如果比较复杂可选多个单片机或计算机系统构成。

（2）输入/输出电路：主要完成测量信号的转换和数字化转换，以及一些闭环仪表的模拟量输出，也包括开关量的输入输出等功能。主要包含输入电路、A/D 转换器、D/A 转换器、模拟执行器和开关信号输入、输出电路，它通过 I/O 接口电路与微机系统通过总线方式连接。

（3）人机接口电路：主要完成操作者和仪器之间的信息交流，包括参数的设置、检测信号的显示和打印等功能。它由键盘、显示器和打印机及其接口电路组成。在单片机应用系统中，键盘以独立式按键和矩阵式键盘为主；显示器一般采用 LED 数码管，若显示信息复杂多样要采用 LCD 液晶显示，在工业仪表应用中，有时也用 CRT 显示器；打印机主要指微型打印机。如果是用计算机构成的智能化仪器，这部分都包括在计算机系统中，由主机连接显示器、键盘和打印机组成。

（4）通信接口电路：将仪器仪表测量的数据上传到计算机，以便进行数据分析、处理和决策控制。目前，常用的仪器通信接口有 GP-IB 通信接口、RS-232C 接口、应用于集散控制系统中的现场总线 CAN 接口和以太网接口。

1.1.4　智能仪器的软件系统组成

智能仪器的软件部分主要包括监控程序和功能执行程序两部分。功能执行程序是完成各种实质性功能任务的模块程序，如数据采集测量、计算处理、显示、打印、输出控制、数据通信等；监控程序是专门用来协调各个执行模块和操作者关系的程序，在系统程序中充当组织调度的角色。

根据系统功能和键盘设置来选择一种合适的监控程序结构，通常监控程序的结构大致分作业顺序调度型、作业优先调度型和键码分析作业调度型三种结构，具体分析将在第 8 章中介绍。

1.2 智能仪器的设计思路

智能仪器是以微处理器为核心的电子仪器设备，设计智能仪器要求掌握电子仪器的工作原理，熟悉单片微机系统的硬件设计方法和软件编程语言及程序设计思想。

1.2.1 智能仪器的基本设计方法

智能仪器是一种比较复杂的智能电子系统，需要经历很多个设计、生产环节和工艺流程，通常可以采取下面三种方法来进行设计。

1. 自顶向下的设计方法

所谓自顶向下的设计方法，就是设计者根据原始设计指标或用户需求，从整体上规划整个系统的功能和性能，然后对系统进行划分，将系统分解为规模较小、功能较简单且相对独立的子系统，并确立它们之间的相互关系。这种划分过程可以不断进行下去，直到划分得到的单元可以映射到物理实现。这种物理实现可以是具体的部件、电路和元件，也可以是 VLSI 的芯片版图。

2. 自底向上的设计方法

所谓自底向上的设计方法，就是设计者根据要实现的系统各个功能的要求，首先从现有的可用元件中选出最适合的，设计成一个个的部件，当一个部件不能直接实现系统的某个功能时，就需要设计由多个部件组成的子系统去实现该功能。上述过程一直进行到系统所要求的全部功能都实现为止。该方法的优点是可以继承使用经过验证的、成熟的部件与子系统，从而可以实现设计重用，减少设计的重复劳动，提高设计生产率。其缺点是设计过程中设计人员的思想受限于现成可用的元件，故不容易实现系统化的、清晰易懂的以及可靠性高、可维护性好的设计。

3. 以自顶向下方法为主导，并结合自底向上的方法

随着 SOC（System On Chip，单芯片系统）的出现，为了实现设计重用以及对系统进行模块化测试，通常采用自顶向下方法为主导，并结合自底向上的方法。这种方法既能保证实现系统化的、清晰易懂的、可靠性高的、可维护性好的设计，又能充分利用 IP 核，减少设计的重复劳动，提高设计生产率，因而普遍被采用。

1.2.2 智能仪器的设计过程

不管采用哪一种方法进行智能仪器电子系统设计，都需要认真分析好以下各个设计环节，把握仪器设计的要求性能和指标参数。智能仪器的一般研制开发过程如图 1-2 所示，下面简要介绍各个阶段的设计原则和工作内容。

（1）系统描述和分析：首先研究仪器项目给出的是系统功能要求和重要技术指标要求，这些是电子系统设计的基本出发点。但仅凭课题项目所给出的要求还不能进行设计，设计人员必须对题目的各项要求进行分析，整理出系统和具体电路设计所需的更具体、更详细的功能要求和技术性能指标数据，这些数据才是进行电子系统设计的原始依据。同时，通过对设计题目的分析，设计人员还可以更深入地了解所要设计的系统的基本特性，确定仪器是否需要具备通信功能，采用什么通信方式和网络协议等。

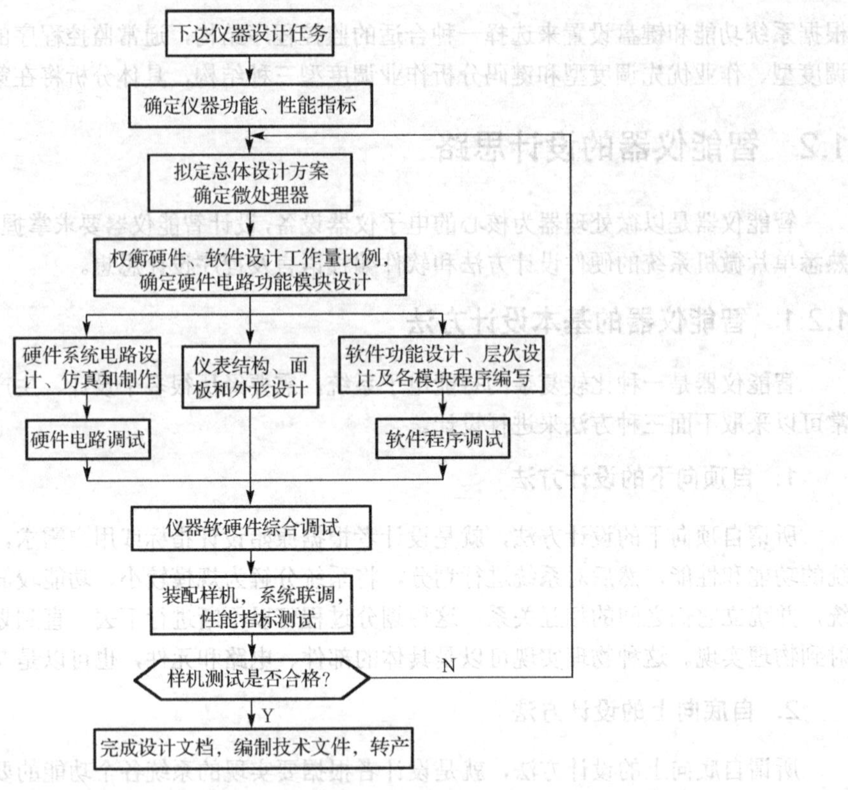

图1-2　智能仪器研制的一般过程

（2）拟定总体方案：主要针对设计的任务、要求和条件，根据所掌握的知识和资料，从全局出发，明确总体功能和各部分功能，并画出各单元功能和总体工作原理框图。通常符合要求的总体方案不止一个，设计者要认真分析每个方案的可行性和优缺点，并从设计的合理性、技术的先进性、系统的可靠性和经济性等方面反复比较，选出最佳方案。

（3）系统模块设计划分：当总体方案明确后，应根据总体方案将系统划分为若干个部分，并确定各部分的接口参数。如果某一部分的规模仍较大，则可以进一步划分。划分后的各个部分的规模大小应合适，便于进行电路级的设计。

（4）单元电路设计：先要明确对各单元电路的要求，详细制定单元电路的性能指标，包括电源电压、工作频率、灵敏度、输入/输出阻抗、输出功率、失真度、波形显示方式等。根据功能和性能指标，查找相关资料看是否有现成的或相近电路。不论是采用现成的单元电路，还是采用自行设计的单元电路，都应注意各单元电路之间的配合问题，注意局部电路对系统的影响，要考虑是否易于实现、检测以及性能价格比等问题。

（5）计算和调整参数：在电路设计过程中，必须对某些参数进行计算后再挑选元器件。在深刻地理解电路工作原理，正确地运用计算公式和计算图表基础上，才能获得满意的计算结果。在设计计算时，常会出现理论上满足要求的参数值不惟一的问题，设计者应根据价格、体积和货源等具体情况进行选择。计算电路参数时应注意下列问题：

①元器件的工作电流、电压和功耗等应符合要求，并留有适当裕量；

②元器件的极限参数必须留有足够裕量，一般应大于额定值的1.5倍；

③对于环境温度、交流电网电压等工作条件应按最不利的情况考虑；

④电阻、电容的参数应选计算值附近的标称值；

⑤在电路满足功能指标的前提下，尽量减少元器件的品种、价格、体积、数量等。

（6）元器件选择：根据所设计电路的要求，选择电阻、电位器、电容、电感等元器件以及集成电路。所选集成电路不仅应在功能、特性和工作条件等方面满足设计方案的要求，而且应考虑到封装形式。

（7）单元电路调试：在调试单元电路时，应明确本部分的调试要求，按调试要求测试性能指标和波形观察。调试顺序按信号的流向进行：可以把前面调试过的输出信号作为后一级的输入信号，为最后的系统总体调试创造条件。通过单元电路的静态和动态调试，掌握必要的数据、波形、现象，然后对电路进行分析、判断，排除故障，最终完成调试要求。对于比较复杂的电路，可先制定"实验设计"调试的内容、方法和步骤。有条件的话，最好先进行电路的计算机仿真调试。

（8）软件设计：软件功能模块的划分和功能设计与硬件电路有关，从提高仪器的性能和成本来考虑，尽量以软件设计代替硬件设计，比如一些软件滤波算法设计可以代替成本较高的硬件滤波器的设计。权衡硬件和软件设计的工作量的比例，考虑软件开发的周期能否与硬件电路的制作保持一致，来权衡硬件和软件设计工作量的比例关系。

（9）仪器结构设计：结构设计是智能仪器研制的一个重要工作内容，它包括仪器仪表的造型、壳体结构、外形尺寸、面板布置、模板固定和连接方式等。仪器结构设计尽可能做到标准化、规范化、模块化。既要考虑仪器外表的美观，又要考虑制造、使用和维护的方便性，可选用AutoCAD方法完成仪器结构设计。

（10）系统总体调试：先调基本指标，后调影响质量的指标；先调独立环节，后调有影响的环节，直到各项技术指标满足系统要求为止。应观察各单元电路连接后各级之间的信号关系，主要观察动态效果，检查电路性能和参数，分析测量的数据和波形是否符合设计要求，并对发现的故障和问题及时采取处理措施。

（11）编写设计文档：从设计的第一步开始就要习惯编写设计文档。设计文档应当符合系统化、层次化和结构化的要求；文档中的文句应当条理分明、简洁、明白；文档的具体内容与设计步骤是相对应的，即：

①系统设计任务和分析；

②方案选择与可行性论证；

③单元电路的设计、参数计算和元器件选择；

④整体电路图、实物布置图、实用程序清单等；

⑤系统功能与指标测试结果（含使用的测试仪器型号与规格）；

⑥系统的操作使用说明；

⑦存在问题及改进意见等；

⑧参考资料目录。

综上所述，智能仪器设计过程可以分为三个阶段：①确定任务、拟定设计方案阶段；②硬件、软件研制及其仪器仪表结构设计阶段；③仪器样机联调、性能指标测试阶段。

1.2.3 智能仪器的统调测试方法

智能仪器的研制阶段对各个硬件模块电路和软件模块进行了初步调试和模拟实验，也对各个硬、软件模块之间连接后进行了初步调试和模拟实验。样机装配完整后，必须进行联机试验，来发现样机中硬件和软件两方面还存在的问题，通过在实验室和现场的交替联机调试和试验，解决存在的问题，使系统在实际应用环境中运行稳定，测量数据可靠。

在统调中，不断地测试仪器所实现的功能和各项性能指标，如果有些功能或性能达不到预期目标，通过修改硬、软件，重新调试，直至达到或超过所有的设计任务书中的仪器功能和性能指标。

经验表明，研制一台智能仪器的周期同总体设计是否合理，硬件芯片选择是否得当，程序结构设计是否合理以及开发工具是否完善等因素密切相关。在仪器开发的整个过程中，软件的编写及调试往往占系统开发时间的 60%以上，因此，必须对程序的设计足够重视，重视程序设计能力的培养和严密逻辑思维习惯的养成。设计程序应该采用结构化和模块化方法编程，这对查错与调试极为有利。

在完成样机研制之后，还必须完成设计文档的编写。这项工作不仅是对整个仪器研制工作的总结，也是该仪器日后使用、维修以及再设计开发不可缺少的资料。设计文档一般包括：设计任务和仪器功能描述；设计方案的论证；性能测定和现场使用报告；使用操作说明；硬件资料（包括硬件框图、电路原理图、元件布置和接线图、接插件引脚图和印刷板线路图）；软件资料（包括程序框图和说明、标号和子程序名称清单、参量定义清单、存储单元和输入/输出接口地址分配表以及程序清单）。

1.3　智能仪器的发展

20 世纪 70 年代开始的二十多年间，电子测量领域发生的最重大的事情就是先后研制开发出了五种不同类型层次的智能仪器：独立式智能仪器、GP-IB 自动测试系统、插卡式智能仪器（个人仪器），1987 年又发展出 VXI 总线仪器系统和虚拟仪器。这些仪器技术的兴起，得益于电子工业、新技术革命的推动，特别是微电子技术、微型计算机技术的飞速发展，使得电子测量和仪器系统改变了发生了质的飞跃，彻底改变了电子测量领域的发展进程。

1．独立式智能仪器

独立式智能仪器简称智能仪器，其内部自带微处理器和 GP-IB 接口，可独立进行测试工作。仪器在结构上自成一体，技术上比较成熟，使用灵活方便。同时，借助新技术、新工艺、新器件的不断进步，仪器不断推陈出新。此类智能仪器已经成为当前电子实验室的主流仪器，因此，研究学习智能仪器的原理、开发技术具有很好的现实意义。

2．GP-IB 自动测试系统

GP-IB 是国际电工协会（IEC）1978 年正式推荐的一种标准仪器接口总线，已经被世界各国普遍接受。只要配置了 GP-IB 接口的智能仪器和计算机，不分生产国家、厂家，都可以采用一根无源电缆总线按积木方式互连，能够灵活地组成各种不同用途的测试系统，方便完成复杂的测试任务。通过 GP-IB 接口总线可以构建成一套自动测试系统，形成分布式多机联合测试系统。典型的自动测试系统包括计算机、多台智能仪器和 GP-IB 组成，如图 1-3 所示。其中计算机是系统的控制者，实现对测量全过程的控制与处理。智能仪器是系统测量功能执行单元，完成信号采集、测量、处理等任务。GP-IB 是一个多功能神经网络，包含标准接口和标准总线两部分，完成系统内的各种信息的变换和传输任务。

3．插卡式智能仪器（个人仪器）

个人仪器是在智能仪器的基础上，伴随 PC 的发展开发出的一种新型仪器。它是把具有信号测量部分设计成相应的接口卡，能够插到计算机主板的总线插槽上，再借助专业软件构成了个人仪器或 PC 仪器。由于个人仪器利用了 PC 内部的总线，共享了 PC 的软件、硬件和外设资源，性价比很高，使个人仪器得以快速发展。

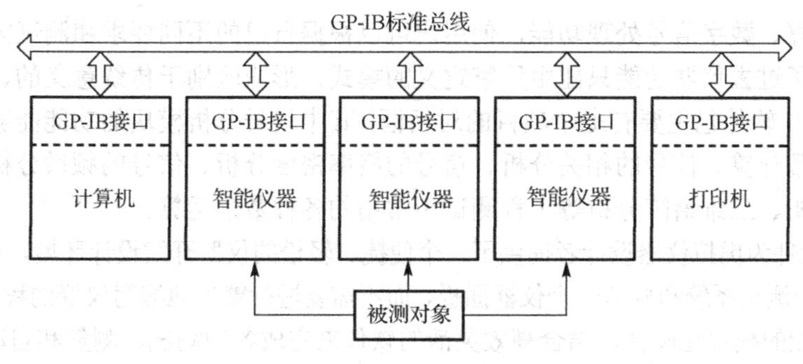

图 1-3 典型自动测试系统

4. VXI 总线仪器系统

由于个人仪器设计时无统一标准，系统总线由各个厂家自行决定，在组建个人仪器系统时难以在不同厂家之间实现兼容互换，阻碍了个人仪器的推广和发展。因此，1987 年以 HP、泰克为首的五家仪器公司经过研究，联合提出了适合于个人仪器系统的标准化接口总线 VXI 规范，并为世界各仪器厂家接受推广。

VXI 总线是一个开放式、面向仪器模块式结构的仪器总线，对所有仪器厂家和用户都是公开的，使 VXI 总线很快成为测试系统的主流结构。VXI 是一种插卡式的仪器，每一种仪器是一个插卡，VXI 采用 32 位地址总线、32 位数据总线，数据传输速率可达 40MHz，还定义了多种控制线、中断线、时钟线、触发线、识别线和模拟信号线，比 GP-IB 总线具有更好的性能。VXI 总线集成了智能仪器、GP-IB 和个人仪器的很多特长，具有灵活方便、标准化程度高、可扩展性好，能充分发挥计算机的效能，便于构成虚拟仪器等诸多优点，被称为未来仪器或未来系统。但 VXI 仪器价格昂贵，目前又推出了一种较为便宜的 PXI 标准仪器。

1.4 虚拟仪器

20 世纪 80 年代末，美国成功研制了虚拟仪器（Virtual Instrument，VI）。虚拟仪器的出现，标志着电子测量仪器与自动测试领域发展了一个新方向，使测量仪器与个人计算机结合得更紧密了。虚拟仪器就是在以通用计算机为核心的硬件平台上，通过用户设计定义的、具有虚拟操作面板和测试界面功能选择的、完全由测试软件实现的一种计算机仪器系统，即在硬件平台确定后，“软件就是仪器”。用户只要使用鼠标在计算机屏幕上点击虚拟操作面板，就可完成对仪器硬件平台的操控，就象使用一台专用电子测量仪器一样。

虚拟仪器的特点如下：

①在通用硬件平台上，由软件取代传统仪器中实体来完成仪器的功能；

②仪器功能可以按照用户需要用软件来定义和组合，而不需要由厂家定义好；

③仪器的改进和功能扩展只需进行相关软件的设计更新升级；

④仪器研制周期比传统仪器大为缩短；

⑤仪器开放性、灵活性好，可与计算机同步发展，可与网络及其他周边设备互联。

决定虚拟仪器的具有这些特点的关键是软件。目前，常用的虚拟仪器软件是 NI 公司开发的 LabVIEW，其最新版本是 LabVIEW 8.0，软件可以通过购买光盘、网络下载等方式获得。

LabVIEW 软件采用图形化设计接口，提供包括 FFT 分析、数字滤波、回归分析、统计分析等上百种数学运算、数字信号处理功能，使用户可以根据自己的不同要求和测试方案开发出各种仪器，彻底突破了过去仪器功能只能由厂家定义的模式，形成区别于传统意义的、更具特色的虚拟仪器。LabVIEW软件包主要有七个项目的对话框，其中信号分析模块的功能能够完成信号的时域波形分析和参数计算、信号的相关分析、信号的概率密度分析、信号的频谱分析、传递函数分析、信号滤波分析、三维谱阵分析等工程测试中常用的各种数学运算。

LabVIEW 软件为虚拟仪器设计者提供了一个便捷、轻松的仪器开发设计环境，设计者可以象搭积木一样组建一个测量系统和构造一个仪器面板，而不需要进行繁琐地编写仪器的程序代码。虚拟仪器技术利用高性能的模块化硬件，结合高效灵活的软件来完成各种测试、测量和自动化的应用。自1986年问世以来，世界各国的工程师和科学家已将NI LabVIEW图形化开发工具用于产品设计的各个环节，改善了产品质量、缩短了产品投放市场的时间，提高了产品开发生产效率。使用集成化的虚拟仪器环境与现实世界的信号相连，分析数据以获取实用信息，共享信息成果，有助于在较大范围内提高生产效率。因此，现在只要使用一块A/D卡与PC结合，在LabVIEW软件的管理下，就能实现数字多用表、数字存储示波器、数字频谱分析仪、数据采集系统、数字频率计和数字信号发生器。

今后，智能仪器将朝着智能化、自动化、小型化、模块化和开放式智能系统方向发展。美国NI公司提出的虚拟测量仪器概念，更是引发了对传统仪器领域的一场重大变革，使得计算机和网络技术得以长驱直入进入仪器领域，和仪器技术结合起来，将开创“软件即是仪器”的先河。

练习与思考题

1．什么是智能仪器？简述智能仪器的结构组成。

2．智能仪器的主要特点是什么？智能仪器的设计思想是什么？

3．简述设计一个智能仪器的基本过程。

4．什么是单片机？什么是嵌入式系统？它们有什么区别和联系？

5．智能仪器的电子系统可以采取哪几种方法进行设计？

6．单元电路设计要注意设计哪些性能参数？

7．计算电路参数时应注意哪些问题？

8．电路设计时先进行仿真有什么好处？说说你熟悉哪些仿真软件？

9．研制一台智能仪器大致需经过几个阶段？

10．在智能仪器的发展中，出现了哪五种不同类型层次智能仪器？

11．智能仪器的发展方向是什么？

12．什么是虚拟仪器？为什么说“软件即是仪器”？

13．独立式智能仪器、GP-IB自动测试系统、个人仪器，VXI总线仪器系统各自有什么特点？它们有什么区别？

14．LabVIEW软件采用什么设计接口？提供了哪些信号分析与处理功能？

15．虚拟仪器的特点是什么？设计一个虚拟仪器需要使用哪种编程语言吗？

16．如果现在需要设计一台数字多用表或数字信号发生器，应该如何做？

第 2 章　微处理器的选择

单片机是近代计算机技术发展史上的一个重要里程碑，使计算机技术形成了通用计算机系统和嵌入式计算机系统两大分支。在单片机诞生之前，为了满足工控对象的嵌入式应用要求，只能将通用计算机进行机械加固、电气加固后嵌入到对象体系（如舰船）中构成诸如自动驾驶仪、轮机监控系统等。由于通用计算机的巨大体积和高成本，无法嵌入到大多数对象体系（如家用电器、汽车、机器人、仪器仪表等）中。单片机则应嵌入式应用而生。单片机单芯片的微小体积和极低的成本，可广泛地嵌入到如玩具、家用电器、机器人、仪器仪表、汽车电子系统、工业控制单元、办公自动化设备、金融电子系统、舰船、个人信息终端及通信产品中，成为现代电子系统中最重要的智能化工具。

如今，单片机品种繁多，产品性能各异。针对具体情况，我们应选何种型号呢？

首先，我们应该弄清两个概念：集中指令集（CISC）和精简指令集（RISC）。采用 CISC 结构的单片机数据线和指令线分时复用，即采用冯·诺伊曼结构。它的指令丰富，功能较强，但取指令和取数据不能同时进行，速度受限，价格亦高。采用 RISC 结构的单片机数据线和指令线分离，即采用哈佛结构。这使得取指令和取数据可以同时进行，且由于一般指令线宽于数据线，使其指令较同类 CISC 单片机指令包含更多的处理信息，执行效率更高，速度亦更快。而且，这种单片机指令多为单字节，程序存储器的空间利用率大大提高，有利于实现超小型化设计。

属于 CISC 结构的单片机有 Intel8051 系列、STC 单片机、Motorola 的 M68HC 系列、Atmel 的 AT89 系列、华邦 Winbond 的 W78 系列、荷兰 Philips 的 P80C51 系列等。属于 RISC 结构的有 Microchip 公司的 PIC 系列、Zilog 的 Z86 系列、Atmel 的 AT90S 系列、韩国三星公司的 KS57C 系列 4 位单片机、台湾义隆的 EM-78 系列等。

一般来说，对于控制方式较简单的家电，可以采用 RISC 型单片机；对于控制关系较复杂的场合，如通信产品、工业控制系统应采用 CISC 单片机。不过，随着 RISC 单片机的迅速完善，使其在控制关系复杂的场合也毫不逊色于 CISC 单片机。

根据程序存储方式的不同，单片机可分为 EPROM、OTP（一次可编程）、QTP（掩膜）三种。我国一开始都采用 ROMless 型单片机（片内无 ROM，需片外配 EPROM），对单片机的普及起了很大作用，但这种片内无 ROM 的单片机在实际应用中需要扩展 I/O 及存储器，给实际电路设计带来很多麻烦，也失去了单片机的“单片”特色。为方便应用，减少电路设计的难度，目前单片机大都将程序存储器嵌入其内。

2.1　基于 8051 内核的单片机

MCS-51 系列单片机是 Intel 公司在 20 世纪 80 年代初研制出来的，很快就在我国得到广泛的推广应用。三十多年来，MCS-51 系列单片机在教学、工业控制、仪器仪表、信息通信发挥着重要的作用，还在交通、航运、家用电器等领域取得了大量的应用成果。

20 世纪 80 年代中期以后，Intel 以专利转让的形式把 8051 内核给了许多半导体厂家，如 Amtel、Philips、Ananog Devices、Dallas 等。这些厂家生产的芯片是 MCS-51 系列的兼容产品，准确地说是与 Intel 公司制造的 MCS-51 指令系统兼容的单片机。这些单片机与 8051 的系统结构（主要是指令系统）相同，采用 CMOS 工艺，因而常用 80C51 系列来称呼所有具有 8051 指令系统的单片机。它们对 8051 一般都作了一些扩充，功能和市场竞争力更强，现在以 MCS-51 技术核心为主导的微控制器技术已被 Atmel、Philips 等公司所继承，并且在原有基础上又进行了新的开发，形成了功能更加强劲的、兼容 51 的多系列化单片机。

目前国内市场上以 STC、Atmel 和 Philips 的 51 单片机居多，占据市场的大部分，而其他的 51 内核单片机诸如 Winbond 的 W78E 系列，Analog Devices 的 ADuC 系列，Dallas 公司的 DS8xC 系列等，也都各自占据一定的市场份额。常见的 51 内核单片机芯片参见表 2-1。

表 2-1　常见的 8051 内核单片机芯片型号

公　司	常见的 51 内核的单片机芯片
STC 宏晶科技	STC89C51RC/RD 系列，STC15Fxxx 系列，STC15W4K32S4 系列
Atmel	AT89C51RC/RD 系列，AT89S8252/LS8252 系列，AT90S8535 系列等
Philips	P89C51 系列，P87C51 系列，P87C552 系列，P87LPC7xx 系列，P89C9xx 系列
Winbond	78E51B、78E52B、78E54B、78E58B、78E516B，77E52、77E58 等
Cygnal	C8051Fxx 系列，C8051F12x 系列

2.1.1　STC89 系列单片机

STC89C51xx 系列单片机（见表 2-2）是一种低功耗、高性能 CMOS 8 位微控制器，使用高密度非易失性存储器技术制造，片内包含 ISP Flash、Data Flash 存储器，具有双倍速、双 DPTR 数据指针，降低 EMI。在单芯片上拥有灵巧的 8 位 CPU、系统可编程 ISP、应用可编程 IAP，使得 STC89C51xx 系列单片机可以为众多嵌入式控制应用系统提供高灵活、超有效的解决方案，完全可以取代其他公司生产的 8051 系列单片机。这些单片机采用 PDIP40、PLCC44、LQFP44 封装，内部含有高保密、可编程 Flash 程序存储器，可进行 100000 次擦写操作；包含 32 位或 36 位可编程 I/O 口，6～8 个中断源(分 4 个优先级)、3 个 16 位定时器/计数器，1 个通用串行接口；端口驱动能力达 20mA，具有正常模式(4～7mA)、空闲模式、掉电模式(<0.1μA)三种工作模式；5V 单片机工作电压 3.4～5.5V，3V 单片机工作电压 2.0～3.8V；工作频率 0～40MHz，相当于 8051 的 0～80MHz，实际工作频率可达 48MHz。

表 2-2　STC89C51RC/RD+系列单片机性能一览表

型　号	Flash 程序存储器	RAM 数据存储器	定时器	看门狗	双倍速	P4 口	ISP	IAP	E^2PROM	A/D	串口	中断源	优先级	速度(Hz)
STC89C51 RC	4KB	512B	3	√	√	√	√	√	2KB+	—	1ch	8	4	0～80M
STC89C52 RC	8KB	512B	3	√	√	√	√	√	2 KB+	—	1ch	8	4	0～80M
STC89C53 RC	13KB	512B	3	√	√	√	√	√	—	—	1ch	8	4	0～80M
STC89C54 RD+	16KB	1280B	3	√	√	√	√	√	16KB+	—	1ch	8	4	0～80M
STC89C55 RD+	20KB	1280B	3	√	√	√	√	√	16KB+	—	1ch	8	4	0～80M
STC89C58 RD+	32KB	1280B	3	√	√	√	√	√	16KB+	—	1ch	8	4	0～80M
STC89C516 RD+	63KB	1280B	3	√	√	√	√	√	—	—	1ch	8	4	0～80M
STC89LE51 RC	4KB	512B	3	√	√	√	√	√	2KB+	—	1ch	8	4	0～80M
STC89LE52 RC	8KB	512B	3	√	√	√	√	√	2KB+	—	1ch	8	4	0～80M
STC89LE53 RC	13KB	512B	3	√	√	√	√	√	—	—	1ch	8	4	0～80M
STC89LE54 RD+	16KB	1280B	3	√	√	√	√	√	16KB+	—	1ch	8	4	0～80M
STC89LE58 RD+	32KB	1280B	3	√	√	√	√	√	16KB+	—	1ch	8	4	0～80M

续表

型 号	Flash 程序存储器	RAM 数据存储器	定时器	看门狗	双倍速	P4 口	ISP	IAP	E²PROM	A/D	串口	中断源	优先级	速度(Hz)
STC89LE516 RD+	63KB	1280B	3	√	√	√	√	√	—	—	1ch	8	4	0～80M
STC89LE516 AD	64KB	512B	3	—	—	√	√	√	—	√	1ch	6	4	0～90M
STC89LE516 X2	64KB	512B	3	—	√	√	√	√	—	√	1ch	6	4	0～90M

表中带 C 的表示 5V 单片机，带 LE 的表示 3V 低压产品，均用 CMOS 工艺。

2.1.2 STC15Fxx 系列单片机

继 STC89 系列单片机之后，STC 宏晶科技公司又陆续推出 STC15Fxx 系列高性能单片机（如表 2-3 所示）。这个系列是目前的主流，包括 5V 和 3V 工作电压的单片机。它们都是每机器周期 1 个时钟的高速单片机，工作频率 0～35MHz，最大相当于普通 8051 的 420MHz，指令运行速度是传统 8051 的 8～12 倍；芯片引脚封装多样，从 8 脚到最多 48 引脚，通用 I/O 口最大可达 44 个，内部新增有 PCA/PWM、ISP/IAP、SPI 串行通信、看门狗和大容量存储器；每个 I/O 口驱动能力达 20mA，但 40 脚及以上封装的单片机整个芯片最大功耗不能超过 120mA，16～32 脚封装的单片机不能超过 90mA；可针对电动机控制，抗干扰能力强，对开发小型电子产品有比较高的实用性和性价比。

表 2-3 STC15F 系列高性能单片机一览表

型 号	Flash (Byte)	SRAM	E²PROM	PCA,PWM, D/A	A/D	定时器	中断源	掉电唤醒	复位门槛	I/O 口	串口
STC15F4K08S4	8K	4096B	53KB	3 路	8 路 10 位	8 个	18 个	有	8 级	38/42/46	4 个
STC15F4K16S4	16K	4096B	45KB	3 路	8 路 10 位	8 个	18 个	有	8 级	38/42/46	4 个
STC15F4K24S4	24K	4096B	37KB	3 路	8 路 10 位	8 个	18 个	有	8 级	38/42/46	4 个
STC15F4K32S4	32K	4096B	29KB	3 路	8 路 10 位	8 个	18 个	有	8 级	38/42/46	4 个
STC15F4K40S4	40K	4096B	21KB	3 路	8 路 10 位	8 个	18 个	有	8 级	38/42/46	4 个
STC15F4K48S4	48K	4096B	13KB	3 路	8 路 10 位	8 个	18 个	有	8 级	38/42/46	4 个
STC15F4K56S4	56K	4096B	5KB	3 路	8 路 10 位	8 个	18 个	有	8 级	38/42/46	4 个
STC15F4K60S4	60K	4096B	1KB	3 路	8 路 10 位	8 个	18 个	有	8 级	38/42/46	4 个
IAP15F4K61S4	61K	4096B	IAP	3 路	8 路 10 位	8 个	18 个	有	8 级	38/42/46	4 个
STC15F2K08S2	8K	2048B	53KB	3 路	8 路 10 位	6 个	14 个	有	8 级	38/42/46	2 个
STC15F2K16S2	16K	2048B	45KB	3 路	8 路 10 位	6 个	14 个	有	8 级	38/42/46	2 个
STC15F2K24S2	24K	2048B	37KB	3 路	8 路 10 位	6 个	14 个	有	8 级	38/42/46	2 个
STC15F2K32S2	32K	2048B	29KB	3 路	8 路 10 位	6 个	14 个	有	8 级	38/42/46	2 个
STC15F2K40S2	40K	2048B	21KB	3 路	8 路 10 位	6 个	14 个	有	8 级	38/42/46	2 个
STC15F2K48S2	48K	2048B	13KB	3 路	8 路 10 位	6 个	14 个	有	8 级	38/42/46	2 个
STC15F2K56S2	56K	2048B	5KB	3 路	8 路 10 位	6 个	14 个	有	8 级	38/42/46	2 个
STC15F2K60S2	60K	2048B	1KB	3 路	8 路 10 位	6 个	14 个	有	8 级	38/42/46	2 个
IAP15F2K61S2	61K	2048B	IAP	3 路	8 路 10 位	6 个	14 个	有	8 级	38/42/46	2 个
STC15F1K28AD	8～30K	1024B	1～22KB	3 路	8 路 10 位	6 个	13 个	有	8 级	38/42/46	1 个
STC15F412AD	4～14K	512B	1～3KB	3 路	8 路 10 位	5 个	12 个	有	8 级	14/18/26	1 个
STC15F204ESW	2～6K	256B	1～3KB	—	—	2 个	9 个	有	8 级	14/18	1 个
STC15F204AD	2～6K	256B	1～3KB	3 路	8 路 10 位	5 个	12 个	有	8 级	14/18	1 个
STC15F104W	2～6K	128B	1～3KB	—	—	2 个	8 个	有	8 级	6	1 个
STC15F104ES	2～6K	128B	1～3KB	—	—	2 个	9 个	有	8 级	14	1 个
STC15F408AD	8K	512B	5KKB	3 路	8 路 10 位	2 个	9 个	有	8 级	26	1 个
STC15F413AD	13K	512B	IAP	3 路	8 路 10 位	2 个	9 个	有	8 级	26	1 个
其中，中间带 F 的单片机为 5V 单片机，带 L 的是低压型，如 STC15L104ES/104EW/204ESW 都是 3.3V 低压型单片机系列											

各个系列单片机内存RAM分配如表2-4所示。

表2-4　STC15Fxx系列单片机内存分配表

单片机系列	片内RAM	片内工作RAM	片内扩展RAM	外部RAM
STC15F4K60S4	4KB	256B（128B基本+128扩充）	3840B	外部可扩展64KB
STC15F2K60S2	2KB	256B（128B基本+128扩充）	1792B	外部可扩展64KB
STC15F1K28AD	1KB	256B（128B基本+128扩充）	768B	不可扩展RAM
STC15F412AD	512B	256B（128B基本+128扩充）	256B	不可扩展RAM
STC15F204AD	256B	256B（128B基本+128扩充）	无	不可扩展RAM
STC15F204SW	256B	256B（128B基本+128扩充）	无	不可扩展RAM
STC15F104S	128B	128B	无	不可扩展RAM
STC15F104W	128B	128B	无	不可扩展RAM

2.1.3　STC15Wxx系列单片机

ST15Wxx系列是STC宏晶公司最新生产推出的一款单时钟（1T）的新一代单片机，具有高速、高可靠性、宽电压、低功耗特点，具备超强抗干扰能力；采用了第九代程序存储加密技术；内部集成了高精度R/C时钟（误差±0.3%，温飘在±0.6～1%）；能用ISP编程定制单片机工作时钟和内部复位，复位门槛电压有16级可选，可省去外接晶振和复位电路。

STC15Wxx包括8个子系列，各系列单片机型号如表2-5所示。这个系列单片机工作电压2.5V～5.5V，是目前使用最广泛的主流单片机。它们都是1T时钟的高速单片机，工作频率0～35MHz，指令运行速度是传统8051的8～12倍；该系列单片机的芯片引脚封装多样，从8脚到最多64引脚，除电源正、负引脚外，其他都可作为通用I/O口使用，最多可达62个，每个I/O口驱动能力达20mA，但40脚及以上封装的单片机整个芯片最大功耗不能超过120mA，16～32脚封装的单片机不能超过90mA。可针对电动机控制，四旋翼飞行器控制，抗干扰能力强，对开发小型电子产品有比较高的实用性和性价比高。

表2-5　STC15W系列高性能单片机一览表

型　号	Flash	SRAM	E^2PROM	PCA, PWM,D/A	A/D	定时器计数器	中断源	掉电唤醒	复位门槛	串口	引脚数
STC15W4K16S4	16KB	4096B	42KB	8路	8路10位	8个	21个	有	16级	4	28～64
STC15W4K32S4	32KB	4096B	26KB	8路	8路10位	8个	21个	有	16级	4	28～64
STC15W4K40S4	40KB	4096B	18KB	8路	8路10位	8个	21个	有	16级	4	28～64
STC15W4K48S4	48KB	4096B	10KB	8路	8路10位	8个	21个	有	16级	4	28～64
STC15W4K56S4	56KB	4096B	2KB	8路	8路10位	8个	21个	有	16级	4	28～64
IAP15W4K60S4	60KB	4096B	IAP	8路	8路10位	8个	21个	有	16级	4	28～64
IAP15W4K61S4	61KB	4096B	IAP	8路	8路10位	8个	21个	有	16级	4	28～64
IAP15W4K63S4	63KB	4096B	IAP	8路	8路10位	8个	21个	有	16级	4	28～64
STC15W1K20S	20KB	1024B	6KB	—	—	3个	12个	有	16级	1	64
STC15W1K08PWM	8KB	1024B	19KB	8路	8路10位	3个	12个	有	16级	1	28～32
STC15W1K16PWM	16KB	1024B	11KB	8路	8路10位	3个	12个	有	16级	1	28～32
STC15W1K16S	16KB	1024B	13KB	—	—	3个	12个	有	16级	1	20～44
STC15W1K24S	24KB	1024B	5KB	—	—	3个	12个	有	16级	1	20～44
IAP15W1K29S	29KB	1024B	IAP	—	—	3个	12个	有	16级	1	20～44
STC15W404S	4KB	512B	9KB	—	—	3个	12个	有	16级	1	28～44
STC15W408S	8KB	512B	5KB	—	—	3个	12个	有	16级	1	28～44

续表

型　号	Flash	SRAM	E^2PROM	PCA,PWM,D/A	A/D	定时器计数器	中断源	掉电唤醒	复位门槛	串口	引脚数
STC15W410S	10KB	512B	3KB	—	—	3 个	12 个	有	16 级	1	28～44
IAP15W413S	13KB	512B	IAP	—	—	3 个	12 个	有	16 级	1	28～44
STC15W401AS	1KB	512B	5KB	3 路	8 路 10 位	3 个	13 个	有	16 级	1	16～28
STC15W402AS	2KB	512B	5KB	3 路	8 路 10 位	3 个	13 个	有	16 级	1	16～28
STC15W404AS	4KB	512B	9KB	3 路	8 路 10 位	3 个	13 个	有	16 级	1	16～28
STC15W408AS	8KB	512B	5KB	3 路	8 路 10 位	3 个	13 个	有	16 级	1	16～28
IAP15W413AS	13KB	512B	IAP	3 路	8 路 10 位	3 个	13 个	有	16 级	1	16～28
STC15W201S	1KB	256B	4KB	—	—	2 个	10 个	有	16 级	1	8～16
STC15W202S	2KB	256B	3KB	—	—	2 个	10 个	有	16 级	1	8～16
STC15W203S	3KB	256B	2KB	—	—	2 个	10 个	有	16 级	1	8～16
STC15W204S	4KB	256B	1KB	—	—	2 个	10 个	有	16 级	1	8～16
IAP15W205S	5KB	256B	IAP	—	—	2 个	10 个	有	16 级	1	8～16
STC15W100	0.5KB	128B	—	—	—	2 个	8 个	有	16 级	—	8
STC15W101	1KB	128B	4KB	—	—	2 个	8 个	有	16 级	—	8
STC15W102	2KB	128B	3KB	—	—	2 个	8 个	有	16 级	—	8
STC15W103	3KB	128B	2KB	—	—	2 个	8 个	有	16 级	—	8
STC15W104	4KB	128B	1KB	—	—	2 个	8 个	有	16 级	—	8
IAP15W105	2KB	128B	IAP	—	—	2 个	8 个	有	16 级	—	8

单片机芯片一般按 8、16、20、28、32、40、44、48、64 脚封装。STC15Wxx 系列内部带有 8 路 CCP/PWM 时，其中 6 路为 15 位带死区控制的专门 PWM，另 2 路为 10 位 PWM，可做外部中断或掉电唤醒。

2.1.4　其他系列单片机

除 STC 系列单片机外，还有其他各式各样的单片机，如 AVR 系列单片机、C8051F 系列单片机都是 8051 内核的单片机。Chipcon 先锋公司推出的 ZigBee 无线单片机 CC2430/CC2431 系列和短距离通信的新一代无线单片机 CC2510/CC1110 系列，都是以经典 8051 微处理器为内核的无线单片机，也称“射频 SoC（片上系统）”，以其优异的无线性能，超低功耗，超低成本，在单片机技术领域，开创了单片机无线化和无线网络化的全新时代，采用这些新型无线单片机，进行无线通信、RFID 产品等产品设计，是开发低成本、低功耗单片机应用产品非常理想的方案。

此外，还有 PIC 内核单片机、Motorola 内核单片机和专业单片机，它们在实际应用中也扮演着重要角色。其中 MDT20xx 系列单片机具有工业级 OTP 单片机，与 PIC 单片机引脚完全兼容，海尔电冰箱、TCL 通信产品和长安奥拓、铃木轿车等设备的功率分配器就是使用的这款单片机。还有 16 位高性能单片机，例如凌阳 16 位单片机、极低功耗的 TI MSP430 系列单片机、PIC24 系列单片机。

专用型单片机的主要特点是：针对某一种产品或某一种控制应用而专门设计，设计时已使结构最简，软、硬件应用最优，可靠性及应用成本最佳。专用型单片机用途专一，出厂时已将程序一次性固化好，因此生产成本低。例如，电子表、电话机、电视机和空调里就嵌入了专用型单片机。

随着经济的快速发展，自动化装备的不断更新，人民生活水平的不断提高，各种系列的单片机将渗透到社会生活的各个方面，为人们的学习、工作和生活提供高效、便捷的服务。

2.2 基于 ARM 内核的单片机

ARM（Advanced RISC Machines）是微处理器行业的一家知名企业，设计了大量高性能、廉价、耗能低的 RISC 处理器的相关技术及软件，适用于多种领域，在嵌入式控制、消费/教育类多媒体、DSP 和移动式系统具有广泛的应用。

2.2.1 ARM 概念及其发展

ARM 是一种结构，由 ARM 公司设计，并将它的技术授权给世界范围的半导体公司和系统公司，由这些公司专注于制造、应用和市场运作。ARM 嵌入式系统，是面向特定应用，隐藏于应用系统或电子产品内部的专用计算机。

ARM 是英国一家电子公司的名字，全名的意思是 Advanced RISC Machines。该公司成立于 1990 年 11 月，是苹果电脑、Acorn 电脑集团和 VLSI Technology 的合资企业。Acorn 曾推出世界上首个商用单芯片 RISC 处理器，而苹果电脑希望将 RISC 技术应用于自身系统，由此开发出 ARM 微处理器。ARM 首创了 chipless 的生产模式，即该公司既不生产芯片，也不设计芯片，而是设计出高效的 IP 内核，授权给半导体公司使用，半导体公司在 ARM 技术的基础上添加自己的设计并推出芯片产品，最后由 OEM 客户采用这些芯片来构建基于 ARM 技术的系统产品。ARM 站在了半导体产业链上游的上游，销售芯片核心技术 IP，目前全球有 103 家巨型 IT 公司在采用 ARM 技术，20 家最大的半导体厂商中有 19 家是 ARM 的用户，包括德州仪器，意法半导体，Philips, Intel 等。AMD 与之抗衡，采用的是 MIPS 结构。

ARM 提供一系列内核、体系扩展、微处理器和系统芯片方案。典型产品 ARM7 是小型、快速、低能耗、集成式 RISC 内核的 32 位核，用于移动通信。其中 ARM7TDMI(Thumb)是公司授权用户最多的一项产品，该产品的典型用途是数字蜂窝电话和硬盘驱动器。ARM710 系列包括 ARM710、ARM710T、ARM720T 和 ARM740T，低价、低能耗、封装式常规系统微型处理器，配有高速缓存（Cache）、内存管理、写缓冲和 JTAG，广泛应用于手持式计算、数据通信和消费类多媒体。ARM7 的功耗非常低，采用三段流水线和冯•诺依曼结构，提供 0.9MIPS/MHz。ARM9TDMI 采用 5 阶段管道化 ARM9 内核，同时配备 Thumb 扩展、调试和 Harvard 总线。在生产工艺相同的情况下，性能可达 ARM7TDMI 两倍之多。常用于连网和机顶盒。ARM940T 系列低价、低能耗、高性能系统微处理器，配有、内存管理和写缓冲，应用于高级引擎管理、保安系统、顶置盒、便携计算机和高档打印机。随着电子科学技术发展，又陆续推出了 ARM10、ARM11 等高性能产品。在 ARM11 以后，ARM 公司使用了新的 Cortex 命名。Cortex 架构分为 3 个系列，性能及复杂度由低到高分别是：M、R、A。

Cortex-M 系列主要的目标是微控制器市场，分为 Cortex-M0、Cortex-M0+、Cortex-M1、Cortex-M3、Cortex-M4 等几个档次。

Cortex-R 系列主要目标是高端的实时系统，包括基带、汽车、大容量存储、工业和医疗市场等，分为 Cortex-R4、Cortex-R5、Cortex-R7 几个档次。

Cortex-A 系列主要面向通用处理应用市场，可向托管丰富的 OS 平台和用户应用程序的设备提供全方位的从超低成本手机、智能手机、移动计算平台、数字电视和机顶盒到企业网络、打印机和服务器解决方案，处理器有 Cortex-A5、Cortex-A7、Cortex-A8、Cortex-A9、Cortex-A12、Cortex-A15、Cortex-A17、Cortex-53、Cortex-A57 等。

ARM Cortex^{TM}-A15 MPCore^{TM} 是性能卓越的处理器，通过与低功耗特性相结合，在各种市场上成就了卓越的产品，包括智能手机、平板电脑、移动计算、高端数字家电、服务器和无线基础结构。Cortex-A15 MPCore 处理器提供了性能、功能和能效的独特组合，进一步加强了 ARM 在这些高价值和高容量应用细分市场中的领导地位。

2.2.2 ARM 选型与应用

一般在普通应用中以 Cortex-M3 为主，Cortex-M3 采用 ARMV7 哈佛结构，具有带分支预测的 3 级流水线，中断延时最大只有 12 时钟周期，具有 1.25DMIPS 的性能和 0.19mW/MHz 的功耗。典型产品当首推意法半导体厂商推出的 STM32F101“基本型”系列、STM32F103“增强型”系列和 STM32F105、STM32F107“互联型”系列。

基本型时钟频率为 36MHz，增强型系列时钟频率达到 72MHz，这两个系列都内置 32KB 到 128KB 的闪存，不同的是 SRAM 的最大容量和外设接口的组合。在时钟频率 72MHz 时，从闪存执行代码功耗 36mA，相当于 0.5mA/MHz。

基本型：STM32F101R6、STM32F101C8、STM32F101R8、STM32F101V8、STM32F101RB、STM32F101VB。

增强型：STM32F103C8、STM32F103R8、STM32F103V8、STM32F103RB、STM32F103VB、STM32F103VE、STM32F103ZE。

在 STM32F105 和 STM32F107 互联型系列微控制器之前，意法半导体还推出了 STM32 USB 基本型系列、互补型系列；新系列产品沿用增强型系列的 72MHz 处理频率。内存包括 64KB 到 256KB 闪存和 20KB 到 64KB 嵌入式 SRAM。采用 LQFP64、LQFP100 和 LFBGA100 三种封装。

此外 Ateml、ADMtek、Cirrus Logic、Intel、Linkup、UetSilicon、Samsung、TI 和 Triscend 等都是 ARM 内核芯片生产厂商。常见的具有 ARM 核的单片机有 Atmel 的 AT91 系列处理器和 Philips 的 LPC2100、LPC2200 系列的 ARM 处理器以及 Cirrus Logic 公司的 EP 系列和 Samsung 的 ARM7 系列、ARM9 系列。下面对部分芯片做简要的介绍。

Atmel 公司的 AT91 系列微控制器是基于 ARM7TDMI 嵌入式微处理器的 16/32 位微控制器，是目前国内市场应用最广泛的 ARM 芯片之一。AT91 系列微控制器定位在低功耗和实时控制应用领域，它们已成功应用在工业自动化控制、MP3/WMA 播放器、数据采集产品、BB 机、POS 机、医疗设备、GPS 和网络系统产品中。

Philips 公司的 LPC2100/LPC2200 系列基于一个支持实时仿真和跟踪的 16/32 位 ARM7TDMI-S CPU，并带有 128/256K 字节（KB）嵌入的高速 Flash 存储器。128 位宽度的存储器接口和独特的加速结构，使 32 位代码能够在最大时钟速率下运行。对代码规模有严格控制的应用，可使用 16 位 Thumb 模式将代码规模降低超过 30%，而性能的损失却很小。LPC2100/LPC2200 系列采用非常小的 64 脚封装、极低的功耗、多个 32 位定时器、4 路 10 位 ADC、PWM 输出以及多达 9 个外部中断，这使它们特别适用于工业控制、医疗系统、访问控制和电子收款机（POS）等应用领域。由于内置了宽范围的串行通信接口，它们也非常适合于通信网关、协议转换器、嵌入式软件调制解调器以及其他各种类型的应用。后续的器件还将提供以太网、802.11 以及 USB 功能。

Cirrus Logic 公司带 ARM 核的 EP 系列芯片的重要应用领域有：手持计算、个人数字音频播放器和 Internet 电器设备。主要的产品有 EP7211/7212、EP7312、EP7309、EP9312 和 CL-PS7500FE 等。EP7211 为高性能、超低功耗应用设计，有 208 条引脚的 LQFP 封装，具体应用有 PDA、2 道寻呼机、智能蜂窝电话和工业手持信息电器。器件围绕 ARM720T 处理器核设置，有 8K 字节的四路组相联的统一 Cache 和写缓冲，含增强型存储器控制单元（MMU），支持微软公司的 Windows CE。

总之，在大多数微控制器中，取指令和指令执行都是顺序进行的，但在 PIC 单片机指令流水线结构中，取指令和执行指令在时间上是相互重叠的，所以PIC系列单片机才可能实现单周期指令。只有涉及到改变程序计数器PC值的程序分支指令（例如GOTO、CALL）等才需要两个周期。

2.3 DSP数字处理器

2.3.1 DSP技术概念及其发展

数字信号处理DSP（Digital Signal Processing）是一门新兴学科，涉及许多学科，广泛应用于许多领域。20世纪70年代以来，微处理器一直沿着通用CPU、微控制器MCU和DSP三个方向发展。随着计算机和信息技术的飞速发展，DSP技术的地位突现出来，以数字化为基础的数字信号处理已经在通信等领域得到极为广泛的应用。

数字信号处理是以数字形式对信号进行采集、变换、滤波、估值、增强、压缩、识别等处理，以得到符合人们需要的信号形式。数字信号处理是以众多学科为理论基础的，它所涉及的范围极其广泛，在数学领域，微积分、概率统计、随机过程、数值分析等都是数字信号处理的基本工具，与网络理论、信号与系统、控制论、通信理论、故障诊断等也密切相关。近来新兴的一些学科，如人工智能、模式识别、神经网络等，都与数字信号处理密不可分。可以说，数字信号处理是把许多经典的理论体系作为自己的理论基础，同时又使自己成为一系列新兴学科的理论基础。

DSP技术的发展因其内涵而分为两个方面。一方面，数字信号处理的理论和方法近年来得到迅速的发展，各种快速算法如声音与图象的压缩编码、加密与解密、识别与鉴别、调制与解调、频谱分析、信道识别与均衡、智能天线等算法都成为人们研究的热点，取得了较大的进步，为各种实时处理的应用提供了算法基础，对通信、计算机、控制等领域的技术发展起到十分重要的作用。另一方面，为了满足应用市场的需要，随着微电子科学与技术的进步，DSP处理器的性能在迅速提高，目前DSP的时钟频率达1.1GHz，处理速度达到每秒90亿次32位浮点运算，数据吞吐率达2Gbyte/s。同时，DSP处理器的体积、功耗和成本也大幅度地下降，满足了低成本便携式电池供电应用系统的要求。

2.3.2 DSP处理器的主要结构特点

DSP处理器是专门设计用来进行高速数字信号处理的微处理器。与通用的CPU和微控制器MCU相比，DSP处理器在结构上采用了以下许多专门技术和措施来提高处理速度。

（1）哈佛结构：以奔腾CPU为代表的通用微处理器，其程序代码和数据共用一个公共的存储器空间和单一的地址与数据总线，这样的结构称冯·诺依曼结构。而DSP处理器采用哈佛结构，它将程序代码和数据的存储空间分开，各有自己的地址总线和数据总线。采用哈佛结构的DSP可以并行地进行指令和数据的处理，从而可以大大提高运算速度。

（2）流水技术：计算机在执行一条指令时，总要经过取指、译码、取数、执行运算等步骤，需要若干个指令周期才能完成。流水技术是将各指令的各个步骤重叠起来执行，而不是一条指令执行完成之后才执行下一条指令。也就是第一条指令取指令后，在进行译码时开始对第二条指令取指；在第一条指令取数时，同时又对第二条指令译码和对第三条指令取指……依次类推，使用流水技术后，大大提高了指令执行的效率。DSP处理器所采取的哈佛结构为采用流水技术提供了很大的方便。

（3）独立的直接存储器访问（DMA）总线及控制器：数据要高速处理必须要有高速的数据访问与传输。DSP处理器为DMA单独设置了完全独立的总线和控制器，其目的是在进行数据传输时不受 CPU 及相关总线的影响。既便如此，在面对越来越高的实时处理的应用要求时，单个 DSP 处理器也还达不到实际要求，需要将多个 DSP 处理器串行或并行或串并兼用来组成 DSP 处理阵列，以提高系统的处理能力。因此，DMA 就成了多 DSP 之间进行数据传输的主要通道。目前，有的 DSP 的 DMA 通道多达 64 个。

（4）数据地址发生器（DAG）：在 DSP 处理器中，设置了专门的数据地址发生器来产生所需要的数据地址。数据地址的产生与 CPU 的工作是并行的，从而节省了 CPU 的时间，提高了信号处理速度。

（5）定点 DSP 处理器与浮点 DSP 处理器：定点 DSP 处理器是数据格式用整数和小数表示。目前除少数 DSP 处理器采用 20 位、24 位或 32 位格式外，大多数定点 DSP 处理器采用 16 位数据格式。定点 DSP 处理器功耗小、价格低，应用普遍。

数据的浮点格式用指数和尾数的形式表示，其动态范围比用小数形式的定点格式要大得多。为了保证底数的精度，浮点 DSP 的数据格式一般采用 32 位。与定点 DSP 处理器相比，浮点 DSP 处理器的速度更快，尤其是作浮点运算。在实时性要求高的场合，一般会考虑采用浮点 DSP 处理器。

（6）丰富的外设资源：DSP 处理器的外设主要包括：时钟发生器、定时器、软件可编程等待状态发生器、通用 I/O、同步串口（SSP）与异步串口（ASP）、主机接口（HIP）和 JTAG 边界扫描逻辑电路等。

2.3.3　DSP 的选择与应用

DSP 芯片的选择应根据实际的应用系统需要而确定，一般来说，选择 DSP 芯片时应考虑到如下诸多因素。

（1）DSP 芯片的运算速度：运算速度是 DSP 芯片的一个最重要的性能指标，也是选择 DSP 芯片时所需要考虑的一个主要因素。

（2）DSP 芯片的价格：DSP 芯片的价格也是选择 DSP 芯片所需考虑的一个重要因素。由于 DSP 芯片发展迅速，DSP 芯片的价格往往下降较快，因此在开发阶段选用某种价格稍贵的 DSP 芯片，等到系统开发完毕，其价格可能已经下降一半甚至更多。

（3）DSP 芯片的硬件资源：不同的 DSP 芯片所提供的片内 RAM、ROM、外部可扩展的程序和数据空间、总线接口、I/O 接口等资源不同，可以适应不同的需要。

（4）DSP 芯片的运算精度：一般的定点 DSP 芯片的字长为 16 位，如 TMS320 系列。但有的公司的定点芯片为 24 位，如 Motorola 公司的 MC56001 等。浮点芯片的字长一般为 32 位，累加器为 40 位。

（5）DSP 芯片的开发工具：在选择 DSP 芯片的同时必须注意其开发工具的支持情况，包括软件和硬件的开发工具。

（6）DSP 芯片的功耗：便携式的 DSP 设备、手持式 DSP 设备、野外应用的 DSP 设备等都对功耗有特殊的要求。目前，3.3V 供电的低功耗高速 DSP 芯片已大量使用。

（7）其他：除了上述因素外，选择 DSP 芯片还应考虑到封装的形式、质量标准、供货情况、生命周期等。

DSP 处理器生产厂商主要有 Freescale、德州仪器、Motorola、ARM、MIPS、Hitachi、Intel、Sun、IBM。常见的 TI 公司生产的 DSP 处理器主要有以下几个系列：

（1）C2000 系列：此系列是一个控制器系列，全部为 16 位定点 DSP，可作为单片机使用，例如 TMS320F24x，TMS320LF240x 等，非常适用于电动机控制。TI 所有 DSP 中只有 C2000 内部有 Flash RAM 的微控制器，此外还集成有 A/D、定时器、各种串口、CAN 总线、PWM、I/O 口等。

（2）C5000系列：此系列是一个定点低功耗系列，特别适用于手持通信产品，如手机、PDA、GPS等。目前的处理速度一般在80MIPS～400MIPS。C5000系列主要分为C54xx和C55xx两个系列，它们在执行代码级是兼容的，但他们的汇编指令系统却不同。

（3）C6000系列：此系列是32位的高性能DSP处理器，处理速度800MIPS～2400MIPS。其中，C62xx为定点系列，C67xx和C64xx为浮点系列，提供EMIF扩展存储器接口和McBPS同步串口、HPI并行接口、定时器、DMA等。C6000系列的功耗较大，需要仔细考虑DSP与系统其他部分的电力分配，选择适当的DC-DC转换器。

（4）DaVinci系列：达芬奇是德州仪器（Texas Instruments）公司的一个DSP处理器系列名称。该系列DSP主要面向家用/车载的视频服务应用，针对数字视频、图像采样处理、视觉分析等应用进行了剪裁和优化。达芬奇的结构都是以一颗通用处理器为核心（例如ARM9或Cortex-A8），搭载视频加速处理器、DSP核以及各种外围设备。

达芬奇系列按型号可进一步划分为DM3x、DM37x、DM38x、DM64x、DM81x几个子系列。如TMS320DM8168达芬奇是数字媒体处理器。达芬奇系列包含200多种器件，从成本、功耗、性能方面提供了较多的选择。

此外，在选择DSP处理器还要视应用系统的运算量大小，运算量小则可以选用处理能力不是很强的DSP处理器，可以降低系统成本。反之，运算量大的DSP应用系统则必须选用处理能力强的DSP处理器，如果单个DSP的处理能力达不到系统要求，则必须用多个DSP处理器并行处理。

自20世纪80年代DSP处理器诞生以来，DSP芯片得到了飞速的发展。DSP处理器的高速发展，一方面得益于微电子技术的发展，另一方面也得益于巨大的市场。在20年时间里，DSP已经在信号处理、通信、雷达等许多领域得到广泛的应用。目前，DSP芯片的价格越来越低，性能价格比日益提高，具有巨大的应用潜力。DSP处理器的应用主要有：

（1）语音处理：如语音编码、语音合成、语音识别、语音增强、说话人辨认与确认、语音邮件、语音存储等。

（2）图形/图像处理：如二维和三维图形处理、图像压缩与传输、图像增强、动画、机器人视觉等。

（3）自动控制：如引擎控制、声控、无人自动驾驶、机器人控制、磁盘控制等。

（4）通信技术：如调制解调器、自适应均衡、数据加密、数据压缩、回波抵消、多路复用、传真、扩频通信、纠错编码、可视电话等。

（5）信号处理：如数字滤波、自适应滤波、快速傅立叶变换、相关运算、频谱分析、卷积、模式匹配、加窗、波形产生等。

（6）医疗：如助听器、超声设备、诊断工具、病人监护等。

（7）家用电器：如高保真音响、音乐合成、音调控制、玩具与游戏、数字电话/电视等。

（8）仪器仪表：如频谱分析、函数发生、锁相环、地震信息处理等。

（9）军事：如保密通信、雷达处理、声纳处理、导航、导弹制导等。

随着DSP芯片性能价格比的不断提高，可以预见DSP芯片将会在更多的领域内得到更为广泛的应用。

练习与思考题

1. 简述CISC和RISC结构的特点与区别。

2. 单片机主要有哪些系列？以51为内核的单片机制造公司有哪些？它们有什么特点？为什么以

MCS-51 作为教学内容？

3．STC 公司推出了哪几个系列的单片机，各有什么特点？

4．单片机的发展趋势是什么？

5．高档型单片机增加了哪些部件，在实际应用中有什么优势？

6．简述单片机主要的应用领域。

7．什么叫 ARM？什么叫嵌入式系统？ARM 采用什么结构？有什么特性？

8．简述嵌入式系统的特点和应用领域。

9．Motorola、TI、Microchip 公司有哪些主流单片机系列？各有什么特点？

10．什么是 DSP？简述数字信号处理的重要性及其应用领域。

11．简述 DSP 处理器的结构特点。

12．简述数字信号处理系统的处理形式和结构模型？

13．在高档单片机中含有 RAM、Flash、I^2C、E^2PROM、SPI、UART、MIPS、I/O、ADC、DAC、VDD、CCU、RTC、WDT、JTAG 和 TSSOP、LQFP、TQFP、SO、DIP 等，请问它们的含义是什么。

14．MCU、ARM、DSP、FPGA、CPU 有什么区别？

15．Cortex 架构分为哪些系列？各有什么应用特点？

16．TI 公司生产的 DSP 处理器主要有哪几个系列？各有什么特点？

第3章　软件系统设计概述

智能仪器实质是由硬件系统和软件系统构成的，不仅需要掌握系统电路分解和单元电路设计及接口合成，也要掌握软件顶层设计，包括功能结构设计、层次设计、算法思想设计。软件是智能仪器的灵魂，也是智能仪器功能实现的关键所在，这是传统仪器所没有的。本章介绍智能仪器软件系统设计的基本过程与方法。

3.1　软件开发环境与编程语言

3.1.1　开发环境的选择

根据智能仪器软件系统设计的基础不同，开发环境可分为以下两种：

（1）裸机环境：如图 3-1(a)所示，在基于“裸机”的编程环境下，开发者面临的是一个完全空白的单片机芯片及其相关的周边硬件电路，系统运行的所有程序、资源的合理分配使用都必须由开发者来设计。

（2）操作系统环境：如图 3-1(b)所示，在基于“操作系统”的编程环境下，开发者面临的是一个具有“实时多任务操作系统”内核的单片机。在“操作系统”的基础上进行程序设计时，只需要把系统软件划分成相对独立的功能任务，任务之间通过信号量参数通信联系，然后对系统软件的各项任务进行程序设计，任务的管理和调度等基本操作由“操作系统”内核来完成。

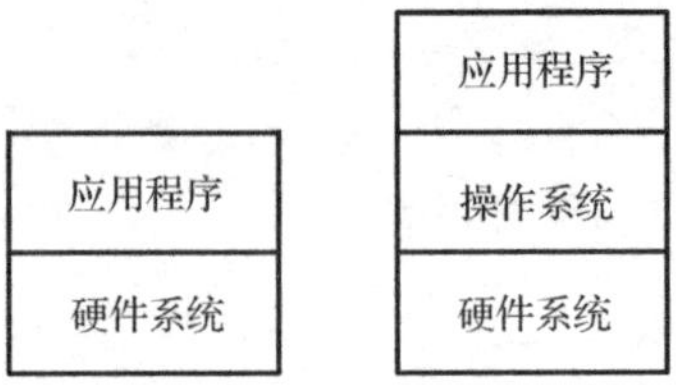

图 3-1　程序开发环境

显然，基于“操作系统”的编程环境可以高效率地进行软件开发，但这需要付出一定的代价：操作系统内核一般要花钱购买，并占用系统资源。采用操作系统内核的最佳场合是实时性要求高、任务比较多（控制对象多、检测对象多、系统比较复杂）的系统。在这种系统中，采用的单片机档次比较高，系统资源比较充足，一般开发成本的预算也较高。采用基于操作系统的开发环境有利于在较短的时间内完成系统开发任务，所得到的软件系统的可靠性也有保障，故在设计高档电子仪器和电子产品时基本上都是基于“操作系统”的编程环境。

在低中档电子产品中，系统资源较为紧张，成本要求苛刻，通常不采用操作系统内核。很多采用廉价单片机开发的小型电子产品功能单纯，程序量不大，完全没有采用“操作系统”的必要。在一般的智能仪器中，系统任务数目不多，通常不采用操作系统也能够很好地完成任务。为了使尚未掌握“操作系统”知识的人员能够使用本书，故本书介绍的软件设计方法均为基于“裸机”编程环境下的设计方法。

3.1.2　编程语言的选择

目前单片机软件的开发主要采用汇编语言和 C 语言，或者采用汇编语言与 C 语言混合编程。采用汇编语言编程必须对单片机的内部资源和外围电路非常熟悉，尤其是对指令系统的使用必须非常熟练，故对程序开发者的要求是比较高的。用汇编语言开发软件，程序量通常比较大，方方面面均需要考虑，一切问题都需要由程序设计者安排，其实时性和可靠性完全取决于程序设计人员的水平。采用汇编语言编程主要适用于功能比较简单的中小型应用系统。

采用 C 语言编程时，只要对单片机的内部结构基本了解，对外围电路比较熟悉，对指令系统则不必非常熟悉。用 C 语言开发软件，很多细节问题不需要考虑，编译软件会替设计者安排好。故 C 语言在单片机软件开发中的应用越来越广，使用者越来越多。当开发环境为基于“操作系统”编程时，编程语言通常采用 C 语言。

单纯采用 C 语言编程也有诸多不足之处，在一些对时序要求非常苛刻、或对运行效率要求非常高的场合，只有汇编语言才能够很好地胜任。故在很多情况下，需要采用 C 语言和汇编语言混合编程是最佳选择。

从编程难度来看，汇编语言比 C 语言要难得多，但作为一个立志从事单片机系统开发的科技人员，必须熟练掌握汇编语言指令系统和程序设计方法，特别是在操作系统编程时，不懂汇编语言将无法实现系统移植。而且，在熟练掌握汇编语言编程之后，学习 C 语言编程将是一件比较容易的事情，并且能够将 C 语言和汇编语言非常恰当地混合在一起，以最短的时间和最小的代价，开发出高质量的软件。

由于本门课程的前导课程《单片机原理及应用》，是采用 8051 系列单片机汇编语言进行教学，故汇编语言程序设计是大家都懂的程序设计语言，本书也采用汇编语言来讨论各种问题。关于 C 语言（如 C51）的程序设计技术，本书将在第 14 章做简单介绍，建议读者在基本掌握汇编语言程序设计技术之后，应该学习 C 语言编程、混合编程，以便适应大的系统软件设计，使程序设计水平上一个新的层次。

3.2　软件系统的结构分析

一般来说，把一个应用系统的全部软件称为软件系统，在进行软件系统设计前，必须对软件系统的一般结构有充分了解，然后根据具体仪器的要求，对软件系统的结构进行合理规划，才能有条理地完成软件系统设计。

3.2.1　层次结构

一个完整的软件系统是由若干程序模块组成的，根据其运行层次可分为两类：

（1）主动执行的程序模块（上层模块）：这类程序模块包括主程序和各种中断子程序。主程序在系统上电时自动执行，最后必定进入一个无限循环。各类中断子程序在满足中断条件时自动执行，最后必定执行中断返回指令。由于中断的发生是随机的，其返回地址是被中断打断的地方，通常不是固定的地址。

（2）被动执行的程序模块（下层模块）：这类程序模块包括各种普通子程序，它们均不能主动执行，只能在被其他程序调用时执行，最后必定执行返回指令，由于子程序调用是显性的，故其返回地址也是明确的。因为某个子程序可能需要调用其他子程序，故其嵌套调用的层次可以较多，但最大调用层次受到堆栈资源的限制。

从层次结构来看，软件系统的上层由主程序和若干中断子程序组成，它们体现了软件系统的逻辑结构，下层由若干子程序组成，它们只是为上层服务的工具。因此，整个软件系统的设计过程主要是主程序和若干中断子程序的设计过程。

3.2.2　功能结构

在嵌入式系统中，软件设计的内容主要有功能性设计、可靠性设计和管理设计。完成功能性设计后，系统就可以实现预定的功能；完成可靠性设计后，系统就能够可靠地运行。在某些系统中还需要进行运行管理设计，以便实现系统的电源管理、程序在线升级等特殊功能。功能性设计和运行管理设计通过各种不同程序模块来实现，可靠性设计渗透到各个模块的设计之中（详细内容将在第10章中介绍）。因此，整个软件系统也可以看成是由若干功能模块组成，常用的功能模块如下：

（1）自检模块：完成对硬件系统的检查，发现存在的故障，避免系统“带病运行”。该模块通常包括程序存储器自检、数据存储器自检、输入通道自检、输出通道自检、外部设备自检等，详细内容将在第10章中介绍。

（2）初始化模块：完成系统硬件的初始设置和软件系统中各个变量“默认值”的设置。该模块通常包括外围芯片初始化、片内特殊功能寄存器的初始化（如定时器和中断控制寄存器等）、堆栈指针初始化、全局变量初始化、全局标志初始化、系统时钟初始化、数据缓冲区初始化等。该模块为系统建立一个稳定和可预知的初始状态，任何系统在进入工作状态之前都必须执行该模块。

（3）时钟模块：完成时钟系统的设置和运行，为系统其他模块提供时间数据。系统时钟的实现方法有两种，一种是硬件时钟，采用时钟芯片来实现；另一种是软件时钟，采用单片机内部定时器来实现。时钟系统的主要指标是最小时间分辨率和最大计时范围，它必须满足系统实时控制的需要。有关该模块的详细内容将在第7章中介绍。

（4）监控模块：通过获取键盘信息，解释并执行之，完成操作者对系统的控制。该模块实现了系统的可操作性，有关该模块的详细内容将在第8章中介绍。

（5）信息采集模块：采集系统运行所需要的外部信息，通常包括采集各种传感器输出的模拟信息和各种开关输出的数字信息，其中模拟信息的采集由A/D转换来完成。该模块执行的实时性体现了系统对外部信息变化的敏感程度。有关该模块的详细内容将在第4章和第5章中介绍。

（6）数据处理模块：按预定的算法将采集到的信息进行加工处理，得到所需的结果。该模块设计的核心问题是数据类型的选择和算法的选择，合理的选择将大大提高数据处理的效率。有关该模块的详细内容将在第9章中介绍。

（7）控制决策模块：根据数据处理的结果和系统的状态，决定系统应该采取的运行策略。该模块的设计与控制决策算法有关，通常包含人工智能算法。

（8）显示打印模块：系统将各种信息通过显示设备或打印设备输出，供操作者使用。该模块设计中常常需要处理数据格式转换问题和排版格式问题。有关该模块的详细内容将在第8章中介绍。

（9）信号输出模块：根据控制决策模块的结论，输出对应的模拟信号和数字信号，对控制对象进行操作，使其按预定要求运行，其中模拟信息的输出由D/A转换来完成。有关该模块的详细内容将在第4章和第5章中介绍。

（10）通信模块：完成不同设备之间的信息传输和交换，该模块设计中的核心问题是通信协议的制定。有关该模块的详细内容将在第6章中介绍。

（11）其他模块：完成某个特定系统所特有的功能，如电源管理、程序升级管理等。

从功能结构来看，应用系统的软件设计过程也是完成各个功能模块设计的过程。

3.3　软件系统的规划

软件系统的规划就是将各个功能模块合理地组织到主程序和各个中断子程序中去。因为每个功能模块的实现都在一定程度上与硬件电路有关，因此，某个功能模块的安排方式一般不是唯一的，对应不同的硬件设计可以有不同的安排。

（1）自检模块：通常安排在系统上电时首先执行，即在主程序的前端调用一次自检模块，以确认系统启动时是否处于正常状态。为了发现系统运行中出现的故障，可以在时钟模块的配合下进行定时自检，即每相隔规定时间调用一次自检模块。为了消除操作者对系统状态的疑虑，也可以通过按键操作临时调用一次自检模块，这可以在监控模块的配合下实现。

（2）初始化模块：安排在上电自检之后执行，即主程序在进入无限循环之前进行。

（3）时钟模块：当采用硬件时钟时，如果时钟芯片可以输出时钟脉冲，触发外部中断，则时钟模块安排在这个外部中断子程序里；如果时钟芯片不输出时钟脉冲，则应用软件需要时钟信息时直接从时钟芯片读取。当采用软件时钟时，时钟模块安排在定时中断子程序里。

（4）监控模块：监控模块的安排取决于键盘信息的获取方式。当采用查询方式读键时，监控模块安排在主程序的无限循环之中；当采用键盘中断方式读键时，监控模块安排在键盘中断子程序之中。当采用定时查询方式读键时，监控模块安排在定时中断子程序之中。

（5）信息采集模块：该模块的安排与信息采集的方式有关。对于某些突发事件的采集，系统处于被动状态，一般通过事件中断（外部中断或计数中断）来采集。对于常规信息的采集，系统处于主动状态，一般按规定的时间间隔（采样周期）来采集。这时，信息采集模块可安排在时钟模块之后，根据时钟信息来启动信息采集模块。

（6）数据处理模块：一般安排在信息采集模块之后。如果该模块较复杂，消耗 CPU 的时间较长，则可安排在主程序之中运行，信息采集模块可通过软件标志来通知数据处理模块。

（7）控制决策模块：一般安排在数据处理模块之后。

（8）显示打印模块：一般安排在监控模块之后，以便及时反映系统信息与操作结果。

（9）信号输出模块：一般安排在显示打印模块和控制决策模块之后。

（10）通信模块：通信模块一般包含接收程序和发送程序两部分。由于接收程序处于被动工作方式，故一般安排在通信中断子程序之中。发送程序包含启动部分（初始化通信部件和发送第一个字节）和发送工作部分（发送剩余字节）。启动部分的安排与启动方式有关，当采样人工启动时，发送程序的启动部分安排在监控模块中；当采样自动启动方式时（如数据处理结束时自动发送结果），发送程序的启动部分安排在相应的模块之后（如数据处理模块之后）。发送程序的工作部分与通信方式有关，当采用查询方式时，发送程序的工作部分直接安排在发送程序的启动部分之后；当采样中断方式时，发送程序的工作部分安排在通信中断子程序之中。为提高 CPU 的效率，建议将发送程序的工作部分安排在通信中断子程序之中。

3.4　软件系统的设计步骤

为了提高软件系统的设计效率，建议采用“下、上、中”的设计顺序，即首先设计下层程序（硬件接口程序），再设计上层程序（软件系统框架），最后设计中层程序（各种功能模块）。

3.4.1　设计和调试硬件接口模块

在进行软件设计之前，硬件系统设计方案应该基本确定，并制作出调试用的电路板。为了避免后续设计过程出现重大反复，最好在软件设计的前期首先进行硬件接口模块的设计，如模拟信号采集的 A/D 转换子程序、输出模拟控制信号的 D/A 转换子程序、采集按键信息的键盘扫描子程序、显示部件的驱动子程序等。

硬件接口模块的设计过程和“单片机原理”课程的实验课相似，程序设计本身并不困难（通常可以从硬件厂商的网站上下载），主要取决于硬件设计和安装本身是否合理。如果硬件设计和安装均正常，相关的接口模块就可以顺利通过。如果发现问题，可及时修改硬件设计，直到所有硬件接口模块均工作正常，其技术参数均到达设计要求为止。

硬件接口模块处于软件系统的最底层，首先完成这些模块的设计就为后续软件设计过程打下了坚实的基础，使后续软件设计过程的每一步都处于可测试、可观察状态，从而加快软件设计的进度。

3.4.2 建立软件系统的框架

在建立软件系统框架时，应该包含软件系统的各个部分，而一个完整的软件系统（汇编语言格式）通常包含以下几部分：

（1）定义部分：定义变量和分配资源。在开始软件系统设计之前，必须进行系统的“信息分析”,在系统运行过程之中存在哪些信息？它们是如何流动和变换的？信息的流动和变换过程反映到软件系统中就是数据和算法，为了得到和输出数据，必须定义相关的输入输出硬件设备的地址；为了保存数据，必须定义具有对应类型的变量或数组；为了完成数据变换，还需要为相关数据处理算法配置若干标志（位变量）。变量定义过程也是系统资源（存储器）的分配过程，字节型变量用 DATA 伪指令来定义和分配储存单元，位变量用 BIT 伪指令来定义和分配储存单元，地址常量和其他常量用 EQU 伪指令来定义。对于数组或数据块，用 EQU 伪指令来定义其起始地址。在建立软件系统框架时，先定义好外部部件的地址、主要的变量和数据块首址，并留有充分余地，随着程序设计的深入，通常需要补充新的变量和标志。

（2）向量部分：程序储存器的起始部分为向量区，用来存放若干引导指令（LJMP）,指向主程序和各个中断子程序的入口标号。

（3）主程序：至少包含自检模块、初始化模块、无限循环三部分，在无限循环中可以调用某些功能模块。建议将无限循环设计为睡眠循环，将各种功能模块合理分配到各个中断子程序里。

（4）若干中断子程序：中断子程序的数量根据系统需要来决定。根据软件系统规划的结果，每个中断子程序将包含若干功能模块。在建立软件系统框架时，中断子程序的内容尚未编写，故中断子程序还是空的，由一个标号（中断子程序名）和一个中断返回指令组成，如串行中断子程序：

```
SCONN:   RETI
```

（5）若干功能模块：完成各种功能的子程序。若某个功能模块比较简单（程序简短），且只在一个地方被调用，则可以直接嵌入调用处，不必编写成为子程序（如初始化模块通常直接写入主程序之中）。否则，尽可能以子程序的形式来编写功能模块，使软件系统具有“模块化”的风格，便于调试和移植。在建立软件系统框架时，对于尚未设计的模块均以空子程序表示，它由一个标号（子程序名）和一个返回指令组成，如显示模块：

```
DISP:   RET
```

（6）若干硬件接口模块：完成信息采集、键盘扫描、显示驱动、控制输出等功能，这部分模块在这之前已经完成调试，直接包含到软件系统框架之中。

（7）其他低级子程序：完成某些基本变换和运算的子程序，通常可以在标准子程序库中选取，如数制转换和数学运算子程序。

（8）常量表格：如数码管的笔形表、系统参数表等。表格由标号（表格名称）和 DB 伪指令来构建。

如果预计软件系统的最终规模会比较大，应该采用多文档编程风格来建立软件系统的框架，使每一个程序文档只包含一个功能模块，使每个程序文档的规模控制控制在 200 行之内，便于软件维护。在建立多文档软件系统框架时，每个软件文档的前端必须有一个申明部分，用 EXTRN 来申明本程序文档中需要调用那些外部子程序（在其他程序文档中的子程序），而用 PUBLIC 来申明在本程序文档中编写的那些子程序可供其他程序文档使用。

软件系统框架建立后，必须可以通过编译器的编译。否则，就要进行修改和补充，直到通过编译为止。在本章后面的实例中，可以看到一个软件系统框架的样本。

3.4.3　设计和调试各个功能模块

软件系统框架建立后，依次完成各个空模块的设计和调试，直到每个模块的预定功能完全实现。各个模块的设计顺序应该遵循“先易后难”和“先简后繁”的原则，通常先设计时钟模块、显示模块和监控模块，使系统处于可操作、可观察的状态，为其他模块的设计创造一个基本运行环境。

在设计和调试各种功能模块阶段，通常需要给系统提供“仿真环境”。如用一个可调电压信号取代温度传感器部件，仿真从室温到上千度的高温环境；用发光二极管取代执行机构，仿真执行机构的启停状态。

3.4.4　整机测试

当全部软件均设计和调试通过之后，就可以进行整机测试了。在开始阶段，用仿真器进行全速运行，然后进行各种实际操作和测试，通常会出现各种故障和问题。分析故障现象，推测产生故障的原因，再在程序中设置若干断点，通过分析断点的数据，找出故障的真正原因，通过修改程序来消除该故障现象。

当在实验室的整机测试基本结束后，就可以装配一台样机。除了外观简陋之外，样机应该和最终产品具有同样功能和技术指标。在样机中，软件系统已经以代码形式写入程序存储器中。样机测试必须在实际工作环境中进行，检测的对象必须是真实的物理量，输出的信号必须控制真实的执行机构。

在样机测试阶段，可以发现不少实验室测试中没有发现的问题，这类问题基本上是可靠性问题，必须通过修改软硬件设计来解决，具体方法将在第 10 章中介绍。

3.5　实例分析

3.5.1　系统功能概述

我们以一个配料控制仪为例来说明软件系统的规划方法。该仪器控制一个配料系统，将三种原料按配方要求的比例进行混合，为了提高效率，3 个电子秤（压力传感器）同时进行工作，如图 3-2 所示。三种原料分别装入 3 个原料仓，原料仓的下端有电磁阀门，可控制原料的加料过程。3 个电子秤分别测量 3 个料斗中原料的重量，当达到配方要求时即停止加料。3 个料斗的下端也有电磁阀门，阀门打开后即可将原料排入混合容器中，完成一次配料过程。该系统有如下功能：

- 可以输入 3 种原料的配方和配料次数等工作参数；
- 可以人工控制配料过程，也可以启动“自动配料”功能；
- 3 个电子秤可以同时工作，且控制精度满足要求；
- 能够实时显示系统的各种数据；
- 能够与计算机通信，接收计算机的控制指令和上传配料过程的相关信息。

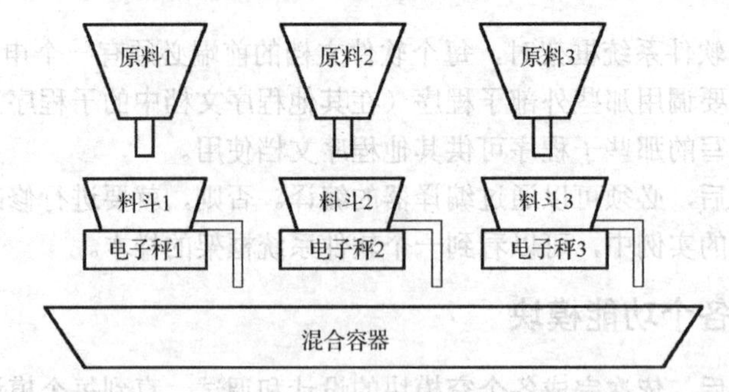

图 3-2　配料装置示意图

3.5.2　硬件系统概述

为了实现预定功能，系统硬件结构如图 3-3 所示。本系统需要处理数据比较少，CPU 采用 STC15W4K32S4 可在线仿真的单片机即可，内部有 4KB 的 RAM。键盘部件用来输入操作者的控制命令和技术参数，显示部件用来显示三个电子秤的数据和其他数据。三个传感器和 A/D 部件（包含信号调理电路）完成配料过程中的重量信号采集。输出锁存、光电隔离、功率驱动、电磁阀组成输出控制部件，完成配料过程的各种动作。通信部件完成单片机与上位机通信的信号电平转换。如果单机运行，也可以不要通信部件，可增加一片 EEPROM，或采用片内集成有 EEPROM 的单片机，用来保存配方数据和其他配料技术参数。

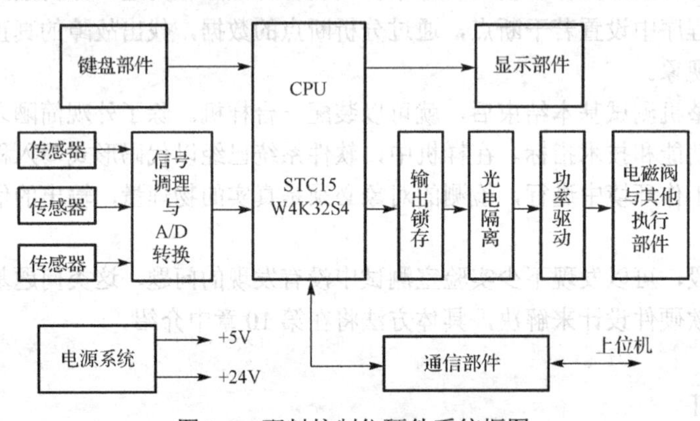

图 3-3　配料控制仪硬件系统框图

3.5.3　软件系统的规划

软件系统规划的前提是完成系统所有预定功能。自检模块、初始化模块和时钟模块是必须使用的模块。为了对系统进行操作，需要监控模块和显示模块。为了完成配料过程，需要信息采集模块、数据处理模块、控制计策模块和信号输出模块。为了和上位机进行通信，需要通信模块。

为了提高系统的可靠性和运行效率，主程序在完成自检和初始化后就进入睡眠状态，系统所有工作均在各种中断子程序里完成。这时的主程序具有如下形式：

```
MAIN:       设置堆栈
            调用自检模块
            对系统进行初始化
LOOP:       ORL      PCON,#01H        ;进入睡眠状态
            LJMP     LOOP             ;无限循环
```

本系统用定时器作为时钟源，以采样周期作为定时间隔，每次定时中断依次调用时钟模块、信息采集模块、数据处理模块、控制计策模块、监控模块、显示打印模块和信号输出模块，通信模块在通信中断子程序中实现，软件系统规划如图 3-4 所示。为了在一个定时间隔内执行完毕众多模块，在各个模块中均不能包含延时子程序和查询等待环节。

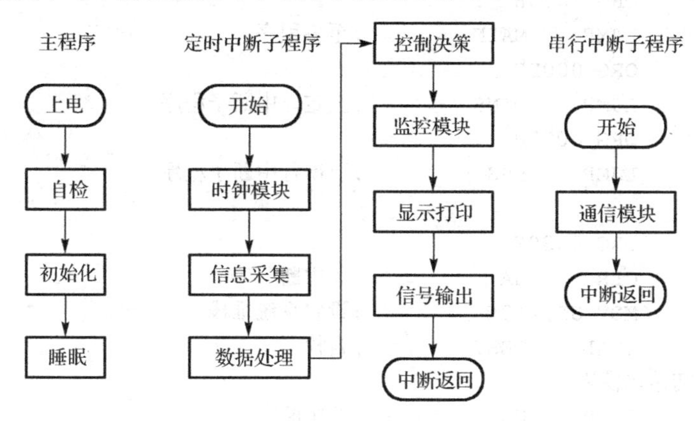

图 3-4　配料控制仪软件系统规划

3.5.4　软件系统的框架

根据软件系统规划的结果，软件系统框架如下（为减少篇幅，省略很多内容）：

```
;地址常量定义:
ADCH        EQU 0EDFFH          ;读取 A/D 转换结果高字节的地址
ADCL        EQU 0EEFFH          ;读取 A/D 转换结果低字节的地址
OUTBUF      EQU 0BFFFH          ;输出锁存器的地址
BUF         EQU 10H             ;数据缓冲区（8 字节十六进制）首址
SJBCD       EQU 30H             ;显示数据区（8 字节十进制）首址
PFN         EQU 38H             ;配方数据区（8 字节十六进制）首址

;变量定义与资源分配:
ZLH         DATA    18H         ;当前的采样重量（双字节十六进制）
ZLL         DATA    19H         ;
JYH         DATA    1AH         ;记忆重量（双字节十六进制）
JYL         DATA    1BH         ;
MBH     DATA    1CH             ;配料目标重量（双字节十六进制）
MBL     DATA    1DH             ;
BASEH       DATA    1EH         ;除皮基准（双字节十六进制）
BASEL       DATA    1FH         ;

;标志定义与资源分配:
FLAG        DATA    20H         ;标志位存放字节
WORK        BIT     FLAG .0     ;工作标志（1 工作循环，0 准备期）
KEYOK       BIT     FLAG .1     ;键盘响应标志（1 已响应，0 未响应）
YXXL        BIT     FLAG .2     ;允许卸料（1 允许，0 不允许）
XL          BIT     FLAG .3     ;卸料标志（1 卸料，0 配料）
SETS        BIT     FLAG .4     ;配方修改状态标志（1 修改状态，0 非修改状态）
```

```
PFYX        BIT     FLAG .5         ;配方有效标志（1 有效，0 无效）
LCYX        BIT     FLAG .6         ;落差有效标志（1 有效，0 无效）
STOP        BIT     FLAG .7         ;结束配料（1 结束，0 未结束）
;向量区：
            ORG 0000H
            LJMP    MAIN            ;至主程序
            ORG 000BH
            LJMP    DINS            ;至定时中断子程序
            ORG 0023H
            LJMP    SSS             ;至串行中断子程序
;主程序：
            ORG 0030H
MAIN:       CLR     EA              ;关中断
            MOV SP,#67H             ;设置系统堆栈
            LCALL   TEST            ;自检
;在此插入初始化模块。
            SETB    EA              ;开中断
LOOP:       ORL     PCON,#1         ;进入睡眠状态
            LJMP    LOOP            ;无限循环

;定时中断子程序：
DINS:       MOV TH0,#86H            ;重装时常数
;在此插入时钟模块。
            LCALL   ZLXX            ;采集重量信息
            LCALL   SJCL            ;数据处理
            LCALL   KZJC            ;控制计策
            LCALL   JKMK            ;监控模块
            LCALL   DISP            ;显示模块
;在此插入信号输出模块。
            RETI                    ;定时中断结束

;串行中断子程序：
SSS:        RETI                    ;完成通信功能

;若干功能模块：
TEST:       RET                     ;自检子程序
ZLXX:       RET                     ;采集重量信息子程序
SJCL:       RET                     ;数据处理子程序
KZJC:       RET                     ;控制计策子程序
JKMK:       RET                     ;监控模块子程序
DISP:       RET                     ;显示模块子程序

;若干已经调试成功的硬件接口子程序：
ADC:        RET                     ;A/D 转换子程序
KEYIN:      RET                     ;键盘子程序
LED:        RET                     ;显示部件驱动子程序
```

```
;若干辅助子程序：
CHGH:       RET                           ;十进制数按量程转换为对应的采样值
BCDH2:      RET                           ;十进制整数转换为十六进制整数
HB2:        RET                           ;十六进制整数转换为十进制整数

;数据表格：
LIST:       DB  12H,0D7H,31H,91H,0D4H,98H,18H,0D3H      ;笔型码表
            DB  10H,90H,0FDH,0FFH,3EH
            END
```

练习与思考题

1．简述两种开发环境的特点和应用场合。

2．简述汇编语言和 C 语言各自特点和应用场合。

3．什么叫“裸机”编程？简述裸机环境的编程特点。

4．什么叫“操作系统”编程？简述操作系统环境的编程特点。

5．试将软件系统按层次结构进行分析。

6．试将软件系统按功能结构进行分析。

7．简述软件系统的设计步骤。

8．用单片机定时器设计一个数字电子钟，实现时钟走时、显示、校准、准点播报，请完成对系统的功能结构设计、层次结构设计。

9．有一种室内环境控制仪，能够自动调节室内环境的温度和湿度。该仪器需要检测室内四个不同部位的温度和湿度数据，并控制一台空调机（具有制冷、制热和除湿功能）和一台加湿器。试设计其硬件系统框图，并进行软件系统设计规划。

第4章 开关量数字信号的输入/输出

智能仪器在检测和控制外部装置的状态时，常常需采用许多开关量作输入/输出信号。从原理上讲开关信号的输入/输出比较简单，这些信号只有开和关、通和断或者高电平和低电平两种状态，相当于二进制数的0和1。如果要控制某个执行器的工作状态，只需输出0和1，即可接通发光二极管、继电器或无触点开关的通断动作，以实现诸如阀门的开启与关闭、超限声光报警或电动机的启动与停止等。

对以单片机为核心的智能仪器而言，因单片机具有并行I/O端口，有时可以直接检测和接收外界的开关量信号。但外界的开关量信号的电平幅度必须与单片机I/O的信号电平相符，若不相符合，必须对其进行电平转换后，再输入到单片机的I/O端口上。若要输出控制外部功率较大的开关设备，在输出通道中应设计功率放大电路，以使单片机的输出信号能驱动这些设备。

4.1 开关量数字信号的输入

单片机处理开关量信号必须要有信号输入接口，其电气接口形式比较多，常见的有TTL电平、CMOS电平、非标准电平、开关或继电器的触点等，由于这些电平信号功率有限，加上外界还存在各种干扰和影响，这些电平一般不能直接用来驱动外部设备，因此，在开关量输入/输出通道中需要采用各种缓冲、放大、隔离和驱动电路等措施。

4.1.1 开关量信号输入通道结构

开关信号输入通道通常由单片机、信号输入调理电气接口电路、信号输入缓冲器和译码电路等几部分组成。典型的开关信号输入通道结构如图4-1所示。

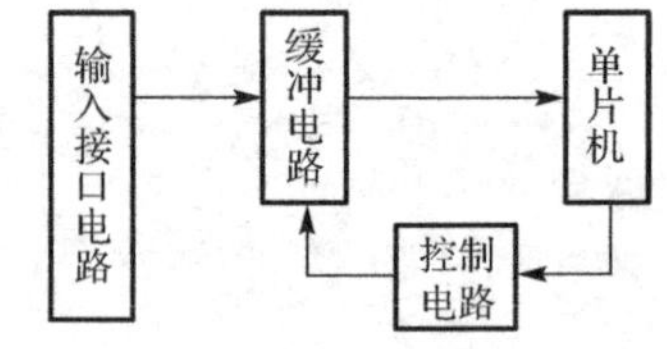

图4-1 开关信号输入通道结构

单片机是接收和处理开关信号的重要器件，一般由数据总线缓冲器、输入/输出口地址译码器和读写控制信号组成，完成信号输入通道的选通、关闭和控制。单片机通过信号输入缓冲器缓冲或选通外部输入信号，读入外部开关量的状态。由于外部装置输入的开关信号的形式一般是电压、电流和开关的触点，这些信号经常会产生瞬时高压、过电流或接触抖动等现象，因此为使信号安全可靠，在输入到单片机之前必须接入信号输入电气接口电路，对外部输入的信号进行滤波、电平转换和隔离保护等。

4.1.2 开关量输入接口

1. 扳键开关与单片机的接口

扳键开关可以将高电平或低电平经单片机的I/O引脚输入STC单片机，以实现各种人机操作或参数设置。图4-2是设计八个开关的接口电路图，各开关信号的输入通过74LS244作为输入缓冲通道送入单片机，单片机采用P_0口作数据总线读取外部开关信号，开关合上时将向P_0口的相应引脚送入低电平；反之，当开关打开时将向P_0口送入高电平。

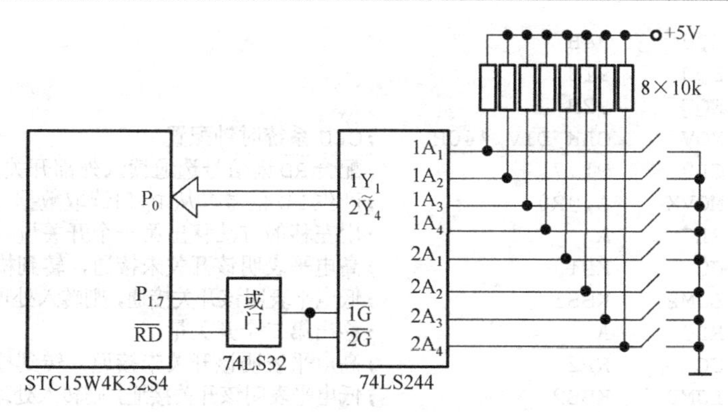

图 4-2　扳键开关与单片机的接口

图 4-2 是总线连接方式，若单片机端口资源够用，也可采用直接 I/O 口连接方式。外部开关信号低电平有效，单片机要通过 $\overline{RD}$ 控制信号读取外部开关信号，识别来自哪一个开关送入的低电平，并转入相应的开关处理程序。使用 STC15W4K32S4 单片机编程时步骤如下：

（1）先确定时钟源。如果选择片内 RC 振荡器做时钟源 f_{osc}，则让 $XTAL_1$、$XTAL_2$ 引脚悬空，在 ISP 下载编程时选择内部时钟源（即对"选择使用内部 IRC 时钟"选项打勾），时钟频率在 5MHz～30MHz 范围可设置。如果选择外部晶振做时钟源 f_{osc}，则让 $XTAL_1$、$XTAL_2$ 引脚接晶体振荡器电路，并在 ISP 下载编程时取消选择内部时钟源（即在"选择使用内部 IRC 时钟"选项上不要打勾），这时时钟频率从外部提供。

（2）配置特殊功能寄存器 CLK_DIV。目的是确定 CPU 系统时钟 f_{sys} 和时钟分频输出控制，当 CLK_DIV=00xxxxxx 时，禁止时钟输出；当 CLK_DIV=01xxx000 时，时钟源 f_{osc} 输出的时钟直接提供给 CPU 做系统时钟 f_{sys}，即 $f_{sys}=f_{osc}$；当 CLK_DIV=10xxx000 时，时钟源 f_{osc} 输出的时钟 2 分频后提供给 CPU 做系统时钟 f_{sys}，即 $f_{osc}=2f_{sys}$。

（3）配置 I/O 口的工作模式。由特殊功能寄存器 PnM1、PnM0 控制（n=0～7），每个 I/O 端口相应有一对寄存器，以配置各个端口的工作模式和数据传输方向。例如 P_0 口对应 P_0M_1、P_0M_0，P_1 口对应 P_1M_1、P_1M_0，以此类推。STC15 系列单片机 I/O 端口工作模式设定如表 4-1 所示。

表 4-1　I/O 端口工作模式配置

模　式	PxM1	PxM0	I/O 口工作模式
0	0	0	准双向 I/O 口模式（弱上拉），灌电流 20 mA，拉电流 270 μA
1	0	1	推挽输出（强上拉输出可达 20 mA，要外加限流电阻 470～1 kΩ）
2	1	0	仅作为输入（高阻态）
3	1	1	开漏模式（无上拉），内部上拉电阻断开（作 I/O 口时应外接上拉电阻）

需要注意的是，单片机上电复位后，所有的端口都设置为准双向 I/O 口。在使用 P0～P7 口时，应先设置对应的端口模式配置寄存器 PxM1、PxM0（x=0～7）。如果用作并行总线时需要把端口设置为模式 0；若用作输出时需要把端口设置为模式 1；若用作输入时需要把端口设置为模式 2。如果 P1 用作 A/D 转换功能时，先要通过 P1M1、P1M0 寄存器设置 P1 数字端口工作在高阻输入模式；然后用 P1ASF 寄存器设置模拟输入功能，使 P1 口具有接收模拟信号的能力。

在图 4-2 中，让 P0、P1、P2、P3、P4 端口为准双向 I/O 口（系统默认），则采用总线方式读取开关状态后，用 JC 指令采取逐个移位顺序判断的方法编程如下：

```
CLK_DIV EQU 97H              ;定义寄存器访问地址
P0M1    EQU 93H
```

```
P0M0     EQU    94H
P1M1     EQU    91H
P1M0     EQU    92H
         MOV    CLK_DIV,#40H     ;CPU 系统时钟配置
KEYRD:   CLR    P1.7             ;配合 RD 读信号选通读入外部开关信号
         MOVX   A,@R0            ;产生 RD 信号，从 P0 口读取数据
         RLC    A                ;用左移的方法移出第一个开关量
         JC     KP1              ;高电平表明该开关未接通，转到检测第二个开关量
         LJMP   KBS1             ;低电平表明该开关接通，则转入处理第一个开关的程序
KP1:     RLC    A                ;移出第二个开关量
         JC     KP2              ;高电平表明该开关未接通，转到检测第三个开关量
         LJMP   KBS2             ;低电平表明该开关接通，则转入处理第二个开关的程序
KP2:     …
         …
KP7:     RLC    A                ;移出第八个开关量
         JC     EXT              ;高电平表明该开关未接通，检测完成
         LJMP   KBS8             ;低电平表明该开关接通，则转入处理第八个开关的程序
EXT:     RET                     ;结束
```

用 CJNE 指令采取字节比较的判断方法编程：

```
CLK_DIV EQU    97H              ;定义寄存器访问地址
        MOV    CLK_DIV,#40H     ;CPU 系统时钟配置
KEYRD:  CLR    P1.7             ;配合 RD 读信号选通读入外部开关信号
        MOVX   A,@R0            ;产生 RD 信号，从 P0 口读取数据
        CPL    A                ;取反
        CJNE   A,#80H,KP1       ;是第一个开关闭合吗？
        LJMP   KBS1             ;转入处理第一个开关的程序
KP1:    CJNE   A,#40H,KP2       ;是第二个开关闭合吗？
        LJMP   KBS2             ;转入处理第二个开关的程序
KP2:    …
        …
KP6:    CJNE   A,#02H,KP7       ;是第七个开关闭合吗？
        LJMP   KBS7             ;转入处理第七个开关的程序
KP7:    CJNE   A,#01H,EXT       ;是第八个开关闭合吗？
        LJMP   KBS8             ;转入处理第八个开关的程序
EXT:    RET                     ;结束
```

2．BCD 码拨盘开关与单片机的接口

在智能仪器应用中，经常需要输入少量的控制参数和数据，有时可采用 BCD 码拨盘开关作为输入设备，这种接口电路连接简单、操作方便，具有记忆性。

BCD 码拨盘开关具有 0～9 十个位置，设置时可以通过拨动表面的齿轮圆盘调到所需的位置，每个位置对应一个数字指示。一个 BCD 码拨盘开关可以输入一位十进制数。如果需要 2 位十进制数据，则需要 2 个 BCD 码拨盘开关。BCD 码拨盘开关结构如图 4-3 所示。

每个 BCD 码拨盘开关都有 5 条引出脚，脚名为 8、4、2、1、A，引脚 A 为控制线，另外 4 个引脚为数据线。若引脚 A 接高电平，当要设置一个某十进制数时，拨动拨盘开关，会使 A 与另外 4 个引脚有一定的接通关系。这样与 A 引线接通的将输出高电平，没有与 A 接通的引线输出低电平，根据连接关系转换成相应的十进制数。例如：若要使 BCD 码拨盘开关输出数字 3 时，则 8、4、2、1 脚输出数字编码 0011；若需要数字 9，则拨动拨盘开关到“9”位置，8、4、2、1 脚输出数字编码 1001；依次类推。BCD 码拨盘开关编码状态表如表 4-2 所示，表中接通的位定义为 1，不接通的位定义为 0。

表 4-2　BCD 码拨盘开关编码状态表

位置	0	1	2	3	4	5	6	7	8	9
引脚 8	0	0	0	0	0	0	0	0	1	1
引脚 4	0	0	0	0	1	1	1	1	0	0
引脚 2	0	0	1	1	0	0	1	1	0	0
引脚 1	0	1	0	1	0	1	0	1	0	1

如图 4-3 是二个 BCD 码拨盘开关与单片机的总线接口连接图，拨盘开关的控制线 A 接+5V，4 位数据线分别通过电阻接地，再与 4 位并行输入线相连，BCD 码拨盘开关处于某个位置时就是拨盘开关所指示的 BCD 码，通过 74LS245 缓冲驱动器将 2 位十进制数输入单片机。如果需要 *n* 位十进制数输入，则可以采用 *n* 个拨盘开关并列组合成拨盘开关组。

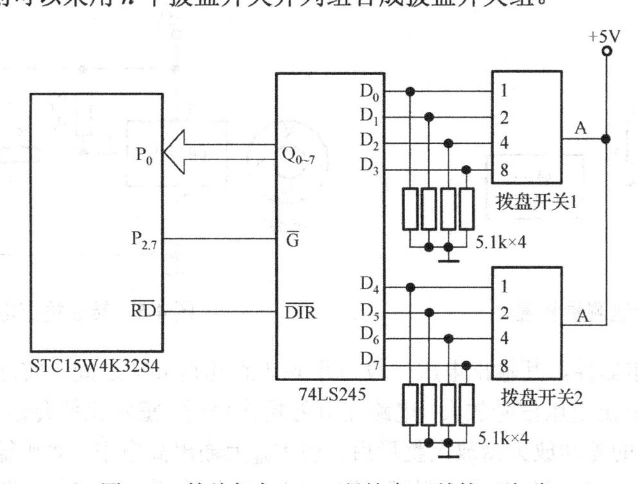

图 4-3　单片机与 BCD 码拨盘开关接口电路

单片机读入 BCD 拨盘开关数据程序如下：

```
        CLK_DIV EQU 97H             ;定义寄存器访问地址
        BCDK    EQU 7FFFH           ;74LS245 读选通地址
        KCODE   EQU 30H             ;BCD 码值保存单元
        MOV     CLK_DIV,#40H        ;CPU 系统时钟配置
INBCD:  MOV     DPTR,#BCDK          ;取 74LS245 读选通地址
        MOVX    A,@DPTR             ;产生读信号，从 P0 读入 2 位 BCD 码值
        MOV     KCODE,A             ;保存读入的 BCD 码值
        RET
```

3．磁性开关与单片机的接口

磁性开关一般采用霍尔元件型、干簧管型，常用于监控系统监测门窗是否打开、各种脉冲式水表、气表等。

霍尔传感器是利用半导体的磁电效应中的霍尔效应，将被测物理量转换成霍尔电势。集成霍尔传感器采用硅集成电路工艺，将霍尔元件与测量电路集成在一起，形成了材料、元件、电路三位一体，分为线性型和开关型霍尔传感器两种。

磁性开关用于监控系统时，把磁铁和霍尔元件或干簧管分别安装在门页和门框上，主要用做开关信号。它有两种状态：当门页关紧时，产生“1”信号；当门页打开时，产生“0”信号。由此“0”、“1”信号就可判断门窗的状态，从而可以确定是否发出报警信号。

磁性开关用于汽车速度测量和脉冲式水表、气表计数时，在汽车底盘和转轴分别加装霍尔元件和磁铁，即可构成基于磁电转换技术的传感器。霍尔元件固定安装在汽车底盘，磁铁安装在转轴上，当转轮每转一周，磁铁经过霍尔元件一次即在信号端产生一个计量脉冲。

霍尔元件是四端器件，在实际应用中，输入信号可以是电流 I 或磁感应强度 B，或者两种同时作为输入，输出信号正比 I 或 B，或者等于 I 与 B 的乘积。由于霍尔效应建立时间很短（约 10^{-6}～10^{-8}μs），若使用交流电控制时频率可以很高。单磁极霍尔开关 A3144、OH137、OH3144、OH44E 的工作电压 4.5～28V，输出负载电流 25mA；双磁极霍尔开关 H3172、OH41、OH512 的工作电压 4.5～24V，输出低电平电流 25mA；线性单输出霍尔元件 OH3503、OH49E 接电源 5V 时，输出 3.5mA 电流。霍尔开关分单端输出和双端输出，但不管是单端还是双端输出，大都是集电极开路式，因此，使用时集电极输出端必须接上拉电阻才能正常工作。图 4-4 和图 4-5 是霍尔元件应用电路。

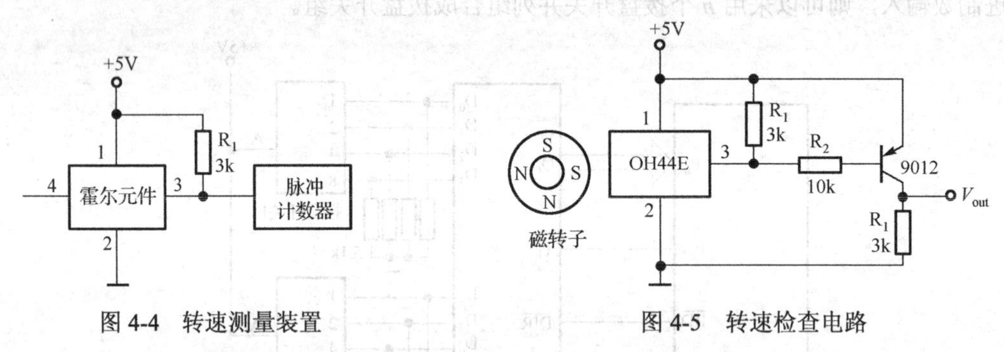

图 4-4　转速测量装置　　　　图 4-5　转速检查电路

图 4-6 是四端霍尔器件，其输出电压一般为几 mV 到几百 mV 之间，实际应用时可以接入差动放大器把霍尔元件输出电压信号放大。电路在有磁场作用时，霍尔元件会输出 120mV 左右的电压信号，经过约 40 倍的差动放大器放大整形后，在 V_{out} 上输出高电平，否则输出低电平。将这个信号输送到单片机的 I/O 口或外部中断引脚，即可实现霍尔检测开关控制。图 4-7 是应用 A3144 霍尔线性元件检测齿轮口的电路，实现对齿轮缺口的检测。

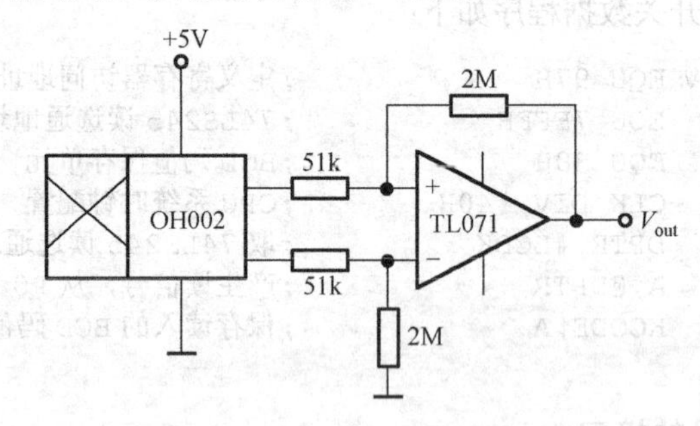

图 4-6　霍尔信号差动放大电路

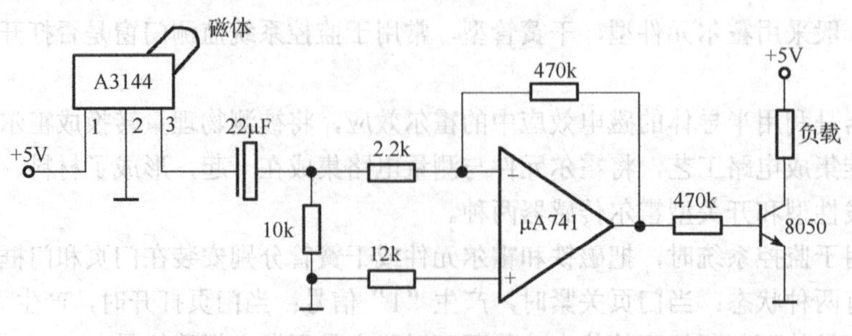

图 4-7　霍尔线性电路检测齿轮口的电路

4. 光敏器件开关与单片机的接口

光敏器件是一种能把光信号转换成电信号的器件。这种器件主要有光敏二极管、光敏晶体管、光敏电阻等，它们具有亮阻低、暗阻高的特点。在光的照射下，光敏器件吸收光子能量产生电流和输出电压。

光敏器件广泛用于自动控制、广播电视等领域，也常用于亮、暗的检测，以控制灯光开和关。如在航标灯或路灯中，用光敏器件检测是白天还是黑夜来控制航标灯或路灯的自动点亮或熄灭；在某些计数系统中（如转速计数），也可以用它来产生计数脉冲；在报警系统中也可以用它来检测现场的变化情况，以确定是否要发出报警信号等。

如图 4-8 是脉冲电表计数电路。图中采用光敏二极管将电度表铝盘的转数转换成脉冲数，光敏管产生的电脉冲输到光电耦合隔离器 01，经光电耦合隔离器输出、反相器整形送至单片机的外部中断 INT0 进行脉冲触发中断计数处理。

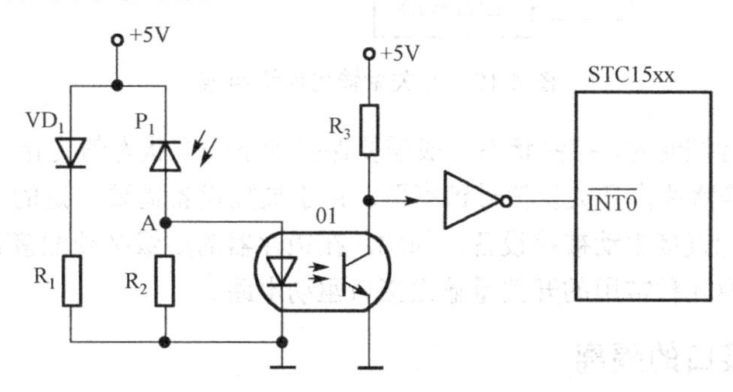

图 4-8 光电脉冲转换电路

5. 温度超限检测开关与单片机的接口

温度是与人们的生活、工作关系最密切的物理量，也是各门学科与工程研究设计中经常遇到和必须测量的物理量。从工业炉温、环境气温到人体温度，从空间、海洋到家用电器，处处都离不开对温度的测定和控制。测量温度的器件种类很多，这里介绍用热敏电阻或集成温度传感器测量确定温度是否高于或低于某一临界值实现温度电子开关的方法。

图 4-9 所示中，LM35 是集成温度传感器，它提供正比于温度的电流，这样在 R_2 两端可以产生约 3.2V 的电压，它随温度的升、降而改变。调节 R_4 电位器到某一特定值时，就可以检测到温度高于或低于对应于 R_4 的临界温度信号。该信号经过 LM339 比较器比较，即可输出 TTL 电平开关信号，将这个信号输送到单片机的 I/O 口或外部中断引脚处理可以实现温度超限控制。

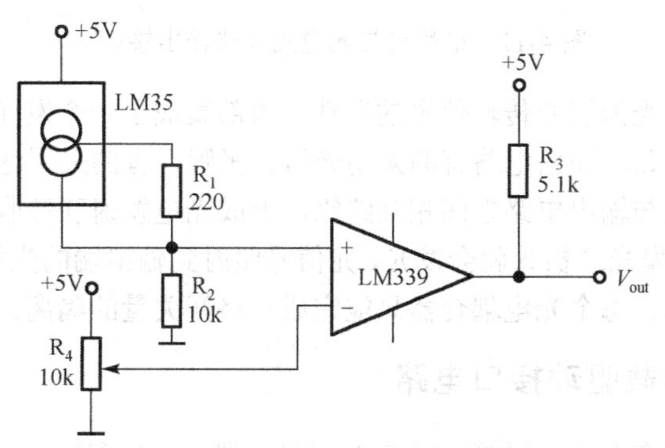

图 4-9 温度超限控制开关电路

4.2　开关量数字信号的输出

开关量输出是数字化驱动输出的一种方式，它通过控制外部对象处于“开”或“关”状态的时间来达到运行控制的目的。开关量输出通道主要由锁存器、输出驱动器、地址译码器等电路组成，如图 4-10 所示。

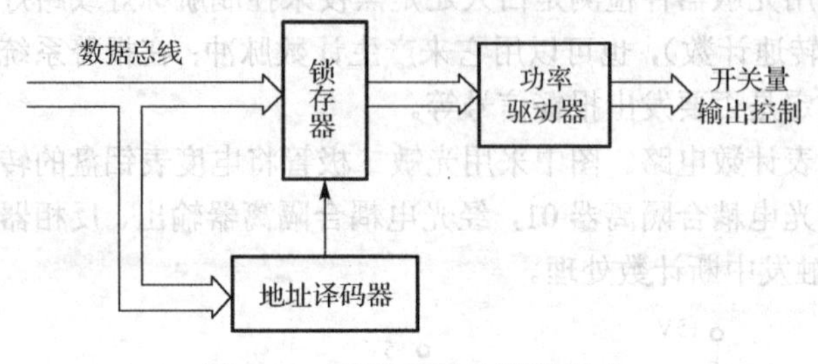

图 4-10　开关量输出通道组成

当对外部设备进行控制时，控制状态一般需要保持到下一个状态值为止，可以采用 74LS273、74LS373、74LS245 等器件作开关量信号锁存器。由于被控设备需要一定的电压和电流，锁存器的驱动能力有限，不能直接驱动被控设备，因此，在锁存器的后级必须配接有足够驱动能力的输出驱动电路。下面介绍几种常用的开关量输出接口驱动电路。

4.2.1　输出驱动接口的隔离

在单片机应用系统中，常常会遇到外界强电磁的干扰和工频电压信号的串扰，导致系统工作不稳定。为了消除干扰，使系统工作稳定可靠，一般需要采用通道隔离技术，把单片机系统与干扰源隔开。输出通道的这种隔离常用光电隔离耦合器件来实现，电路如图 4-11 所示。

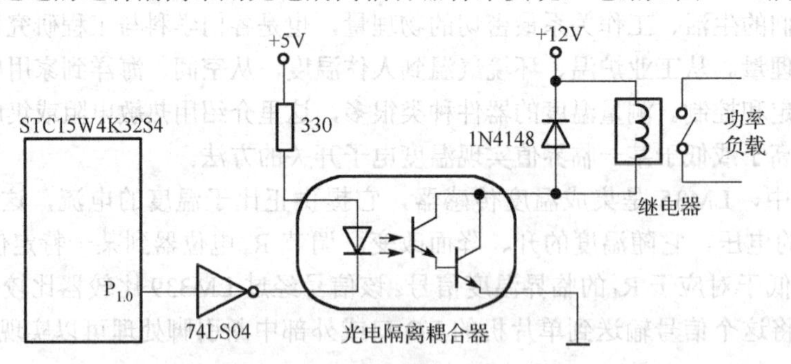

图 4-11　单片机与光电隔离器输出接口

光电隔离耦合器是以光为媒介传输信号的器件，内部集成了一个发光二极管和一个光敏三极管，发光二极管作输入电路，输出电路有的采用光敏三极管，有的采用达林顿晶体管、TTL 逻辑电路或光敏晶闸管。输入与输出电路之间相互绝缘，形成光电发射和接收电路。当在发光二极管输入端加上电压信号时，发光二极管就会发光，光信号照射到输出端的光敏三极管上产生光电流，使三极管导通输出电信号。每个光电耦合器只能完成一路开关量的隔离。

4.2.2　小功率直流负载驱动接口电路

小功率直流负载主要有发光二极管、LED 数码显示器、小功率继电器、晶闸管等器件，要求提供 5～40mA 的驱动电流。通常采用小功率三极管（如 9012、9013、9014、8550、8050 等）、集成电路（如 75451、74LS245、SN75466 等）作驱动电路。

如图 4-12 所示电路为常见的小功率直流驱动接口电路，图中 9013 三极管作开关用，驱动电流在 100mA 以下，适合于驱动要求负载电流不大的场合。图 4-13 中 75451 作驱动器，当单片机的 $P_{1.0}$、$P_{1.1}$ 输出低电平时，LED 指示灯被点亮。图 4-14 中单片机通过 MOC3041 光隔离器件和双向晶闸管（如 BTA12）驱动交流负载 K。这里晶闸管只工作在导通或截止状态，使晶闸管导通只需较小的驱动电流，是较理想的无触点开关器件，能实现小电流控制交流大电压开关负载。实际应用时，晶闸管额定电流和额定电压必须是交流负载线圈工作电流的 3 倍以上，要选 0.5W 以上的电阻，才能保证电路工作可靠。

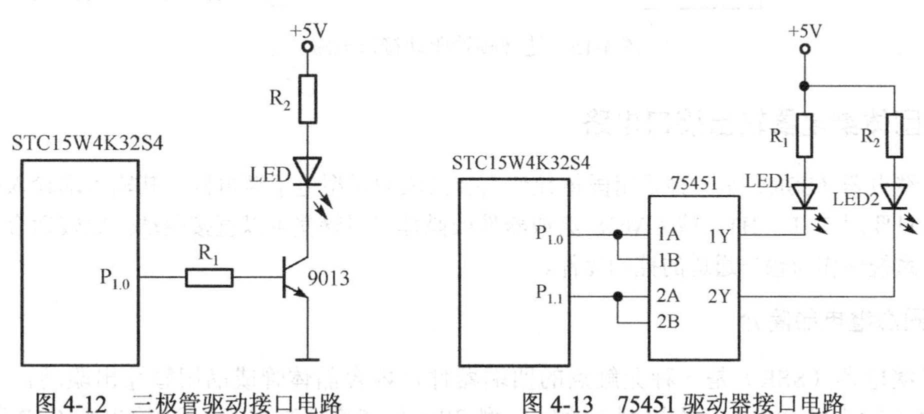

图 4-12　三极管驱动接口电路　　图 4-13　75451 驱动器接口电路

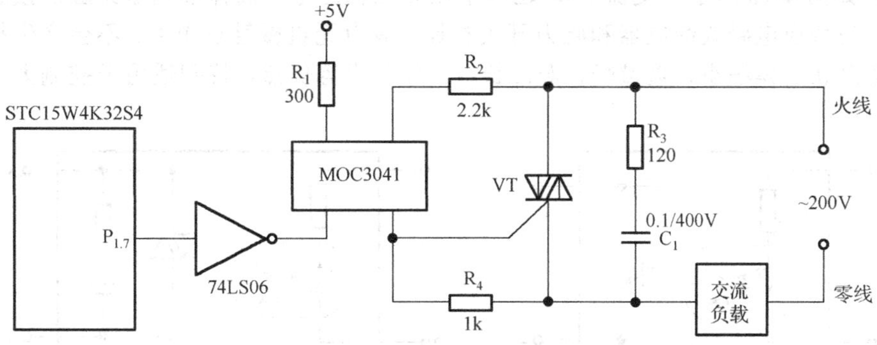

图 4-14　双向晶闸管驱动接口电路

4.2.3　中功率直流负载驱动接口电路

这类电路常用于驱动功率较大的继电器和电磁开关等控制对象，要求应提供 50～500mA 的电流驱动能力，可以采用达林顿管（如图 4-15 所示）、中功率三极管来驱动。采用开关晶体管作驱动电路时，必须增大输入驱动电流，以保证有足够大的输出电流，否则晶体管会增加其管压降来限制其负载电流，这样有可能使晶体管超过允许功耗而损坏。对于达林顿管，其特点是高输入阻抗、极高的增益和大功率输出，只需较小的输入电流就能获得较大的输出功率。常用的达林顿管有 MC1412、MC1413、MC1416 等，它的集电极电流可达 500mA，输出端的耐压可达 100V，很适合驱动继电器或接触器。

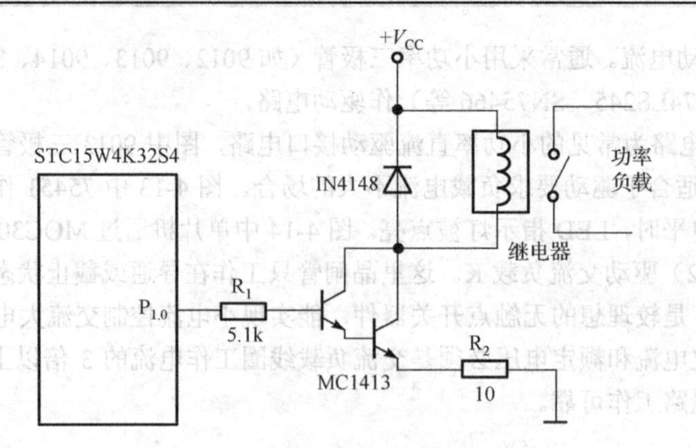

图 4-15　达林顿管驱动接口电路

4.2.4　固体继电器输出接口电路

固体继电器（SSR）是一种采用固体元件组装而成的新型电子继电器，其输入端输入控制电流较小，只要用 TTL、HTL 或 CMOS 集成器件或晶体三极管就可以直接驱动，比较适合应用在微机测控系统中作为输出通道的控制元件。

1．固态继电器简介

固体继电器（SSR）是一种无触点的四端器件，内含晶体管或晶闸管输出驱动，分为直流控制直流输出型 SSR、直流控制交流输出型 SSR 和交流控制交流输入/输出型 SSR 固体继电器三种，如图 4-16 所示。交流 SSR 还有单相和三相之分。固体继电器无触点接触通断型电子开关，与普通电磁式继电器和磁力开关相比，具有无机械触点噪声、不会产生抖动和回跳、开关速度快、体积小、重量轻、寿命长、工作可靠等优点，特别适用于控制大功率设备的场合。

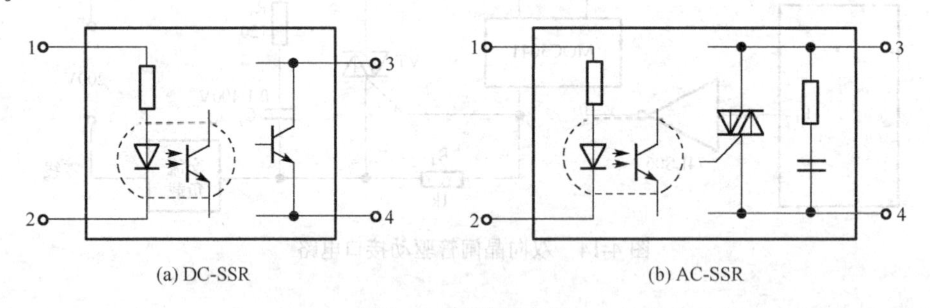

(a) DC-SSR　　(b) AC-SSR

图 4-16　固体继电器

直流型固体继电器（DC-SSR）主要用于直流大功率控制场合。其输入端为光电耦合电路，可以采用逻辑门电路或三极管直接驱动，驱动电流一般在 3～30mA，输入电压在 5～30V 之间。其输出控制为晶体管型，输出控制电压为 30～180V。当控制感性负载时，要加保护二极管，以防止 DC-SSR 因突然截止产生的高电压而损坏继电器。

交流型固体继电器（AC-SSR）主要用于交流大功率控制场合，分过零型和非过零型。对于过零型 AC-SSR，其交流负载的通断控制与负载电源电压的相位有关，当输入控制信号有效后，必须要在负载电源电压过零时才能接通输出端的负载电源。当输入端控制信号撤销后，必须要等到交流负载电流的过零时刻才能关断输出端的负载电源，过零型 AC-SSR 可以抑制射频干扰。对于非过零型 AC-SSR，与负载电源电压的相位无关，在输入信号有效时，负载端电源就立即导通。

2. 固态继电器典型应用

由于 SSR 将 MOSFET、GTR、普通晶闸管或双向晶闸管等组合在一起，与触发驱动电路封装在一个模块里，能够使驱动电路与输出电路隔离。SSR 固态继电器的典型应用电路如图 4-17 所示，图 4-18 是采用单电源移相触发电路的移相控制型 SSR 调压电路。

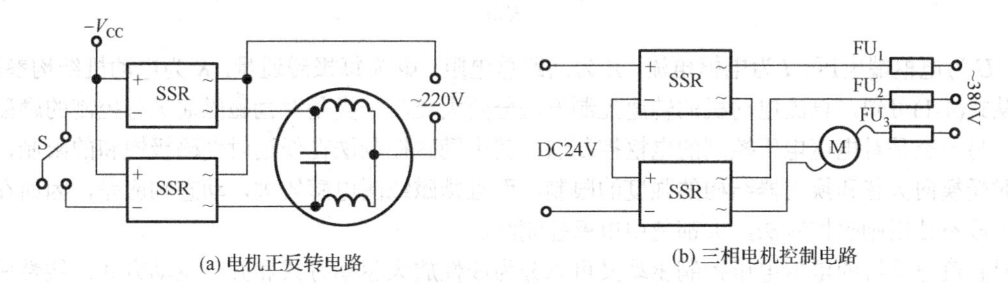

图 4-17 SSR 固态继电器的典型应用电路

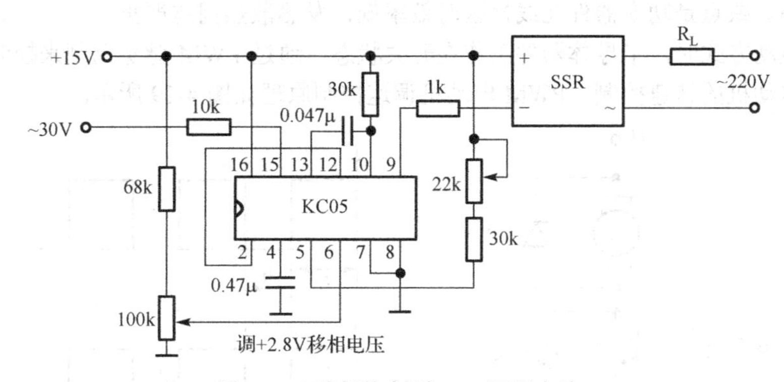

图 4-18 移相控制型 SSR 调压电路

在使用 SSR 应特别注意以下问题：

（1）对印制板安装式的 SSR，在布置印制板的输入控制与输出功率线时，应充分考虑到输入与输出之间的绝缘电压的要求，输入与输出线之间应留有一定的绝缘距离。

（2）使用平面安装式的 SSR 时，应确保所使用的安装表面的平面度小于 0.2mm，其表面应光滑，表面粗糙度应小于 0.8μm。

（3）SS 的控制方式有过零控制和移相控制两种，使用时要正确选用型号，以免出错。使用移相控制的交流 SSR 时，应注意对电网的谐波影响，必要时接入串联滤波器。

（4）选用 SSR 要留有足够的安全裕量，以防负载短路或瞬间过电压引起的冲击，并应在输出端与负载之间串联适量的快速熔断器，在控制感性负载或容性负载时，一定要考虑负载的启动特性。

（5）对电流较大（大于 40A）的 SSR，一般在使用中需加风扇散热，使用中要特别注意安装平面与 SSR 之间的接触热阻及散热问题，可以在散热面上涂上硅脂后再安装。

（6）对内部未集成 RC 吸收网络的 SSR，使用中应在外部并接 RC 吸收电路。RC 吸收网络中的 R 与 C 之间及 RC 与 SSR 之间的引线要尽量短。

（7）在高温环境中 SSR 要降额使用。

4.3 电动机驱动电路

4.3.1 直流电动机调速驱动原理

按照电动机学理论，直流电动机的转速 n 的数学表达式为：

$$n=\frac{U-IR}{K\varphi} \tag{4-1}$$

式中，U 为电枢端电压，I 为电枢电流，R 为回路总电阻，Φ 为每极磁通量，K 为电动机结构参数。

从式(4-1)可知，直流电动机的转速控制方法分两大类，一类是对励磁磁通进行控制的励磁控制法，另一类是对电枢电压控制的电枢控制法。其中励磁控制法在低速时受磁极饱和的限制，在高速时受换向火花和换向器结构的强度的限制，而且励磁线圈电感较大，动态响应差，因而在实际中一般不使用励磁控制法，大都使用电枢控制法。

对直流电动机的电枢电压控制驱动又可以分为线性放大驱动方式和开关驱动方式。线性驱动方式是利用半导体功率器件工作在线性区，其优点在于控制原理简单，输出波动小，线性好，对邻近电路干扰小。缺点是功率器件在线性区时效率低，发热散热问题严重。

采用开关驱动方式时，半导体器件工作在开关状态，通过PWM脉宽调制来控制电动机的电枢电压，实现电动机的转速控制。PWM电动机调速控制原理如图4-19所示。

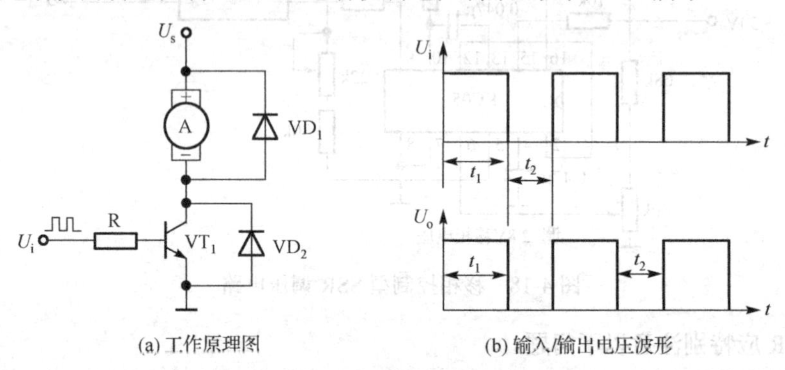

(a) 工作原理图　　(b) 输入/输出电压波形

图4-19 PWM电动机调速控制原理

图4-19工作原理：当给开关管 VT_1 输入的驱动信号为高电平时，开关管导通，直流电动机电枢绕组两端有电压 U_s；持续 t_1 秒宽度的高电平后，驱动信号变为低电平，使开关管截止，电枢绕组两端电压为0；持续 t_2 秒宽度的低电平后，驱动信号又变为高电平，使开关管导通，如此周而复始重复前面的过程。电动机的电枢绕组两端的电压平均值：

$$U_0=\frac{t_1\times U_s+0}{t_1+t_2}=\frac{t_1\times U_s}{T}=DU_s \tag{4-2}$$

式中，D 为占空比，表示在一个周期 T 内，开关管导通的时间与周期的比值，D 的变化范围为 $0\leqslant D\leqslant 1$。从式（4-2）可知，当电源电压 U_s 不变时，电枢两端电压的平均值 U_0 取决占空比 D 的大小。因此，只要改变 D 值就能改变电枢两端电压的平均值，达到对电动机转速控制的目的，这就是PWM电动机调速控制。

在采用PWM调速控制时，改变占空比 D 的方法主要有定宽调频法，调宽调频法和定频调宽法三种。对于定频调宽法，可以同时改变 t_1、t_2，但频率或周期 T 保持不变。

4.3.2　直流电动机调速驱动电路

直流电动机的转动方向和转动速度是依靠驱动电路控制的，只要改变电动机两端的电压就可控制电动机的转动方向。控制电动机转速的方案比较多，这里介绍使用小功率三极管 8050、8550 组成 H 型 PWM 调制电路控制直流小功率电动机，如图 4-20 所示。

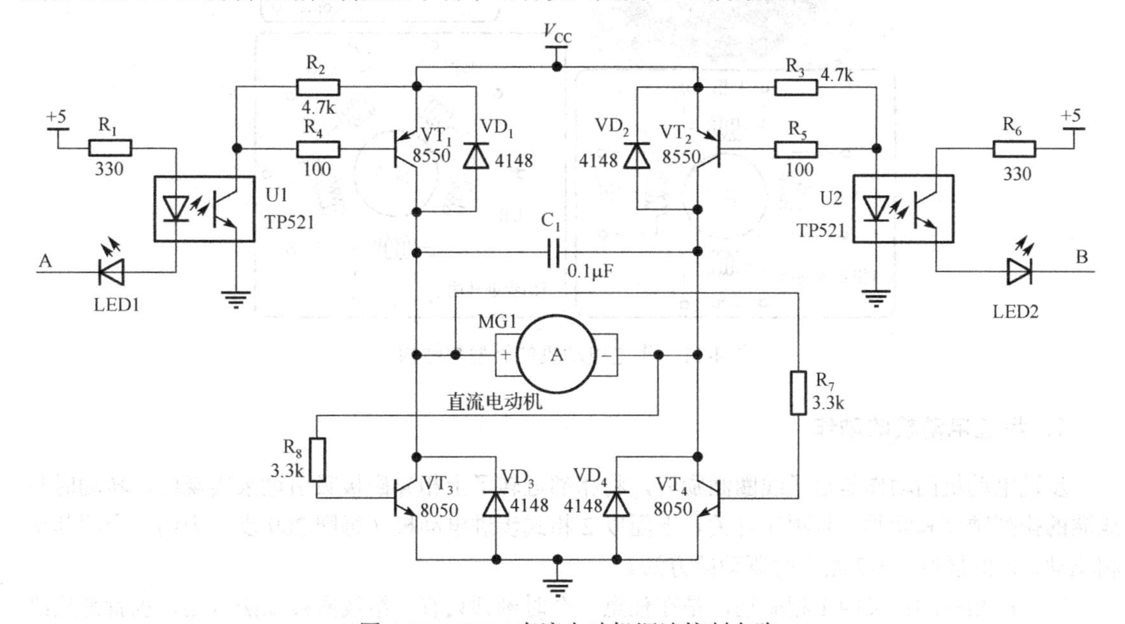

图 4-20　PWM 直流电动机调速控制电路

电路工作过程：当在 A 端输入低电平，B 端输入高电平时，VT_1、VT_4 导通，VT_2、VT_3 截止。VT_1、VT_4 与直流电动机构成一个回路，驱动电动机正转。当 A 输入为高电平，B 输入为低电平时，VT_1、VT_4 截止，VT_2、VT_3 导通。VT_2、VT_3 与直流电动机构成一个回路，驱动电动机反转。图 4-20 中的 4 个二极管对三极管起保护作用，光电隔离器 TP521 将微机输出控制部分与电动机驱动部分隔离开，起到弱电控制强电的作用。电动机启动电流较大，还能有效防止电动机干扰。

4.3.3　步进电动机驱动原理

步进电动机主要由转子、定子、托架、外壳组成，在转子和定子周边有很多细小的齿。转子是永久磁铁，线圈绕在定子上。根据线圈的配置，步进电动机可分为 2 相、4 相、5 相电动机，步进电动机的结构类型如图 4-21 所示。比较常用的 2 相步进电动机中，主要包括 2 组带中间抽头的线圈，其中 A、com1、$\overline{A}$ 为一组接线端，B、com2、$\overline{B}$ 为另一组接线端，也叫做 2 相 6 线式步进电动机。如果把 com1 与 com2 连接在一起，就构成 2 相 5 线式步进电动机。如果是 4 相电动机应该有 4 组线圈组成，若是 5 相电动机就有 5 组线圈组成。

步进电动机工作是一步步转动的，每个脉冲转动一步，电动机里的转子和定子上的齿决定了每步的间距。如果转子上有 N 个齿，则步进电动机的齿间距角 $\theta=\dfrac{360^\circ}{N}$，其步进角度 $\phi=\dfrac{\text{转子齿间距}}{2\times\text{相数}}=\dfrac{\theta}{2p}$。

假设一个 2 相式 50 齿步进电动机，则齿间距角 $\theta=360^\circ/N=7.2^\circ$，步进角度 $\phi=7.2^\circ/(2\times2)=1.8^\circ$。也就是说，这个步进电动机转一圈（360°）需要 200 步，每步 1.8°。

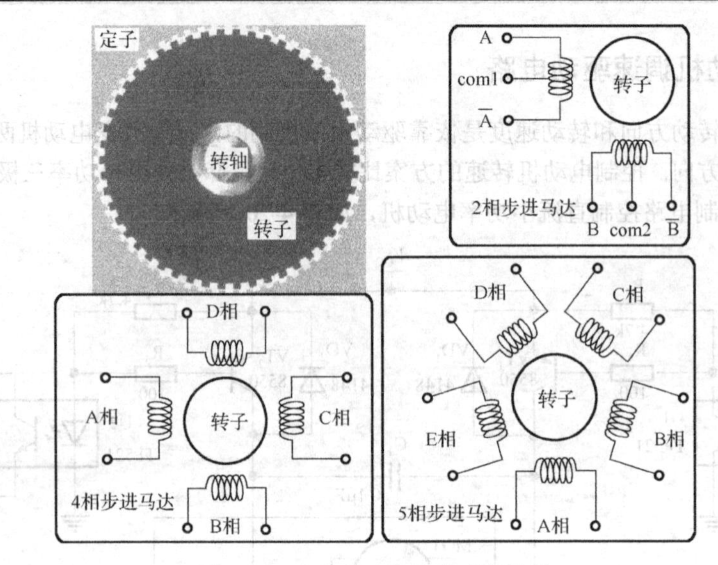

图4-21　步进电动机的类型与结构

1．步进电动机的动作

步进电动机的动作是定子线圈激励后，将相邻近转子上相异磁极吸引过来实现的。转动时与线圈的排列顺序和激励信号顺序有关。下面以2相式步进电动机（每圈200步）为例，介绍其单相驱动、2相驱动和1-2相同时驱动的方法。

（1）单相驱动：又叫1相驱动，是在任意一个时刻都只有一组线圈被励磁激励，也就是只给一组线圈加上驱动信号，其他线圈不加信号，即只有一组线圈工作，其他线圈在休息。这种驱动激励方式比较简单，但产生的力矩较小，给线圈加信号顺序为：

1000 → 0100 → 0010 → 0001 → 1000 →……（电动机正转）

1000 → 0001 → 0010 → 0100 → 1000 →……（电动机反转）

电动机正转、反转分别有四种信号组合，而且4位驱动信号按周期性变化。若使用STC15W4K32S4系列单片机编程实现，可先预置一个数，例如，要电动机正转时，先置累加器(A)=“0001 0001”二进制数（低4位有效），在延时一点时间后左移1位输出，驱动电动机走1步；然后延时，再左移1位后输出，又驱动电动机走1步，依次循环下去就可实现电动机正转。如果要反转，则先置累加器(A)=“1000 1000”二进制数（低4位有效），在延时一段时间后右移1位输出，驱动电动机走1步；然后延时（延时是使电动机有足够的时间建立磁场与转动），再右移1位后输出，又驱动电动机走1步，依次循环下去就可实现电动机反转。单相步进电动机驱动转子动作原理如图4-22所示。

（2）2相驱动：是在任意一个时刻都有2组线圈被励磁激励，也就是给2组线圈加上了驱动信号。这种驱动激励方式也比较简单，产生的力矩要大一些，信号顺序为：

1100 → 0110 → 0011 → 1001 → 1100 →……（电动机正转）

1100 → 1001 → 0011 → 0110 → 1100 →……（电动机反转）

这种方式驱动电动机正转、反转分别也是四种信号组合，而且4位驱动信号按周期性变化。若使用STC15W4K32S4系列单片机编程，实现方法一样。

（3）1-2相驱动：这种方式也叫做“半步驱动”，每个驱动信号只驱动电动机转半步，此种驱动激励方式产生的力矩要大一些，信号顺序为：

1001 → 1000 → 1100 → 0100 → 0110 → 0010 → 0011 → 0001 →……（电动机正转）

1001 → 0001 → 0011 → 0010 → 0110 → 0100 → 1100 → 1000 →……（电动机反转）

这种方式驱动电动机正转、反转分别也是 8 种信号组合，而且 8 组 4 位驱动信号按周期性变化。若使用 STC15W4K32S4 系列单片机编程，可将电动机的 8 组驱动信号做一个表，采用查表方法来实现。

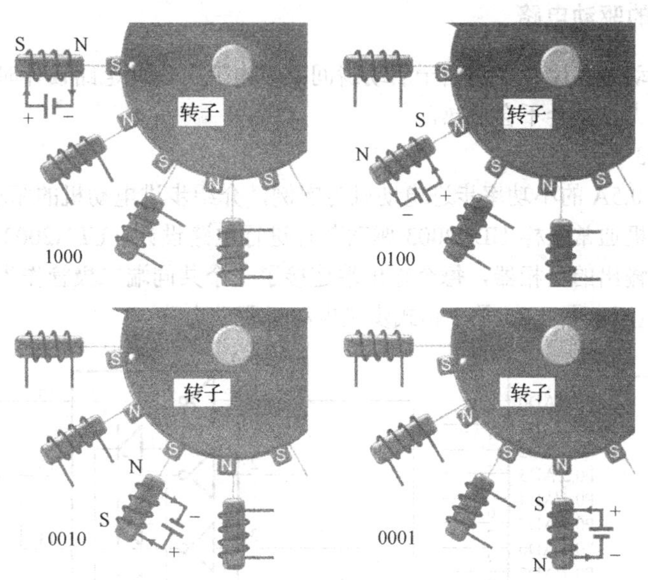

图 4-22　单相驱动步进电动机转动原理

2．步进电动机的定位

步进电动机使用比较普遍，例如，在计算机外设的光驱、打印机、扫描仪上都有。当计算机上电启动时，光盘驱动器会动一下，在连接这些外部设备时也会作出动一下、闪一下或反应一下的动作。这些反应实际上都是系统在上电启动或复位重新开始时，必须发出的指令让外部设备回归零位或定位的动作。因为，步进电动机是一种数字化输出设备，在使用前必须归零或定位，才能精确使用控制。例如，在图 4-22 中，使用单相驱动电动机，当把驱动信号“1000 → 0100 → 0010 → 0001”依次输出到电动机线圈 4 个连接端，将使电动机按逆时针正转（转动 4 步，每步 1.8°，共 7.2°）。如果一开始步进电动机的转子没有归零，位置不对，则可能发生下面两种非预期转动状态，而达不到预期的转动目标。

（1）先顺时针转，再逆时针转

假设步进电动机原来是在按顺时针方向转动，这时要改变方向（没有经过定位），当输出第 1 组驱动信号“1000”到电动机线圈时，步进电动机会按照原有的惯性转动 1 步 1.8°，等到依次输出第 2 组、第 3 组、第 4 组信号后，才会按逆时针方向转动。这样步进电动机实际只转动 3.6°，而没有旋转到预期的 7.2°。

（2）先抖动，再顺时针转，然后逆时针转

假设步进电动机原来是在按顺时针方向转动，这时要改变方向（没有经过定位），当输出第 1 组驱动信号“1000”到电动机线圈时，步进电动机可能吸不过来，就会抖动一下，等到第 2 组信号输出时，会按照原有的惯性转动 1 步 1.8°，再等到输出第 3 组、第 4 组信号后，才会按逆时针方向转动。这样，最后步进电动机实际只转动 1.8°，而没有旋转到预期的 7.2°。

为了防止上述两种非预期转动状态，就必须在开始改变动作时要归零，也就是先送出一组信号，使步进电动机定位在起点，然后开始正常输出驱动信号。例如，单相驱动步进电动机时，定位的方法是先依次输出 4 组驱动信号“1000 → 0100 → 0010 → 0001”，即可设置正确的步进电动机的位置。

3．步进电动机的驱动电路

步进电动机的驱动方式比较多，由于启动瞬间要大电流，因此电路设计时需要考虑每个驱动电路所能提供的电流大小，会不会过热。

（2）　ULN2003 驱动 IC

下面以电流小于 0.5A 的小功率步进电动机为实例，介绍步进电动机的驱动电路和驱动方法。对于小功率步进电动机通常采样 ULN2003 驱动芯片进行电路设计，ULN2003 驱动能力强，内部包含 7 组开集电极式输出的反相器，每个输出端连接了一个共同端二极管作为放电保护作用，可以提供 0.5A 的吸入电流。图 4-23 是 2 相式步进电动机驱动电路。

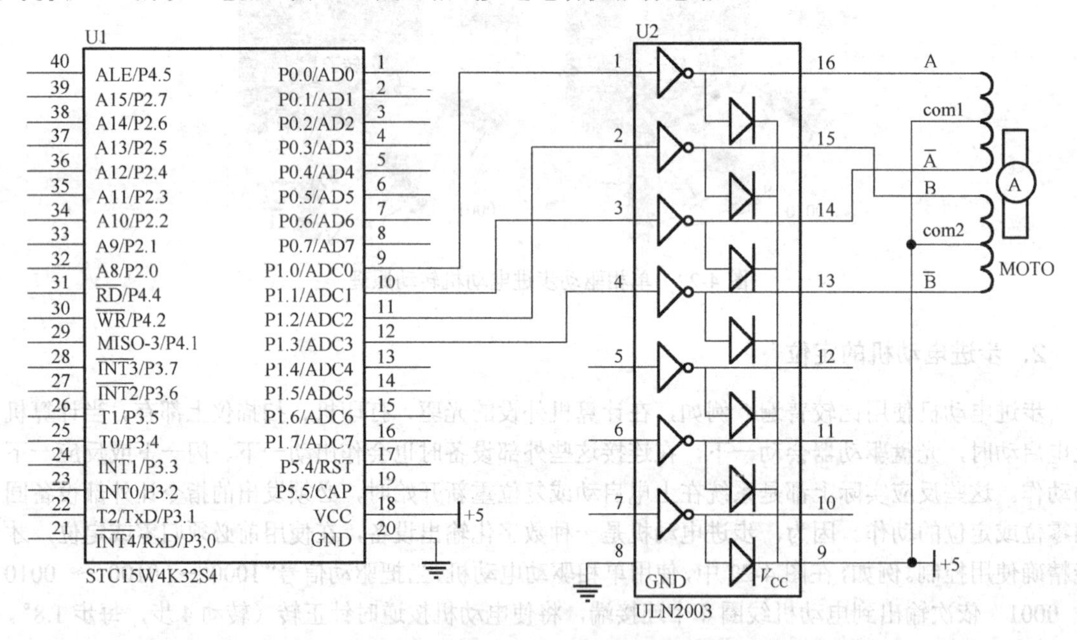

图 4-23　UNL2003 集成 IC 驱动电路

（2）达林顿晶体管驱动电路

ULN2003 集成驱动芯片的吸收电流只有 0.5A，功率相对较小。如果要驱动比较大的步进电动机，可以采样达林顿管，例如 TP122 型号可以驱动 1～3A。但是，在使用达林顿管做输出驱动时，需要较大的推动能力，因此，在使用 STC 单片机 I/O 口输出推动达林顿管时，最好使用一个 CMOS 器件来输出，才能给达林顿管提供足够的基极电流。如果基极驱动电流还不够，则可使用 2N3053 与 2N3055 搭接成达林顿形式的电路来取代 TP122 达林顿管。达林顿驱动电路如图 4-24 所示。

（3）FT5754 驱动电路

图 4-24 使用了四个达林顿管构成驱动大功率电路，比较麻烦。FT5754 集成芯片是专用步进

电动机驱动芯片。内部集成了 4 组相同的达林顿模块，电路结构简单，提供的输出驱动电流更大，是一个较好的大功率步进电动机驱动电路，驱动电路如图 4-25 所示。

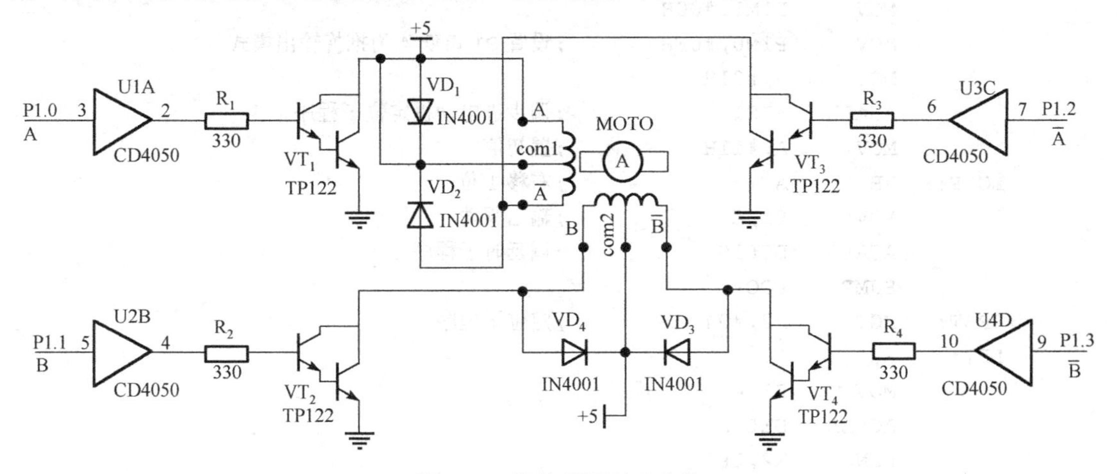

图 4-24　达林顿管驱动电路

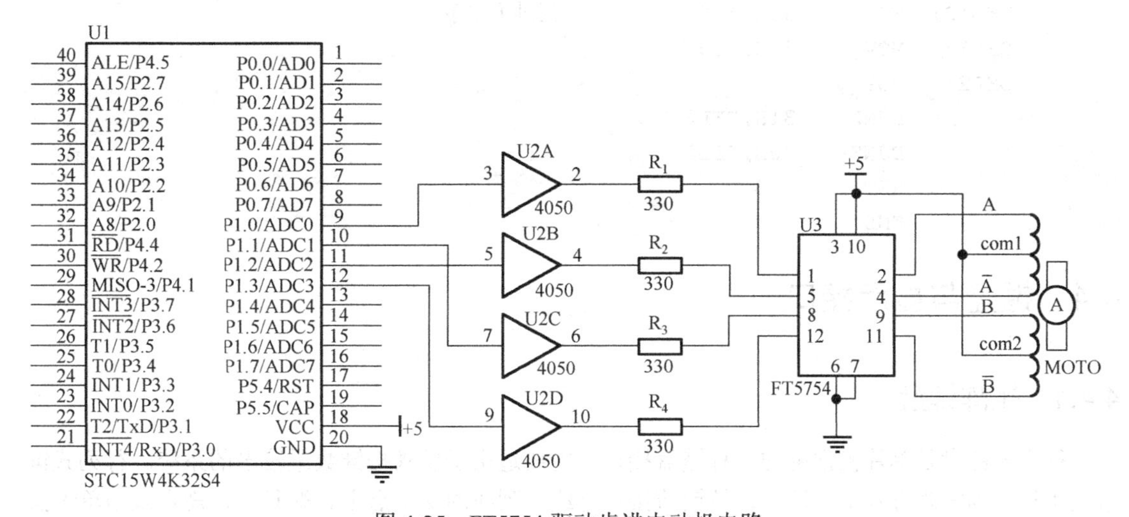

图 4-25　FT5754 驱动步进电动机电路

4. 步进电动机的编程控制

下面以 2 相步进电动机（每圈 200 步）为例，介绍步进电动机编程驱动，电路如图 4-23 所示。如果以 1 相驱动方式使电动机正转，驱动电动机正转步骤如下：

（1）首先要计算出驱动信号，根据上述分析，按 1 相驱动时有 4 组驱动信号，即

1000 → 0100 → 0010 → 0001 → 1000 →……（电动机正转）

（2）程序开始时需要对步进电动机定位或归零。

（3）控制步进采用右移方式，先置初值 11H，再右移 1 位输出，然后软件延时，再右移输出和延时，如此反复循环就可实现步进电动机正转。程序设计如下：

```
        CLK_DIV EQU 97H         ;定义寄存器访问地址
        P1M1    EQU 91H
        P1M0    EQU 92H
```

```
        ORG     0000
        MOV     CLK_DIV, #40H      ;CPU 系统时钟配置，振荡频率不分频
        MOV     P1M1,#00H
        MOV     P1M0,#0FH          ;设置 P1 口低 4 为推挽输出模式
        MOV     A,#01H
        ACALL   SRST               ;调步进电动机定位子程序
        MOV     A,#11H             ;置初值
LOOP:   RR      A                  ;右移 1 位
        MOV     P1,A               ;输出驱动
        ACALL   DEL1S              ;调延时子程序
        SJMP    LOOP
SRST:   MOV     R2,#04             ;定位子程序
LP1:    RR      A
        MOV     P1,A
        ACALL   DEL1S
        DJNZ    R2,LP1
        RET
DEL1S:  MOV     30H,#00            ;延时子程序
DEL1:   MOV     31H,#00
DEL2:   NOP
        DJNZ    31H,DEL2
        DJNZ    30H,DEL1
        RET
        END
```

4.4 键盘与显示接口

4.4.1 矩阵键盘

行列式键盘是单片机常用的一种键盘接口，主要适用于要求按键数量较多的系统。行列式键盘采用行、列矩阵方式交叉排列，按键跨接在行线、列线的交叉点上。编码时，规定采用单键操作编码(如有需要也可按多键操作编码)，各按键所在的行线、列线值为 0，其他线为 1，这样每个键唯一对应一个编码。

(2)　典型 4×4 键盘接口

4×4 键盘接口如图4-26 所示。按照行列式键盘的结构，按键跨接在行、列线的交叉点上，每根行线上均有上拉电阻。当无按键被按下时，行线处于高电平状态；当有按键被按下时，行线电平发生了改变，即与该键跨接的行、列线瞬间短接在一起，如果此时列线送出低电平 0，则该行线的电平就变为低电平，通过判断行线电平的状态就可得知是否有键按下。由于行列式键盘中的行、列线多键共用，首先需要对键盘按规定进行编码，然后对行、列线逐次分析，准确识别按键的位置，最后与键盘编码进行比对，准确识别出按键。

矩阵行列式键盘的按键识别有逐行(或逐列)扫描法和行线(或列线)反转法两种。在使用行扫描法时，要将所有行线作为输出端口，并逐行输出低电平；把所有列线作为输入端口，并在某一行输出低电平后读入提取列线值。利用当前的行线数、列线值进行分析，就可以得到该行是否有按键、并识别出是那个按键被按下。逐行扫描法不需要查表就可以识别出按键，查找出按键的键码。

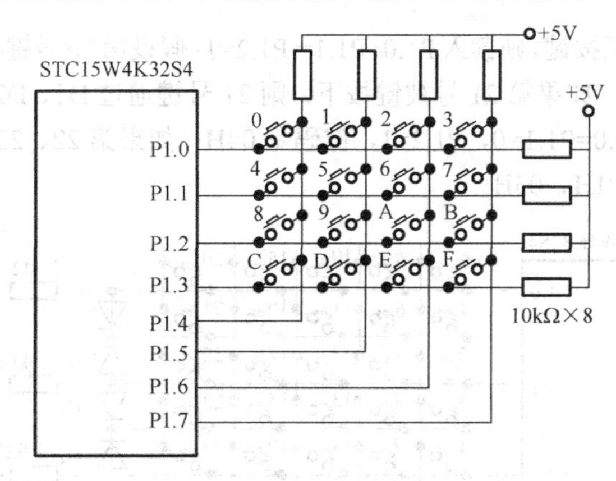

图 4-26　4×4 行列式键盘接口电路

逐行扫描法需要逐行或逐列扫描，每个按键都需要被多次扫描才能够找到该键的行、列线值。使用线反转法更简便，查找每个按键只需要进行两次读键就能够获得该键的行、列线值，因此查键速度比逐行扫描法要快。但使用线反转法时，行、列线上都应接上拉电阻。线反转法的工作原理和查键步骤如下：

(2)　求按键的列线值：行线作为输出线，列线作为输入线，即可得到列线值；

② 求按键的行线值：行线作为输入线，列线作为输出线，即可得到行线值；

③ 求按键的特征码：把列线值和行线值合并，组合成为按键的特征码；

④ 查找键码：将键盘所有按键的特征编码按希望的顺序排成一张表，然后用当前读得的特征码查表，当表中有该特征码时，它的位置编码就是对应的顺序编码，当表中没有该特征码时，说明这是一个没有定义的键码，以无效键处理，并与没有按键(0FFH)同等看待。

（2）用 7 线式 5×4 键盘电路

图 4-27 所示的键盘接口电路是用单片机的 P1 端口的 7 根 I/O 端口线设计的 20 个键键盘，其中 P1.0～P1.2 共 3 根端口线作为键盘的行线，P1.3～P1.6 共 4 根端口线作为键盘的列线。在 3 根行线中间巧妙地插入两根线，每根线通过 4 个二极管作为信号分隔接入到行线上，从而实现用 7 根线构成 20 个键的 5×4 行列式键盘。

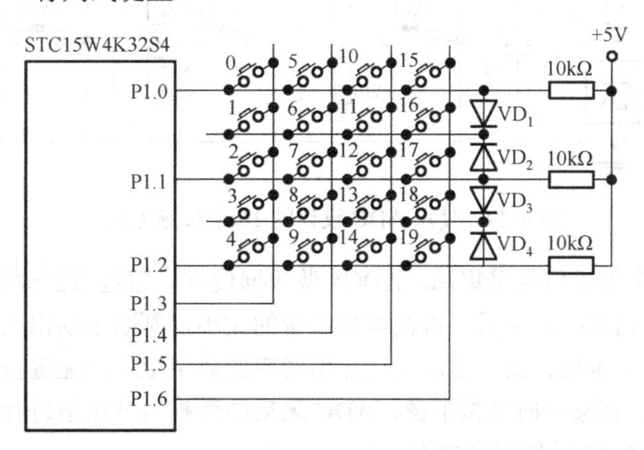

图 4-27　5×4 行列式键盘接口电路

（3）用 7 线式 5×5 键盘电路

在不增加端口线的情况下，如果需要扩展更多的按键，可以在图 4-27 键盘接口电路的基础上，再增加一列构成 7 线制 5×5 行列式键盘。接口电路如图 4-28 所示。在执行逐列键盘扫描时，先读

P1 端口的信号，如果此时无按键，则读入 P1.0=P1.1= P1.2=1；假设第 20 号键被按下，则读入 P1.0=0，P1.1=P1.2=1，键码是 06H；如果第 21 号被键按下，则 21 号键通过 D1、D2 二极管把 P1.0 和 P1.1 线下拉成低电平，这时 P1.0=P1.1=0，P1.2=1，键码是 04H；如果第 22、23、24 号键分别被按下，它们的键码分别为 05H、01H、03H。

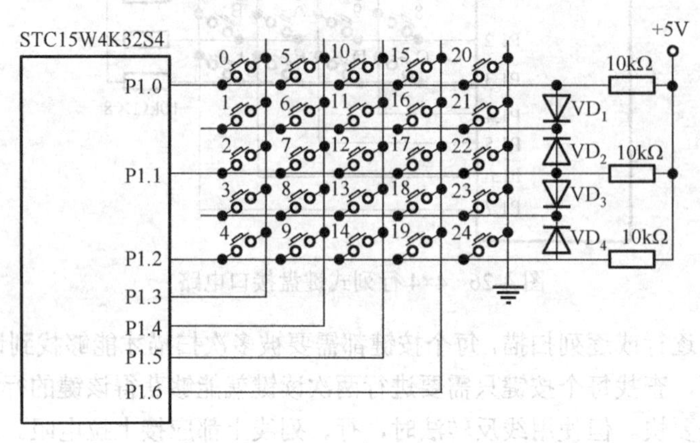

图 4-28　5×5 行列式键盘接口电路

4.4.2　ADC 采样键盘

使用 STC 单片机内部的 A/D 转换器作为按键信号采集，也可以设计出几个、十几个或几十个按键接口电路，如图 4-29 所示为采样单片机内部 ADC 设计的 16 个按键电路。

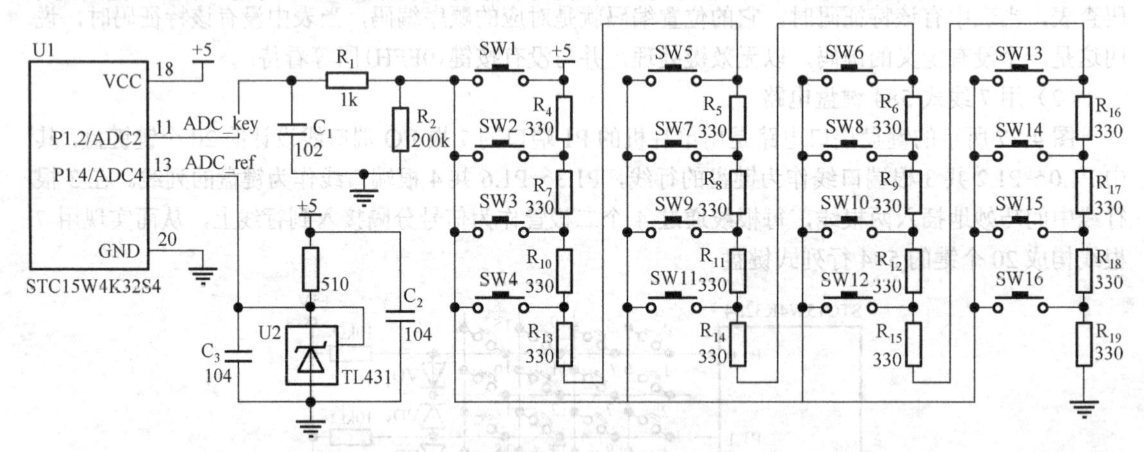

图 4-29　使用 ADC 设计的 16 个按键电路

图中 ADC2 做 16 个按键信号采集端，ADC4 做数据校准。通过按键改变不同模拟输入电压，并将电压值实时转换为相应的数字量，再根据数字量的大小，判断识别出按键。因此，编程时，应先计算出每个按键的电压理论值，然后在计算出对应的数字量。当无键按下时，输入电压 5V，对应的数字量为 3FFH；在某一时刻按下键，ADC 采集的数据与理论值进行比对，就能查找出按键值，并识别出按键。ADC 采集程序如下：

```
$Include  STC15W4K32S4.INC       ;包含 STC15W4K32S4 单片机寄存器的定义文件
Get_ADC:  ANL     CLK_DIV,#0FBH               ;置 ADRJ=0，设定 A/D 转换结果存储形式
          ORL     ADC_CONTR,#80H              ;打开 A/D 转换电源
```

```
            ORL   P1ASF,#0000 0100B        ;选择 P1.2 口为模拟输入端
            MOV   ADC_CONTR,#1110 0010B    ;置 300KHz 转换率，接通 ADC2 模拟通道
            ORL   P1M1,#04H                ;置 P1.2 为高阻输入
            ANL   P1M0,#0FBH
            ACALL DEL1ms                   ;延时 1ms，待电源稳定再启动 A/D 转换
            MOV   ADC_RES,     #0
            ORL   ADC_CONTR,#0000 1000B    ;启动 A/D 转换
            NOP
Wait_AD:    MOV   A,#0001 0000B
            ANL   A,ADC_CONTR
            JZ    Wait_AD
            ANL   ADC_CONTR,#1110 0111B    ;清除标志，停止 A/D 转换
            MOV   A,ADC_RES                ;读取 A/D 转换高 8 位结果
            RET
```

4.4.3 触摸键盘

1. 触摸按键原理

触摸按键主要是通过检测板级系统上 RC 振荡电路在单位时间内的振荡次数，如果振荡次数发生明显变化，则判断为触摸状态。振荡次数主要是由 RC 的值决定，在系统中电阻值是固定的，而电容是系统传感器，由 PCB 板的一个小的覆铜片构成，并与周围的地层构建一个电容值微小的电容（大约为 10pF）。当手指接近时会改变其介电常数，导致电容值发生改变，因而导致振荡次数发生改变。

触摸按键分为电阻式和电容式触摸键两种。电容式触摸按键方案通过一个电阻 R_c 和感应电极的电容 C_x 构成的阻容网络的充电/放电时间来检测人体触摸所带来的电容变化，如图 4-30 所示。当人手按下时相当于感应电极上并联了一个电容 C_T，增加了感应电极上的电容，感应电极进行充放电的时间会增加，从而检测到按键的状态。而感应电极可以直接在 PCB 板上绘制成按键、滚轮或滑动条的样式，也可以做成弹簧件插在 PCB 板上，即使隔着绝缘层（玻璃、树脂）也不会对其检测性能有所影响。

电容式触摸屏主要有表面电容式和投射电容式两种。表面电容式触摸屏依靠手指或电容式触控笔产生的电容结点具有导电的特性，由控制器在触摸屏的四个角施加相同电压，产生小的电磁场。通过测量各个角至电容导电的手指触点的电流脉冲，计算出显示屏上玻璃表面的触点位置。投射电容式触摸屏依靠自电容或互电容，在两组电极交叉的地方会形成电容，手指触摸电容屏时会影响触摸点附近两个电极之间的耦合，改变两个电极之间的电容量。根据触摸屏二维电容变化量数据，计算出触摸点的坐标位置。

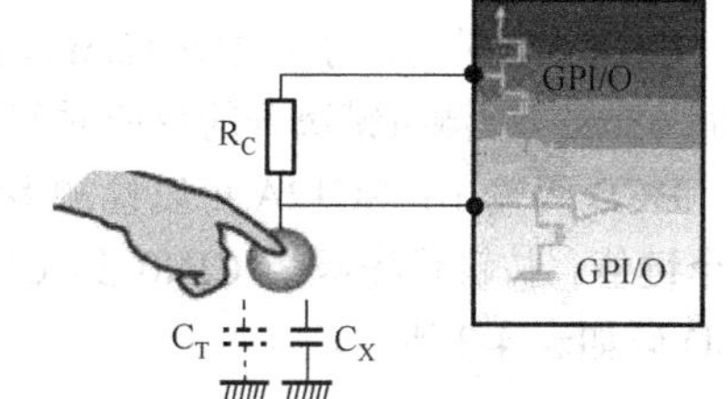

图 4-30 触摸式按键原理图

投射电容式触摸屏的优点是可以按照软件设定的灵敏度来检测手指或手套触摸位置，支持多点触摸及复杂手势识别，比电容式触摸屏应用更广泛。

因此，要实现触摸功能需要有 RC 振荡比较网络和比较器、计数器。目前触摸按键设计主要有两种方法：一种是检测 RC 充放电时间的方法（RC），另一种是检测 RC 振荡次数即弛张振荡的方法（RO），使用 RO 方法具有更好的稳定性与抗干扰能力。

实际应用时一般使用电容式专用触摸芯片设计触摸屏，充分利用触摸按键芯片内的比较器特性，结合外部一个电容传感器，构造一个简单的振荡器，针对传感器上电容的变化，频率对应发生变化，然后利用内部的计时器来测量出该变化，从而实现触摸功能。

2. 触摸键专用芯片应用

安森美半导体推出了 LC717A 系列电容式触摸传感器和国产 SC12A 触摸感应器都是比较好的解决方案。SC12A 是带自校正的容性触摸感应器，通过非导电介质（如玻璃和塑料）来感应电容变化，内部集成了 12 个完全独立的触摸感应模块，可以检测 12 个感应触摸盘按键。该芯片工作电压 2.5～6.0V，具有 I²C、BCD 输出接口，所有按键共用一个灵敏度电容，感应线长度不同不会导致灵敏度不同，如图 4-31 是 SC12A 的封装引脚。

（2） SC12A 触摸感应器的引脚功能

CMOD：电荷收集电容输入端，接固定值的电容，和灵敏度无关。

CDC：连接灵敏度电容，电容范围是最小 15～100pF，根据使用环境选择合适的电容值，数值越小，灵敏度越高。

CIN0～CIN11：感应电容的输入检测端口，连接 12 个感应盘按键。

D3～D0：BCD 码输出端口，无按键时，输出高电平；有按键时，输出相应 BCD 码。

ASEL：I²C 器件地址选择端口。

SCL，SDA：是 I²C 串行总线接口。

VDD，GND：电源正负输入端。

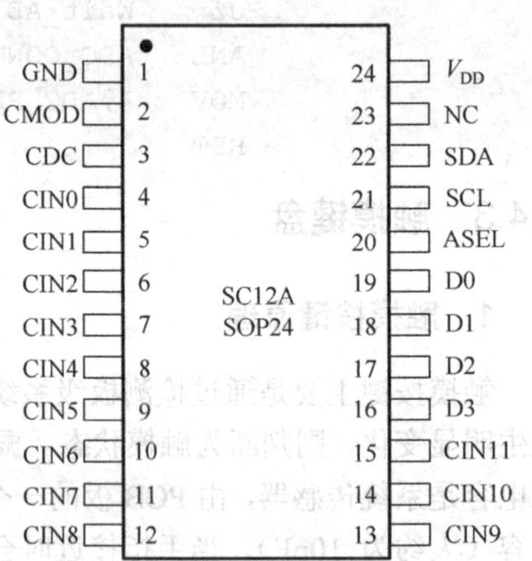

图 4-31 SC12A 的封装引脚

（2）芯片功能

初始化时间：上电复位后，芯片需要 300ms 进行初始化，计算感应引脚的环境电容，然后才能正常工作。灵敏度由 CDC 端口接的电容值决定。数值越小，灵敏度越高。

自校正：根据外部环境温度和湿度等的漂移，芯片会一直调整每个按键的电容基准参考值。从检测到按键开始，芯片会自校正 15～50s。

触摸反应时间：每个通道 12.5ms 采样一次。经过按键消抖处理以后，检测到按键按下的反应时间 68ms，检测按键离开的反应时间是 44ms。因此检测按键速度为每秒 9 次。

BCD 码输出：SC12A 可以检测多个按键同时有效。但是若使用 BCD 码输出，不能同时输出多个键值。按键优先级由 CIN0 到 CIN11 依次降低，无按键时，BCD[3:0]=1111。触摸键对应的 BCD 码如表 4-3 所示。

表 4-3 触摸键对应的 BCD 码

CIN0	CIN1	CIN2	CIN3	CIN4	CIN5	CIN6	CIN7	CIN8	CIN9	CIN10	CIN11	D3	D2	D1	D0
√	—	—	—	—	—	—	—	—	—	—	—	0	0	0	0
×	√	—	—	—	—	—	—	—	—	—	—	0	0	0	1
×	×	√	—	—	—	—	—	—	—	—	—	0	0	1	0
×	×	×	√	—	—	—	—	—	—	—	—	0	0	1	1
×	×	×	×	√	—	—	—	—	—	—	—	0	1	0	0
×	×	×	×	×	√	—	—	—	—	—	—	0	1	0	1
×	×	×	×	×	×	√	—	—	—	—	—	0	1	1	0

续表

CIN0	CIN1	CIN2	CIN3	CIN4	CIN5	CIN6	CIN7	CIN8	CIN9	CIN10	CIN11	D3	D2	D1	D0
×	×	×	×	×	×	×	√	—	—	—	—	0	1	1	1
×	×	×	×	×	×	×	×	√	—	—	—	1	0	0	0
×	×	×	×	×	×	×	×	×	√	—	—	1	0	0	1
×	×	×	×	×	×	×	×	×	×	√	—	1	0	1	0
×	×	×	×	×	×	×	×	×	×	×	√	1	0	1	1
×	×	×	×	×	×	×	×	×	×	×	×	1	1	1	1
表中的√表示有触摸，×表示无触摸，—表示只要前面的已触摸，后面的无效。															

（3）单片机与 SC12A 的接口电路设计

SC12A 有两种接口电路，对应两种数据传输方式。如果采用 BCD 码传输数据时，I²C 接口线要接地，4 位 BCD 码输出经过电阻转换为电压合并输送单片机的 A/D 转换器输入端，通过 ADC 采样分辨出不同的触摸按键。电路接口如图 4-32 所示，按键 BCD 码输出后转换为对应的电压值，如表 4-4 所示。

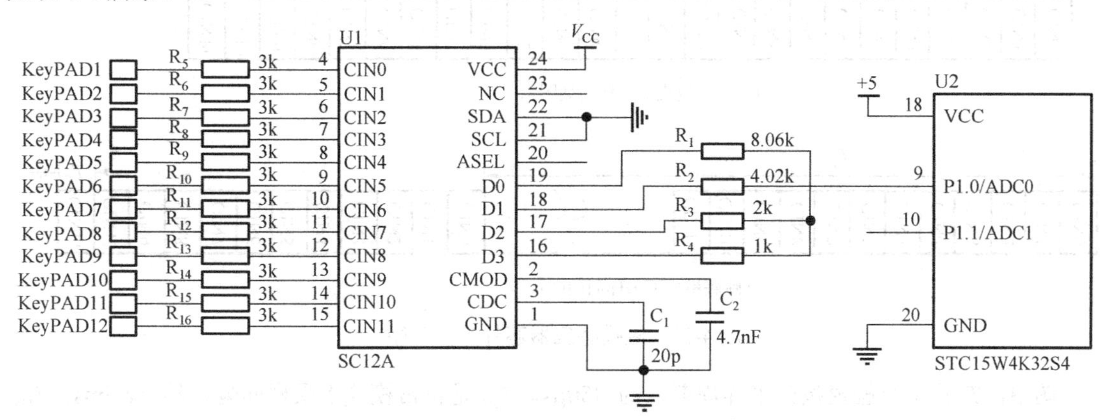

图 4-32　BCD 码输出接口电路

表 4-4　触摸按键 BCD 码对应的电压关系

触摸按键	BCD 码输出	转换产生的模拟电压值
CIN0	0000	0V
CIN1	0001	0.066×VCC
CIN2	0010	0.133×VCC
CIN3	0011	0.199×VCC
CIN4	0100	0.267×VCC
CIN5	0101	0.333×VCC
CIN6	0110	0.400×VCC
CIN7	0111	0.466×VCC
CIN8	1000	0.534×VCC
CIN9	1001	0.600×VCC
CIN10	1010	0.667×VCC
CIN11	1011	0.733×VCC

当采用 I²C 总线接口传输数据时，用 P1.0、P1.1 分别与 SDA、SCL 连接，BCD 码输出口悬空（如图 4-32 所示），此时按 I²C 总线传输数据，传输格式由 8 位或 16 位数据和一个应答信号组

成；标准 I^2C 器件有器件地址和寄存器地址，而 SC12A 只有器件地址，且由 ASEL 端口电压决定，SC12A 只接收读命令，ASEL 与器件地址关系如表 4-5 所示。

表 4-5 ASEL 与器件地址关系

	ASEL 接 VCC	ASEL 接地	ASEL 悬空
器件地址	44H	42H	40H
读命令	89H	85H	81H

（4）数据传输工作时序

如果在一段时间内（T_{slp}）没有检测到触摸按键，并且 SDA 端口一直保持高电平，芯片会自动进入睡眠模式。只要让 SDA 保持高年电平时间不超过 T_{slp}，芯片就不会进入睡眠模式。在睡眠模式中，按键的采样间隔会变长，电流消耗（I_{dd}）会减小。如果检测到按键，芯片会马上离开睡眠模式，进入正常模式。触摸感应器芯片工作时序如图 4-33 所示。

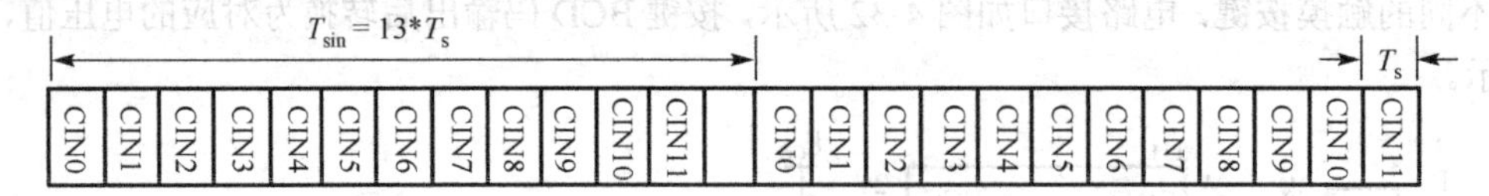

(a) 正常模式下采样周期图示

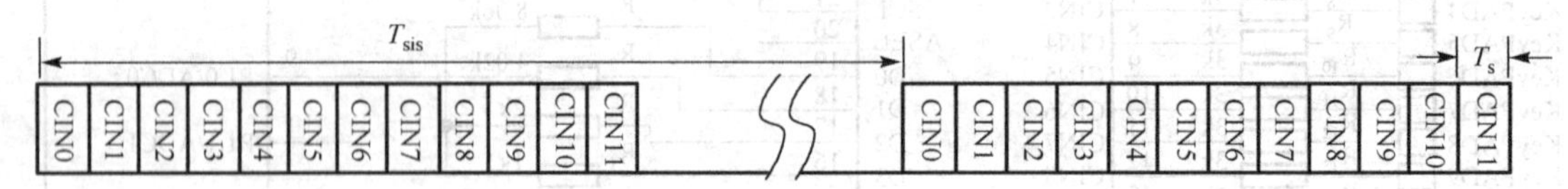

(b) 睡眠模式下采样周期图示

图 4-33 触摸感应器芯片工作时序

图中，T_s 是单个触摸按键采样周期，约 950μs。T_{sin} 是正常模式下采样间隔，约 12.5ms；T_{sis} 是睡眠模式下采样间隔，T_{sis}、I_{dd} 与电源上电时间有关。

图 4-34 是一次完整的利用 I^2C 总线数据传输读写过程。D15～D4 分别对应 CIN0～CIN11 是否有按键，D3～D0 固定为高电平。例如，如果 CIN0 被触摸，D15 将是低电平，如果 CIN0 没有被触摸，D15 将是高电平。

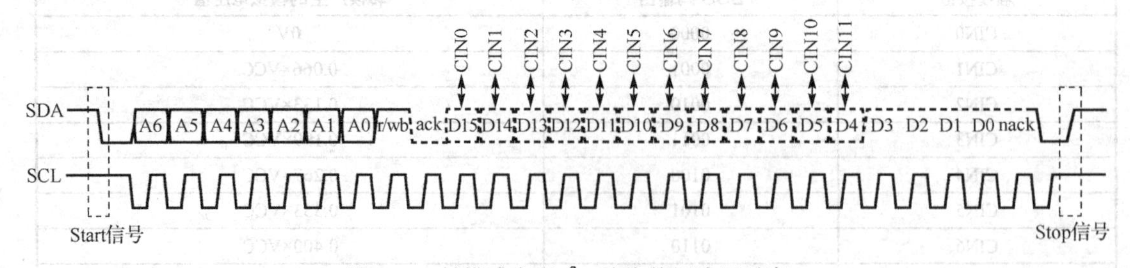

图 4-34 触摸感应器 I^2C 总线数据读写时序

4.4.4 数码静态显示接口

LED 数码管静态显示接口的形式比较多，可以采用单片机的串行口或用 2 个 I/O 口线模拟串口工作进行扩展多个串-并转换芯片来实现，也可以采用单片机并行总线、或直接并行 I/O 口连接方式扩展多个锁存器驱动多个数码管实现。

1. 用 I/O 口模拟单片机串行口扩展 4 片 74HC164 驱动数码管实现静态显示

如图 4-35 是用单片机 2 个 I/O 口线模拟串口工作来扩展 4 个数码静态显示。图中的 74HC164 是 8 位边沿触发式移位寄存器，串行输入数据，并行输出。A、B 是数据输入端，CLK 是时钟线，每次由低变高时，数据右移一位到 Q0。$\overline{MR}$ 是复位脚，$\overline{MR}$ 为低电平时会将所有输入端无效，强制所有的输出为低电平。

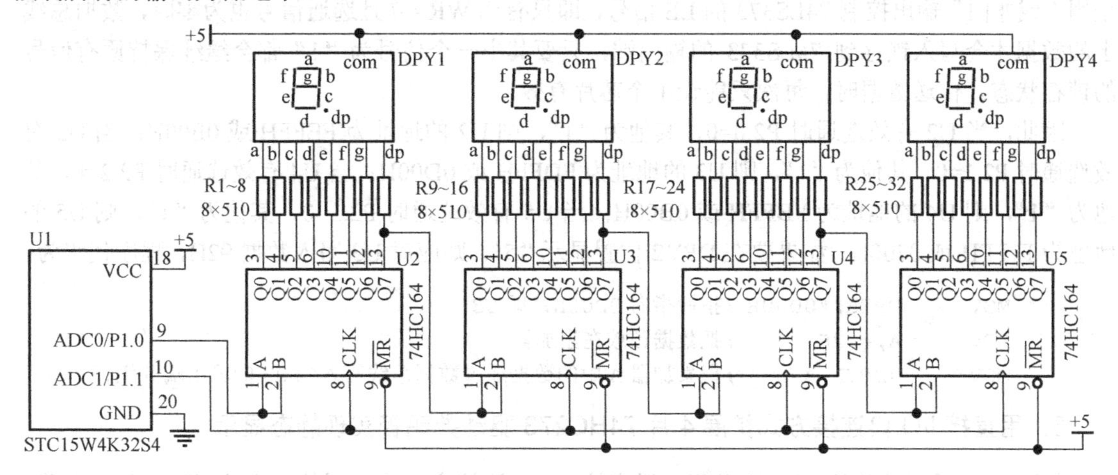

图 4-35　模拟串口与串并转换器件构成的静态显示电路

模拟串口编程时，用 P1.0 模拟串口的 RXD 线发送数据，逐位串行输出二进制位数；P1.1 模拟串口的 TXD 线输出时钟，配合数据线，每产生一个脉冲（低电平）发送 1 位数。

2. 用总线式连接方法扩展 4 片 74LS373 驱动数码管实现静态显示

如图 4-36 是用单片机 P0、P2 口并行总线连接方式来扩展 4 个共阳数码管静态显示。图中的 74LS373 是 8 位数据/地址锁存器，$\overline{OE}$ 为三态允许控制端，当 $\overline{OE}$=0 时，Q0～Q7 为正常逻辑状态，可用来驱动负载或总线。当 $\overline{OE}$=1 时，Q0～Q7 呈高阻态，即不能驱动总线和负载； LE 为锁存允许端，当 LE=1 时可从单片机输入数据，LE=0 时将输入数据锁存到输出端。

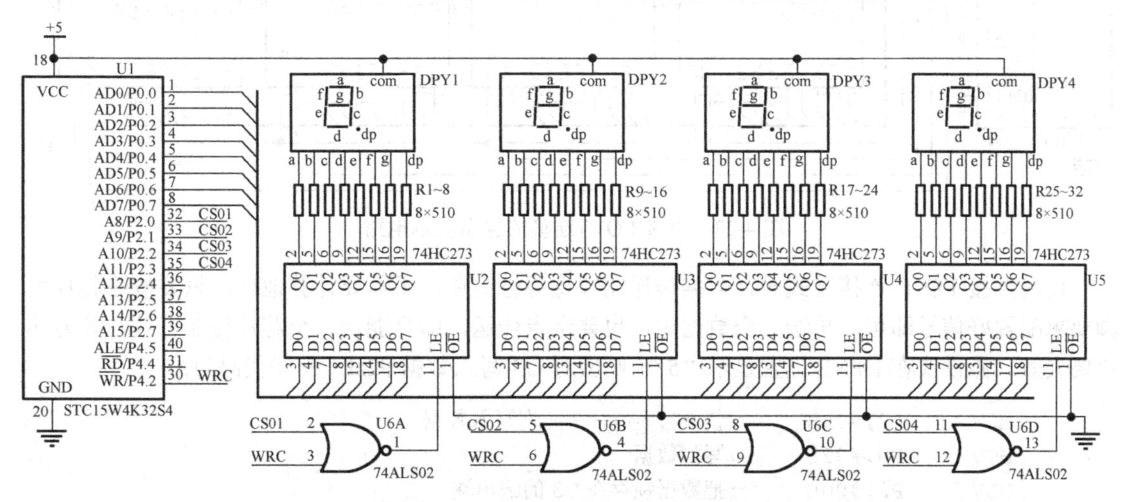

图 4-36　并行总线式连接的静态显示电路

输出数据显示时，单片机把扩展的 74LS373 作为外部数据存储器来访问，因此，写数据时要用程序控制好 4 个 74LS373。这里采用地址线 A8、A9、A10、A11 来分别作 4 个 74LS373 的选通信号，其他 12 个地址线没有使用。由于写数据时 $\overline{WR}$ 瞬间会产生低电平，平时写数据时，也就是当 $\overline{WR}$ =0 时通过总线对外部“写”数据，$\overline{WR}$ =1 时对外不会输出数据。因此，选通信号要配合 $\overline{WR}$ 信号，一起对某一个外部存储器或端口进行“写”操作。而且对 74LS373 写数据时，LE 为低电平时才会锁存，也就是要在 $\overline{WR}$ =0 时写入数据，数据写入完成后，要锁存住数据，故需要采用“或非门”输出控制 74LS373 的 LE 信号，即只有当 $\overline{WR}$ =0 且选通信号也为零时，数据总线上的数据才会写入锁存到 74LS373 的输出端，只要其中一个信号为“1”都会继续保持原有信号的锁存状态。传送数据时，每次只能让 1 个芯片有效。

因此，当 U2 有效选通时 P2.0=0，其他为“1”，则 U2 的地址为 FEFFH 或 0E00H；当 U3 有效选通时 P2.1=0，其他为“1”，则 U3 的地址为 FDFFH 或 0D00H；当 U4 有效选通时 P2.2=0，其他为“1”，则 U4 的地址为 FBFFH 或 0B00H；当 U5 有效选通时 P2.3=0，其他为“1”，则 U5 的地址为 F7FFH 或 0700H。如果要在 DPY2 位置显示“5”，则应对 U3 写入数据 92H，程序代码为：

```
MOV     DPTR,#0D00H ;指针指向 0D00H，即 U3
MOV     A,#92H      ;把数据预放在累加器
MOVX    @DPTR,A     ;把累加器 A 中的数据通过数据总线写入到 U3 的输出端并锁存
```

3. 用直接 I/O 口连接方式扩展 4 片 74HC273 驱动数码管实现静态显示

如图 4-37 是用单片机 P0、P2 并行口以直接 I/O 口连接方式来扩展的 4 个数码静态显示电路。74LS273 是 8 位数据/地址锁存器，$\overline{CLR}$ 是清除端，低电平时使输出端为 0；CLK 为脉冲输入端，正脉冲上升沿触发，使输入数据锁存到输出端，常用作 8 位地址锁存器。

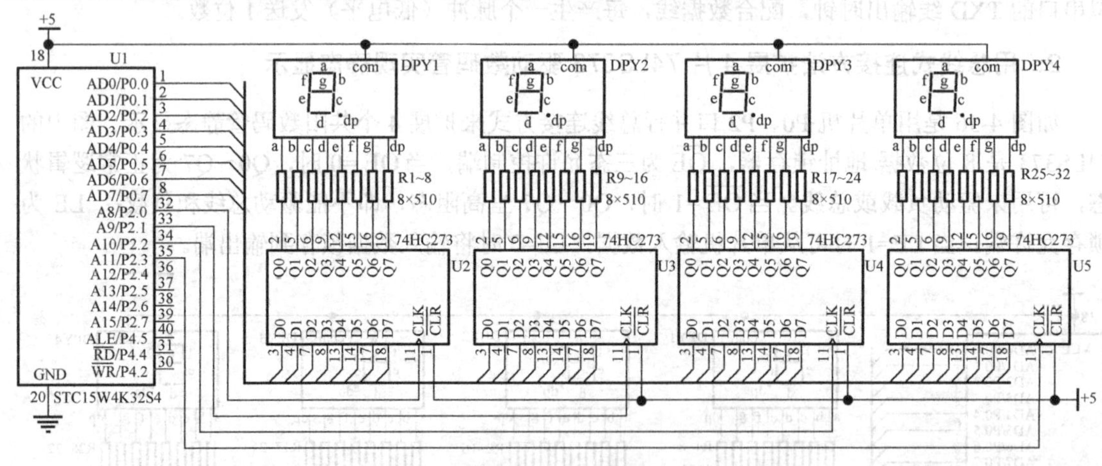

图 4-37　直接 I/O 口连接的静态显示电路

使用直接 I/O 口连接方式时，数据传送比较直观也简单，不需要计算地址，只要按照芯片引脚要求配置好信号即可。传送一个数据时，也要定点传送，即只能让一个芯片使能有效，其他芯片要失效。假设要在 DPY2 位置显示“5”，则应对 U3 写入数据 92H，程序代码为：

```
MOV     P2,#0DH     ;使 P2.1=0,U3 允许写入数据
MOV     P0,#92H     ;写如数据
MOV     P2,#00H     ;把数据锁存在 U3 的输出端
```

编程时要使用推挽输出模式，由于 STC15W4K32S4 系列单片机的 I/O 口有推挽输出功能，所以在 P0 口作为直接 I/O 口输出数据时，可以不用外接上拉电阻。

4.4.5　数码动态显示接口

静态显示优点是显示稳定，编程简单方便；缺点是要消耗比较多的硬件成本。动态显示能弥补静态显示的这些缺陷，通过软件不断刷新显示达到降低成本的目的。但是，如果显示刷新速度控制得不好，可能会引起闪烁。LED 数码管动态显示接口的形式比较多，可以采用单片机扩展 74LS164+三极管接口，或扩展 2 片 74HC573 接口，或扩展 2 片 74LS595 接口来实现。

1. 扩展 2 片 74LS595 接口实现动态显示

如图 4-38 所示是用单片机 I/O 口模拟串行口输出串行移位数据，扩展 2 片 74HC595 驱动 8 个数码管实现动态显示电路，数码管可以是共阴极，也可以是共阳极的。

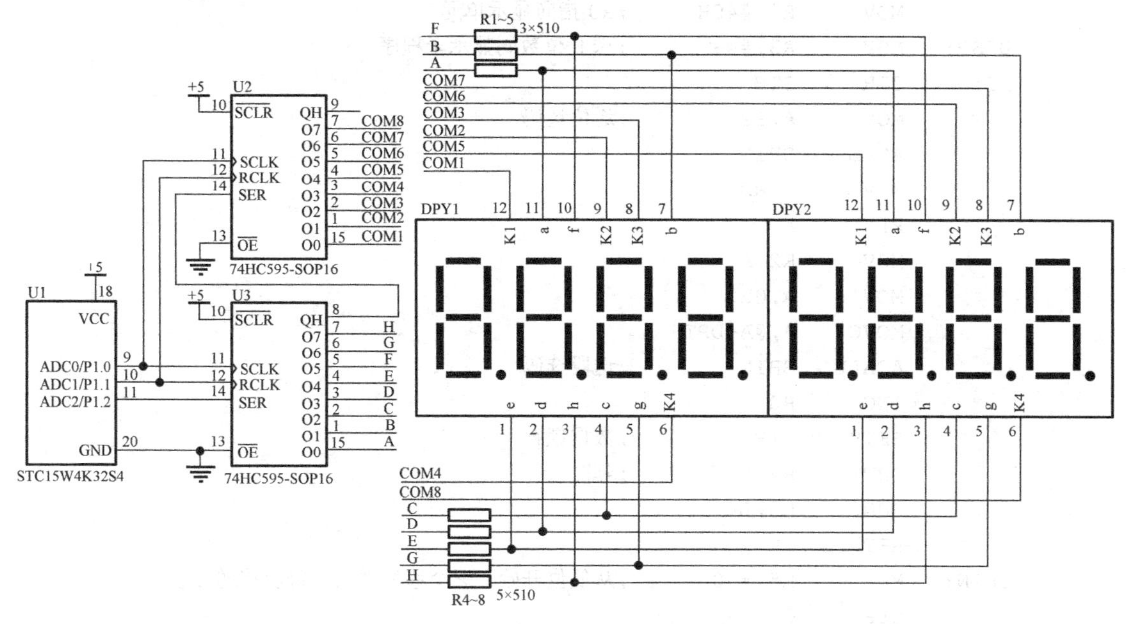

图 4-38　模拟串行口与串并转换器件构成的动态显示电路

图中 74HC595 具有 8 位移位寄存器和一个存储器，三态输出功能，一个锁存器控制输出段选码，另一个控制输出位选码。单片机采用 I/O 口模拟串口工作方式串行输出显示数据，数码管可选用单字或四字一体的共阴、共阳数码管。74HC595 芯片的主要引脚功能如下：

Q0～Q7：并行数据输出端；

QH：串行数据输出,连下一个 595，用于多个芯片级联；

$\overline{\text{SCLR}}$：主复位端，低电平有效，工作时禁止复位，应接+5V；

SCLK：移位寄存器时钟输入端，与单片机 I/O 口连接作时钟线；

RCLK：数据锁存，高电平有效，低电平时允许数据输入；

$\overline{\text{OE}}$：允许输出端，低电平有效。正常输出数据时该引脚应接地；

SER：串行数据输入端，与单片机 I/O 口连接作数据输入线。

串行口输出的最低位（D0）移到了 74HC595 的 Q7 位送出，即从单片机最先送出的位（D0）最后被移到 74HC595 的 Q7 位输出，最后送的位（D7）被移到 74HC595 的 Q0 位输出。同时通过 QH 串行移位到下一个 74HC595。这样连续进行 8 次，就可以把一个字节的数送到移位寄存器。假设在 40H～47H 存放了要显示的 BCD 码源数据，程序设计如下：

```
P1M1    DATA    91H          ;P4口工作模式配置寄存器1
P1M0    DATA    92H          ;P4口工作模式配置寄存器0
SCL     bit     P1.0         ;SCLR时钟线
STB     bit     P1.1         ;RCLK数据锁存信号
DAT     bit     P1.2         ;SER串行数据输入端
        ORG     0000         ;采用主从结构编程
MAIN:   MOV     P1M1,#00     ;设置P4口推挽输出
        MOV     P1M0,#0FFH
        MOV     P1,#0FFH
        MOV     DPTR,#TAB
        MOV     R2,#0FEH     ;位选码,共阴极数码管
        MOV     R0,#40H      ;R0指向显示单元
DISP:   MOV     R3,#08       ;送8位数码显示子程序
LP:     CLR     STB
        MOV     A,R2         ;送位选码
        ACALL   SBIN
        MOV     A,R2
        RL      A
        MOV     R2,A
        MOV     A,@R0
        MOVC    A,@A+DPTR
        ACALL   SBIN         ;送段选码
        INC     R0
        SETB    STB          ;数据锁存
        DJNZ    R4,$         ;延时
        DJNZ    R3,LP
        RET
SBIN:   MOV     R5,#08       ;从低位开始，逐个移位送出，每次移送8位
        CLR     C
LOP:    RRC     A
        MOV     DAT,C
        SETB    SCL          ;产生移位时钟
        NOP
        CLR     SCL
        DJNZ    R5,LOP
        RET
TAB:    DB  0FCH,60H,0DAH,0F2H,66H,0B6H,0BEH,0E0H,0FEH,0E6H ;共阴笔形码
        END
```

2. 扩展1片74LS164和1片74LS139接口实现动态显示

如图4-39所示是用单片机串行口与1片74LS164和1个译码器接口也能实现动态显示。图中的74LS139是2线/4线译码器，一般用于高性能的存储译码或要求传输延迟时间短的数据传输系统中，提高译码系统的效率。74HC139包含两个单独的2线/4线译码器，$\overline{E}$为使能输入端，当$\overline{E}=1$时高阻态，输出全为高电平；当$\overline{E}=0$芯片使能，将按二进制控制输入码从4个输出端中译出一个低电平输出。

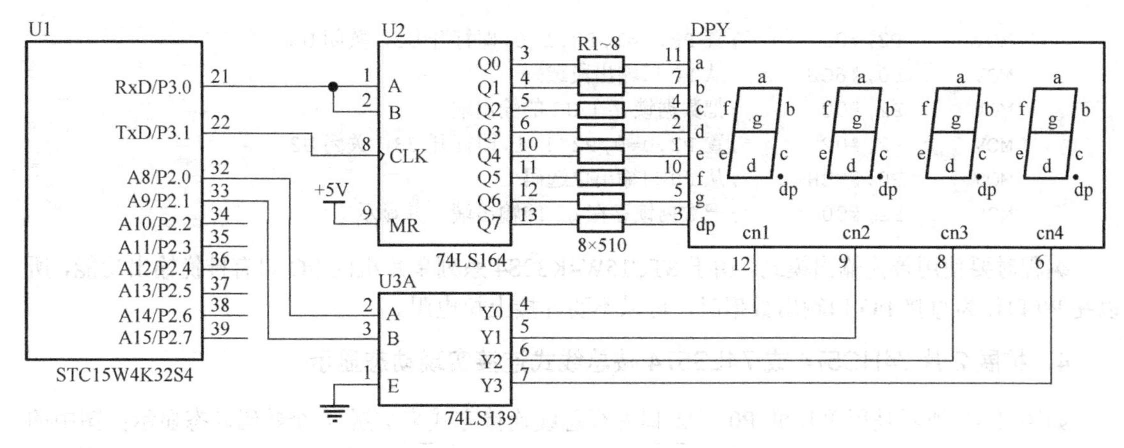

图 4-39　串行口与译码器结合的动态显示电路

编程时，单片机串行口要设置为方式 0，即工作在串行移位方式。串行口从低位开始移位输出，当 8 位二进制数移位输出后，最先移出来的 D_0 锁存到 74LS164 的 Q_7 端，最末移出来的 D_7 锁存到 74LS164 的 Q_0 端。要保证数据显示稳定，必须计算好动态扫描时间，并不停地刷新显示。为提高显示效率，动态显示可以放在定时中断里执行，假设定时 10ms，则每 10ms 就能扫描刷新显示一遍，达到显示稳定的目的。

3. 扩展 2 片 74HC573 或 74LS573 按直接 I/O 口连接实现动态显示

如图 4-40 所示是用单片机 P0、P2 口并行口按直接 I/O 口连接方式来驱动 4 个数码管实现静态显示。图中的 74HC573 与 74LS373 功能一样，都是 8 输入/输出锁存器，可以用作数据/地址锁存器。其中 $\overline{OE}$ 为三态允许控制端，当 $\overline{OE}$=0 时，Q0～Q7 为正常逻辑状态，可用来驱动负载或总线。当 $\overline{OE}$=1 时，Q0～Q7 呈高阻态，即不能驱动总线和负载； LE 为锁存允许端，当 LE=1 时可从单片机输入数据，LE=0 时将输入数据锁存到输出端。

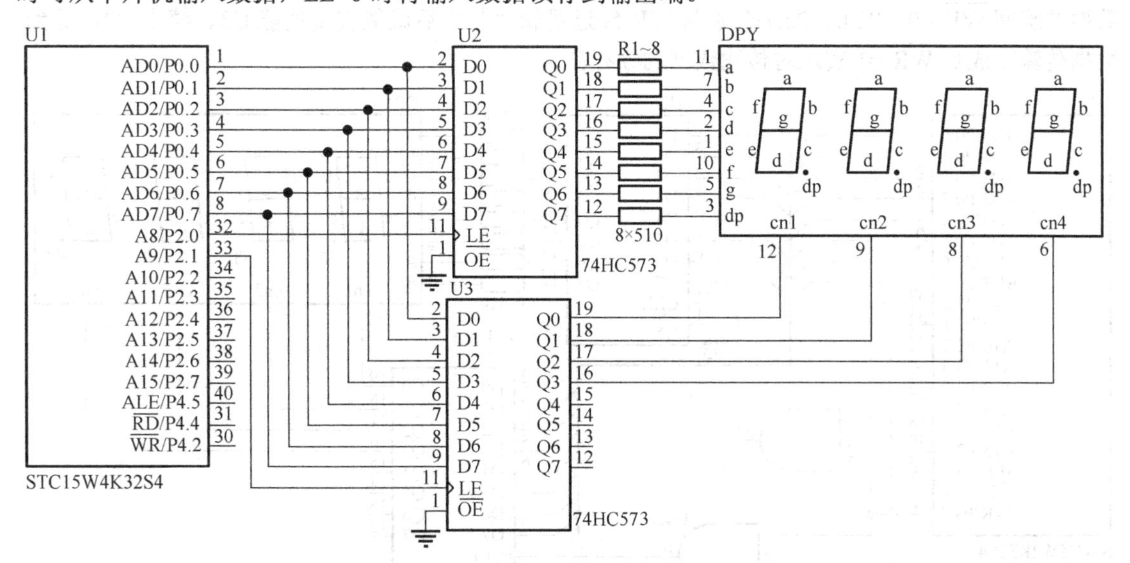

图 4-40　直接 I/O 口连接的动态显示电路

图 4-40 中的 P2.0 控制使能 U2，P2.1 控制使能 U3。假设显示用的是共阳极数码管，如果要在 cn3 的位置显示“5”，则应对 U2 写入段选码 6CH，对 U3 写入位选码 0FBH 或 0BH，程序代码为：

```
MOV    P2,#01     ;置 P2.0=1,P2.1=0,即打开 U2, 关闭 U3
MOV    P0,#6CH    ;从 P0 口输出段选码
MOV    P2,#00     ;把数据锁存在 U2 的输出端
MOV    P2,#02     ;置 P2.0=0,P2.1=1,即打开 U3, 关闭 U2
MOV    P0,#0BH    ;从 P0 口输出位选码
MOV    P2,#00     ;把数据锁存在 U3 的输出端, 并显示
```

编程时要使用推挽输出模式。由于 STC15W4K32S4 系列单片机的 I/O 口有推挽输出功能，所以在 P0 口作为直接 I/O 口输出数据时，可以不要外接上拉电阻。

4. 扩展 2 片 74HC574 或 74LS574 按总线式连接实现动态显示

如图 4-41 所示是用单片机 P0、P2 口并行总线连接方式来扩展 4 个数码动态显示；图中的 74HC574 是一个 8 位三态 D 触发器，$\overline{OC}$ 是输出控制端，当 $\overline{OC}$=0 使能输出，触发器输出数据，当 $\overline{OC}$=1 高阻态，触发器的输出被关闭；CLK 是时钟线，上升沿触发，将输入端的数据写入到 8 个触发器输出端。

按照总线传输原理，单片机对扩展的外部芯片当作一个存储器或端口来操作，并且在 $\overline{RD}$、$\overline{WR}$ 控制信号有效时传输数据。因此，要访问外部接口芯片必须准确配置好读、写控制信号时序，以便在 $\overline{RD}$、$\overline{WR}$ 信号有效时能准确地把数据传输到指定的端口。由于 74HC574 的 CLK 触发锁存是上升沿有效，即在 CLK 为低电平允许改变输出端口数据，等到上升沿一到，就触发锁存输出端口的数据，这时输入端的数据就不会影响输出端了。

在动态显示时，单片机输出的段选码要锁存在 U2 的输出端，输出的位选码要锁存在 U3 的输出端，而且段选码、位选码不能同时输出，因此，当单片机输出段选码时，U2 要使能有效、U3 要无效；这时置 P2.0=0，P2.1=1，单片机在输出数据的瞬间 $\overline{WR}$=0，P2.0、P2.1 分别与 $\overline{WR}$ 经过逻辑“与”后就能实现使能 U2、禁止 U3，等到数据传输完成后 $\overline{WR}$=1 实现对传输数据的锁存；同理，当输出位选码时，U2 要无有效、U3 要使能有效，这时置 P2.0=1，P2.1=0，单片机在输出数据的瞬间 $\overline{WR}$=0，P2.0、P2.1 分别与 $\overline{WR}$ 经过逻辑“与”后就能实现使能 U3、禁止 U2，等到数据传输完成后 $\overline{WR}$=1 实现对传输数据的锁存；

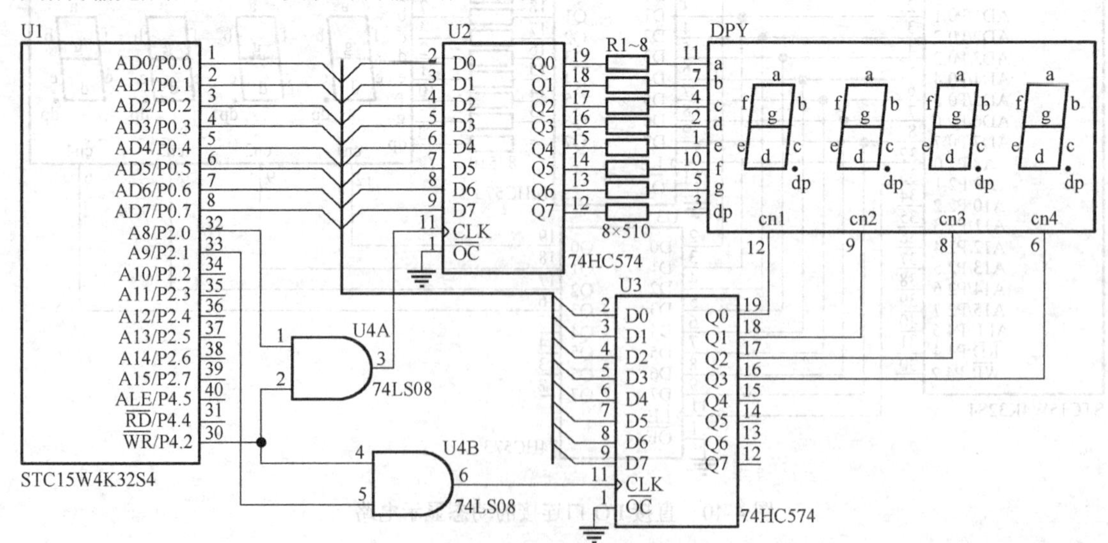

图 4-41　总线式连接的动态显示电路

因此，当 U2 被使能有效时 P2.0=0，其他为“1”，则 U2 的地址为 FEFFH 或 0E00H（没有用到的地址也可以为 0）；当 U3 有效选通时 P2.1=0，其他为“1”，则 U3 的地址为 FDFFH 或 0D00H。假设显示用的是共阴数码管，如果要在 cn3 的位置显示“5”，则应对 U2 写入段选码 6CH，对 U3 写入位选码 0FBH 或 0BH，程序代码为：

```
MOV     DPTR,#0E00H     ;指针指向 0E00H，即 U2
MOV     A,#6CH          ;把段选码数据预先放在累加器
MOVX    @DPTR,A         ;把累加器 A 中的数据通过数据总线写入到 U2 的输出端并锁存
MOV     DPTR,#0D00H     ;指针指向 0D00H，即 U3
MOV     A,#0BH          ;把位选码数据预先放在累加器
MOVX    @DPTR,A         ;把累加器 A 中的数据通过数据总线写入到 U2 的输出端并锁存
```

总线方式连接时，数据总线驱动能力有限，当总线驱动不够时，可加总线驱动器。74LS245 是 8 路同相三态双向总线收发器，可双向传输数据，既可以输出，也可以输入数据，可以作为数据总线驱动器。74LS245 的 $\overline{E}$ 是片选端，低电平有效；DIR 是方向控制端，当 DIR=“0”，信号从 B 向 A 传输，实现单片机接收数据；DIR=“1”，信号从 A 向 B 传输，实现单片机发送输出数据。当 $\overline{E}$ 为高电平时，A、B 均为高阻态。

5. 74HC/LS/HC/HCT/F 系列芯片的区别

（1）LS 是低功耗肖特基，HC 是高速 COMS；LS 的速度比 HC 略快。HCT 输入输出与 LS 兼容，但是功耗低；F 是高速肖特基电路。

（2）LS 是 TTL 电平，HC 是 COMS 电平。

（3）LS 输入开路为高电平；HC 输入不允许开路，且要求有上下拉电阻来确定输入端无效时的电平，对 LS 却没有这个要求。

（4）LS 输出下拉强、上拉弱；HC 上拉、下拉相同。

（5）工作电压不同：LS 只能用 5V，而 HC 一般为 2V 到 6V。

（6）电平不同：LS 是 TTL 电平，其高、低电平分别为 0.8V、2.4V；而 CMOS 在工作电压为 5V 时，其高、低电平分别为 0.3V、3.6V。所以 CMOS 可以驱动 TTL，但 TTL 不能驱动 CMOS 电路。

（7）驱动能力不同：LS 一般高电平的驱动能力为 5mA，低电平为 20mA；而 CMOS 的高、低电平均为 5mA。

（8）CMOS 器件抗静电能力差，易发生栓锁，故 CMOS 输入脚不能直接接电源。

4.4.6　液晶显示（字符式、点阵式）

字符型液晶显示屏是以若干个 5×8 或 5×11 点阵块组成的显示字符群，每个点阵块为一个字符位，字符间距和行距都为一个点的宽度。其主控电路为 HD4478 或 KS0066，内部具有字符发生器 ROM，可显示 160 个 5×7 点阵字符和 32 个 5×10 点阵字符，有 80 个字节 RAM 和 64 个字节的自定义字符 RAM，可自定义 8 个 5×8 点阵字符或 4 个 5×11 点阵字符。

图 4-42 所示是 LCD1602 字符液晶模块应用在频率计数器中的接口电路。其中引脚 RS 为寄存器选择位，当 RS=0 时在数据线上发送指令，RS=1 时发送数据。EN 为使能信号，下降沿触发。R/$\overline{W}$ 为读/写信号，值为 0 时写入数据，值为 1 时读出数据。D0～D7 为 8 位数据总线。V_{CC} 为电源正极（接+5V），Vss 为地，VT0 为液晶显示偏压信号。单片机与液晶进行数据通信的格式如下：

RS	R/$\overline{W}$	D_7	D_6	D_5	D_4	D_3	D_2	D_1	D_0

LCD1602E液晶显示器共有11条操作指令，各指令操作码如表4-6所示。

表4-6　LCD1602液晶指令码功能表

指令类型	RS	$R/\overline{W}$	D_7	D_6	D_5	D_4	D_3	D_2	D_1	D_0
清屏指令	0	0	0	0	0	0	0	0	0	1
归位指令	0	0	0	0	0	0	0	0	1	×
插入模式	0	0	0	0	0	0	0	1	I/D	S
显示开关控制	0	0	0	0	0	0	1	D	C	B
光标显示控制	0	0	0	0	0	1	S/C	R/L	×	×
功能设置	0	0	0	0	0	DL	N	F	×	×
CGRAM地址设置	0	0	0	0	A_5	A_4	A_3	A_2	A_1	A_0
DDRAM地址设置	0	0	0	A_6	A_5	A_4	A_3	A_2	A_1	A_0
读BF及AC	0	1	BF	A_6	A_5	A_4	A_3	A_2	A_1	A_0
写入数据	1	0	D_7	D_6	D_5	D_4	D_3	D_2	D_1	D_0
读出数据	1	1	D_7	D_6	D_5	D_4	D_3	D_2	D_1	D_0

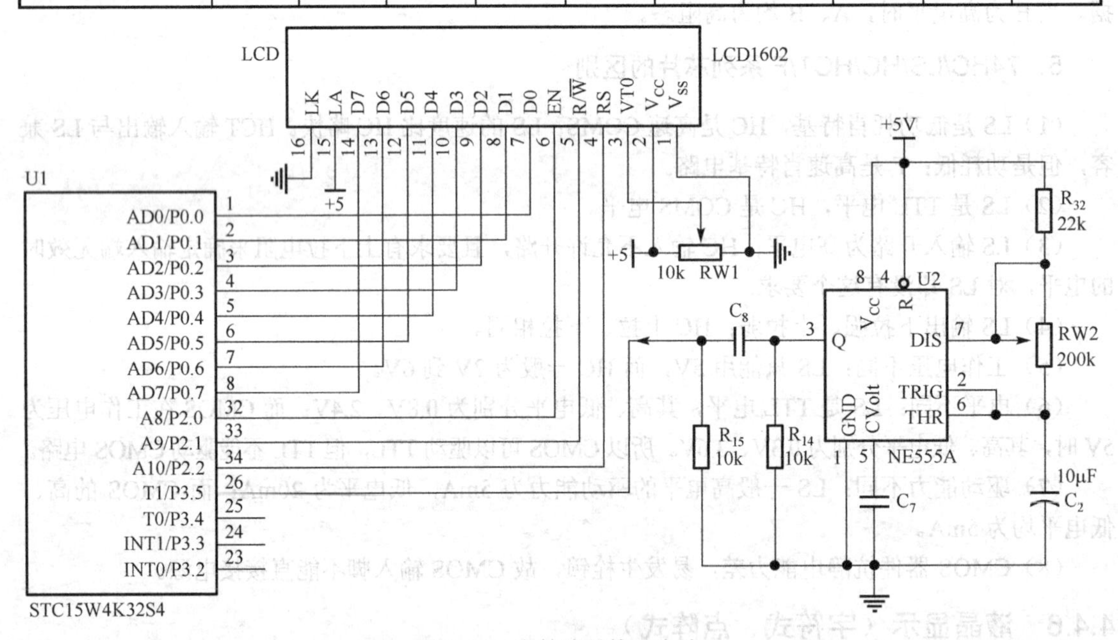

图4-42　字符液晶接口电路

练习与思考题

1．简述开关信号的特点和作用。哪些器件可以用做电子开关？电子开关的通病是什么？

2．总结弱电控制强电的方法和抗干扰措施。

3．简述可控硅、继电器、接触器的主要技术参数。比较可控硅、继电器、接触器的性能和应用场合。

4．结合实际，分别选择一种可控硅、继电器、接触器设计一个智能控制对象，设计出电路，注意它们的用法和编程实现。

5．单片机如何处理开关量信号？其电气接口形式有哪些？

6．有些开关量输入或输出时需要采用缓冲、放大、隔离和驱动电路，这些电路的作用是什么？

7．简述磁性器件的工作原理和应用场合。选择一种磁性器件设计一个门窗开启报警器，要求完成电路设计和参数选择。

8．举例说明，常用开关型驱动器件有哪些？

9．固体继电器有哪几类？有哪些优势？使用时应注意哪些问题？

10．键盘电路接口方式有哪些？各种电路接口有什么区别？

11．数码显示方式和电路接口有哪些？各种电路接口有什么区别？

12．说明 74HC/LS/HC/HCT/F 系列芯片有什么区别？

13．从图 4-35 至图 4-41 显示电路，分别按照这些电路编写 0~9 数字自检显示程序。

14．根据数码显示原理和行列式键盘接口，完成按键显示电路设计，实现按键输入、数字显示功能。

15．按照图 4-42 单片机液晶显示电路，编程实现液晶显示。

第5章　模拟信号的输入/输出

智能仪器的核心部件是单片机，其处理的对象以模拟信号为主，如何准确和可靠地将模拟信号采集到仪器内并将其数字化是本章要讨论的主要问题。在测控系统和信号源类设备中，如何输出所需要的模拟信号，将是本章要讨论的另一个问题。

5.1　模拟信号的输入

5.1.1　A/D 转换器件的选择

用单片机处理模拟信号的前提是将其数字化，即进行 A/D 转换，而选择合适的 A/D 转换器件是模拟通道设计的第一步。

（1）根据检测精度要求进行选择

对于一台具体的设备，它的技术指标中包含检测精度指标。通过这个指标就可以换算出所需的 A/D 转换最低指标，只要选择转换精度比这个最低指标高一些的 A/D 器件就可以满足设计要求。通常精度和分辨率是不同的，受非线性误差的影响，分辨率高的精度不一定高。当器件的非线性误差控制在 1 位之内时，A/D 转换器件用“位数”所表示的分辨率与其转换精度基本相同，习惯上就用“位”数来衡量其转换精度。

例如某温度控制系统的工作范围是 20℃到 50℃，温度控制精度为 0.1℃。通过合理设计信号调理电路（信号放大器以及相关补偿电路），使 19℃时输出信号电压的 A/D 转换结果为 0 值，51℃时输出信号电压的 A/D 转换结果为满度值，即从 0 值到满度值的温度变化范围为 32℃。为了达到控制精度为 0.1℃，A/D 转换器件的分辩率至少要达到 0.1℃，这就要求从 0 值到满度值至少要分辩出 320 种不同温度状态。8 位 A/D 器件只能分辩出 256 种状态，不能满足最低精度要求。为了确保系统的整体精度，A/D 转换器件的分辨率应该比最低分辨率提高 1 到 2 位。因此，本系统选用 10 位或 12 位 A/D 器件比较合适。

在精度要求更高的场合，可以选用 14 位 A/D 或 16 位 A/D。但器件选择不是精度越高越好，精度越高的 A/D 器件越贵，对信号调理电路的要求也越高，不利于控制系统成本。

（2）根据采样频率要求进行选择

被检测的信号有其频率特性，为了获取该信号的真实数据，采样频率至少要超过信号上限频率的两倍。由于工作原理和制造工艺的不同，A/D 转换器件的工作频率也不同。因此，应该根据采样频率的不同选择不同工作频率的 A/D 转换器件。

①低速 A/D 转换器件：适合采样频率为每秒 10 次以内的场合，其检测对象为变化比较缓慢的物理量，如温度、湿度、液位等。这类 A/D 器件以“双积分型”为主，具有很高的抗工频干扰能力，广泛应用于数字电压表中。

②中速 A/D 转换器件：适合采样频率为每秒 100 次以上的场合，其检测对象为变化比较快的物理量，如运动状态的各种参数。这类 A/D 转换器件以“逐次逼近型”为主，绝大多数 A/D 转换器件都属于这一类型，绝大多数应用系统也采用这一类型的 A/D 转换器件。

③高速 A/D 转换器件：适合采样频率超过 1MHz 的场合，其检测对象为变化极快的物理量，

如视频信号，故俗称“视频 A/D”。这类 A/D 转换器件以“并行比较型”为主，应用领域以多媒体信息采集和处理为主。

（3）其他选择考虑

①片内 A/D：当精度要求不超过 12 位时，可选用片内集成 A/D 转换部件的单片机，使系统结构更加紧凑。

②串行 A/D：单片机应用系统的发展趋势是“单片系统”，没有三总线的设计方案可以简化电路设计。

③封装：常见的封装是 DIP，现在表面安装工艺的发展使得表贴型 SO 封装的应用越来越多。

5.1.2　模拟输入通道的设计

模拟输入通道包括信号调理电路、采样保持电路和 A/D 转换电路，各部分的设计方案与具体应用关系密切。

1．信号调理电路设计

传统的信号调理电路包括硬件滤波电路、放大器、增益校准电路、零点校准电路、线性校准电路、温度补偿电路等等。由于智能仪器具有强大的数据处理能力，可以通过软件来进行自动校准和自动补偿（在第 9 章中有专门介绍），使得信号调理电路的设计得到简化，通常可以圣泉线性校准电路和温度补偿电路，对增益校准电路和零点校准电路的要求也可以降低一些，甚至可以不必采样非常昂贵的高档运算放大器。

（1）硬件滤波电路

滤除混在信号中的干扰成分。在设计硬件滤波电路前首先需要分析有用信号的频谱和干扰信号的频谱，只有两者的频谱明显分开时，硬件滤波电路才能发挥作用。根据信号和干扰的频谱特性，硬件滤波电路可选择低通滤波器、高通滤波器或带通滤波器。如采用热电偶检测工件温度时，温度信号是频率非常低的慢变信号，干扰信号主要是 50Hz 的工频信号，两者的频谱完全分开，采用低通滤波器就可以在很大程度上削弱工频干扰的影响。为了降低成本，低通滤波器可用多节 RC 电路组成，这时前置放大器的输入阻抗应该足够高，以避免 RC 滤波环节对有用信号的衰减。如果有用信号与干扰信号的频谱相互交错（有重合的频段），普通的硬件滤波电路就无能为力了。这时可采用调制解调技术将有用信号的频谱进行搬移，就可以和干扰信号的频谱分开了。

（2）放大器

将信号放大到 A/D 转换器所需要的幅度。为了充分利用 A/D 转换器的分辨率，通常将放大器的工作窗口定位在信号的特点范围之内，以“窗口放大器”的形式来工作。假设某电子秤的压力传感器灵敏度为 1mV/kg，料斗和进出料装置的重量为 12.5kg，物料的最大重量为 12.5kg，采用 8 位 A/D 转换器，其转换电压的范围为 0 到 5V。当没有物料时，传感器输出的“皮重信号”为 12.5mV，当放大器的放大倍数为 200 倍时，达到 A/D 转换器的最大转换电压 5V，这时，电子秤的分辨能力为（12.5+12.5）/256≈0.1kg。如果增加一个硬件偏置电路，使皮重信号输出为零，同时将放大器的放大倍数调整为 400 倍，当加满物料时，输出信号便是满幅的“净重信号”了，这时，电子秤的分辨能力达到 12.5/256≈0.05kg。

作为放大器的核心，需要选择一款合适的运算放大器芯片，检测精度要求越高，对运算放大器芯片的要求也越高。BB（Burr Brown）公司推出了一批仪器仪表专用的运算放大器，图 5-1 就是 BB 公司的 INA114 芯片的原理图。

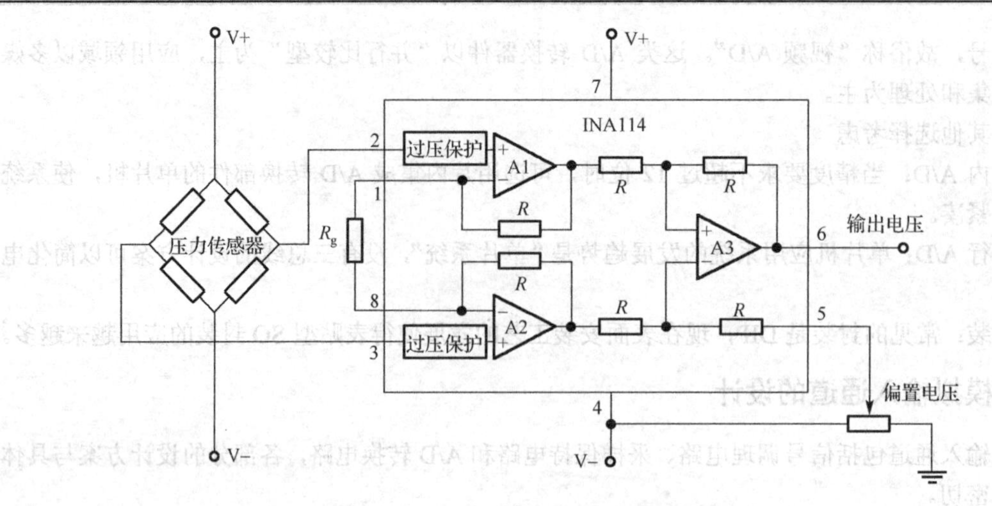

图 5-1　仪表放大器 INA114 原理图

INA114 为 8 引脚芯片，特别适合放大差分信号，其内部集成了三个运算放大器和六个 50kΩ 的精密电阻 R，通过外接电阻 R_g 可以方便地设定放大倍数 $K=1+50\text{k}\Omega/R_g$，通过调节负偏置电压 U_s 的值，可方便地设定窗口的低端位置（最终对地输出电压 $U_o=KU_i-U_s$）。

如果传感器输出的信号是对地的单端信号，可以采样单端输入的运算放大器，如 OP07、OP37 等。

（3）校准电路

为了使信号调理电路的参数满足要求，需要各种校准电路。以图 5-1 为例，增益校准电路就是使 R_g 准确等于设计值的电路。如果放大倍数设定为 200，则 R_g 的电阻值应该为 251.26Ω，可用一个 200Ω 的固定电阻和一个 100Ω 的可调电阻串联而成，仔细调节可调电阻，就可以使放大器的放大倍数等于设定值。

2．采样保持电路设计

A/D 转换器件完成一个转换过程需要一定时间，如果在这段时间内信号的幅度发生变化，转换结果将会受到影响。采样保持电路可以将采样开始的信号电压记忆下来，并保持到 A/D 转换结束，使 A/D 转换器件在转换期间可以得到一个稳定的信号电压。采样保持电路已经集成了专用芯片，如 LF198/LF298/LF398，使用时需要外接一个保持电容器和采样控制信号。在实际应用中，A/D 转换时间都很短，这期间信号的变化幅度通常可以忽略不计，不需要采样保持电路，真正需要使用采样保持电路的场合是比较少的。

3．A/D 转换电路设计

A/D 转换电路包括 A/D 转换芯片、基准电源电路和控制电路。下面用两个例子来介绍这部分的设计。

第一个例子是采用 STC15W4K32S4 单片机来介绍其 A/D 部件的用法，这是一款国产宏晶科技公司最近推出的与 8051 系列兼容的、片内集成了 10 位 A/D 转换部件的、具有在线仿真功能的单片机。

在初始化阶段，必须禁止模拟信号输入端口的数字信号功能，将其设置为模拟输入状态。对 A/D 控制寄存器 ADCON 进行初始化，使能 A/D 部件功能。

A/D 转换过程分为三步：首先设置输入信号的通道号，然后启动 A/D 转换，等待转换完成，最后读取转换结果。根据 A/D 转换过程中 CPU 的状态，可以有三种工作方式：查询方式，节电睡眠方式和掉电方式。由于STC15W4K32S4系列单片机的A/D部件直接采用Vcc作为基准电压，故电源的波动和噪声将影响A/D转换的结果。电源的主要噪声源就是CPU自己，因为在掉电状态下电源噪声最小，因此，建议A/D转换过程中CPU应该进入掉电状态。下面是采用STC15W4K32S4单片机制作的简易数字电压表程序，小于Vcc的被测电压加在0通道的引脚上（P1.3），在掉电状态下进行A/D转换，然后以BCD码的格式将电压值显示出来。

```
        #include  <STC15W4K32S4.inc>          ;STC单片机的特殊功能寄存器定义头文件
        VIH          DATA    30H               ;待测电压整数部分存放单元（BCD码）
        VIL          DATA    31H               ;待测电压小数部分存放单元（BCD码）
        CLOCK        DATA    32H               ;时钟单元
                     ORG     0000H
                     LJMP    MAIN              ;到主程序
                     ORG     000BH
                     LJMP    DINS              ;到定时中断子程序
                     ORG     005BH             ;ADC中断
                     CLR     EADC              ;清除ADC中断标志
                     RETI
                     ORG     0080H
        MAIN:        MOV     SP,#6FH           ;设置堆栈
                     ORL     CLK_DIV,#20H      ;置ADRJ=1,A/D转换结果存放格式
                     ORL     P1ASF,#04         ;选P1.2为模拟输入端
                     ORL     P1M1,#04H         ;置P1.2为高阻输入
                     ANL     P1M0,#0FBH
                     MOV     ADC_CONTR,#0E2H   ;置300kHz转换率，接通ADC2模拟通道
                     MOV     TMOD,#11H         ;定时器设置
                     MOV     TH0,#80H          ;约30ms
                     SETB    TR0
                     SETB    ET0
                     SETB    EADC              ;允许ADC中断
                     SETB    EA
        LOOP:        ORL     PCON,#01          ;睡眠模式
                     LJMP    LOOP

        ;定时中断子程序:
        DINS:        MOV     TH0,#80H
                     INC     CLOCK             ;调整时钟
                     MOV     A,CLOCK
                     ANL     A,#07H
                     JNZ     DINSE             ;每8次时钟中断启动一次A/D转换
                     ORL     ADC_CONTR,#08     ;置ADC_START=1,启动A/D转换
                     ORL     PCON,#02H         ;使CPU进入掉电模式
                     ANL     ADC_CONTR,#0E7H   ;A/D结束后,被中断唤醒,清标志,停止转换
                     MOV     A,ADC_RESL        ;只读取A/D转换结果的低8位
                     MOV     B,#05             ;取量程(5V)
                     MUL     AB                ;相乘
                     MOV     VIH,B             ;保存电压的整数部分
                     MOV     B,#100
```

```
            MUL     AB
            MOV     A,#10           ;将小数部分转换为 BCD 码
            XCH     A,B
            DIV     AB
            SWAP    A
            ORL     A,B
            MOV     VIL,A           ;保存电压的小数部分
            LCALL   DISP            ;显示新的检测结果
DINSE:      RETI                    ;定时中断结束
DISP:       RET                     ;显示模块（省略）
            END
```

第二个例子是以 TI 公司的 12 位串行 A/D 转换芯片 TLC2543 为例介绍串行 A/D 芯片的使用方法，该芯片使用开关电容逐次逼近技术完成 A/D 转换过程。串行输入结构能够节省单片机的 I/O 资源，且价格适中。其特点有：12 位分辨率 A/D 转换器；在工作温度范围内 10μs 转换时间；11 个模拟输入通道；3 路内置自测试方式；采样率为 66kbps；线性误差+1LSB；有转换结束（EOC）输出；具有单、双极性输出；可编程的 MSB 或 LSB 前导；可编程的输出数据长度。

图 5-2 所示为 TLC2543 与单片机的连接图，图中 AIN0～AIN10 为模拟输入端；$\overline{\text{CS}}$ 为片选端；DIN 为串行数据输入端；DOUT 为 A/D 转换结果的三态串行输出端；EOC 为转换结束端；CLK 为 I/O 时钟；REF+为正基准电压端；REF-为负基准电压端；Vcc 为电源；GND 为地。

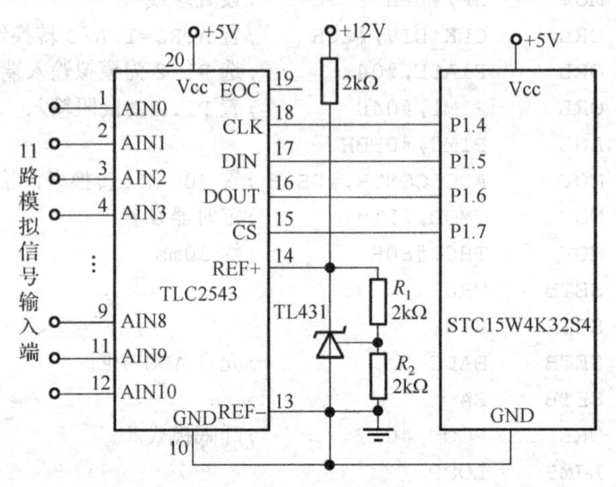

图 5-2　串行 A/D 芯片 TLC2543 的使用

基准电源采用 TL431 芯片构成，这是一款有良好热稳定性能的三端可调基准源，它的输出电压 V_o=2.500（1+R_1/R_2），选择不同的 R_1 和 R_2 值，可以得到从 2.5V 到 36V 范围内的任意电压输出，在图 5-2 中 R_1=R_2，故基准电压 V_o=5.000V。需要注意的是，在选择电阻时必须保证 TL431 的工作电流大于 1mA。有很多 A/D 转换芯片已经将基准电源集成到芯片之中，这将进一步简化电路设计。

TLC2543 工作时必须将片选端 $\overline{\text{CS}}$ 置低电平，然后用软件产生时钟脉冲并加到 CLK 端，在时钟脉冲作用下，TLC2543 一方面从 DOUT 端口输出上次转换的结果，同时从 DIN 端口输入下一次的操作指令（一个字节）。当选择从高到低的顺序输出 12 位转换结果的工作模式时，操作指令的低四位为零，高四位为通道号。A/D 转换子程序如下：

```
#include  <STC15W4K32S4.inc>     ;STC 单片机的特殊功能寄存器定义头文件
CLK       EQU       P1.4         ;连接到 TLC2543 的时钟脉冲输入端
```

```
DIN     EQU     P1.5          ;连接到 TLC2543 的串行数据输入端
DOUT    EQU     P1.6          ;连接到 TLC2543 的串行数据输出端
CS      EQU     P1.7          ;连接到 TLC2543 的片选端
N       EQU     5             ;实际使用的通道数目（从 0 通道开始使用）
DBUF    EQU     30H           ;转换结果存放区（每通道 2 字节）

ADCN:   MOV     P1M1,#30H     ;置 P1.4、P1.5 为高阻输入
        MOV     P1M0,#0E0H    ;置 P1.6、P1.7 为推挽输出
SETB    DOUT                  ;置单片机的 P1.6 为高电平，以便接收数据
        SETB    CS            ;暂时关闭 TLC2543
        CLR     CLK           ;初始化时钟脉冲为低电平
        MOV     R0,#DBUF      ;初始化数据存放指针
        MOV     R7,#N         ;总共需要转换的通道数目
        MOV     R6,#00H       ;初始化操作指令为 0 通道
        LCALL   ADCS          ;读写一次，舍去取得的数据，启动了 0 通道的转换过程
ADCN1:  MOV     A,R6          ;调整操作指令中的通道号为下一个通道
        ADD     A,#10H
        MOV     R6,A
        LCALL   ADCS          ;读取转换结果，同时启动了下一通道的转换
        MOV     A,R2          ;保存转换结果高字节内容
        MOV     @R0,A
        INC     R0            ;调整指针
        MOV     A,R3          ;保存转换结果低字节内容
        MOV     @R0,A
        INC     R0            ;调整指针
        DJNZ    R7,ADCN1      ;直到将已经使用的通道全部转换完毕
        RET
ADCS:   CLR     CLK           ;初始化时钟电平为低电平
        CLR     CS            ;选中 TLC2543，使其处于工作状态
        MOV     R5,#8         ;准备接收高字节的转换结果和发送一字节操作指令
        MOV     A,R6          ;取操作指令（下一个通道的编号和数据格式）
ADCS1:  MOV     C,DOUT        ;读取一位结果
        RLC     A             ;移入累加器的低位，同时将操作指令的高位移出
        MOV     DIN,C         ;放到 TLC2543 的数据输入端
        SETB    CLK           ;时钟电平上升，再下降
        CLR     CLK           ;形成一个时钟脉冲，完成一位数据的收发过程
        DJNZ    R5,ADCS1      ;直到接收到一个字节，同时发送出操作指令
        MOV     R2,A          ;保持转换结果的高字节
        MOV     A,#00H        ;清除累加器内容
        MOV     R5,#4         ;再接收转换结果的低四位
ADCS2:  MOV     C,DOUT        ;读取一位结果
        RLC     A             ;移入累加器的低位
        SETB    CLK           ;时钟电平上升，再下降
        CLR     CLK           ;形成一个时钟脉冲，完成一位数据的接收过程
        DJNZ    R5,ADCS1      ;直到接收到剩下 4 位
        SWAP    A             ;就这 4 位结果移到高半字节
        MOV     R3,A          ;保持转换结果的低字节
```

```
SETB    CS              ;关闭 TLC2543
RET
```

5.1.3 其他 A/D 转换模式介绍

A/D 转换除了双积分式、逐次逼近式和并行比较式这三种常见模式外，还有一些其他模式，这些模式在特定的场合有其特有的优势。

（1）VFC 式 A/D 转换

即电压频率转换式，又称 V/F 转换式。通过将电压信号转换为频率信号，然后由测得的频率换算出信号电压的大小。常用的 V/F 转换芯片有 AD650、LM331 等。LM331 是一款常用的廉价 V/F 转换芯片，其输出频率范围是 1Hz～10kHz，以该芯片作 A/D 转换，数字量有效位数范围与 13 位的 A/D 转换芯片相当。

用 LM331 芯片组成一个压控振荡器电路，信号电压的变化导致振荡频率成比例地变化，振荡器输出的交流信号通过远距离传输达到检测中心，经过放大整型成为脉冲信号，只要测量脉冲信号的频率，就可以换算出原始信号的大小。

为了满足检测精度的要求，可采用定数测量方式。例如，为了获得 0.1%的精度，必须检测到 1000 个信号脉冲，然后根据这 1000 个脉冲的总时间（例如 500ms）计算出频率值（2000kHz），最后由频率值换算出原始信号值。由于频率信号的测量比较耗时，故采样频率比较低，检测对象只能是慢变信号，如温度、湿度等。但频率信号便于远距离传输和隔离，故适用于多路慢变信号的远距离巡回检测。

（2）廉价的比较器式 A/D 转换

该方法的原理如图 5-3(a)所示。图中比较器的输出电平只能是高电平 V_{cc} 和地电平两种情况。当输入电压 V_{in} 不是 0 但比 V_{cc} 低时，比较器的输出状态就不可能稳定，必定不停跳变，输出方波。当系统进入平衡状态后，该方波经过 RC 平滑滤波之后形成的电压包含直流分量和残留的交流分量，其直流分量与输入电压 V_{in} 相等，其残留的交流分量使比较器维持输出方波。由于方波的直流分量与方波的占空比有关，方波的占空比即高电平维持时间的比例，可以通过时间测量来得到。

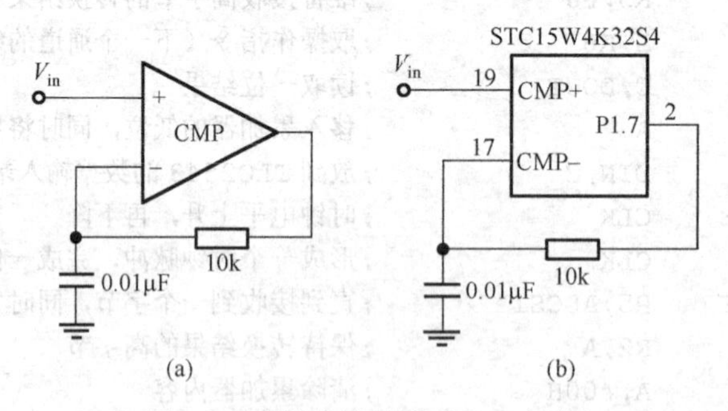

图 5-3 廉价的比较器式 A/D 转换

实际电路如图 5-3(b)所示。STC15W4K32S4 是一款高性能 8051 内核单片机，它集成了一个比较器，利用这个比较器将被检测信号接到其正向输入端，P1.7 输出 TTL 电平的方波，方波经过 RC 平滑滤波之后加到比较器的负向端。用软件判断比较器的比较结果，如果 V_{in} 比 V_{RC} 高，就让 P1.7 输出高电平，以便升高 V_{RC}，否则就让 P1.7 输出低电平。当系统平衡之后，连续判断 M 次，如果其中有 N 次使 P1.7 输出高电平，则方波的占空比为 N/M，故被测量的电压 $V_{in} = V_{cc}（N/M）$。当 M 取 256 时，相当于 8 位 A/D 转换功能。该方法的硬件成本非常低，很适合精度要求不很高的慢变信号检测。理论上，只要延长检测时间，就可以提高检测精度，实际上受 V_{cc} 精度的影响，只能做到 1%的检测精度。下面是一个简易数字电压表的程序，可检测 5V 以内的电压值。

```
#include  <STC15W4K32S4.inc>             ;STC 单片机的特殊功能寄存器定义头文件
AD_CON    BIT     P1.7                    ;方波输出端口
VIH       DATA    30H                     ;待测电压整数部分（BCD 码）
VIL       DATA    31H                     ;待测电压小数部分（BCD 码）
          ORG     0000H
          LJMP    MAIN                    ;主程序
          ORG     000BH
          LJMP    DINS                    ;T0 定时中断子程序
          ORG     0030H
MAIN:     MOV     SP,#6FH                 ;设置堆栈
          MOV     TMOD,#11H               ;定时器设置
          MOV     P5M1,#30H               ;置 P5.5\P5.4 为高阻输入
          MOV     P5M0,#00
          MOV     CMPCR1,#84H             ;初始化,P5.5 做 CMP+,P5.4 做 CMP-
          MOV     CMPCR2,#10H             ;设置 16 个时钟去抖后输出比较结果
          SETB    TR0
          SETB    ET0
          SETB    EA
LOOP:     ORL     PCON,#01                ;睡眠模式
          LJMP    LOOP
;定时中断子程序:
DINS:     LCALL   AD_CONV                 ;采样电压信号
          MOV     B,#05
          MUL     AB                      ;(A)=(R3),即等于比较器输出高电平的计数值
          MOV     VIH,B                   ;将整数部分分离出来
          MOV     B,#100                  ;将小数部分转换为 BCD 码
          MUL     AB
          MOV     A,#10
          XCH     A,B
          DIV     AB
          SWAP    A
          ORL     A,B
          MOV     VIL,A
          LCALL   DISP                    ;显示新的检测结果
          RETI                            ;定时中断结束
AD_CONV:  MOV     R4,#2                   ;循环两遍，第一遍用来稳定，第二遍进行测量
          MOV     R2,#0                   ;每遍判断 256 次
AD_TEST:  MOV     R3,#0                   ;初始化高电平计数值为 256
AD_LOOP:  MOV     A, CMPCR1               ;读取比较结果
          JB      ACC.0,AD_HIGH           ;判断比较器的输出电平(是 0 或 1)
          CLR     AD_CON                  ;输出低电平
          DEC     R3                      ;高电平计数值减少一个
          SJMP    AD_COUNT
AD_HIGH:  SETB    AD_CON                  ;输出高电平
```

```
            NOP                     ;补偿两条指令的时间
            NOP
AD_COUNT:   MOV     R5,#10          ;延时,控制每次判断的时间间隔
            DJNZ    R5,$
            DJNZ    R2,AD_LOOP      ;直到完成 256 次判断循环
            DJNZ    R4,AD_TEST      ;重复两遍
            MOV     A,R3            ;转换完成,读取第二遍的结果返回给 A
            RET
DISP:       RET                     ;显示输出子程序（省略）
            END
```

（3）Σ-Δ 型 A/D 转换

当前转换精度达到 14 位以上的 A/D 转换芯片基本上都是 Σ-Δ 型（过采样型），其内集成了精密比较器、积分器、精密基准电压源、电子开关和脉冲源等功能部件。前面介绍的比较器式 A/D 实际上就是过采样型 A/D 的变形。在精密基准电压源的配合下，通过增加对检测信号的采样次数来提高检测精度，通过提高采样频率来缩短检测时间。当前商品化的 Σ-Δ 型 A/D 芯片转换精度可达 18 位到 24 位，完成转换所需时间在 100μs 到 1000μs 之间，达到中速 A/D 转换的水平，而其精度是其他类型 A/D 器件无法相比的。

5.2　模拟信号的输出

测控类智能仪器和信号源类智能仪器均具有模拟信号输出功能，该功能通过 D/A 转换部件将 CPU 处理的数据转换为模拟量，然后经过驱动放大输出到测控对象或负载上。

5.2.1　D/A 转换器件的选择

由于 D/A 转换的速度通常都能满足要求，故 D/A 转换器件的选择标准主要是精度标准。通常将 D/A 的精度要求比系统控制精度要求提高 1 到 2 位即可，如控制精度为 0.1%(即 10 位的精度)，选 12 位 D/A 芯片即可胜任。

有不少功能较强的单片机已经集成了 D/A 部件，只要其精度满足要求，选择这类单片机将对简化电路设计和降低成本有利。

如果系统没有三总线、串行 D/A 芯片将是合适的选择。如果系统要求微型化，这可选择表贴型 SO 封装芯片。

D/A 转换芯片的发展趋势是高精度、串行总线、多路输出、内嵌基准电压源、直接输出模拟电压。随时关心技术进展，是选择最佳芯片的必备条件。

5.2.2　模拟输出通道的设计

传统的模拟输出通道设计包括 D/A 器件的接口电路设计、电流/电压转换电路设计、输出驱动电路设计。随着技术发展，当今的 D/A 芯片基本上将电流/电压转换电路集成到芯片内部，直接输出转换后的电压信号，使得电路设计更加简单。当 D/A 转换的精度要求不是很高时，可选择带 D/A 功能部件的单片机，当 D/A 转换的精度要求比较高或需要多路 D/A 时，通常需要选用专用 D/A 芯片。

1. 并行 D/A 部器的使用

STC15W4K32S4 系列单片机内部集成的 8 位 PWM 可当作 8 位 D/A 转换器使用，实现波形的

输出。下面是利用 DAC0832 输出一个正弦波或余弦波发生器的应用示例，单片机与 DAC0832 的并行接口如图 5-4 所示。

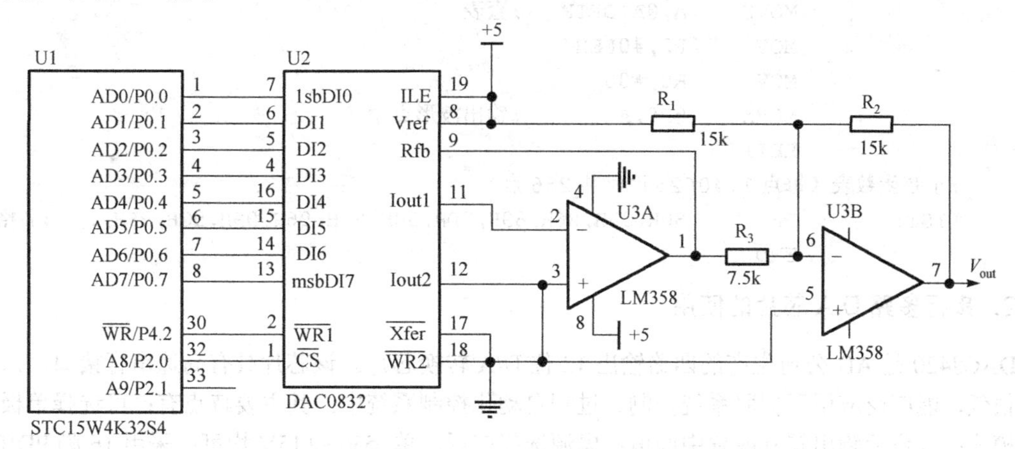

图 5-4　并行接口 D/A 转换器 DAC0832 的使用

为了提高波形质量，直流分量等于 V_{cc} 的一半，正弦波的峰顶应小于 V_{cc}，峰谷应高于 0。设 V_{cc}=5V，U_m=2V，则要输出正弦、余弦两种波形的表达式分别为：

$$V_{\sin} = 2.5 + 2\sin(\omega t)$$

$$V_{\cos} = 2.5 + 2\sin(\omega t + \pi / 2)$$

为了查表方便，一个周期输出 256 点（查表指针可以自动循环）。通过计算可以得到正弦波各个点输出电压的大小，然后转换成表格值（2.5V 对应 80H），得到正弦波的波形表。正弦波的频率由定时器的时常数决定，由于是软件控制输出，频率不可能很高。如果要得到纯净的交流信号，可以通过隔直流电路将直流成分去掉。程序清单如下：

```
SINP        DATA    30H         ;正弦波查表指针
COSP        DATA    30H         ;余弦波查表指针
DA_ADDR     EQU     0FE00H          ;DAC0832 访问地址为 0000 或 0FE00H
            ORG     0000H
            LJMP    MAIN        ;主程序
            ORG     000BH
            LJMP    DINS        ;T0 定时中断子程序
            ORG     0030H
MAIN:       MOV     SP,#6FH     ;设置堆栈
            MOV     SINP,#0     ;正弦波初始相位为 0 度
            MOV     TMOD,#12H   ;定时器设置（T0 为方式 2）
            MOV     TH0,#0C0H   ;设置定时器时常数
            MOV     TL0,#0C0H
            MOV     DPTR,#LIST  ;指向波形表
            SETB    TR0
            SETB    ET0
            SETB    EA
LOOP:       ORL     PCON,#1     ;进入睡眠模式
            LJMP    LOOP
```

```
;定时中断子程序：
DINS:         MOV      A,SINP         ;取正弦波查表指针
              MOVC     A,@A+DPTR      ;查表
              MOV      P2,#0FEH
              MOV      R0,#00
              MOVX     @R0,A          ;输出波形点
              RETI
;正弦函数表（每点 1.40625 度，共 256 点）
LIST:         DB       80H,83H,86H,89H,8DH,90H,93H,96H,99H,9CH,9FH,…，  ;省略
              END
```

2．串行多路 D/A 芯片的使用

DAC8420 是 AD 公司生产的四路输出 12 位 D/A 转换芯片。该芯片具有高速串行接口，而且功耗很低，能广泛应用于伺服系统控制、过程自动化控制系统中。其主要特点有：可选择单极或双极模式；复位后输出置 0 或置中间值；电源选择广泛，单+5V～±15V 均可；采用 16 脚 PDIP、CERDIP 或 SOIC 封装。DAC8420 的引脚功能如下：

- V_{DD}：正电源，范围为+5V～+15V。
- V_{SS}：负电源，范围为 0～−15V。
- GND：数字地。
- CLK：系统串行时钟输入端。在时钟上升沿，由 SDI 输入的串行数据将进入 DAC8420 内部的串/并转换寄存器。
- $\overline{CLR}$：复位操作输入端，低电平有效。可用于将内部四路寄存器置 0 或者置为中间值（具体方式由 CLSEL 决定）。
- CLSEL：复位方式控制端，该端为低电平时，复位时将四路寄存器置 0；为高电平时，复位时将其置为中间值。
- $\overline{CS}$：片选信号输入端，低电平有效。
- $\overline{LD}$：异步 DAC 寄存器载入控制端，低电平有效。在$\overline{LD}$的下降沿，串行输入寄存器里面的数据将移到对应通道的寄存器中。
- SDI：串行数据输入输入端。在输入的 16 位数据中，头两位 D_{15} 和 D_{14} 用于选择通道，D_{13} 和 D_{12} 无效，后 12 位 D_{11}～D_0 是具体数值。输入的数据先进入 DAC 内部的串/并转换寄存器。
- VREFHI：参考电压高值端，取值范围是 V_{DD}−2.5V～VREFLO+2.5V。
- VREFLO：参考电压低值端，当输入数据为 0 时，输出电压为 VREFLO，其取值范围为 V_{SS}～VREFHI−2.5V。
- VOUTA～VOUTD：4 路电压输出端。

图 5-5 为 DAC8420 与 STC15W4K32S4 单片机的接口电路图，为了降低电压噪声对输出的影响，各种电压（V_{DD}、V_{SS}、V_{CC}、VRFEHI）均需要接入滤波电容。由于 TL431 为 VRFEHI 提供了 10V 的基准电压，VRFELO 接地，4 路电压信号的输出范围便控制在 0 到 10V 之间。如果输出电压的复位方式固定，可将 CLSEL 接地或接+5V，单片机的 P1.2 端口便可改作其他用途。如果不需要复位操作（用具体数据对 4 路输出进行初始化），可将 CLR 端接+5V，单片机的 P1.3 端口也可改作其他用途，这在单片机端口紧张时是可行的。下面是将 4 路数据传送到 DAC8420 中的子程序：

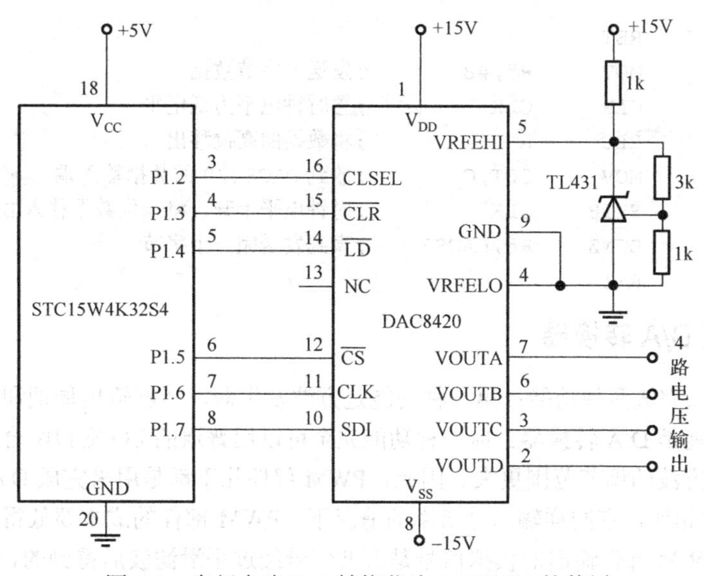

图 5-5　串行多路 D/A 转换芯片 DAC8420 的使用

```
#include <STC15W4K32S4.inc>        ;STC 单片机的特殊功能寄存器定义头文件
SDI       EQU     P1.7              ;连接到 DAC8420 的串行数据输入端
CLK       EQU     P1.6              ;连接到 DAC8420 的时钟脉冲输入端
CS        EQU     P1.5              ;连接到 DAC8420 的片选端
LD        EQU     P1.4              ;连接到 DAC8420 的数据载入控制端
DBUF      EQU     30H               ;待转换数据存放区（每通道 2 字节）
          MOV     P1M1,#00          ;置 P1 口为推挽输出
          MOV     P1M0,#0FFHH
DACN:     SETB    CS                ;暂时关闭 DAC8420
          SETB    CLK               ;初始化时钟脉冲为高电平
          SETB    LD                ;初始化数据载入控制端为高电平
          MOV     R0,#DBUF          ;初始化数据存放指针
          MOV     R7,#4             ;总共需要转换的通道数目
          MOV     R6,#00H           ;初始化为 0 通道
          CLR     CS                ;选通 DAC8420
DACN1:    MOV     A,@R0             ;取某通道数据的高字节
          INC     R0                ;调整指针
          ANL     A,#0FH            ;高字节数据的低四位有效（12 位数据）
          ORL     A,R6              ;拼装通道代码
          LCALL   DACS              ;传送一个字节
          MOV     A,@R0             ;取该通道数据的低字节
          INC     R0                ;调整指针
          LCALL   DACS              ;再传送一个字节
          CLR     LD                ;LD 的下降沿将数据载入对应通道的寄存器中
          SETB    LD                ;恢复 LD 为高电平
          MOV     A,R6              ;调整为下一个通道
          ADD     A,#40H
          MOV     R6,A
          DJNZ    R7,DACN1          ;直到将 4 个通道转换完毕
          SETB    CS                ;关闭 DAC8420
```

```
            RET
DACS:       MOV     R5,#8        ;发送一字节数据
DACS1:      CLR     CLK          ;置时钟电平为低电平
            RLC     A            ;将数据的高位移出
            MOV     SDI,C        ;放到 DAC8420 的数据输入端
            SETB    CLK          ;时钟电平上升，将一位数据移入 DAC8420
            DJNZ    R5,DACS1     ;直到发送完一个字节
            RET
```

5.2.3　PWM 型 D/A 转换器

PWM 部件可以完成两种功能：第一种功能是方波发生器，能够输出周期和占空比均可控制的方波；第二种功能是 D/A 转换器。前一种功能完全可以用普通的 I/O 端口配合软件来实现，而且成本低廉、输出方波的调节范围更大。因此，PWM 部件几乎都是用来完成 D / A 转换功能的。和标准的 D/A 部件相比，在同样输出分辨率的情况下，PWM 部件的成本要低得多（纯数字电路集成工艺）。由于 PWM 部件输出的模拟信号是方波信号经过平滑滤波后得到的，故输出的模拟信号变化速度较慢，只能用来控制低速对象。要想正确使用 PWM 部件，必须掌握设置脉冲的重复周期和控制脉冲的占空比（实现 D/A 功能的关键）的方法。下面以 STC15W4K32S4 单片机为例介绍 PWM 部件的使用方法。

1. 重复周期的控制

特殊功能寄存器 CH 和 CL 的内容控制输出方波的重复周期。为了加深印象，下面做一个实验：运行下面的程序，并用示波器观察 PCA 引脚 P1.0/CCP1 的输出 PWM 波形。

```
#include  <STC15W4K32S4.inc>         ;STC 单片机的特殊功能寄存器定义头文件
CYCL        DATA    30H              ;脉冲周期控制数据
WIDTH       DATA    31H              ;脉冲宽度控制数据
            ORG     0000H
            LJMP    MAIN
            ORG     0030H
            MOV     A,P_SW1          ;读寄存器
            ANL     A,#0CFH          ;设置 CCP_S0=0，CCP_S1=0
            MOV     P_SW1,A          ;PCA 引脚选择 P1.0/CCP1
            MOV     CMOD,#02         ;选择时钟源 fsys/2，禁止 PCA 中断
            MOV     CCON,#00H        ;置 CF、CR、CCF0、CCF1 为 0
MAIN:       MOV     CYCL,#60H        ;周期从长开始，若初值为 00 时周期最长
            MOV     WIDTH,#40H       ;固定 PWM 宽度
TEST0:      MOV     CL,CYCL          ;周期控制
            MOV     CCAP1L,WIDTH     ;宽度固定
            MOV     CCAP1H,WIDTH     ;保存备份 PWM 脉宽
            MOV     CCAPM1,#42H      ;置模块 1 的 PWM 功能,允许比较器,禁止中断
            SETB    CR               ;启动 PCA 计数器开始计数
WAIT:       MOV     A,CL
            JNZ     WAIT             ;等 PCA 计数器溢出
            CLR     CR               ;改变计数值之前暂停 PCA 计数器

TEST1:      DJNZ    R6,TEST1         ;延时，以便在示波器观察效果
```

```
        INC     CYCL            ;延长脉冲重复周期
        MOV     A,CYCL
        JNZ     TEST0
STOP:   LJMP    MAIN            ;循环演示
        END
```

从示波器上可以看出，脉冲方波的重复周期随着 CH 和 CL 的内容改变而变化。脉冲方波的重复周期越短，平滑滤波电路的时常数就可以越小，输出模拟信号的响应就越快，但是，输出信号的分辨率也随之下降。由于 PWM 部件的控制对象都是低速对象，速度问题基本上不必考虑，为了提高分辨率，建议将脉冲周期设置为最大值，以便获得更高的分辨率，即 CL=0FFH。

2．占空比的控制

占空比是高电平占整个信号周期的比值。PWM 部件的 D/A 功能是通过控制其高电平的占空比来实现的，故占空比的控制非常重要。STC15W4K32S4 系列单片机的两个 PWM 通道的占空比可以各不相同，分别由各自的捕获寄存器 CCAP0H、CCAP0L、CCAP1H、CCAP1L 来控制。以 0 通道为例，它的占空比由 CCAP0H、CCAP0L 决定。为了加深印象，下面做一个实验：运行下面的程序，并用示波器观察 PCA 引脚 P1.0/CCP1 的输出 PWM 波形。

```
#include  <STC15W4K32S4.inc>    ;STC 单片机的特殊功能寄存器定义头文件
CYCL    DATA    30H             ;脉冲周期控制数据低字节
WIDTH   DATA    31H             ;脉冲宽度控制数据
        ORG     0000H
        LJMP    MAIN
        ORG     0050H
        MOV     A,P_SW1         ;读寄存器
        ANL     A,#0CFH         ;设置 CCP_S0=0, CCP_S1=0
        MOV     P_SW1,A         ;PCA 引脚选择 P1.0/CCP1
        MOV     CMOD,#02        ;选择时钟源 fsys/2，禁止 PCA 中断
        MOV     CCON,#00H       ;置 CF、CR、CCF0、CCF1 为 0
MAIN:   MOV     CYCL,#0FFH      ;周期取最大值
        MOV     WIDTH,#04       ;宽度初始化：从窄开始
TEST0:  MOV     CL,CYCL         ;周期固定
        MOV     CCAP1L, WIDTH   ;PWM 脉冲宽度从小开始逐步加大
        MOV     CCAP1H, WIDTH   ;保存 PWM 脉宽
        MOV     CCAPM1,#42H     ;置模块 1 的 PWM 功能,允许比较器,禁止中断
        SETB    CR              ;启动 PCA 计数器开始计数
        INC     WIDTH           ;增加脉冲宽度
        MOV     A,WIDTH
        JNZ     TEST0
STOP:   AJMP    MAIN            ;循环演示
        END
```

从示波器上可以看出，脉冲方波的占空比随着 CCAP1L 的内容改变而线性变化，其变化范围不超过 CH 和 CL 的值。

3．平滑滤波与功率驱动

PWM 部件输出占空比可调的方波经过平滑滤波后输出的是其直流成分，由于该直流成分与

占空比成正比，从而完成D/A转换功能。平滑滤波环节由多级RC滤波电路组成，RC时常数必须比方波的重复周期大若干倍。RC时常数越大，滤波效果越好，输出信号中的纹波越小，但系统的惯性也随之加大，对控制的反应变得迟钝。因此，RC时常数应该在滤波效果和反应速度两者之间进行折中。

PWM部件输出信号经过RC滤波环节之后，几乎没有负载能力，必须经过高输入阻抗的缓冲电路和功率驱动电路后才能控制最终负载。

练习与思考题

1. 简述A/D转换器件的选择原则。

2. 从网络上搜索并下载不同公司的三款串行12位A/D芯片的资料，其中至少有一款内嵌基准电压源，并编写其中一款芯片的驱动子程序。

3. 从网络上搜索并下载不同公司的三款内嵌A/D转换部件的单片机的资料，其中至少有一款其转换精度位为10位，并用其中一款单片机编写一个简易数字电压表的程序。

4. 从网络上搜索并下载不同公司的三款串行12位D/A芯片的资料，其中至少有一款内嵌基准电压源，并编写其中一款芯片的驱动子程序。

5. 从网络上搜索并下载一内嵌D/A转换部件的单片机的资料，并用该单片机编写一个简易信号发生器的程序，使其输出三角波。

6. 编写一个幅度和频率可以由参数设定的锯齿波发生器程序。

7. 按照图5-4电路，编程输出余弦波形。

8. 在图5-4的基础上再增加一个DAC0832，输出正弦波、余弦波，并实现输出两路信号正交关系。

9. 使用STC15W4K32S4单片机的PWM功能，输出占空比为1∶5的PWM波形。

10. 使用PWM功能如何实现10位的D/A转换器功能。

第 6 章　总线与通信系统

智能仪器一般都具有通信接口，以便和其他智能仪器或计算机组成自动测试系统。为了方便各种智能仪器之间进行通信，各种通信接口均需要标准化，通信协议也需要规范化，本章介绍常用的几种通信总线。

6.1　通用接口总线 GP-IB

6.1.1　GP-IB 标准接口概述

GP-IB 即通用接口总线（General Purpose Interface Bus），最初由美国 HP 公司研制，称为 HP-IB 标准，后经美国电子电气工程师学会（IEEE）改进，以 IEEE-488 标准加以推荐，但普遍使用的名称是 GP-IB。

1．GP-IB 标准接口系统的基本特性

GP-IB 标准分为接口与总线两部分。接口为智能仪器的组成部分，由相关接口芯片和逻辑电路组成；总线为一条多芯电缆，用来连接相关仪器设备，传输各种信息。GP-IB 标准接口总线系统的构成如图 6-1 所示。

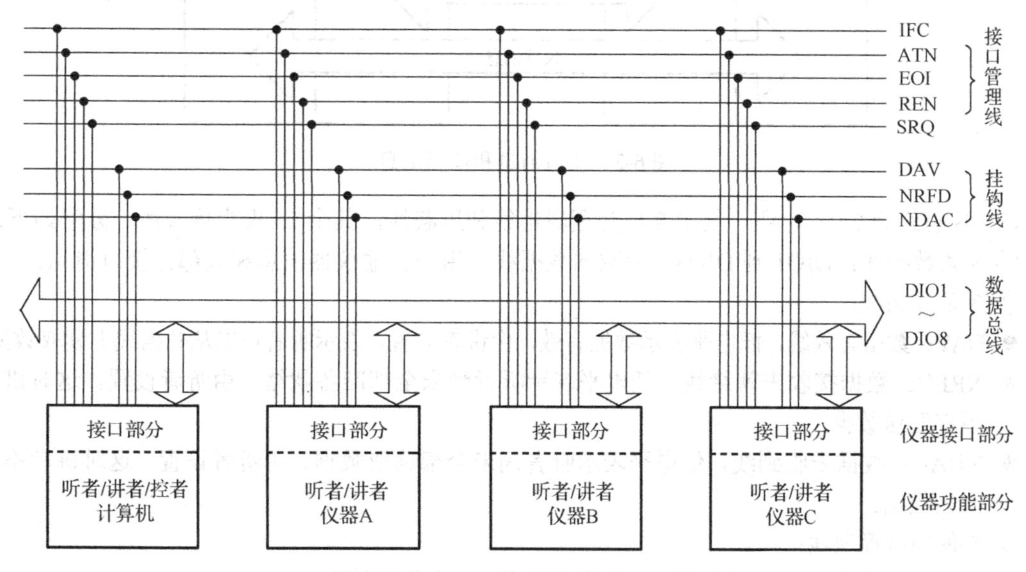

图 6-1　GP-IB 标准接口总线系统

为了完成通信功能，在 GP-IB 标准接口总线系统中存在三种角色，即“讲者、听者、控者”。“讲者”是发出信息的设备，“听者”是接收信息的设备，“控者”是总线系统工作的管理设备。在通信过程中，任何时刻只能有一个“讲者”，当可以同时有多个“听者”，“听者”和“讲者”的身份由“控者”根据需要进行安排，而计算机通常担任“控者”的角色。系统中所有设备均具备“听

者”功能，但必须在“控者”指定后才能进入“听者”角色，其“听者”角色也可根据需要被停止。而“讲者”功能不是所有设备均具有的，如某些输出设备只从总线上接收信息，不向总线发送信息。对于一台设备，它可能只有“听者”功能，也可能同时有“听者”和“讲者”功能，甚至有“听者”、“讲者”和“控者”三种功能（计算机）。系统中的各台设备具有不同的“地址”编码，以便互相区别。

GP-IB 标准接口总线系统的基本特性如下：

- 可以用一条总线连接若干装置，组成自动测试系统。装置总数不超过 15 台，连线长度不超过 20m；
- 数据传送为并行比特、串行字节的双向异步方式，最大速率为每秒 1M 字节；
- 采用负逻辑：低电平（<0.8V）为 1，高电平（>2.0V）为 0；
- 地址容量：单字节地址：31 个讲地址和 31 个听地址；双字节地址：961 个讲地址和 961 个听地址；
- 适用环境：电气干扰微弱的实验室或生产现场。

2. GP-IB 标准接口的总线结构

在 GP-IB 总线上传送的消息分为“接口消息”和“仪器消息”两种，如图 6-2 所示。“接口消息”在相关设备的接口部分中间传送，用来协调各个设备的角色（如控制命令和地址码），而“仪器消息”在相关设备的“功能”部分之间传送，完成系统的实际功能（如测试数据）。

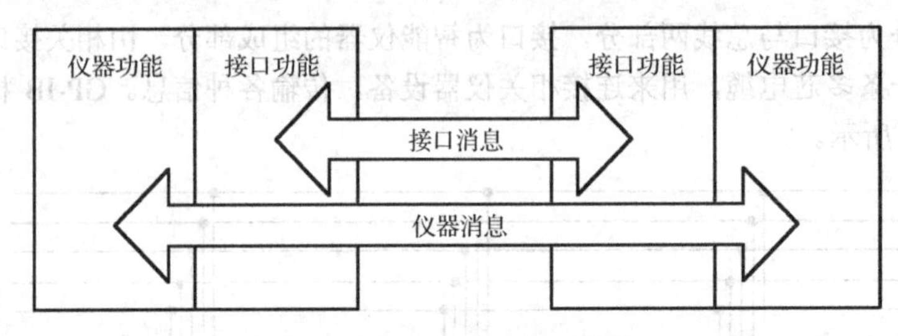

图 6-2　接口消息和仪器消息

GP-IB 总线为 24 芯电缆，其中 8 根为逻辑地线和屏蔽线，其余 16 根为信号线，分配如下：

① 8 条数据线：DIO1 到 DIO8，为双向数据线，用来传输仪器消息和大部分接口消息。

② 3 条挂钩线：

- DAV：数据有效线，低电平表示数据有效，由讲者设置，表示听者可以从数据线上读取数据；
- NRFD：数据接收未就绪线，低电平表示听者尚未全部准备就绪，由听者设置。这时讲者不宜发送数据；
- NDAC：数据未收到线，低电平表示听者尚未全部读取数据，由听者设置。这时讲者不宜撤销数据。

③ 5 条接口管理线：

- ATN：注意线，由讲者控制。1 为接口消息，0 为仪器消息；
- IFC：接口清除线：由控制者控制，置 1 时系统初始化；
- REN：远程控制线：由控制者控制，置 1 时封锁仪器面板，使仪器的手动操作失效；
- SRQ：服务请求线：有服务请求的装置将其置 1（拉低）；
- EOI：结束或识别线：ATN=0，EOI=1 表示讲者发送完一组数据。 ATN=1，EOI=1 表示控者要进行识别操作。

3. 三线挂钩原理

为了实现不同速率设备之间的可靠数据通信，在 GP-IB 总线系统中采用了三线挂钩的数据传输方式，其时序图如图 6-3 所示。

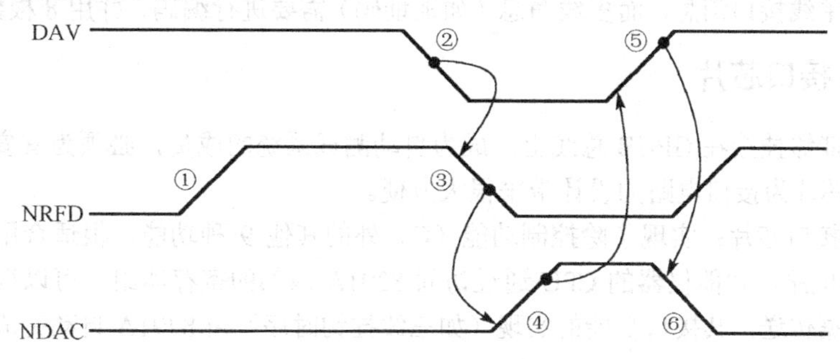

图 6-3　三线挂钩时序图

当控者已经将讲者和若干听者安排就绪后，通信过程如下：

① 听者使 NRFD 为高电平（逻辑 0），表示已经准备就绪，可以接收数据。由于总线上所有听者是通过“线或”方式连接到 NRFD 上的，只要还有一个听者没有准备好（逻辑 1），NRFD 便维持低电平（逻辑 1），只有当全部听者均准备就绪（逻辑 0），NRFD 才能变为高电平（逻辑 0）。我们可以把 NRFD 线看作“签名簿”，NRFD 为高电平表示所有听者已经到齐。

② 讲者检测到 NRFD 为高电平（逻辑 0）后，将数据放到数据线（DIO1 到 DIO8）上，并将 DAV 设置为低电平，表示数据线上的数据有效。

③ 听者检测到 DAV 为低电平后，首先将 NRFD 设置为低电平，表示开始接收数据。

④ 听者在读取数据并妥善保存好数据的过程中一直将 NDAC 维持低电平，直到数据接收过程结束才使 NDAC 为高电平。由于所有听者是以“线或”方式连接到 NDAC 上的，所以只有当全部听者均完成接收过程后 NDAC 才能真正变为高电平。我们可以把 NDAC 线看作“收条”，NDAC 为高电平表示所有听者都收到了讲者发出的数据。

⑤ 讲者检测到 NDAC 为高电平后，得知全部听者已经可靠接收到本次数据，便将 DAV 设置为高电平，表示数据线上的数据已经完成任务，不再有效。

⑥ 听者检测到 DAV 为高电平后，得知讲者已经收到“收条”，本次“收条”的任务已经完成，便将 NDAC 设置为低电平，使“收条”作废，然后将 NRFD 设置为高电平，准备接收下一个字节的数据。

4. 接口功能和接口消息

接口功能就是控制仪器进行通信的功能。在 GP-IB 标准规定的接口功能中，控者功能（C）和听者功能（L）是系统中必须的基本功能。为了可靠进行通信，讲者必须具有源挂钩功能（SH），听者必须具有受者挂钩功能（AH）。为了更好完成通信任务，GP-IB 标准还规定了以下功能：

- 服务请求功能（SR）：系统中某设备向控者提出服务请求的功能；
- 并行点名功能（PP）：控者为快速确定请求服务设备而设置的并行点名操作；
- 远控本控功能（R/L）：用来在远控（由总线控者）和本控（人工面板控制）之间进行切换；
- 装置触发功能（DT）：使设备能够从总线接收触发消息，以便进行触发同步操作；
- 装置清除功能（DC）：使设备能够从总线接收清除消息，以便回到初始状态。

系统中的设备根据需要，可以配置其中的部分或全部接口功能。测试仪器一般需要配置除控制功能（C）外的其他 9 种功能，而“输出设备”类的“信号源”、“打印机”等就不需要配置控制功能（C）、讲者功能（T）、源挂钩功能（SH）、服务请求功能（SR）、并行点名功能（PP）。

接口功能通过接口消息来实现，接口消息分为单线消息和多线消息。三根挂钩线和五根接口管理线用来传送单线接口消息，而多线消息（如地址码）需要进行编码，并用 8 根数据线来传送。

6.1.2 GP-IB 接口芯片

为了使仪器能够挂接在 GP-IB 总线上，成为自动测试系统的成员，必须为其安装接口电路，GP-IB 专用接口芯片为接口电路的设计带来很大方便。

（1）8291A 接口芯片：实现了除控制功能（C）外的其他 9 种功能，很适合用来构建智能仪器的 GP-IB 接口电路。智能仪器的 CPU 通过访问 8291A 内部的寄存器组，可以很方便地完成接口功能设置和数据传送，其接口功能的实现（如三线挂钩时序）由 8291A 自动完成，智能仪器的 CPU 不必关心。

（2）8292 接口芯片：仅仅实现控制功能（C），它必须与 8291A 联合使用，才能实现通信过程。由于控制的角色通常由计算机担任，故用 8292 芯片和 8291A 芯片做成一块 GP-IB 接口卡插入计算机中，使计算机可以挂接到 GP-IB 总线上，成为自动测试系统的指挥者和数据处理中心。

（3）8293 接口芯片：实现总线收/发器功能，当需要向总线发送信息时，可提高总线的驱动能力，当需要从总线接收信息时，可减轻对总线的负载效应。该芯片专门用来配合 8291A 和 8292 芯片使用，增加总线上可以挂接设备的数目。

6.2 串行通信标准 RS-232 与 RS-485

6.2.1 RS-232 标准及接口芯片

RS-232C 是美国电子工业协会（Electrical Industrial Association，EIA）于 1973 年提出的串行通信接口标准，主要用于模拟信道传输数字信号的场合。RS（Recomeded Standard）代表推荐标准，232 是标识号，C 代表 RS-232 的最新一次修改。

RS-232C 的机械接口一般有 9 针、15 针和 25 针 3 种类型，标准的 RS-232C 接口使用 25 针的 DB 连接器（插头、插座）。目前在大多数场合下采用最多的是 9 针插头和插座，并且往往只使用其中的三根引线：发送数据信号线 TxD（2 脚）、接收数据信号线 RxD（3 脚）和逻辑地 GND（7 脚），通信双方进行交叉连接，即可进行串行通信，如图 6-4 所示。

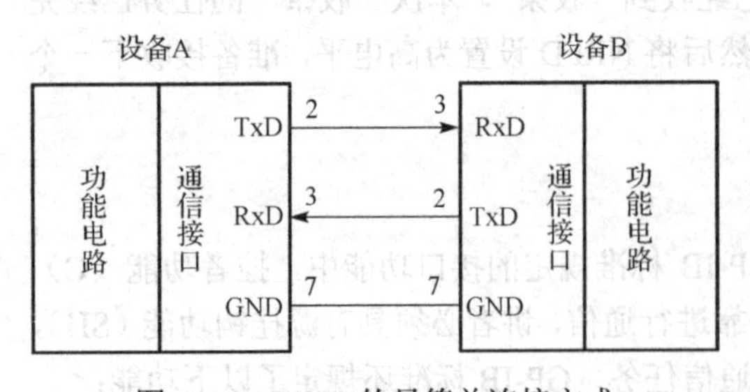

图 6-4 RS-232 的最简单连接方式

在电气特性上，RS-232C 采用负逻辑，–5V 到–15V 为逻辑“1”，+5V 到+15V 为逻辑“0”，空闲状态维持逻辑“1”。RS-232C 为异步通信，每次通信用 1 位逻辑“0”（起始位）作为双方同步标志，然后依次是数据位、奇偶校验位和停止位。数据位从 D0 开始发送，长度可以设置为 5、6、7、8 位，目前基本上都是 8 位；奇偶校验位长度为 1 位（也可以不设置奇偶校验位），在 51 系列单片机中，奇偶校验位改作多机通信时的第 9 位；停止位为逻辑“1”，维持时间可以设置为 1、1.5、2 位。收发双方的波特率必须一致，常用波特率有：300、600、1200、2400、4800、9600、19200 等。

智能仪器中的单片机通常均包含串行通信部件，但其使用的电平与标准的 RS-232C 电气特性不兼容，如 51 系列单片机采用的是 TTL 电平的正逻辑，必须通过接口芯片进行电平转换和逻辑变换。MAX232 芯片是一种单电源供电的接口芯片，其内部集成的泵电源电路，配合外接 5 个 1.0μF 电容器，可以将单一的+5V 电源转换为符合 RS-232C 标准所需要的±10V 电源，并完成 TTL 正逻辑与 RS-232 的负逻辑之间的转换。每一片 MAX232 可完成两路串行通信的电平转换，其典型接口电路如图 6-5 所示。

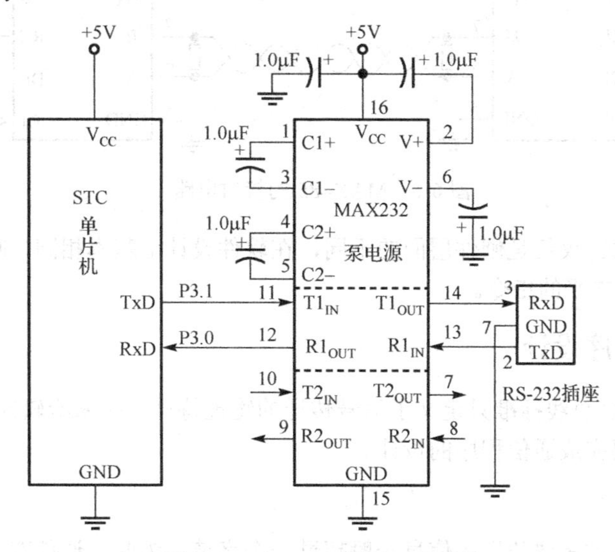

图 6-5　MAX232 的接口电路

当智能仪器需要同时与多台设备进行串行通信时，可选用多路 RS-232 扩展接口芯片。如某无人值守监测仪需要配置数传电台模块、GPS 模块、激光测距模块，它们与监测仪均通过 RS-232 总线进行联系，另外还要有一路 RS-232 与便携计算机通信，总共有 4 个串行通信对象，RS-232 扩展芯片 TL16C554 就可以实现这一功能。

6.2.2　RS-485 标准及接口芯片

RS-232C 采取不平衡传输方式，即所谓单端通信。收、发端的数据信号是相对于信号地的，典型的 RS-232C 信号在正负电平之间摆动，所以其共模抑制能力差，再加上双绞线上的分布电容，其传送距离最大约为 15 米，仅适合本地设备之间的通信。

为改进 RS-232C 通信距离短、速率低的缺点，RS-485 定义了一种平衡通信接口，将传输速率提高到 10Mbps，当速率低于 100kbps 时传输距离可延长到 1200 米，增加了多点、双向通信能力，即允许多个发送器连接到同一条总线上，同时增加了发送器的驱动能力和冲突保护特性，扩展了总线共模范围。平衡双绞线的长度与传输速率成反比，在 100kbps 速率以下电缆长度才可能达到 1200 米。一般 100 米长双绞线最大传输速率仅为 1Mbps，只有在很短的距离下才能获得最高速率传输。RS-485 总线需要在传输总线的两端分别接上终端电阻，其阻值等于传输电缆的特性阻抗，当距离在 300 米以下时，可以不接终端电阻。

如果仪器设备已经带有 RS-232C 接口电路和插座，可以选购商品化的“RS-232C/RS-485”转换器，将其直接插入原来的 RS-232C 插座中即可。如果需要将 RS-485 接口电路做到仪器中，可选用相关的接口芯片来实现。

图 6-6 所示为采用 MAX485 芯片组成的接口电路。通信线路采用双绞线，它的连接方式需要

特别注意，必须保证所有设备的 A 端口和 A 端口相连，B 端口和 B 端口相连，这可以通过双绞线中两根线的颜色来分别。在电路中，单片机用一个端口（如 P3.3）来控制 MAX485 的工作方式，高电平为发送状态，低电平为接收状态。为了减少冲突，系统初始化时和不发送信息时应该维持接收状态，即 P3.3 维持低电平。

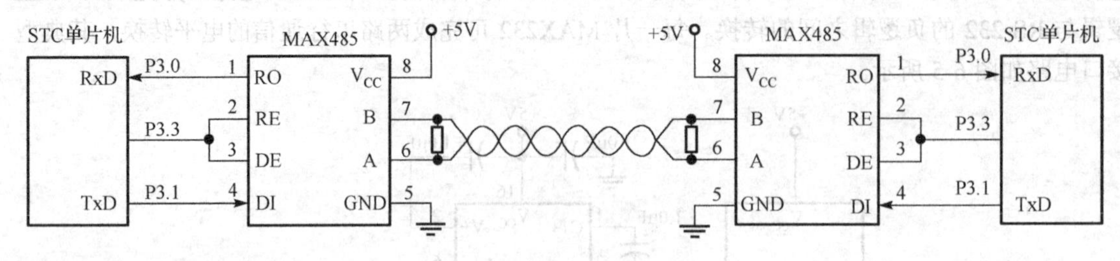

图 6-6　MAX485 的接口电路

RS-485 与 RS-232C 仅仅是硬件层面的不同，在软件设计上基本相同，唯一差别是需要增加调整控制端口（P3.3）电平的指令。

6.2.3　串行通信程序设计

RS-485 与 RS-232C 总线标准只定义了信号传送的物理特性，并未给软件设计作出具体规定，编程人员可按实际需要完成通信程序的设计。

1．帧结构设计

在进行通信时，每次需要传送的信息一般超过一个字节。为此，通信双方必须约定通信的数据安排格式，即“通信协议”。通常把一次通信过程的全部内容称为一“帧”，“通信协议”的内容就体现为“帧结构设计”。

在一帧内容中，通常包括以下部分：

（1）地址码：在多机组网通信系统中，用来指明分机号。当分机总数在 255 台之内时，地址码为一个字节。可以定义一个特殊的地址码作为“广播”地址，代表所有的分机。如果仅仅是两台设备之间进行通信，帧结构中就不需要包含地址码。

（2）长度码：表示本帧内容的字节数。当长度在 255 字节之内时，长度码用一个字节表示。如果每次通信内容的长度为双方约定的固定值，帧结构中就不需要包含长度码。

（3）数据段：通信的实质内容。当内容项目超过一项时，需要进一步定义各项内容的安排顺序和每一项内容的具体属性，如字节数、数据类型（字符型、BCD 码、十六进制码）。如果某项内容为要求对方进行某种操作或进入某种状态的指令码，双方还必须预定所有合法指令的编码和配套的参数格式。

（4）校验码：由于通信信道存在干扰，为了判断接收的内容是否受到干扰，需要在帧结构中加入校验码。校验码可以采用简单的“异或校验码”，也可以像 HEX 文件那样采用“算术加法校验码”，甚至采用检错功能极强的 CRC 校验码。当接收方校验出错时，可请求发送方重新发送，直到接正确收为止。当信道干扰比较严重时，可能多次重发也得不到正确的内容，必须将全帧内容进行“纠错编码”，使接收方能够从受到干扰的数据中将正确内容还原出来，不需要发送方重新发送。

2．发送程序设计

发送程序工作在主动状态下，可以采用查询工作方式，也可以采用中断工作方式。当一帧数据比较长时，查询工作方式将长期占用 CPU，使得系统的其他工作全部停顿，有可能引起不良后果，故查询工作方式尽量少用。

设某数据采集系统由一台主机和一台数据采集器组成，用数据采集器到野外现场进行数据采集，采集的数据保存在存储器中，返回工作室后通过 RS-232C 总线传送给主机，由主机完成相关的数据处理任务。对于数据采集器，只需要编写发送程序。

由于通信对象固定，帧结构中不需要地址码。由于每次采集的数据个数不一定相同，帧结构中必须包含长度码，假设每次采集的数据不超过 255 字节，则长度码为一个字节。数据段后面加一个字节的异或校验码。数据采集器的发送程序如下（删除了其他程序）：

```
SADDR     EQU     2000H       ;待发送数据的存放首址
N         DATA    30H         ;数据块长度（字节数）存放单元
XRB       DATA    31H         ;校验码
FG        BIT     00H         ;内容类型标志（0:长度码,1:数据）
          ORG     0000H
          LJMP    MAIN
          ORG     0023H
          LJMP    SINT
          ORG     0030H
MAIN:     MOV     SP,#67H
          MOV     N,#0C8H     ;初始化数据长度
          LCALL   TANSF       ;调用发送子程序
STOP:     LJMP    STOP
TANSF:    MOV     TMOD,#21H   ;设置串行口和波特率
          MOV     TL1,#0F3H
          MOV     TH1,#0F3H
          SETB    TR1
          CLR     TI
          MOV     SCON,#40H
          MOV     PCON,#80H
          MOV     XRB,N       ;初始化校验码
          MOV     SBUF,N      ;发送数据块长度
          CLR     FG          ;指明内容为长度码
          SETB    ES          ;打开串行中断
          SETB    EA
          RET                 ;其余的数据由中断完成
;串行中断子程序:
SINT:     PUSH    ACC         ;保护现场
          PUSH    PSW
          CLR     TI          ;清除发送完成标志
          JB      FG,SINT1    ;刚才发送的是数据？
          MOV     DPTR,#SADDR ;刚才发送的是长度码，初始化数据指针
          SETB    FG          ;进入发送数据状态
          SJMP    SINT2       ;发送第一个字节的数据
STNT1:    DJNZ    N,STNT2     ;发送完全部数据？
          MOV     A,XRB       ;发送校验码
          MOV     SBUF,A
```

```
            CLR     ES          ;关闭串行中断，结束发送过程
            SJMP    STNT3
STNT2:      MOVX    A,@DPTR     ;读取数据，并发送
            MOV     SBUF,A
            XRL     XRB,A       ;校验运算
            INC     DPTR        ;调整地址指针，指向下一个字节
STNT3:      POP     PSW         ;恢复现场
            POP     ACC
            RETI                ;中断返回
```

3. 接收程序设计

主机接收数据采集器的数据，配合上面的发送完成数据接收：

```
DADDR       EQU     2100H       ;接收数据的存放首址
N           DATA    30H         ;数据块长度（字节数）存放单元，供数据处理用
CONT        DATA    31H         ;接收计数器
XRB         DATA    32H         ;校验码
FG          BIT     00H         ;内容类型标志（0:长度码,1:数据）
ERR         BIT     01H         ;出错标志（0:成功,1:出错）
            ORG     0000H
            LJMP    MAIN
            ORG     0023H
            LJMP    SINT
MAIN:       MOV     SP,#67H
            MOV     TMOD,#20H   ;设置串行口和波特率
            MOV     TL1,#0F3H
            MOV     TH1,#0F3H
            MOV     SCON,#51H
            MOV     PCON,#80H
            SETB    TR1
            CLR     RI
            SETB    ES          ;打开串行中断
            SETB    EA
            CLR     FG          ;初始化信息类型标志（长度）
            CLR     ERR         ;初始化出错标志
STOP:       LJMP    STOP        ;由串行中断完成全部接收过程
;串行中断子程序:
SINT:       PUSH    ACC         ;保护现场
            PUSH    PSW
            CLR     RI          ;清除接收完成标志
            MOV     A,SBUF      ;读取接收到的内容
            JB      FG,SINT1    ;是数据还是长度码?
            MOV     N,A         ;保存长度字节数
            MOV     XRB,A       ;初始化校验码
            INC     A           ;还需要接收的字节数包括一个字节的校验码
            MOV     CONT,A      ;保存还需要接收的字节数
            SETB    FG          ;进入接收数据状态
```

```
            MOV     DPTR,#DADDR ;初始化数据存放地址指针
            SJMP    SINT2
SINT1:      MOVX    @DPTR,A     ;保存数据
            XRL     XRB,A       ;校验运算
            INC     DPTR        ;调整地址指针，指向下一个字节
            DJNZ    CONT, SINT2 ;接收完全部数据（包括校验码）？
            CLR     ES          ;关闭串行中断，结束接收过程
            MOV     A,XRB       ;取校验结果
            JZ      SINT2       ;接收成功
            SETB    ERR         ;接收出错，显示模块显示出错信息，进行重发
SINT2:      POP     PSW         ;恢复现场
            POP     ACC
            RETI                ;中断返回
```

4. 双向通信程序设计

很多智能仪器需要进行双向通信，而 STC 单片机的串行通信中断只有一个中断向量，这时必须通过串行中断标志来判断中断的性质。如果接收中断标志 RI 置位，表示这次中断是接收中断，应该执行接收中断子程序，否则就是发送中断，应该执行发送中断子程序。相关程序如下：

```
            ORG     0000H
            LJMP    MAIN
            ORG     0023H
            LJMP    SINT
MAIN:       MOV     SP,#67H
            MOV     TMOD,#20H   ;设置串行口和波特率
            MOV     TL1,#0F3H
            MOV     TH1,#0F3H
            MOV     SCON,#51H   ;打开接收功能，使系统处于能收能发的状态
            MOV     PCON,#80H
            SETB    TR1
            CLR     RI
            SETB    ES          ;打开串行中断
            SETB    EA
STOP:       LJMP    STOP        ;由串行中断完成全部接收和发送过程
;串行中断子程序：
SINT:       PUSH    ACC         ;保护现场
            PUSH    PSW
            JBC     RI,SINT5    ;中断性质判断，若 RI=1 则清 0 后转 SINT5
            CLR     TI          ;以下是发送中断子程序的内容
            POP     PSW         ;恢复现场
            POP     ACC
            RETI
SINT5:      MOV     A,SBUF      ;以下是接收中断子程序的内容
            POP     PSW         ;恢复现场
            POP     ACC
            RETI                ;中断返回
```

6.3 其他总线与通信技术简介

6.3.1 通用串行总线 USB

USB（Universal Serial Bus）的中文含义是“通用串行总线”，它是应用在 PC 领域的新型接口技术。USB 接口技术标准起初是由 Intel、康柏、IBM、微软等七家电脑公司于 1995 年制定的，后来发展到 USB 1.1 标准，1999 年推出版本 USB 2.0 标准。USB 2.0 向下兼容 USBl.1，其数据传输率可达到 120Mbps～240Mbps，支持宽带数字摄像设备及下一代扫描仪、打印机及存储设备。目前普遍采用的 USB 1.1 主要应用在中低速外部设备上，它提供的传输速度有低速 1.5Mbps 和全速 12Mbps 两种，一个 USB 端口可同时支持全速和低速的设备访问。

USB 2.0 理论上最大传输速度是 480Mbps（约 60MB/s），USB 3.0 理论上最大传输速度是 5Gbps（实际接口速度 400MB/s），但实际中总线速度和各个设备的数据传输速度是不同的，还与主板接口速度、存储介质有关。针对设备对系统资源需求的不同，在 USB 规范中规定了四种不同的数据传输方式：等时传输方式(Isochronous)，中断传输方式(Interrupt)，控制传输方式(Control)和批(Bulk)传输方式。

如今，带 USB 接口的设备越来越多，如鼠标、键盘、显示器、数码相机、调制解调器、扫描仪、摄像机、电视及视频抓取盒、音箱等。现在电脑系统外围设备接口并无统一的标准，USB 把这些不同的接口统一起来，使用一个 4 针插头作为标准插头。通过这个标准插头，采用菊花链形式把所有外设连接起来，并且不会损失带宽。也就是说，USB 将会逐步取代当前 PC 上的串口和并口。越来越多的智能仪器采用 USB 接口和 PC 进行通信。USB 的工作需要主机硬件、操作系统和外设三个方面的支持。目前的主板一般都采用支持 USB 功能的控制芯片组，主板上也安装有 USH 接口插座。

1. USB 的特点

- 使用方便：同一个 USB 接口可以连接多个不同的设备，而且支持热插拔。
- 速度快：USB 1.1 接口的最高传输率可达 12Mbps，而 USB 2.0 标准支持的最高传输速率可高达 480Mbps。由于 USB 接口速度快，它能支持对带宽要求高的设备。
- 连接灵活：USB 接口支持多个不同设备的串行连接，一个 USB 口理论上可以连接 127 个 USB 设备。连接的方式也十分灵活，既可以使用串行连接，也可以使用中枢转接头（Hub），把多个设备连接在一起，再同 PC 的 USB 口相接。
- 独立供电：USB 接口提供了 5 伏的内置电源，总共可提供 500mA 的负载电流。如果外设的耗电量在此范围之内，就不需要专门的交流电源，从而降低了这些设备的成本和体积。
- 支持多媒体：USB 提供了对两路电话数据的支持。USB 可支持异步以及等时数据传输，使电话可与 PC 集成，共享语音邮件及其他特性。USB 还具有高保真音频。

2. USB 的系统结构

USB 采用四线电缆，其中两根是用来传送数据的串行通道，另两根为下游设备提供电源。对于高速且需要高带宽的外设，USB 以 12Mbps 的传输速率传输数据，对于低速外设，USB 则以 1.5Mbps 的传输速率来传输数据。USB 总线会根据外设情况在两种传输模式中自动地动态转换。USB 是基于令牌的总线，其主控制器广播令牌，总线上的 USB 设备检测令牌中的地址是否与自身相符，通过接收或发送数据给主机来响应。USB 通过支持悬挂/恢复操作来管理 USB 总线电源。USB 系统采用级联星型拓扑，该拓扑由三个基本部分组成：主机（Host）、集线器（Hub）和功能设备。主机包含有主控制器和根集线器（Root Hub），主要负责执行由控制器驱动程序发出的命令，控制着 USB 总线上的数据和控制信息的流动，每个 USB 系统只能有一个根集线器，它连接在主控制器上。集线器是 USB 结构中的特定成分，它提供叫做端口（Port）的点将设备连接到 USB 总线上，同时检测连接在总线上的设备，并为这些设备提供电源管理，负责总线的故障检测和恢复。

每个 USB 系统只有一个主机，在软件系统中它包括以下几层：

- USB 总线接口：USB 总线接口处理电气层与协议层的互连；
- USB 系统：USB 系统用主控制器管理主机与 USB 设备间的数据传输；
- USB 客户软件：它位于软件结构的最高层，负责处理特定 USB 设备驱动器。

3. USB 的数据流传输

主控制器负责主机和 USB 设备间数据流的传输，这些传输数据被当作连续的比特流。根据设备对系统资源需求的差异，在 USB 规范中规定了下列四种不同的数据传输方式。

（1）等时传输方式：该方式用来连接需要连续传输数据，且对数据的正确性要求不高而对时间极为敏感的外部设备，如麦克风、喇叭以及电话等。等时传输方式以固定的传输速率连续不断地在主机与 USB 设备之间传输数据，在传送数据发生错误时并不处理这些错误，而是继续传送新的数据。

（2）中断传输方式：该方式传送的数据量很小，但这些数据需要及时处理，以达到实时效果，此方式主要用在键盘、鼠标以及操纵杆等设备上。

（3）控制传输方式：该方式用来处理主机到 USB 设备的数据传输。包括设备控制指令、设备状态查询及确认命令。当 USB 设备收到这些数据和命令后，将依据先进先出的原则处理到达的数据。

（4）批传输方式：该方式用来传输要求正确无误的数据。通常打印机、扫描仪和数字相机均以这种方式与主机连接。

4. USB 接口芯片

智能仪器采用 USB 接口进行通信时，可直接选用内嵌 USB 接口的单片机作为系统的 CPU，可以简化系统电路设计。如 Cypress 公司的 CY7C68013 就是一款集成了 USB2.0 内核和增强型 8051 内核的单片机，Motorola 公司的 MC68HC908JB8 也是一款内嵌 USB 接口的单片机，其他公司也有这类单片机问世。

如果没有采用上述方案，也可以选用单片机加 USB 接口芯片的方案。USB 接口芯片种类繁多，如 Philips 公司的 PDIUSBD12 就是一款基于 USB 1.1 协议的接口芯片，它可以很方便地与 8051 序列单片机配合，实现 USB 通信。

6.3.2 现场总线 CAN

根据 IEC/ISA 定义，现场总线是连接智能现场设备和自动化系统的数字式、双向传输、多分支的通信网络。在过程控制领域内，它就是从控制室延伸到现场测量仪表、变送器和执行机构的数字通信总线。它取代了传统模拟仪表单一的 4～20mA 传输信号，实现了现场设备与控制室设备间的双向、多信息交换。现场总线将当今网络通信与管理的概念带入到控制领域，代表了今后自动化控制体系结构发展的一种方向。当今比较流行的现场总线有：基金会现场总线 FF（Foundation Fieldbus）、过程现场总线（Profibus）、LonWorks、CAN、HART。

CAN（Controller Area Network）称为控制局域网，属于总线式通信网络。最初CAN被设计作为汽车环境中的微控制器通信总线，在发动机管理系统、变速箱控制器、仪表装备和电子主干系统中均嵌入CAN控制装置，在车载各电子控制装置之间交换信息，形成汽车电子控制网络。

CAN能够使用多种物理介质，例如双绞线、光纤等，最常用的是双绞线。信号使用差分电压传送，两条信号线被称为CAN_H和CAN_L，静态时均是2.5V左右，此时状态表示为逻辑“1”，用CAN_H比CAN_L高表示逻辑“0”，此时通常电压值为CAN_H = 3.5V和CAN_L= 1.5V。

CAN具有十分优越的特点，使人们乐于选择。这些特性包括：

- CAN 总线网络上的任意一个节点均可在任意时刻主动向网络上的其他节点发送信息，而不分主从，通信灵活，可方便地构成多机备份系统及分布式测控系统；
- 网络上的节点可分成不同的优先级以满足不同的实时要求；
- 采用非破坏性总线仲裁技术，当两个节点同时向网络上传送信息时，优先级低的节点主动停止数据发送，而优先级高的节点可不受影响地继续传输数据；
- 具有点对点、一点对多点及全局广播传送接收数据的功能；
- 在通信速率为5kbps时，通信距离最远可达10km；
- 通信距离为40m时，最高通信速率可达1Mbps；
- 网络节点数实际可达110个；
- 每一帧的有效字节数为8个，这样传输时间短，受干扰的概率低；
- 每帧信息都有CRC校验及其他检错措施，数据出错率极低，可靠性极高；
- 通信介质采用廉价的双绞线即可，无特殊要求；
- 在传输信息出错严重时，节点可自动切断它与总线的联系，以使总线上的其他操作不受影响。

6.3.3 工业以太网

现场总线控制系统（FCS）是顺应智能现场仪表而发展起来的，它的初衷是用数字通信代替4～20mA模拟传输技术，并通过统一的现场总线标准来推动现场总线技术的广泛应用，最终实现工业自动化领域内一场新的革命。然而，这一设想的实施并不顺利。迄今为止现场总线的通信标准尚未完全统一，这使得各厂商的仪表设备难以在不同的FCS中兼容。此外，FCS的传输速率也不尽人意，在有些场合下仍无法满足实时控制的要求。由于上述原因，使FCS在工业控制中的推广应用受到了一定的限制。以太网具有传输速度高、低耗、易于安装和兼容性好等方面的优势，由于它支持几乎所有流行的网络协议，所以在商业系统中被广泛采用。以太网用于控制网络的优势有以下几点：

- 具有相当高的数据传输速率（目前已达到100Mbps），能提供足够的带宽；
- 由于具有相同的通信协议，Ethernet和TCP/IP很容易集成到企业管理网络；
- 能在同一总线上运行不同传输协议，从而能建立企业的公共网络平台或基础构架；
- 在整个网络中，运用了交互式和开放的数据存取技术；
- 沿用多年，已为众多的技术人员所熟悉，市场上能提供广泛的软件资源、维护和诊断工具，成为事实上的统一标准；
- 允许使用不同的物理介质和构成不同的拓扑结构。

但是传统以太网采用总线式拓扑结构和多路存取载波侦听/碰撞检测（CSMA/CD）通信方式，在实时性要求较高的场合下，重要数据的传输过程会产生传输延滞，因而导致数据传输的“不确定性”。针对以太网存在的不确定性和实时性能欠佳的问题，可通过智能集线器的使用、主动切换功能的实现、优先权的引入以及双工的布线等来解决。通过提高数据传输速率，仔细地选择网络的拓扑结构及限制网络负载等，可将发生数据冲突的概率降到最低。此外适合用于工业环境的密封和抗振动的以太网器件（如导轨式收发器、集线器、切换器、连接件等）给以太网进入实时控制领域创造了条件。目前世界上已有一些国际组织从事推动以太网进入控制领域的工作，如 IEEE 正在着手制订现场总线和以太网通信的新标准。以太网进入工业控制领域是一个不可忽视的发展趋势。

尽管工业以太网与普通商用以太网同样符合 IEEE802.3 标准，但是由于工业以太网设备的工作环境与办公环境存在较大差别，所以对工业以太网设备有一些特殊要求，如要求工作温度范围较宽、封装牢固（抗振和防冲击）、导轨安装、电源冗余和 24VDC 供电等。

6.3.4　蓝牙技术

蓝牙（Bluetooth）技术是一种近距离无线通信标准，于 1998 年 5 月由爱立信、英特尔、诺基亚、东芝和 IBM 等五大公司组成的特殊利益集团 SIG（Special Internet Group）联合制定。SIG 推出蓝牙技术的目的在于实现最高数据传输速率为 1Mbps（有效传输速率为 721kbps）、最大传输距离为 10m 的无线通信，并形成世界统一的近距离无线通信标准。蓝牙技术可提供低成本、低功耗的无线接入方式，被认为是近年来无线数据通信领域重大的进展之一。

蓝牙技术工作在全球通用的 2.4GHz ISM 频段（I—工业；S—科学；M—医学），数据传输速率为 1Mbps。蓝牙技术采用了“即插即用”概念，即任意一个采用了蓝牙技术的仪器设备（简称“蓝牙设备”）一旦搜寻到另一个蓝牙设备，马上就可建立联系，而无需用户进行任何设置。蓝牙技术支持点对点和一点对多点的无线通信。蓝牙技术以办公室区域或个人家庭住宅区域为应用环境来架构网络，由主设备单元和从设备单元组成，一般只有 1 个主设备单元，而从设备单元目前最多可以有 7 个，所有设备单元均采用同一跳频序列。

蓝牙技术的主要特色表现在如下方面：

（1）工作在国际开放的 ISM 频段：现有蓝牙标准定义的工作频率范围是 ISM 中的 2.4GHz 到 2.4835GHz。在此频段中，用户使用仪器设备无需向专门管理机构申请频率使用权限。

（2）短距离：现有蓝牙 1.0B 版本标准规定的无线通信工作距离是 10m 以内，经过增加射频功率可达到 100m。这样的工作距离范围可使蓝牙技术保证较高的数据传输速率，同时可降低与其他电子产品和无线电技术设备间的干扰，还有利于确保安全性。

（3）采用跳频扩频技术：按蓝牙 1.0B 版本标准的规定，将 2.4GHz 到 2.4835GHz 之间以 1MHz 划分出 79 个频点，并根据网络中主单元确定的跳频序列，采用每秒 1600 次快速跳频。跳频技术的采用使得蓝牙的无线链路自身具备了更高的安全性和抗干扰能力。

（4）采用时分复用多路访问技术：蓝牙 1.0B 版本标准规定，基带传输速率为 1Mbps，采用数据包的形式按时隙传送数据，每时隙 0.625ms。每个蓝牙设备在自己的时限中发送数据，这在一定程度上可有效避免无线通信中的“碰撞”和“隐藏终端”等问题。

6.3.5　电力线载波通信

载波通信是有限长度通信中应用十分广泛的一种通信方式。它是根据频率搬移、频率分割原理，将原始信号对载波进行一次或多次调制，搬移到不同的线路传输频带，然后送到线路上传输，从而实现多路通信的一种通信方式。载波通信不仅可用来实现多路电话通信，而且还可以二次复用，在一个或若干个话路上开放广播节目、电视、传真、数据传输和实时遥控等。

电力线载波通信是电力系统特有的基本通信方式，它是指利用现有电力线通过载波方式将模拟或数字信号进行高速传输的技术。由于使用坚固可靠的电力线作为载波信号的传输媒介，因此具有信息传输稳定可靠、路由合理、可同时复用远动信号等特点，是唯一不需要线路投资的有线通信方式。在电力线通信的发展历史上，电力线载波通信主要是利用高压线路作为传输线路的载波信号，以变电站为终端，特别适合于电力调度通信的需要。

电力线载波通信的最大优点在于现存物理链路，无须投资重新布线、易维护、易推广、易使用、成本低、经济及社会效益显著，是一种非常实用的新兴通信手段，具有诱人的前景和潜在的巨大市场，为全世界所关注，基于电力线的“四网合一”技术成为世界上许多大公司及研究单位争相研究的热点。思科系统、英特尔、惠普、松下和夏普等 13 家公司已成立业界团体“家庭插电联盟”（Home plug power line alliance），致力于创造共同的家用电线网络通信技术标准。

1. 电力线载波通信原理与方法

影响电力线载波传输质量的因素主要有两个，第一个因素是电力网络的阻抗特性受负荷变化的影响，很难得到一个准确值，使信号不稳定，另一个因素是各种用电设备产生的噪声干扰。显然，载波传输系统所处的环境是很恶劣的，所以应采取措施消除噪声（特别是脉冲噪声）对数据传输的影响。目前在利用电力线进行通信的产品中，主要采用窄带载波 FM（调频）通信方式和扩频通信方式。

传统窄带载波 FM 通信方式是一项成熟的技术，其在电力线模拟通信方面已达到实用标准，能够做到在电力线上跨相位甚至跨变压器进行通信，价格低廉且较易实现，所以在应用中比较普遍。但传统窄带载波 FM 通信方式最大的缺点是不能进行数字信号的传输。窄带电力线载波技术主要有模拟的 FM、数字的 FSK（频移键控）以及 QPSK（四进制相移键控调制），国内主要应用的是 FSK 调制技术。

扩频通信方式是利用类似以太网的带有冲突检测机制的载体侦听多重访问 CSMA/CD 协议的扩频通信技术。它利用一系列短促的、可自同步的扫描频率 chirp 作为载体，这种 chirp 具有固定模式，可被网上的任意节点接收。但扩频通信方式传输距离较近，只能使用单信道频段，系统成本高，很难实现双工数字通信。扩频技术主要有直接序列扩频（DS）、跳频（FH）以及线性调频（chirp），国内应用的是线性调频和直接序列扩频。

电力线的线路阻抗和频率特性几乎每时每刻都在变化，所以提高通过电力线传输信息的可靠性成为最大的难点。随着现代通信技术的发展和集成电路制造业的进步，抗干扰技术在实际应用中已十分成熟，不仅在硬件上可以做到多重抗干扰和自适应处理，而且在软件上也可通过增加校验和纠错算法实现。

2. 常用电力线载波通信芯片

（1）ST7538

这是 SGSTHOMSON 公司在电力载波芯片 ST7536、ST7537 基础上推出的一款半双工、同步/异步 FSK（调频）调制解调器芯片。该芯片是为家庭和工业领域电力线网络通信而设计的，与 ST7536 和 ST7537 相比，主要具有以下特点：

- 有 8 个工作频段，即：60kHz、66kHz、72kHz、76kHz、82.05kHz、86kHz、110kHz 和 132.5kHz；
- 内部集成电力线驱动接口，并且提供电压控制和电流控制；
- 内部集成+5V 线性电源，可对外提供 100mA 电流；
- 可编程通信速率高达 4800bps；
- 提供过零检测功能；
- 具有看门狗功能；

- 集成了一个片内运算放大器；
- 内部含有一个具有可校验和的、24 位可编程控制寄存器；
- 采用 TQFP44 封装。

（2）SSCP300

这是 Intellon 公司采用最新通信技术设计的电力线载波调制解调器芯片。它采用了扩频调制解调技术、现代 DSP 技术、CSMA 技术以及标准的 CEBus（消费电子总线、家庭总线）协议，可以称为智能调制解调器芯片，体现了调制解调器芯片的发展趋势。但在国内电力线载波抄表领域使用效果还不如较早的 ST7536。因为 SSCP300 是 Intellon 公司按北美地区频率标准、电网特性针对一家一户式独立住宅的家庭自动化而设计的，所以在通信距离上，它采用陷波器隔离，以防止干扰邻近住宅。而国内电力线载波抄表领域主要要求通信距离，所以针对中国国情和现状，SSCP300 还难以胜任电力线载波抄表领域的要求。

（3）PLT-22

这是 Echelon 公司新推出的电力载波收发器，它针对工业控制网而设计，采用 BPSK（二相相移键控）调制解调技术以及多种容错及纠错技术，所以目前在我国应用效果最理想。但它是专为 LonWorks 控制网络而设计的，而且价格高，难以在民用市场领域大规模推广。

（4）PL2000

这是国内推出的电力载波通信芯片，其后续产品还有 PL2000A(B)和 PL2101A(B)等。它采用 BPSK 直接序列扩频方式，并应用了先进的数字信号处理技术，是性价比优良的电力载波通信芯片。

练习与思考题

1．叙述 GP-IB 总线中的三线挂钩原理。

2．GP-IB 接口总线有哪些信号线？各有什么作用？

3．什么是接口消息？什么是仪器消息？它们如何传递信息？

4．某系统包含两片 STC 单片机，它们之间通过 P1 口进行并行通信。借鉴 GP-IB 总线中的三线挂钩原理，设计一个简单的并行通信电路和相关的通信子程序。

5．RS-232C 标准接口有哪些信号线，主要信号线是什么？

6．比较 RS-232C 和 RS-485 的特点。

7．叙述 RS-232C 和 RS-485 通信中帧结构设计的内容。

8．什么是同步传输？什么是异步传输？它们各有什么优缺点？

9．两台设备之间通过 RS-232C 总线进行通信，A 设备为发送方，B 设备为接收方。每次发送的内容固定为两个字节的温度采用值和两个字节的压力采样值。编写 A 设备的发送程序和 B 设备的接收程序。

10．叙述 USB 的特点和数据流传输发送。

11．USB 各个版本传输速度是多少？USB 的传输速度受哪些条件限制？

12．试设计 STC 单片机与 PC 的 USB 接口电路。

13．叙述 CAN 的基本特性。

14．叙述工业以太网用于控制网络的优势。

15．叙述蓝牙技术的基本特性。

16．叙述电力线载波通信的优点和通信方式。

第7章 时 钟 系 统

在智能仪器和各种应用系统中，时钟系统是一切与时间有关过程的运行基础，在实时测控系统中尤其如此。从时钟系统的内容来分类，可以分为绝对时钟系统和相对时钟系统。绝对时钟系统与当地的时间同步，有年、月、日、时、分、秒等功能。相对时钟系统与当地时间无关，一般只需要时、分、秒就可以。从时钟系统的实现方法来分类，可以分为硬件时钟系统和软件时钟系统。硬件时钟系统采用时钟芯片或 GPS（全球定位系统）部件来实现时钟功能，且均为绝对时钟系统。软件时钟系统使用单片机内部的定时器来实现时钟功能，通常为相对时钟系统。

7.1 硬件时钟

在带 GPS 部件的系统中，时钟信息直接从 GPS 中获取，其他情况下均采用时钟芯片来构建时钟系统。时钟芯片种类繁多，从接口方式来分类，可以分为并行接口和串行接口两类。并行接口方式的时钟芯片引脚较多（如 MC146818），功能齐全，除提供日历时钟数据外，还可以提供预定周期的脉冲输出，作为中断信号来同步单片机内部的时钟数据。串行接口方式的时钟芯片引脚较少，通常不提供脉冲输出，软件系统通过读操作来获取日历时钟信息。随着单片机内部资源越来越丰富，很多电子产品已经不需要三总线，外部扩展部件均采用串行接口方式，为此，本节以 DS1302 为例介绍串行时钟芯片的使用方法。

7.1.1 概述

DS1302 是 DALLAS 公司推出的一种高性能、低功耗、带 RAM 的实时时钟芯片。实时时钟具有能计算 2100 年之前的秒、分、时、日、星期、月、年的能力，并具有闰年调整的能力；31 字节数据存储 RAM 可在系统关机时保存关键数据；简单的 3 线串行 I/O 口方式，8 脚 DIP 封装或可选的 8 脚 SOIC 封装，使得引脚数量少；宽范围工作电压 2.0～5.5V，当工作电压为 2.0V 时，工作电流小于 300nA；读/写时钟或 RAM 数据时有两种传送方式（单字节传送和多字节传送）；备份电源引脚 V_{CC1} 可接入电池或大容量电容器，对备份电源有可选的涓流充电能力。

DS1302 各个引脚的功能如表 7-1 所示，与单片机的连接方式如图 7-1 所示，其中单片机的引脚可任选三个具有内部上拉功能的引脚，否则，应该在外部接三个上拉电阻。

表 7-1 DS1302 管脚功能说明

编 号	名 称	说 明
1	V_{CC2}	主电源输入端，接系统电源 V_{CC}
2	X1	接 32.768kHz 晶体
3	X2	
4	GND	电源地
5	CE	控制端：高电平允许读写操作，低电平禁止读写操作
6	I/O	串行数据输入、输出端
7	SCLK	串行时钟输入端
8	V_{CC1}	备份电源输入端，通常接 3V 电池，在系统关机时维持时钟运行

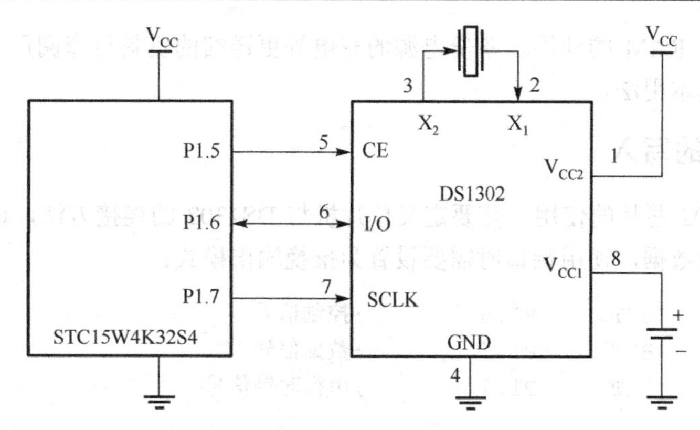

图 7-1 DS1302 与单片机的连接

DS1302 每次进行读写操作都必须首先将 CE 置高电平，接着向 DS1302 写入一个字节的命令码，随后才能写入数据字节或读取数据字节。每个字节从低位到高位分 8 次进行串行读写。在串行时钟 SCLK 的上升沿，DS1302 从 I/O 端口读入一位数据，8 个串行时钟脉冲就可以读入一个字节的数据。在串行时钟 SCLK 的下降沿，DS1302 向 I/O 端口输出一位数据，8 个串行时钟脉冲就可以输出一个字节的数据。读写结束后必须将 CE 置低电平。命令码的格式如图 7-2 所示。

7	6	5	4	3	2	1	0
1	RAM / $\overline{\text{CLK}}$	A4	A3	A2	A1	A0	RD / $\overline{\text{WR}}$

图 7-2 DS1302 命令码格式

命令码的最高位（位 7）必须是逻辑 1，如果它为 0，则不能把数据写入到 DS1302 中；位 6 为 0 表示读写对象为日历时钟，为 1 表示读写对象为数据 RAM；位 5 至位 1 指示读写单元的地址；最低位（位 0）为 0 表示要进行写操作，为 1 表示要进行读操作。

芯片中的日历时钟单元如表 7-2 所示，其中数据部分均为 BCD 码。“秒”寄存器的最高位 CH 为时钟停止位，CH=1 时时钟停止，CH=0 时时钟运行。“时”寄存器的最高位为 12/24 标志，该标志为 0 时以 24 小时制式运行，这时第 5 位 10/AP 是“时”数据的组成部分；当 12/24 标志为 1 时以 12 小时制式运行，这时第 5 位 10/AP 是上下午标志，0 表示上午，1 表示下午，例如下午 1 点可以表示为 13H（24 小时制式）或 0A1H（12 小时制式）。

表 7-2 DS1302 日历时钟数据

寄存器		命令码		数 据 范 围	寄存器中各位的内容							
名称	地址	写	读		7	6	5	4	3	2	1	0
秒	00H	80H	81H	00～59	CH	秒数据						
分	01H	82H	83H	00～59	0	分数据						
时	02H	84H	85H	01～12 或 00～23	12/24	0	10/AP	时数据				
日	03H	86H	87H	01～28,29,30,31	0	0	日数据					
月	04H	88H	89H	01～12	0	0	0	月数据				
星期	05H	8AH	8BH	01～07	0	0	0	0	0	星期数据		
年	06H	8CH	8DH	00～99	年数据							
多字节读写		BEH	BFH	/	/							

关于 DS1302 中 RAM 的使用、备份电源的充电等更详细的资料可查阅厂家的芯片资料，本节只介绍其时钟的基本用法。

7.1.2　时钟数据的写入

为了配合 DS1302 芯片的使用，需要定义单片机与 DS1302 的连接方法，还要分配 7 个连续单元来保存日历时钟数据，使用端口时需要设置为推挽输出模式：

```
        CE          BIT     P1.5        ;控制信号
        IO_DATA     BIT     P1.6        ;数据信号
        SCLK        BIT     P1.7        ;串行时钟信号

        RTC         EQU     30H         ;日历时钟数据缓冲区首址
        SEC         DATA    RTC         ;“秒”数据存放单元（BCD码）
        MINU        DATA    RTC+1       ;“分”数据存放单元（BCD码）
        HOUR        DATA    RTC+2       ;“时”数据存放单元（BCD码）
        DATE        DATA    RTC+3       ;“日”数据存放单元（BCD码）
        MON         DATA    RTC+4       ;“月”数据存放单元（BCD码）
        DAY         DATA    RTC+5       ;“星期”数据存放单元（BCD码）
        YEAR        DATA    RTC+6       ;“年”数据存放单元（BCD码）
```

在 DS1302 第一次工作时，需要对芯片中的日历时钟数据进行初始化，在工作一段时间后（如几个月），时钟数据与实际标准时间的误差可能比较明显，需要进行校准，这两种情况都需要将当前实际时间写入 DS1302 芯片。首先通过键盘输入当前实际时间的各个数据，并分别保存到日历时钟数据缓冲区的对应变量之中，然后调用如下子程序即可：

```
        WRTC:       CLR     CE          ;置控制引脚为低电平，禁止数据传送
                    NOP
                    CLR     SCLK        ;初始化串行时钟线为低电平
                    NOP
                    SETB    CE          ;置控制引脚为高电平，允许数据传送
                    NOP
                    MOV     A,#0BEH     ;准备“发送多字节数据”的命令码
                    MOV     R2,#8       ;一字节命令码需要传送 8 次
        WRTC0:      CLR     SCLK        ;置串行时钟线为低电平
                    RRC     A           ;将最低位传送给进位标志 C
                    MOV     IO_DATA,C   ;再传送至数据端口
                    NOP
                    SETB    SCLK        ;置串行时钟线为高电平，其上升沿发送一位数据
                    DJNZ    R2,WRTC0    ;直到发送完一个字节的命令码
                    MOV     R0,#RTC     ;指向日历时钟数据缓冲区首址
                    MOV     R3,#7       ;需要发送 7 字节数据
        WRTC1:      MOV     A,@R0       ;取一字节数据
                    MOV     R2,#8       ;每字节数据需要传送 8 次
        WRTC2:      CLR     SCLK        ;置串行时钟线为低电平
                    RRC     A           ;将最低位传送给进位标志 C
                    MOV     IO_DATA,C   ;再传送至数据端口
                    NOP
```

```
        SETB    SCLK        ;置串行时钟线为高电平，其上升沿发送一位数据
        DJNZ    R2,WRTC2    ;直到发送完一个字节的数据
        INC     R0          ;指向下一个字节的数据
        DJNZ    R3,WRTC1    ;直到发送完全部数据
        CLR     CE          ;置控制引脚为低电平，禁止对DS1302的读写操作
        RET
```

7.1.3 时钟数据的读取

除了芯片初始化和校准时钟两种情况外，平时对 DS1302 的操作均为读取操作，用来获取芯片中的时钟信息。如果需要读取多字节时钟数据，可通过调用下面的 RDRTC 子程序来完成，在调用前，将需要读取的字节数存放在 R3 中即可。在系统初始化模块中插入以下两条指令就可以完成对片内时钟数据缓冲区的初始化：

```
MOV     R3,#7       ;需要读取全部日历时钟数据（7字节）
LCALL   RDRTC       ;调用多字节读取子程序
```

在系统运行过程中，年、月、日的数据变化很慢，通常只需要读取“秒、分、时”的数据，这时只要在调用 RDRTC 子程序前执行 MOV R3,#3 的指令即可。多字节读取子程序必须从“秒”数据开始连续读取，其程序如下（R3 中已经准备好需要读取的字节数）：

```
RDRTC:  CLR     CE          ;置控制引脚为低电平，禁止数据传送
        NOP
        CLR     SCLK        ;初始化串行时钟线为低电平
        NOP
        SETB    CE          ;置控制引脚为高电平，允许数据传送
        NOP
        MOV     A,#0BFH     ;准备“接收多字节数据”的命令码
        MOV     R2,#8       ;一字节命令码需要传送8次
RDRTC0: CLR     SCLK        ;置串行时钟线为低电平
        RRC     A           ;将最低位传送给进位标志C
        MOV     IO_DATA,C   ;再传送至数据端口
        NOP
        SETB    SCLK        ;置串行时钟线为高电平，其上升沿发送一位数据
        DJNZ    R2,RDRTC0   ;直到发送完一个字节的命令码
        MOV     R0,#RTC     ;指向日历时钟数据缓冲区首址
RDRTC1: MOV     R2,#8       ;每字节数据需要接收8次
RDRTC2: CLR     SCLK        ;置串行时钟线为低电平，其下降沿接收一位数据
        NOP
        MOV     C,IO_DATA   ;将数据端口的信息传送给进位标志C
        RRC     A           ;再由进位标志C传送至累加器的最高位
        SETB    SCLK        ;置串行时钟线为高电平
        DJNZ    R2,RDRTC2   ;直到接收到一个完整字节的数据
        MOV     @R0,A       ;将接收到的数据保存到缓冲区对应单元
        INC     R0          ;指向下一个字节数据的存放地址
        DJNZ    R3,RDRTC1   ;直到接收完全部数据
        CLR     CE          ;置控制引脚为低电平，禁止对DS1302的读写操作
        RET
```

有时只需要读取某一个数据，这可以直接使用对应的“命令码”来完成。如读取“时”数据可用以下三条指令来完成：

```
        MOV     A,#85H      ;准备读取“时”数据的命令码
        LCALL   RDT         ;调用单字节读取子程序
        MOV     HOUR,A      ;保存“时”数据
```

单字节读取子程序如下（A 中已经准备好命令码）：

```
RDT:        CLR     CE              ;置控制引脚为低电平，禁止数据传送
            NOP
            CLR     SCLK            ;初始化串行时钟线为低电平
            NOP
            SETB    CE              ;置控制引脚为高电平，允许数据传送
            NOP
            MOV     R2,#8           ;一字节命令码需要传送 8 次
RDT0:       CLR     SCLK            ;置串行时钟线为低电平
            RRC     A               ;将最低位传送给进位标志 C
            MOV     IO_DATA,C       ;再传送至数据端口
            NOP
            SETB    SCLK            ;置串行时钟线为高电平，其上升沿发送一位数据
            DJNZ    R2,RDT0         ;直到发送完一个字节的命令码
            MOV     R2,#8           ;一字节数据需要接收 8 次
RDT1:       CLR     SCLK            ;置串行时钟线为低电平，其下降沿接收一位数据
            NOP
            MOV     C,IO_DATA       ;将数据端口的信息传送给进位标志 C
            RRC     A               ;再由进位标志 C 传送至累加器的最高位
            SETB    SCLK            ;置串行时钟线为高电平
            DJNZ    R2,RDT1         ;直到接收到一个完整字节的数据
            CLR     CE              ;置控制引脚为低电平，禁止对 DS1302 的读写操作
            RET                     ;累加器 A 带着读取的数据返回
```

7.2 软件时钟

7.2.1 概述

相对于时钟芯片构建的硬件时钟系统，使用单片机内部定时器构建的时钟系统称为软件时钟系统。在软件时钟系统中，定时器按定时周期产生固定间隔的中断，每中断一次，相当于一个时钟“节拍”。绝对时钟系统也可以由软件时钟来实现，但精度往往不能满足要求（普通晶体的精度比 32.768kHz 专用晶体低），必须经常校时。当系统运行与当地时间没有关系时，系统就可以不需要“年、月、日”等信息。由于最大计时范围较小，通常使用单片机内部的定时器构建的时钟系统就可以满足计时精度要求，故软件时钟主要是用来构建相对时钟系统。软件时钟设计要点如下。

（1）定时周期的设定

定时周期就是时钟系统的时间分辨率，合理设定定时周期是设计软件时钟系统的关键，定时周期的上限由系统中对时间分辨率要求最高的任务决定。例如，某温度控制系统，温度采样周期为 2s，加热部件为电炉丝，采用调节半波数目的过零控制方式来控制平均加热功率。相对于温度

采样、键盘扫描、显示刷新等任务，对定时精度要求最高的是输出控制模块，要求定时精度为工频电源的半波（10ms）。故定时周期不得大于 10ms，否则就会影响控制精度。另一方面，定时周期也不能太短，定时周期愈短，定时中断就愈频繁，相对消耗机时也就愈多，甚至在一个定时周期中有可能来不及执行完预定模块。在这个例子中，定时周期就可以定为 10ms，即时钟节拍为 10ms，或者每秒 100 个时钟节拍。

（2）时钟单元的安排

根据系统对时钟的要求，在 RAM 中开辟若干单元作为时钟数据存放区。一般要求有时、分、秒，还要用一个单元来存放不足 1 秒的“节拍”数。为了便于使用，数据格式采用 BCD 码，可以直接用于显示和打印。当需要将时钟数据用于数据处理时，必须将 BCD 码格式转换为十六进制。时钟单元安排如下：

```
SECD      DATA    30H     ;“0.01 秒”数据存放单元（BCD 码）
SEC       DATA    31H     ;“秒”数据存放单元（BCD 码）
MINUTE    DATA    32H     ;“分”数据存放单元（BCD 码）
HOUR      DATA    33H     ;“时”数据存放单元（BCD 码）
```

7.2.2　软件时钟的运行

时钟的运行由初始化、启动、正常运行三个阶段构成。时钟系统的初始化是系统初始化中的一个组成部分，包括对时间值的初始化、设置定时器工作方式、设置中断和设置时常数，下面是一段有关时钟初始化的指令：

```
CLR     TR0              ;暂停 T0 工作
MOV     TMOD,#11H        ;T0 为 16 位定时器
MOV     HOUR,#0          ;0 时
MOV     MINUTE,#0        ;0 分
MOV     SEC,#0           ;0 秒
MOV     SECD,#0          ;0.00 秒
MOV     TH0,#0D8H        ;定时初值（10 mS,12MHz 晶体）
MOV     TL0,#0F0H
```

在这段初始化指令中，指定 T0 作为时钟系统的定时器，并赋初值。在系统的其他初始化工作全部完成后，便可启动时钟系统，打开 T0 中断，随后进入正常工作循环。启动过程可以用下述指令来完成：

```
SETB        TR0          ;启动定时器 T0
SETB        ET0          ;允许定时器 T0 中断
SETB        EA           ;开放中断
```

时钟的运转是依靠定时中断子程序对时钟单元数值进行调整来实现的，基本过程如图 7-3 所示。

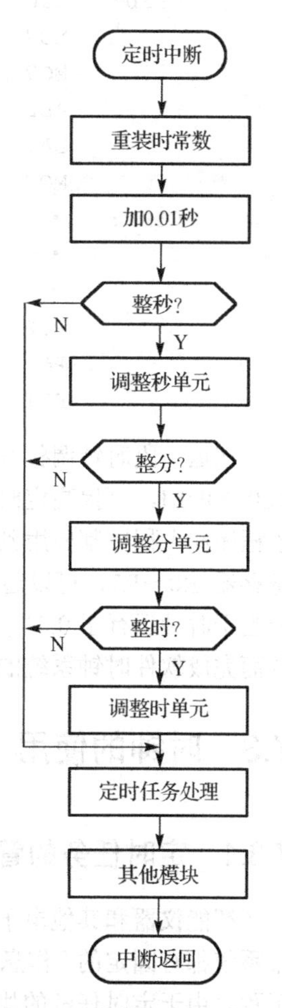

图 7-3　软件时钟的运行

定时中断子程序中时钟运行部分如下：

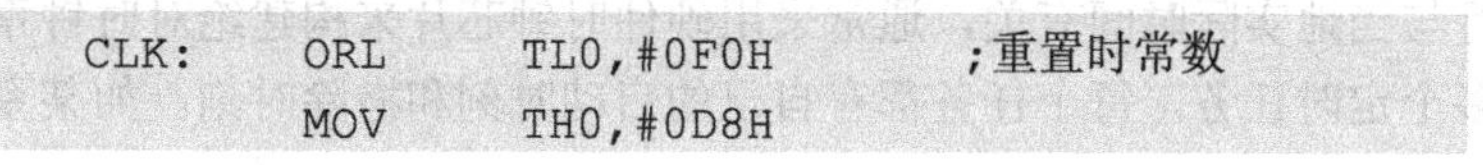

```
CLK:    ORL     TL0,#0F0H       ;重置时常数
        MOV     TH0,#0D8H
```

```
        PUSH    ACC             ;保护现场（根据需要决定保护内容）
        PUSH    PSW
        MOV     A,SECD
        ADD     A,#1            ;加0.01秒
        DA      A
        MOV     SECD,A
        JNZ     CLKE            ;整秒否？
        MOV     A,SEC           ;调整秒
        ADD     A,#1
        DA      A
        MOV     SEC,A
        CJNE    A,#60H,CLKE     ;整分否？
        MOV     SEC,#0          ;清秒
        MOV     A,MINUTE        ;调整分
        ADD     A,#1
        DA      A
        MOV     MINUTE,A
CLK0:   CJNE    A,#60H,CLKE     ;整点否？
        MOV     MINUTE,#0       ;清分
        MOV     A,HOUR          ;调整时
        ADD     A,#1
        DA      A
        MOV     HOUR,A
CLKE:   ·                       ;时钟调整完毕，处理定时任务
        ·
        ·                       ;处理其他模块
        POP     PSW             ;恢复现场
        POP     ACC
        RETI                    ;定时中断结束
```

在这一段时钟调整程序的最初部分，首先重装时常数，这里用 ORL　TL0,#0F0H 代替 MOV TL0, #0F0H，可提高定时精度。然后保护现场，这里仅以累加器和状态寄存器作为例，如果中断子程序和主程序都要用到其他共同的资源（如 R0～R7、B、DPTR 等），也应进行保护，对工作寄存器 R0～R7，可以通过分组切换来保护。在保护现场后，执行时钟调整程序，每次定时中断相当于时钟运行了0.01秒，当时钟运行到整秒、整分、整时的时刻，对时钟数据进行相应的调整，从而完成软件时钟系统的运行。

7.3　时钟的使用

7.3.1　定时任务的管理

智能仪器和其他电子产品中有很多任务的执行是按时间来安排的，如各种无人值守的数据采集系统都有固定的“作息时间表”，各种任务的启动和撤除均由系统时钟来控制，不用操作者直接干预。由于定时任务的执行与当地实际时间有关，通常采用硬件时钟芯片来构建绝对时钟系统。作为一般情况，系统中有多个定时任务，每个任务都有自己的启动时刻和撤除时刻。如某系统共

有 8 个任务，我们把所有发生任务起停操作的时刻按顺序全部列出来，得到如表 7-3 所示的任务时刻表。表中的“1”表示该任务启动，表中的“0”表示该任务撤除。例如，5 号任务凌晨 5:00 整启动，7:15 撤除，13:30 再次启动，17:00 整撤除。我们将同一时刻 8 个任务的运行状态组合为一个字节的状态码，并定义一个变量来保存状态码，则系统各个任务运行状态的变化就可以通过状态码的变化反映出来。

表 7-3　任务时刻表

绝对时钟	时刻代码	任务号								状态码
		7#	6#	5#	4#	3#	2#	1#	0#	
5 时之前	/	0	0	0	0	0	0	0	0	00H
5:00:00	20 (14H)	1	0	1	0	0	0	0	1	0A1H
5:30:00	22 (16H)	1	0	1	1	0	0	1	0	0B2H
6:00:00	24 (18H)	0	0	1	1	0	1	1	0	36H
7:15:00	29 (1DH)	0	1	0	1	0	1	1	0	56H
12:00:00	48 (30H)	0	1	0	0	0	1	0	1	45H
13:30:00	54 (36H)	0	1	1	0	1	1	0	0	6CH
15:00:00	60 (3CH)	0	1	1	0	1	0	0	0	68H
15:45:00	63 (3FH)	1	1	1	1	0	1	0	0	0F4H
17:00:00	68 (44H)	1	0	0	1	0	1	0	1	95H
18:00:00	72 (48H)	0	0	0	1	0	0	1	0	12H
20:45:00	83 (53H)	0	0	0	0	0	0	0	0	00H

“定时任务管理”为时钟模块的组成部分，用来判断当前时刻有没有哪个任务需要进行启动或停止操作？为了不遗漏或延误操作，则每秒钟至少读取一次时钟芯片并判断一次。判断过程实际上就是将当前时刻与任务时刻表进行比较，如果当前时刻出现在表中，便执行表中规定的操作，否则就不进行操作。“定时任务管理”程序包含以下内容：

（1）决定当前是否有必要查表：从任务时刻表中可以看出，一天之中需要进行任务启停操作的次数是很有限的，没有必要每秒钟都进行一次查表操作。通常定时操作都安排在一些特定的时刻，如本例都安排在整点、15 分、30 分和 45 分的时刻，其他时刻就不必查表。我们将有可能进行操作的时刻进行编码，每小时有四个时刻，一天共有 96 个时刻，即一天之中最多查表 96 次即可。查表的先决条件是“秒数据为零且分数据能够被 15 整除”。

（2）进行查表操作：时间数据是多字节数据，而多字节数据查表操作比较麻烦。由于一天之中最多只有 96 个时刻为查表的有效时刻，因此可将这 96 个时刻用 0～95 来编码（时刻编码）。以当前时刻的编码作为查找对象，在任务时刻表中进行查找。在本例中，任务时刻表有 11 项，将时刻编码和状态编码分开成为两个独立的表格。时刻编码表以 0FFH 作为结束标志，它大于任何时刻编码，以保证查表算法能够结束。表格数据如下：

```
TLIST:    DB    14H,16H,18H,1DH       ;时刻编码表 1～4 项
          DB    30H,36H,3CH,3FH       ;5～8 项
          DB    44H,48H,53H,0FFH      ;9～11 项，结束标志
ZLIST:    DB    0A1H,0B2H,36H,56H     ;状态编码表 1～4 项
          DB    45H,6CH,68H,0F4H      ;5～8 项
          DB    95H,12H,00H,00H       ;9～11 项，结束标志
```

（3）输出状态码：如果当前时刻的编码在表格中出现，就可以从状态码表格对应位置读取新

的状态码，并用这个状态码刷新系统的状态码，否则，维持系统的状态码不变。从表格中可以看出，任意两个相邻项的状态码均不同，表示每次刷新状态码都是对前一次的状态码进行某种修改，使某些任务的起停状态发生改变。

“定时任务管理”程序只负责任务状态码的刷新（查表成功）或维持原状（未查表或查表失败），任务的起停操作由后续模块根据任务状态码来完成，如设备的启停操作放在信号输出模块来完成。“定时任务管理”程序流程图如图 7-4 所示。

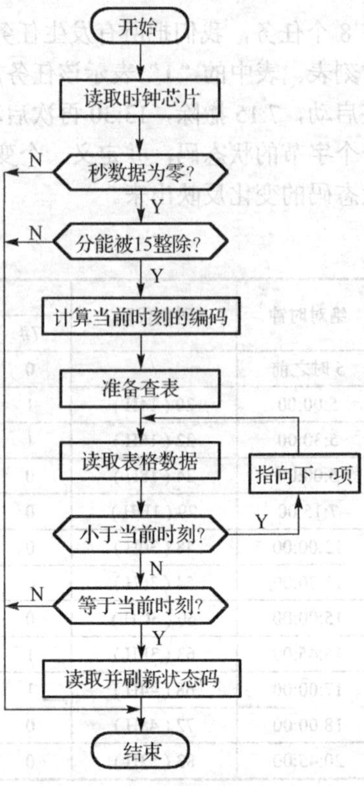

图 7-4　定时任务的管理

7.3.2　时间间隔的测量

测量两个时刻之间的间隔是一件比较简单的事情，只要分别记录下两个时刻的时钟数据，然后将后一个时刻的时钟数据减去前一个时刻的时钟数据即可。具体处理起来需要注意以下问题：

（1）当两个时刻相隔很久（数月甚至数年）时，需要处理诸如润年、润月、大小月等问题，这在“倒计时牌”之类装置中比较常见。

（2）当两个时刻相隔较长（数小时），而计算结果需要以“秒”为单位时，需要处理诸如六十进制、十进制和十六进制之间的转换问题。

（3）当两个时刻相隔较短且测试精度要求比时钟系统的“节拍”高时，不能依靠时钟系统的数据，必须使用独立的定时器来检测。

7.3.3　时间长度的控制

应用系统中有很多过程控制虽然与时间有关，但与当地时间（绝对时钟）并无直接关系。例如，一个热处理控制系统，要求升温 30 分钟，保温 1 小时，再缓慢降温 3 小时。以上工艺过程与时间关系密切，但与上午、下午没有关系，只与开始投料时间有关，这一类的时间控制需要相对时钟信号。如果系统使用了日历时钟系统（绝对时钟），则相对时钟系统的运行速度与绝对时钟一致，但数值完全独立，这就要求相对时钟必须另外开辟存放单元。由于相对时钟的功能是“过程时间控制”，我们可以把它简称为“闹钟”。如果系统的时钟本身就是相对时钟，就可以把它当作“闹钟”使用。在使用“闹钟”时，先要初始化，再开始计时，计时到后便可触发指定操作。下面，我们来讨论一下它的使用方法。

（1）闹钟的建立

闹钟是独立于绝对时钟系统之外的，但是否也要开辟“同样多”的单元呢？一般是没有必要的。我们可以先确定最大定时间隔和最小定时间隔，然后再找出所有可能的定时间隔的最大公约数（最大计时单位），有了这些数据，就可以规划出闹钟的存放格式了。例如，有一热处理工艺需要控制 4 个工艺过程，时间间隔分别为 15 分钟、35 分钟、120 分钟、130 分钟。最大定时间隔为 130 分，最小定时间隔为 15 分钟，各间隔的最大公约数为 5 分钟。我们就可以这样来建立一个闹钟：定义一个存储单元 ALRM，每 5 分钟对该单元调整一次（十六进制的加一或减一），然后将各种定时间隔都按 5 分钟进行归一化核算，如 15 分钟为 03H，35 分钟为 07H，120 分钟为 18H，130 分钟为 1AH，等等。由于这里最大定时间隔为 1AH（26）个时间单位（5 分钟），离一个字节能表示的范围相差太远，还有很大潜力可以挖掘。如果我们以 1 分钟作为定时单位，最大可定时间隔限制在 254 分钟（4 个多小时），仍然可以用一个字节来作为闹钟单元，而为将来调整工艺带来更大的灵活性，使定时分辨精度从五分钟提高到一分钟。

（2）闹钟的运行

为了保证闹钟的运行速度与绝对时钟一致（即闹钟的一分钟与绝对时钟的一分钟是一样长的），我们将闹钟的运行和绝对时钟的运行联系在一起，即在调整绝对时钟的同时进行闹钟的调整，这样闹钟调整程序也应放在时钟运行程序中。

闹钟的运行有两种方式，即正计时和倒计时。在正计时方式中，闹钟初始化时清零，以后每个定时单位加一，当加到指定数目时，便可触发指定操作。在倒计时方式中，闹钟初始化为预定时间间隔，以后每个定时单位减一，当减为零时就可触发指定操作。如果闹钟的最大计时范围不太长（例如 254 分钟），则一天中将有很多次工作循环，如果不加以控制，在完成指定的闹钟功能后，会多次重复这一功能，造成误动作。因此，闹钟的运行必须加以控制，不能象绝对时钟那样不停地运转。这可以在闹钟初始化时同时置位一个软件标志，允许闹钟运行。在到达特定时刻时（例如整分），先查看该软件标志，如果标志置位，则对闹钟的数值进行调整，否则跨过闹钟功能模块。在闹钟定时间隔到达后，一方面唤醒有关作业，另一方面使闹钟复位，并同时清除该软件标志，使闹钟“停摆”从而避免闹钟误闹。

倒计数闹钟比较适合一次运行触发一个任务的场合，每个任务单独对闹钟进行初始化和启动，如果多任务并行交叉运行，就需要设置多个闹钟。如果多任务串接运行，且各任务之间没有重叠，也可以只设置一个闹钟，一个任务结束时，再按下一个任务来初始化闹钟。

练习与思考题

1．从网络上搜索并下载 MC146818 芯片的资料，阅读并了解芯片的工作原理，编写其接口程序（初始化程序、修改时钟数据程序、读取时钟数据程序）。

2．编写对 DS1302 的日历时钟数据进行单字节改写的子程序，并使用该子程序完成对“日期”数据的修改。

3．什么是硬件时钟？什么是软件时钟？它们有什么区别？

4．什么是绝对时钟？什么是相对时钟？它们有什么区别？

5．设计一个具有“秒、分、时、日、月”的软件时钟系统。

6．编写一个子程序，实现图 7-4 所示的定时任务管理功能。

7．PCF8563 与 DS1302 有什么区别？试用 PCF8563 设计一个日历时钟。

8．时间长度控制方法有哪些？倒计时钟和正计时钟如何设计？

第8章 人机接口

智能仪器和各种电子系统均需要与用户进行信息交流，完成这种信息交流的相关硬件和软件即组成“人机接口”。电子系统向操作者发送信息的设备称为“输出设备”，常用的有发光二极管、数码管、CRT、液晶屏、打印机、扬声器等。用户向电子系统发送信息的设备称为“输入设备”，常用的输入设备有按钮、键盘、鼠标、触摸屏、话筒、摄像头等。本章主要介绍最常用的输出设备（显示部件、打印机）和输入设备（键盘）及其相关驱动软件。

8.1 显示部件

显示功能与硬件关系极大，当硬件固定后，如何在不引起操作者误解的前提下提供尽可能丰富的信息，这就全靠软件来解决了。

8.1.1 发光二极管

发光二极管(LED)用来显示电子设备的各种状态信息，如电源是否打开？某部件是否运行？测量过程是否结束？因此，发光二极管的功能可以定义为“指示设备”，并在仪器面板上配合有相关的文字说明。

由于驱动端口输出低电平时的驱动能力较强，建议采用低电平驱动（如图 8-1 所示）方式。驱动端口可以是单片机的端口，也可以是其他驱动芯片的端口。当驱动端口输出低电平时，LED 亮，当驱动端口输出高电平时，LED 灭。限流电阻 R 的电阻值试验决定，在保证亮度的前提下可取大一些的电阻值，通常在 150Ω～1kΩ 之间。

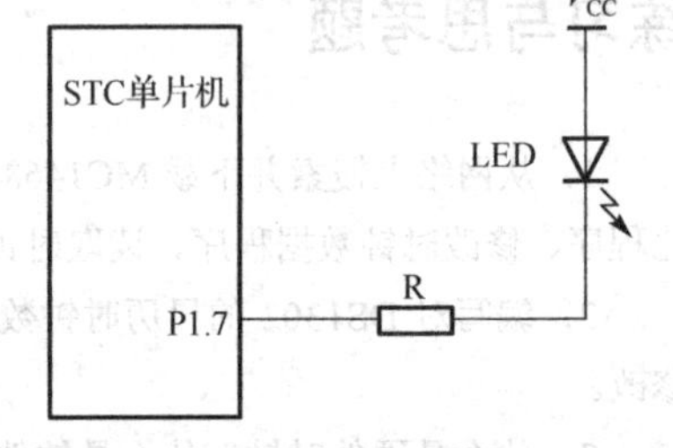

图 8-1　LED 的驱动电路

LED 的驱动程序比较简单，通常直接用状态标志来控制对应 LED 的亮灭。如某状态标志 RUN 为电动机运行标志，RUN=1 表示电动机启动，RUN=0 表示电动机停止。在单片机的 P1.7 端口接有 LED，用来指示电动机的运行状态。要求电动机启动后 LED 亮，停止后 LED 灭。系统软件的相关定义如下：

```
LED     BIT     P1.7        ;用 P1.7 端口驱动 LED（低电平亮，高电平灭）
RUN     BIT     20H.0       ;电动机运行标志（1：启动，0：停止）
```

则 LED 的驱动指令如下：

```
        MOV     C,RUN       ;取电动机运行标志
        CPL     C           ;取反，以符合低电平驱动电路
        MOV     LED,C       ;输出到驱动端口
```

LED 除了“亮”和“灭”两种状态外，还可以工作在“闪烁”状态。“闪烁”状态通常用来“提醒”操作者，指示某种“异常状态”或“紧急状态”，引起操作者注意。LED 的“闪烁”工作方式由“亮”和“灭”两种状态交替组成，软件上虽然可以配合延时子程序来实现，但 CPU 将不能处理其他任务，故没有实用价值。正确的方法是使用时钟系统的信息来控制 LED 的“闪烁”。如：

```
        MOV A,SECD          ;取时钟的 0.01 秒单元数据（不满 1 秒部分）
        MOV C,ACC.6         ;将第 6 位移入 C 中
        MOV LED,C           ;输出到驱动端口
```

在 1 秒钟之内，SECD 单元的内容从 00H 变化到 99H，其第 6 位有一次从 0 到 1 的变化，用它来控制 LED，就可以产生每秒"闪烁"一次的效果。下面的语句将产生每秒两次的"闪烁"效果：

```
        MOV A,SECD          ;取时钟的 0.01 秒单元数据（不满 1 秒部分）
        MOV C,ACC.5         ;将第 5 位移入 C 中
        MOV LED,C           ;输出到驱动端口
```

由于 SECD 的内容为 BCD 码，故 LED"亮"和"灭"的时间并不完全对称，如果采用十六进制，就可以得到完全对称的"闪烁"工作状态。

8.1.2　数码管

当系统需要显示少量数据时，采用 LED 数码管进行显示是一种经济实用的方法。在《单片机原理》课程中，我们已经学习了数码管显示的基本知识：每位数码管由 7 笔加上小数点共八个发光二极管组成，数码管有共阴极和共阳极两种类型，公共端用来进行位控制，笔画端用来进行字符控制，在不同的笔形码驱动下显示不同的字符。数码管显示有静态显示和动态显示两种方法。有需要三总线的并行驱动电路，也有不需要三总线的串行驱动电路。

随着技术进步，已经有多种数码管专用驱动芯片上市，使硬件电路设计大大简化，例如 MAX7219 就是一款 LED 数码管专用驱动芯片。MAX7219 是一种高集成化的串行输入/输出的共阴极 LED 显示驱动器。每片可驱动 8 位 7 段加小数点的共阴极数码管，可以数片级联，而与单片机的连接只需 3 根线。MAX7219 内部设有扫描电路，除了更新显示数据时从单片机接收数据外，平时独立工作，极大地节省了 CPU 的运行时间和程序资源。MAX7219 芯片包括 BCD 译码器、多位扫描电路、段驱动器、位驱动器、亮度控制电路和用于存放每个数据位的 8×8 静态 RAM 以及数个工作寄存器。单片机通过串行方式向 MAX7219 发送命令和数据来设置这些工作寄存器，使 MAX7219 进入不同的工作状态，完成对 LED 数码管的驱动。

在数码管显示中，有两个技术问题需要解决，这就是"整数高位灭零"和"闪烁显示"问题。虽然某些新型 LED 驱动芯片本身具有闪烁控制和熄灭控制功能，但通过合理的软件设计，采用廉价芯片组成的驱动电路同样可以实现"整数高位灭零"和"闪烁显示"功能，达到降低系统硬件成本的目的。我们以如图 8-2 所示 5 位 LED 数码管的串行驱动电路为例来说明软件灭零显示和闪烁显示的方法。图中的"万位"、"千位"等是指数码管的相对位置，并非一定显示实际的万位、千位，当"千位"的小数点点亮时，"万位"实际上是十位，"千位"实际上是个位。

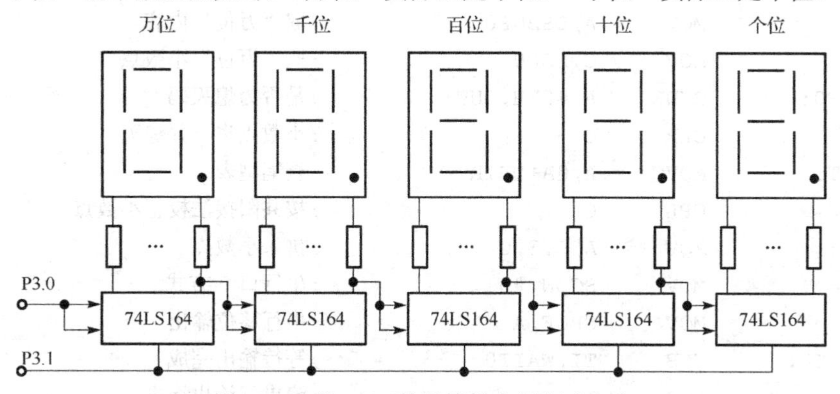

图 8-2　5 位 LED 数码管的串行驱动电路

对应5位数码管，RAM中开辟五个字节的显示缓冲区，用来存放五位显示内容。另外，为了控制小数点的显示，在笔型码设计时暂不考虑小数点而另外开辟一个小数点控制单元XSDS，对共阳数码管，应将其取反后拼入笔型码中。为方便讨论，我们假设各位具有相同的笔型码，且小数点均安排在笔型码的D3位。当显示内容为0FH时，对应的笔型码为0FFH，使对应数码管熄灭。我们就可以这样来设计显示的输出驱动程序：

```
DSBUFS      EQU 5BH             ;显示缓冲区首址
DSBUF0      DATA    5BH         ;“万位”显示内容存放单元
DSBUF1      DATA    5CH         ;“千位”显示内容存放单元
DSBUF2      DATA    5DH         ;“百位”显示内容存放单元
DSBUF3      DATA    5EH         ;“十位”显示内容存放单元
DSBUF4      DATA    5FH         ;“个位”显示内容存放单元

XSDS        DATA    2AH         ;小数点控制单元
XSD0        BIT     XSDS.0      ;“万位”小数点控制标志（0:熄灭，1:点亮）
XSD1        BIT     XSDS.1      ;“千位”小数点控制标志（0:熄灭，1:点亮）
XSD2        BIT     XSDS.2      ;“百位”小数点控制标志（0:熄灭，1:点亮）
XSD3        BIT     XSDS.3      ;“十位”小数点控制标志（0:熄灭，1:点亮）
XSD4        BIT     XSDS.4      ;“个位”小数点控制标志（0:熄灭，1:点亮）
;串行显示输出子程序：
DSOUT:      MOV     DPTR,#BXL           ;指向笔型表
            MOV     A,DSBUF4            ;取“个位”内容
            MOV     C,XSD4              ;取“个位”小数点
            LCALL   OUT0                ;输“个出”位
            MOV     A,DSBUF3            ;取“十位”内容
            MOV     C,XSD3              ;取“十位”小数点
            LCALL   OUT0                ;输“十出”位
            MOV     A,DSBUF2            ;取“个百”位内容
            MOV     C,XSD2              ;取“个百”位小数点
            LCALL   OUT0                ;输“个百”出位
            MOV     A,DSBUF1            ;取“十千”位内容
            MOV     C,XSD1              ;取“十千”位小数点
            LCALL   OUT0                ;输“十千”出位
            MOV     A,DSBUF0            ;取“万位”内容
            MOV     C,XSD0              ;取“万位”小数点
OUT0:       CJNE    A,#0FH,OUT1         ;是否为熄灭码?
            CLR     C                   ;小数点也一并熄灭
OUT1:       MOVC    A,@A+DPTR           ;查笔型表
            CPL     C                   ;按共阳接法校正小数点
            MOV     ACC.3,C             ;拼入小数点
            MOV     SCON,#0             ;串行口0方式
            MOV     SBUF,A              ;串行移位输出
WAIT0:      JNB     TI,WAIT0            ;等待输出完成
            CLR     TI                  ;清串行输出标志
```

```
         RET
BXL:     DB      09H,0EBH,98H,8AH,6AH,0EH,0CH,0CBH
                                      ;0,1,2,3,4,5,6,7 笔型码
         DB      08H,0AH,0FFH,0FFH,0FFH,0FFH,0FFH
                                      ;8,9 笔型码与熄灭码
```

所谓灭零显示就是将 0036.7 显示成 36.7，这样可以减少阅读差错，也比较符合习惯。它的处理规则是：整数部分从高位到低位的连续零均不显示，从遇到的第一个非零数值开始均要显示，但从个位开始必须显示。根据灭零规则，得到如图 8-3 所示的处理流程图。

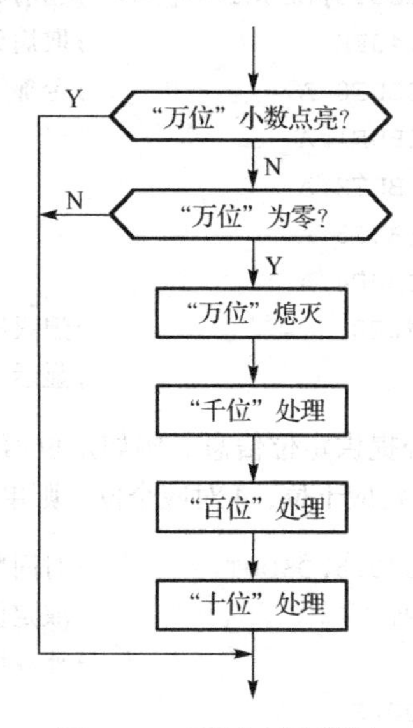

图 8-3　灭零处理流程图

灭零处理是显示模块的一个组成部分，这部分的程序如下：

```
DISPA:   JB      XSD0,DISPS       ;“万位”有小数点，不需灭零
         MOV     A,DSBUF0         ;取“万位”内容
         JNZ     DISPS            ;“万位”不为零，不需灭零
         MOV     DSBUF0,#0FH      ;熄灭“万位”（0FH 为熄灭码）
         JB      XSD1,DISPS       ;“千位”有小数点，不需灭零
         MOV     A,DSBUF1         ;取“千位”内容
         JNZ     DISPS            ;“千位”不为零，不需灭零
         MOV     DSBUF1,#0FH      ;熄灭“千位”
         JB      XSD2,DISPS       ;“百位”有小数点，不需灭零
         MOV     A,DSBUF2         ;取“百位”内容
         JNZ     DISPS            ;“百位”不为零，不需灭零
         MOV     DSBUF2,#0FH      ;熄灭“百位”
         JB      XSD3,DISPS       ;“十位”有小数点，不需灭零
         MOV     A,DSBUF3         ;取“十位”内容
         JNZ     DISPS            ;“十位”不为零，不需灭零
         MOV     DSBUF3,#0FH      ;熄灭“十位”
DISPS:   ……                       ;后续处理
```

闪烁处理一般在灭零处理之后进行。闪烁显示方式有两种，一种是全闪，即整个内容进行闪烁，多用于进行异常状态的提示，如显示的参数超过正常范围，提醒操作者进行及时处理，以免引起更大的异常情况。另一种是单字闪烁，多用于进行定位指示，例如采用按键来调整一个多位数字参数时，可用单字闪烁的方法来指示当前正被调整的数字位置。

进行闪烁处理的基本方法是：一段时间正常显示，一段时间熄灭显示，互相交替就产生了闪烁的效果。一般每秒种闪烁 1~2 次，闪烁速度可以用系统时钟来控制，控制方法与单个 LED 的闪烁控制类似。全闪的处理比较简单，程序如下：

```
DISPS:      JB      SECD.5,DSOUT          ;当前时刻应该显示否？
            MOV     A,#0FH                ;取熄灭码
            MOV     DSBUF0,A              ;全部熄灭
            MOV     DSBUF1,A
            MOV     DSBUF2,A
            MOV     DSBUF3,A
            MOV     DSBUF4,A
            ANL XSDS,#0E0H                ;熄灭所有小数点
DSOUT:      ……                            ;显示输出
```

如果要进行单字闪烁，必须另外提供定位信息。例如定位信息由定位指针 POINT 决定，0 对应万位、1 对应千位、2 对应百位、3 对应十位、4 对应个位，则单字每秒闪烁两次的处理程序如下：

```
DISPS1:     JB      SECD.5,DSOUT          ;时间判断
            MOV A,POINT                   ;取定位信息
            ANL A,#7                      ;计算地址：偏移量+首址
            ADD A,#DSBUFS
            MOV R0,A
            MOV @R0,#0FH                  ;熄灭指定位置的数码管
DSOUT:      ……                            ;显示输出
```

在进行每秒闪烁两次的显示时，如果显示模块由显示申请标志来驱动，则在时钟中断子程序中，应该每隔 0.2 秒自动申请一次显示，否则就不能产生正确的闪烁效果。

8.1.3 液晶显示屏

液晶显示屏不但能够显示数据，还能够显示文字和图形，其显示效果远远超过数码管，随着价格的下降，将被越来越多的系统采用。液晶显示屏有两种类型，即智能型和普通型。智能型液晶显示屏具有一套接口命令（类似于绘图仪和打印机），显示内容的文字部分以文本形式输入显示屏即可，其中汉字以区位码方式传送，并且可以设置字体大小，显示位置等；显示内容的图形部分直接用绘图命令输入，可以指明图形类型和各种坐标参数，用户编程非常简单。普通型液晶显示屏必须由用户编程来完成全部显示功能，用户编程工作量较大，但价格比智能型液晶显示屏要低很多。如果所开发的产品生产批量比较大，采用普通型液晶显示屏所降低的总体成本将是很可观的，故掌握普通型单色液晶显示屏的图文混合显示软件编程技术比较有意义。

1. 图文混合显示的基本原理

液晶显示屏的功能相当于普通计算机中“显卡+监视器”的功能，里面有一个“显示缓冲区”，

CPU 将需要显示的内容传送到“显示缓冲区”后，由显示屏内部的扫描与驱动部件完成显示任务。显示缓冲区分为“文本显示缓冲区”与“图形显示缓冲区”，对于 ASC 字符，传送到“文本显示缓冲区”；对于图形，以点阵模式传送到“图形显示缓冲区”。

液晶显示屏有三种显示模式：文本显示模式、图形显示模式和图文混合显示模式。在文本显示模式下，“文本显示缓冲区”的内容（通常是 ASC 字符）将被显示。在图形显示模式下，“图形显示缓冲区”的内容按点阵对应方式进行显示。在图文混合显示模式下，两个缓冲区的内容进行混合显示，混合的方式有三种：“与”、“或”和“异或”。从混合显示的效果来看，以“异或”方式较好。

液晶显示屏中的“显示缓冲区”通常不能被 CPU 直接访问，一个字节的操作需要先传送地址，再传送数据，需要若干条指令才能完成。如果直接在其“图形显示缓冲区”中完成“绘图”过程，效率将会很低。为此，先在片外 RAM 中开辟一块“映象缓冲区”，在其中完成文本“显示”和图形“绘制”过程，然后通过专用命令进行高效的数据批量传送操作，将“映像缓冲区”的内容“克隆”到液晶显示屏内部的“显示缓冲区”中，完成显示任务。

每一款液晶显示屏在工作前均需要进行初始化，设定工作模式、内部显示缓冲区的起始地址等等参数，这一过程的编程方法厂家均会在产品说明书中详细介绍。我们选定一款 160×128 的普通点阵液晶显示屏作为例子，来讨论如何对“映像缓冲区”进行操作，完成预定的图文显示内容设置，其硬件电路框图和软件操作流程如图 8-4 所示。对于每款液晶屏，其使用说明书中均会给出硬件接口电路和操作时序和相关的操作命令码，本节只讨论如何在映像缓冲区中完成字符和图形的准备工作。

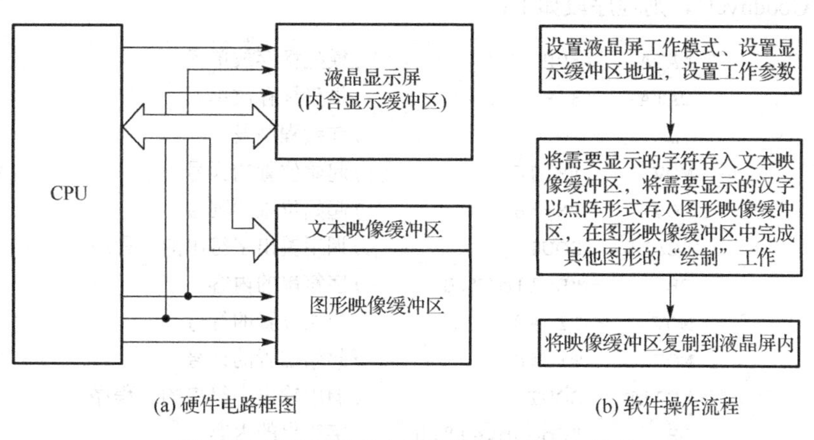

(a) 硬件电路框图　　(b) 软件操作流程

图 8-4　液晶屏硬件电路框图和软件操作流程

2. 字符的显示

该液晶显示屏横向为 160 点，纵向为 128 点。当显示字符时，每个字符横向宽度为 8 点，故横向可显示 20 个字符；每个字符纵向高度为 8 点，故纵向可显示 16 行字符。全屏显示字符总数为 20×16=320 个字符，每个字符占用文本显示缓冲区一个字节，故文本显示缓冲区的大小为 320 字节。将缓冲区的 320 个字节分成 16 段，每段 20 个字节对应屏幕的一行。我们在片外 RAM 中开辟一个同样大小的文本映像缓冲区，以下操作均在该映像缓冲区中完成。

（1）清屏操作：虽然一般液晶显示屏有清屏命令，但在配置新的内容前，必须初始化映像缓冲区，将其原有内容清除。

```
TBUF        EQU     4000H          ;文本映像缓冲区首址
TXMAX       EQU     20             ;横向（行）最多可显示 20 个字符
TYMAX       EQU     16             ;纵向最多可显示 16 行字符

TCLR:       MOV     DPTR,#TBUF     ;指向文本映像缓冲区的首址
            CLR     A              ;用 0 来填充缓冲区
            MOV     R2,#TYMAX      ;共 16 行
TCLR1:      MOV     R3,#TXMAX      ;每行 20 个字节（字符）
TCLR2:      MOVX    @DPTR,A
            INC     DPTR
            DJNZ    R3,TCLR2
            DJNZ    R2,TCLR1
            RET
```

（2）显示字符串：从屏幕指定的位置开始显示指定的字符串。显示位置由两个坐标参数决定，横坐标 TX 表示“列”，取值范围为 0 到 TXMAX-1，对于我们这款液晶屏，取值范围为 0～19，第 0 列对应屏幕最左边的一列，第 19 列对应屏幕最右边的一列。纵坐标 TY 表示“行”，取值范围为 0 到 TYMAX-1，对于我们这款液晶屏，取值范围为 0～15，第 0 行对应屏幕最上边的一行，第 15 行对应屏幕最下边的一行。

假设我们要从第 5 行第 8 列的位置开始显示字符串“Hello!”，从第 11 行第 10 列的位置开始显示字符串“Goodbye!”，则程序段如下：

```
TX          DATA    30H            ;横坐标存放单元
TY          DATA    31H            ;纵坐标存放单元
            ……                     ;前续程序段
            MOV     TY,#6          ;起始位置的行号
            MOV     TX,#8          ;起始位置的列号
            LCALL   SOUT           ;调用输出字符串的子程序
            DB      "Hello!",0     ;字符串的内容
            MOV     TY,#8          ;起始位置的行号
            MOV     TX,#8          ;起始位置的列号
            LCALL   SOUT           ;调用输出字符串的子程序
            DB      "Goodbye!",0   ;字符串的内容
            ……                     ;后续程序段
```

从这段程序中可以看出，输出字符串的方法是：先设定显示字符串的起始坐标，然后调用字符串输出子程序，并将字符串的内容以“DB”形式附在调用语句后面（以 0 表示字符串结束），该字符串的起始地址将被调用子程序语句作为“返回地址”压入堆栈。字符串输出子程序如下：

```
SOUT:       MOV     DPTR,#TBUF     ;根据坐标，计算起始地址
            MOV     A,TY
            MOV     B,#TXMAX
            MUL     AB
            ADD     A,TX
            JNC     SOUT1
```

```
        INC     DPH
SOUT1:  ADD     A,DPL           ;将计算结果存入 P2+R1 中
        MOV     R1,A
        MOV     A,B
        ADDC    A,DPH
        MOV     P2,A
        POP     DPH             ;弹出字符串内容的起始地址
        POP     DPL
SOUT2:  CLR     A               ;读取一个字符
        MOVC    A,@A+DPTR
        INC     DPTR            ;调整字符串指针
        JZ      SOUT3           ;是字符串结束标志吗?
        MOVX    @R1,A           ;不是,将其写入映象缓冲区中
        INC     R1              ;调整映像缓冲区指针
        CJNE    R1,#0,SOUT2
        INC     P2              ;换页
        SJMP    SOUT2           ;继续读取下一个字符
SOUT3:  JMP     @A+DPTR         ;字符串输出结束,返回调用程序
```

该子程序根据起始坐标计算出映像缓冲区中对应的地址，并用 P2+R1 作为地址指针指向该地址，然后从堆栈里弹出字符串内容的起始地址，用 DPTR 作为查表指针，指向该字符串。两个指针均设置好以后，便通过查表指令取出字符串的内容，存入文本映像缓冲区中对应的地方。由于用 P2+R1 作为访问外部 RAM 的地址指针时不能自动换页，必须用软件进行调整（某些增强型 51 系列单片机具有双 DPTR，使用起来比较方便）。当字符串全部输出以后，查表的结果将得到结束标志 0，这时 DPTR 已经调整到结束标志后面，指向输出子程序的真正返回地址，可以用 DPTR 中的地址来返回调用程序了。不用 RET 指令来返回主程序是因为堆栈里已经没有“返回地址”了。

有的液晶显示屏的字符内部编码与 ASCII 编码不同，这就需要进行转换。例如，内部编码比 ASCII 编码相差 20H（即去掉 ASCII 编码的前 32 个非显示字符），即字符“A”的编码由 41H 变成 21H。

（3）显示数据：从屏幕指定的位置开始按指定的格式显示指定的数据。例如，有一个数据，经过格式转换，将千位和百位的 BCD 码存放在 R5 中，将十位和个位的 BCD 码存放在 R6 中，将小数点后面两位的 BCD 码存放在 R7 中，则输出子程序如下：

```
DOUT:   MOV     DPTR,#TBUF      ;根据坐标,计算起始地址
        MOV     A,TY
        MOV     B,#TXMAX
        MUL     AB
        ADD     A,TX
        JNC     DOUT10
        INC     DPH
DOUT10: ADD     A,DPL
        MOV     DPL,A
        MOV     A,B
        ADDC    A,DPH
```

```
        MOV     DPH,A           ;将计算结果存入DPTR中
        CLR     F0              ;灭零标志初始化
        MOV     A,R5            ;输出千位
        SWAP    A
        LCALL   DOUT0
        MOV     A,R5            ;输出百位
        LCALL   DOUT0
        MOV     A,R6            ;输出十位
        SWAP    A
        LCALL   DOUT0
        MOV     A,R6            ;输出个位
        SETB    F0              ;个位一定要显示
        LCALL   DOUT0
        MOV     A,#'.'          ;输出小数点
        LCALL   DOUT2
        MOV     A,R7            ;输出十分位
        SWAP    A
        LCALL   DOUT0
        MOV     A,R7            ;输出百分位
        LCALL   DOUT0
        RET
DOUT0:  ANL     A,#0FH          ;取低四位
        JNZ     DOUT1           ;非0数据位，进行显示
        JB      F0,DOUT1        ;灭零结束，0数据位也显示
        SJMP    DOUT2           ;高端0数据位，不转换，达到灭零效果
DOUT1:  ADD     A,#30H          ;转换成为ASCII码，也可加10H，成为内码
        SETB    F0              ;显示数据，灭零结束
DOUT2:  MOVX    @DPTR,A         ;输出到文本映像缓冲区
        INC     DPTR            ;调整地址指针
        RET
```

需要显示的数据必须进行一些预处理，将浮点数转换成为十进制数，并按预定的格式存放到工作寄存器中（应对于同一类数据编制一个子程序来进行预处理），就可以调用输出数据的子程序了：

```
MOV     TY,#10          ;起始位置的行号
MOV     TX,#8           ;起始位置的列号
LCALL   DOUT            ;调用输出数据的子程序
```

为了使显示界面更友好，可以在数据的前面显示“提示”字符串，在数据后面显示“单位”字符串。

3. 图形的显示

这款液晶显示屏在图形模式下可以显示160×128个点，横向每8个点对应于图形缓冲区中的一个字节，故每一行的160个点对应缓冲区中的20个字节，在一个字节的8个位里，每一个“1”对应一个显示出来的点，每一个“0”对应一个不显示的点，且高位对应左边的点，低位对应右边

的点。整个屏幕有 128 行，故图形显示缓冲区共有 128×20=2560 个字节。下面介绍基本的“绘图”子程序。

（1）清屏操作：在配置新的图形画面前，必须初始化图形映象缓冲区，将其原有的画面清除。

```
GBUF        EQU 4200H            ;图形映像缓冲区首址
XMAX        EQU 160              ;每行最多可显示 160 个点
XBMAX       EQU 20               ;每行占用缓冲区 20 个字节
YMAX        EQU 128              ;纵向最多可显示 128 行

GCLR:       MOV DPTR,#GBUF       ;指向图形映像缓冲区的首址
            CLR     A            ;用 0 来填充缓冲区
            MOV     R2,#YMAX     ;共 128 行
GCLR1:      MOV     R3,#XBMAX    ;每行占用 20 个字节
GCLR2:      MOVX    @DPTR,A
            INC     DPTR
            DJNZ    R3,GCLR2
            DJNZ    R2,GCLR1
            RET
```

（2）画一个点：画点子程序是所有作图功能的基础，斜线和函数曲线都需要用连续打“点”的方法来画出。在实时测控系统中，可以用画点的方法来显示系统参数的动态变化曲线。要在屏幕指定的位置画一个点，必须给出位置的坐标参数 X 和 Y。要注意的是，液晶屏画面的坐标原点定义在屏幕的左上角。X 表示横向的坐标，最左边 X=0，最右边 X=XMAX−1，对于选用的这款液晶显示屏，X 的取值范围为 0～159；Y 表示纵向的坐标，最上面一行 Y=0，最下面一行 Y=YMAX−1，对于选用的这款液晶显示屏，Y 的取值范围为 0～127。Y 坐标轴是朝下的，在实际作图时需要特别注意，如果按习惯将坐标原点选定在左下角，且将 Y 坐标轴朝上，则需要进行坐标变换：$Y=YMAX-Y^{*}-1$，式中 Y^{*}为习惯坐标值。要画一个点，首先要根据这个点的坐标计算出对应图形缓冲区中的哪一个字节里的哪一位，然后将这一位置“1”便完成了画一个点的任务，画点的子程序如下：

```
X           DATA    32H          ;点的横坐标存放单元
Y           DATA    33H          ;点的纵坐标存放单元

PDOT:       MOV     DPTR,#GBUF   ;指向图形映像缓冲区首址
            MOV     A,Y          ;计算该点所在字节的地址
            MOV     B,#XBMAX
            MUL     AB
            ADD     A,DPL
            MOV     DPL,A
            MOV     A,B
            ADDC    A,DPH
            MOV     DPH,A        ;DPTR 指向该点所在行的起始地址
            MOV     A,X
            MOV     B,#8
            DIV     AB
            ADD     A,DPL
            MOV     DPL,A
```

```
                CLR     A
                ADDC    A,DPH
                MOV     DPH,A               ;DPTR 指向该点所在字节的地址
                MOV     A,B                 ;取该点在字节中的位置
                ADD     A,#2
                MOVC    A,@A+PC             ;查表得到“画”点所需的操作码
                SJMP    PDOT1
                DB      80H,40H,20H,10H,08H,04H,02H,01H
PDOT1:          MOV     R2,A                ;保存操作码
                MOVX    A,@DPTR             ;取映像缓冲区中的对应字节
                ORL     A,R2                ;在对应位置上“画”一点
                MOVX    @DPTR,A             ;放回缓冲区
                RET
```

曲线由一系列“点”组成，只要依次计算出各个点的座标，就可以通过不断调用画点子程序将曲线画出来。在曲线座标计算的算法中，必须进行计算结果的检查，使坐标值始终落在屏幕规定范围之内，如超出范围，可以进行“保底”或“封顶”处理，否则将把“点”画到屏幕外面去，破坏了图形映像缓冲区之外的 RAM 中数据，这是非常危险的。

（3）画一条水平线：“水平线”由一系列 X 坐标连续且 Y 坐标相同的点组成，本来可以采用连续画“点”的方法来完成，但效率太低。在一般情况下，“水平线”主要用来画表格横线和坐标横轴，其长度均远大于 8 个点，一定有若干个字节被完整占用，可以用“对整个字节赋值 0FFH”来完成一次画 8 个点的工作，其效率非常高。

水平线由起点坐标和长度两个因数决定，为了提高画水平线的效率，建议将水平线起点的 X 坐标设置为 8 的整数倍，并将其长度（点数）也设置为 8 的整数倍，这时，整条水平线将由图形缓冲区中若干连续字节组成，所有操作将完全以字节为单位进行，效率达到最高。在采用这种设置方法的前提下，起点的横坐标由 XB 来表示（XB=X/8，单位为字节），其取值范围为 0 到 XBMAX-1，长度由 LB 来表示（LB=长度点数/8，单位为字节），其取值范围为 1 到 XBMAX。画一条水平线的子程序如下：

```
XB              DATA    34H                 ;水平线起点横坐标存放单元（以字节为单位）
LB              DATA    35H                 ;水平线长度存放单元（以字节为单位）

HLINE:          MOV     DPTR,#GBUF          ;指向图形映像缓冲区首址
                MOV     A,Y                 ;计算水平线起点所在字节的地址
                MOV     B,#XBMAX
                MUL     AB
                ADD     A,XB
                JNC     HLINE1
                INC     DPH
HLINE1:         ADD     A,DPL
                MOV     DPL,A
                MOV     A,B
                ADDC    A,DPH
                MOV     DPH,A               ;DPTR 指向水平线起点所在字节
                MOV     R2,LB               ;取水平线长度的字节数
                MOV     A,#0FFH             ;将整个字节全部着色
```

```
HLINE2:     MOVX    @DPTR,A          ;着色一个字节（8个点）
            INC     DPTR
            DJNZ    R2,HLINE2        ;画完该水平线
            RET
```

该子程序的调用方法如下：

```
MOV     Y,#20           ;水平线所在纵坐标
MOV     XB,#2           ;左端空两个字节
MOV     LB,#16          ;16个字节长度
LCALL   HLINE           ;调用画水平线子程序
```

（4）画一条垂直线："垂直线"由一系列Y坐标连续且X坐标相同的点组成，可以采用连续画"点"的方法来完成。由于各个点的X坐标相同，其"画"点所需的操作码也必然相同，故只要求出起点的操作码即可，画其他点时可以直接使用，画一条垂直线的子程序如下：

```
X0          DATA    36H             ;垂直线起点横坐标存放单元
Y0          DATA    37H             ;垂直线起点纵坐标存放单元
HI          DATA    38H             ;垂直线高度（点数）

VLINE:      MOV     X,X0            ;设置起点坐标
            MOV     Y,Y0            ;
            LCALL   PDOT            ;画起点，DPTR和R2中的内容有效
            MOV     R3,HI           ;取高度（垂直线的总点数）
            DEC     R3              ;减去起点
VLINE1:     MOV     A,#XBMAX        ;地址指针下移一行
            ADD     A,DPL
            MOV     DPL,A
            JNC     VLINE2
            INC     DPH
VLINE2:     MOVX    A,@DPTR         ;取映象缓冲区中的对应字节
            ORL     A,R2            ;在对应位置上"画"一点
            MOVX    @DPTR,A         ;放回缓冲区
            DJNZ    R3,VLINE1       ;画完该垂直线
            RET
```

方框和表格是由若干条水平线和垂直线组成的，HLINE子程序和VLINE子程序可以很方便地用来画方框和表格。

4．汉字的显示

汉字显示也是在图形模式下完成的，但和绘图过程相比有其特殊性。汉字显示的过程不是通过绘画方式"写"出来的，更像是在屏幕上进行"排版印刷"，即"将汉字的点阵字模存放到图形映像缓冲区指定的区域之中"。汉字有各种不同的字体，常用的字体有16点阵宋体、24点阵宋体或24点阵楷体。

如果系统中需要使用的汉字数目固定且有限，可以使用软件点阵字库。点阵字库的个数和每个字库的大小（即包含字数的多少）应该按实际需要来设置，点阵字库中的字模数据可以从各种中文系统中获取，很多电子爱好者的网站上均可以免费下载字模软件。各个字库生成后，应该和程序一起编译，烧录到芯片的程序存储器里。如果系统中需要使用的汉字数目不固定（具有汉字

输入功能)，可以使用硬件点阵字库（专用字库芯片）。输出汉字时，将该汉字的点阵数据（字模）存放到图形映像缓冲区的指定位置即可。

8.2 微型打印机

在智能仪器中，有时要求将有关数据、表格或曲线打印出来，供存底或作为结果报告。智能仪器多配备体积小、功耗低、成本低的微型打印机，或提供标准打印接口和软件，供用户外接打印机。目前国内流行的微型打印机主要有 GP-16、TP/μP40B、PP40 等，本节仅以 GP-16 为例对微型打印机的接口电路和驱动程序设计进行简单介绍。

8.2.1 GP-16 微型打印机的接口电路

GP-16 为智能微型打印机，机芯采用 Model-150 II 型 16 行微型针式打印头，内部控制器由单片机组成，通过并行接口与主机进行通信，接收命令和传输数据。主机通过接口电路实现对打印机动作的控制，将主机送来的数据以字符串、数据或图形形式打印出来。

点阵式打印机靠垂直排列的钢针在电磁铁的驱动下进行打印动作。当钢针向前打击时，就把色带上的油墨打印到纸上，形成一个色点。当打印完 1 列后，打印头随着台架平移一格，然后打印第 2 列，再平移一格……如此打印就能用若干点阵表示一个字符。GP-16 微型打印机每行为 96 列。

GP-16 微型打印机的接口信号如表 8-1 所示，接口电路如图 8-5 所示。GP-16 控制器具有数据锁存功能，与微机的接口比较方便。其中 D0～D7 为双向三态数据总线，这是 CPU 和 GP-16 之间命令、状态和数据信息的传输线；$\overline{CS}$ 为设备选择线（低电平有效）；$\overline{RD}$、$\overline{WR}$ 为读、写控制线（低电平有效)；BUSY 为打印机“忙”信号线，高电平有效，表示打印机此时不能接收 CPU 的命令和数据，BUSY 信号可供 CPU 查询或作为向 CPU 申请中断信号。

表 8-1　GP-16 微型打印机的接口信号表

序号	1～2	3～10	11	12	13	14	15～16
信号	+5V	D0～D7	$\overline{CS}$	$\overline{WR}$	$\overline{RD}$	BUSY	地

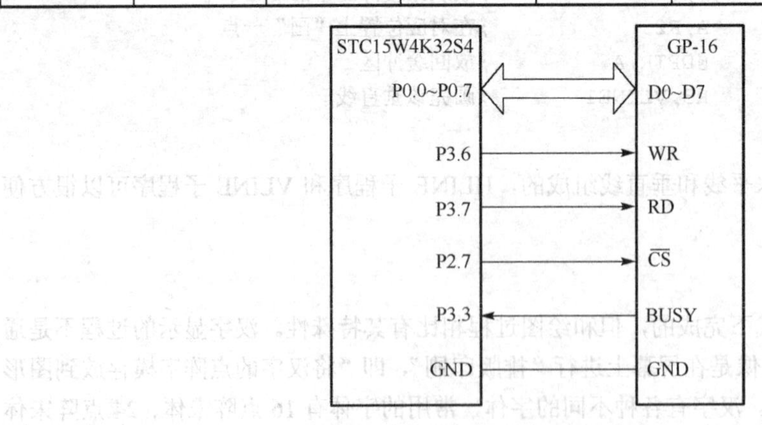

图 8-5　GP-16 微型打印机的接口电路

图 8-5 接口电路可定义如下：

```
    GP16        EQU     7FFFH       ;GP-16 打印机的地址
    BUSY        BIT     P3.3        ;BUSY 信号检测端口
```

8.2.2 GP-16 微型打印机的使用

GP-16 的打印命令占两个字节，第一字节高 4 位为操作码，低 4 位为点行数 *n*，第二字节为打印行数 *mm*，其中 *n* 和 *m* 均为十六进制数。GP-16 的打印字符占据 7 个点行，命令字中的点行数 *n* 用来选择字符行之间的行间距。为了分开相邻两行字符，打印点行数 *n* 应大于等于 8，例如 *n*=10，则打印的行距为 3 个点行数。当执行打印 *mm* 行命令时，打印机会打印或空走纸指定的字符行数。打印命令第一字节高四位操作码的功能定义如表 8-2 所示。

表 8-2　GP-16 微型打印机的操作码

操作码（命令码高四位）		操作功能
二进制	十六进制	
1 0 0 0	8	空走纸
1 0 0 1	9	打印字符串
1 0 1 0	A	打印十六进制数据
1 0 1 1	B	打印点阵图形

（1）空走纸命令（8*n mm*）：GP-16 接收到该命令后，打印机空走纸 *n*×*mm* 点行，其间忙标志 BUSY 置位，执行完后清零，以下命令中 BUSY 的状态均如此变化。如命令 8A 04 将空走纸 40 点行，程序如下：

```
PASS:   MOV     DPTR,#GP16          ;指向 GP-16 微型打印机
PASS0:  JB      BUSY,PASS0          ;等待打印机空闲
        MOV     A,#8AH              ;空走纸命令，每字符行为 10 点行
        MOVX    @DPTR,A
        MOV     A,#4                ;空走纸 4 字符行
        MOVX    @DPTR,A
        RET
```

（2）打印字符串命令（9*n mm*）：GP-16 接收到该命令后，等待主机写入字符数据，当接收完 16 个字符（一行）后，转入打印，打印一行耗时约 1 秒钟，*mm* 为设置的打印行数。GP-16 打印字符集的低于 128 的代码与 ASCII 码字符相同，高于 128 的代码为若干汉字、特殊符号和自定义区（如表 8-3 所示）。若收到非法字符，则作空格处理；若收到换行（0AH），则作停机处理，打印完本行即停机，转入空闲状态。

表 8-3　GP-16 微型打印机的非 ASCII 码表

非 ASCII 码表		代码低 4 位															
		0	1	2	3	4	5	6	7	8	9	A	B	C	D	E	F
代码高 4 位	8	○	一	二	三	四	五	六	七	八	九	十	￥	甲	乙	丙	丁
	9	个	百	千	万	元	分	年	月	日	共	」	「	|	‾	_	3
	A	2	0	Φ	<	---	±	×									

例如有一批商品的金额总数以 BCD 码的形式保存在 R2（千百）R3（十元）R4（角分）中，将其打印出来的程序如下：

```
PRSUM:        MOV     DPTR,#GP16        ;指向 GP-16 微型打印机
PR0:          JB      BUSY,PR0          ;等待打印机空闲
              MOV     A,#9AH            ;打印字符串命令，每字符行为 10 点行
```

```
        MOVX    @DPTR,A
        MOV     A,#1            ;打印 1 行字符
        MOVX    @DPTR,A
        MOV     A,#99H          ;打印“共”字
        MOVX    @DPTR,A
        CLR     F0              ;灭零标志初始化
        MOV     A,R2            ;取“千位”数据打印
        SWAP    A
        LCALL   POUT
        MOV     A,R2            ;取“百位”数据打印
        LCALL   POUT
        MOV     A,R3            ;取“十位”数据打印
        SWAP    A
        LCALL   POUT
        MOV     A,R3            ;取“个位”数据打印
        SETB    F0              ;从个位开始必须打印
        LCALL   POUT
        MOV     A,#'.'          ;打印小数点
        MOVX    @DPTR,A
        MOV     A,R4            ;取“角位”数据打印
        SWAP    A
        LCALL   POUT
        MOV     A,R4            ;取“分位”数据打印
        LCALL   POUT
        MOV     A,#94H          ;打印单位“元”
        MOVX    @DPTR,A
        MOV     A,#0AH          ;结束打印
        MOVX    @DPTR,A
        RET
;将累加器 A 中 BCD 码低四位数据以 ASCII 码格式打印输出，并进行高位灭零处理
POUT:   ANL     A,#0FH          ;取低 4 位
        JNZ     POUT1           ;非零数据必须打印
        JB      F0,POUT1        ;停止灭零后，“0”数据也要打印
        RET                     ;灭零处理（不打印），直接返回
POUT1:  ADD     A,#30H          ;转换为 ASCII 码
        MOVX    @DPTR,A         ;输出到打印机
        SETB    F0              ;停止灭零
        RET
```

（3）十六进制数据打印命令（A*n mm*）：该命令用于直接打印数据，一行打印 4 字节数据，行首为相对地址，其格式如下：

```
00H:  ×× ×× ×× ××
04H:  ×× ×× ×× ××
08H:  ×× ×× ×× ××
0CH:  ×× ×× ×× ××
```

（4）图形打印命令（B*n mm*）：GP-16 接收到图形打印命令和规定的行数后，每接收完一行图

形数据（96个字节）便转入打印，把这些数据所表示的图形直接打印出来，然后再接收下一行的图形信息并进行打印，直至规定的行数打印完为止。在图形数据中，每个字节表示一列的八个点，需要打印的点为1，空白点为0。如图8-6所示的曲线图宽96列，高24点行，图中的每个小方格表示一个打印点，空白方格表示不打印，实心方格表示打印点。将高方向每8个点行作为一个打印行，共有三个打印行，即“上部”、“中部”和“下部”。每个打印行有96列，每列的8个点用一个字节的数据表示。这个曲线图的数据如下：

上部的96字节数据：00H,00H,0FFH,00H,00H,00H,00H,00H,80H,20H,08H,04H,04H,08H,08H,10H,10H,10H,20H,20H,20H,20H,20H,40H,40H,80H,00H,00H,00H,00H,00H,00H,……；

中部的96字节数据：00H,00H,0FFH,00H,00H,00H,40H,08H,00H,00H,00H,00H,00H,00H,00H,00H,00H,00H,00H,00H,00H,00H,00H,00H,00H,00H,01H,02H,08H,20H,00H,00H,……；

下部的96字节数据：20H,20H,0FFH,28H,24H,21H,20H,20H,20H,20H,20H,20H,20H,20H,20H,20H,20H,20H,20H,20H,20H,20H,20H,20H,20H,20H,20H,20H,20H,20H,21H,22H,……；

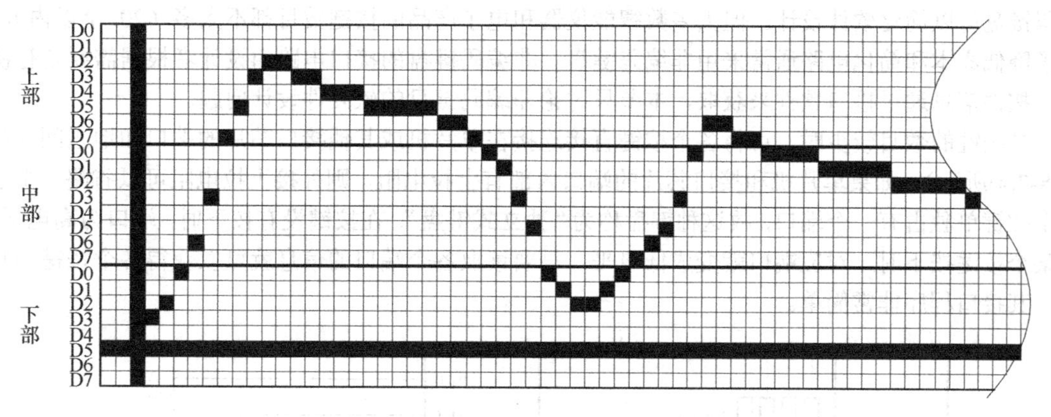

图8-6 GP-16微型打印机图形数据的传送规则

因为图形数据量较大，通常需要在扩展RAM中进行预处理，按打印机的要求生成打印格式的点阵数据，然后打印输出。为了打印这个曲线图，命令码中的*n*应该等于8，否则图形不能正常拼接。打印时首先传送命令0B8 03，然后分三次传送图形数据，每次传送96个字节，这之间需要注意检测“忙”信号。

（5）状态字与工作状态：当为了节省端口而没有连接BUSY信号线时，GP-16提供了一个状态字供CPU读取。状态字的最高位D7为“错误”位，GP-16接收到非法命令时“错误”置“1”，接收到正确命令后清零。状态字的最低位D0为“忙”位，当主机写入的命令或数据还没有处理完时“忙”置“1”，不能接收新的命令或数据，空闲时“忙”位为0，可以接收新的命令或数据。利用状态字进行命令或数据传送的程序如下（以空走纸命令为例）：

```
PASS:   MOV     DPTR,#GP16      ;指向GP-16微型打印机
PASS1:  MOVX    A,@DPTR         ;读取GP-16的状态字
        ANL     A,#81H          ;选取“错误”和“忙”信息
        JNZ     PASS1           ;是否空闲?
        MOV     A,#8AH          ;空走纸30点行
        MOVX    @DPTR,A
        MOV     A,#3
        MOVX    @DPTR,A
        RET
```

8.3 键盘

键盘是人与微机系统打交道的主要输入设备。本节简单介绍键盘的几种硬件接口电路和相应的键盘接口程序，重点介绍接口程序的可靠性问题。

8.3.1 键盘的类型及接口电路

键盘可分为两类："编码键盘"和"非编码键盘"。编码键盘是较多按键（20 个以上）和专用驱动芯片的组合，当按下某个按键时，它能够处理按键抖动、连击等问题，直接输出按键的编码，无需系统软件干预，通用计算机使用的标准键盘就是编码键盘。在智能仪器中，使用并行接口芯片 8279 或串行接口芯片 HD7279 均可以组成编码键盘，同时还可以兼顾数码管的显示驱动，其相关的接口电路和接口软件均可在芯片资料中得到。当系统功能比较复杂，按键数量较多时，采用编码键盘可以简化软件设计。但大多数智能仪器和电子产品的按键数目都不太多（20 个以内），为了降低成本和简化电路通常采用非编码键盘。非编码键盘的接口电路由设计者根据需要自行决定，按键信息通过接口软件来获取，本节只讨论非编码键盘的软硬件设计问题。

当按键的数目较少时，可将各个按键直接连接在单片机或其他接口芯片的端口和地之间（如图 8-7(a)所示），如果单片机和接口芯片的端口内部有上拉电阻，则外接上拉电阻可以省略。由于每个按键单独占有一个端口，故这种键盘称为"独立式键盘"。在按键没有按下时，端口为高电平，当某个按键按下时，对应端口就变成低电平，只要读取各个端口的信息就可以获得各个按键的状态，其接口程序非常简单。

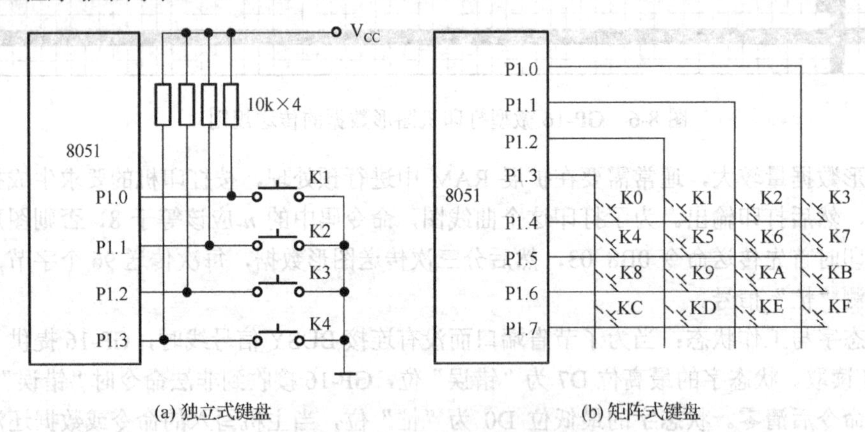

图 8-7　非编码键盘的两种类型

对于图 8-7(a)所示的独立键盘，读取键盘信息的指令如下：

```
ORL     P1,#0FH         ;初始化键盘端口为高电平
MOV     A,P1            ;读取端口信息
ANL     A,#0FH          ;屏蔽无关信息，保留键盘信息
```

当按键数目比较多时，为了减少所占用的端口，可将按键组成一个矩阵，如图 8-7(b)所示的 16 个按键只占用了 8 个端口，这种键盘称为"矩阵式键盘"。

在矩阵式键盘中，每个按键都分别跨接在一根行线和一根列线上。获取键盘信息的方法有两种："扫描法"和"反转法"。

在扫描法中，所有行线固定为输出端口，并依次输出低电平，所有列线固定为输入端口，用来检测按键状态。当全部按键均松开时，从列线上检测不到行线输出的低电平。当某个按键按下时，只有在对应的行线输出低电平时才能在对应的列线端口检测到低电平。在图 8-7(b)中，当 K9 键按下时，只有在 P1.6 输出低电平时才能在 P1.2 检测到低电平。该矩阵式键盘的读键子程序如下：

```
KEYINS:   MOV    P1,#0FH       ;P1 口高 4 位全部输出低电平
          MOV    A,P1          ;从 P1 口低 4 位读入列信号
          ORL    A,#0F0H       ;屏蔽高四位
          CPL    A             ;取反
          JZ     KEND          ;没有发现按键操作
          MOV    R4,#0         ;键码初始化
          MOV    R2,#0EFH      ;行扫描码初始化
          MOV    R7,#4         ;扫描次数（行线根数）
KS1:      MOV    P1, R2        ;从 P1 口高 4 位输出扫描码
          MOV    A,P1          ;从 P1 口低 4 位读入列信息
          ORL    A,#0F0H       ;屏蔽高 4 位
          CPL    A             ;取反
          JNZ    KS2           ;本行有按键被按下
          MOV    A,R4          ;计算下一行键码的起始值
          ADD    A,#4
          MOV    R4,A
          MOV    A,R2          ;计算下一行的扫描码
          RL     A
          MOV    R2,A
          DJNZ   R7,KS1        ;全部扫描结束否？
          SJMP   KEND          ;未发现按键操作
KS2:      JB     ACC.3,KS3     ;是否最左列？
          RL     A             ;调整一列
          INC    R4            ;调整键码
          SJMP   KS2           ;继续判断
KS3:      MOV    A,R4          ;取键码
          RET                  ;返回键码
KEND:     MOV    A,#0FFH       ;没有按键操作，返回“0FFH”
          RET
```

在反转法中，不管键盘矩阵的规模大小，均进行两次读键。第一次所有行线均输出低电平，从所有列线读入键盘信息(列信息)，第二次所有列线均输出低电平，从所有行线读入键盘信息(行信息)，将两次读键信息进行组合就可以得到按键的特征编码，然后通过查表得到按键的顺序编码。对图 8-7(b)所示矩阵键盘，先从 P1 口的高 4 位输出低电平，从 P1 口的低四位读取键盘的状态。再从 P1 口的低 4 位输出低电平，从 P1 口的高 4 位读取键盘状态，将两次读取结果组合起来就可以得到当前按键的特征编码，如表 8-4 所示。将各特征编码按希望的顺序排成一张表，然后用当前读得的特征码来查表，当表中有该特征码时，它的位置就是对应的顺序编码，当表中没有该特征码时，说明这是一个没有定义的键码，与没有按键（0FFH）同等看待。表格以 0FFH 作为结束标志，没有固定长度，这样便于扩充新的健码（用于增加新的复合键）。

表 8-4　键码转换表

按键名称	K0	K1	K2	K3	K4	K5	K6	K7	K8
特征键码	0E7H	0EBH	0EDH	0EEH	0D7H	0DBH	0DDH	0DEH	0B7H
顺序键码	00H	01H	02H	03H	04H	05H	06H	07H	08H
按键名称	K9	KA	KB	KC	KD	KE	KF	KC+KF	未按
特征键码	0BBH	0BDH	0BEH	77H	7BH	7DH	7EH	76H	0FFH
顺序键码	09H	0AH	0BH	0CH	0DH	0EH	0FH	10H	0FFH

反转法读键及键码转换程序如下：

```
KEYIN:      MOV P1,#0FH                 ;高 4 位输出低电平
            MOV A,P1                    ;从低 4 位读取列信息
            ANL A,#0FH                  ;分离列信息
            MOV B,A                     ;保存列信息
            MOV P1,#0F0H                ;低 4 位输出低电平
            MOV A,P1                    ;从高 4 位读取行信息
            ANL A,#0F0H                 ;分离行信息
            ORL     A,B                 ;行、列信息组合，得到特征码
            CJNE    A,#0FFH,KEYIN1      ;按键否？
            RET                         ;未按键，返回“0FFH”
KEYIN1:     MOV B,A                     ;暂存特征码
            MOV DPTR,#KEYCOD            ;指向码表
            MOV R3,#0                   ;顺序码初始化
KEYIN2:     MOV A,R3                    ;按顺序码查表
            MOVC    A,@A+DPTR           ;得到对应的特征码
            CJNE    A,B,KEYIN3          ;是否正是按键的特征码？
            MOV A,R3                    ;是，顺序码有效
            RET                         ;返回对应的顺序码
KEYIN3:     INC     R3                  ;不是，调整顺序码，准备查下一项
            CJNE    A,#0FFH,KEYIN2      ;是否为表格结束标志？
            RET                         ;表格结束仍未找到，以未按键处理
KEYCOD:     DB      0E7H,0EBH,0EDH,0EEH ;K0 到 K3 的特征码
            DB      0D7H,0DBH,0DDH,0DEH ;K4 到 K7 的特征码
            DB      0B7H,0BBH,0BDH,0BEH ;K8 到 KB 的特征码
            DB      77H,7BH,7DH,7EH     ;KC 到 KF 的特征码
            DB      76H,0FFH            ;KC+KF 的特征码和表格结束标志
```

8.3.2　键盘信号的可靠采集

按键的触点在闭合和断开时均会产生抖动，这时触点的逻辑电平是不稳定的，如不妥善处理，将会引起按键命令的错误执行或重复执行。现在一般均用软件延时的方法来避开抖动阶段，这一延时过程一般大于 5ms，例如取 10ms。如果读键操作安排在主程序（后台程序）或键盘中断（外部中断）子程序中，该延时子程序便可直接插入读键过程中。如果读健过程安排在定时中断子程序中，就可省去专门的延时子程序，利用两次定时中断的时间间隔来实现去抖动功能。

当按下某个按键时，对应的功能通过键盘解释程序很快得到执行，这时操作者通常还没有释放按键，对应的功能就会反复被执行，好象操作者在连续操作该键一样，这种现象就称为连击。连击在绝大多数情况下都是不允许的，它使操作者很难准确地进行操作。

解决连击的关键是一次按键只让它响应一次，为此要分别检测到按键按下和释放的时刻。有两种程序结构都可以解决连击问题，一种是按下键盘就执行，执行完后等待操作者释放按键，在未释放前不再执行指定功能，从而避免了一次按键重复执行的现象。另一种是在按键释放后再执行指定功能，同样可以避免连击，但给人一种反应迟钝的感觉，因此不常采用。我们假定有一个子程序 KEYIN，它负责对当前键盘状态进行采样，获得当前的键码；再假定当键盘完全释放时，键码为 0FFH，则程序如下：

```
KEY:    LCALL   KEYIN           ;读键
        CPL     A
        JZ      KEY             ;未按，再读
        LCALL   TIME10          ;延时 10ms，去抖动
        LCALL   KEYIN           ;再读懂
        CPL     A
        JZ      KEY             ;未按，再读
        CPL     A               ;恢复有效使码
        •                       ;键盘解析、执行相应模块
        •
KEYOFF: LCALL   KEYIN           ;读键
        CJNE    A,#0FFH,KEYOFF  ;未释放，再读
        LJMP    KEY             ;已释放，读新的按键
```

连击现象加以合理利用，有时也能给操作者带来一些方便。在某些简易智能仪器中，因设置的按键数目很少，没有数字键 0～9，这时只能采用加一的方式来调整有关参数。当参数的调整量比较大时，就需要按很多次调整键。如果这时有连击功能，我们只要按住调整键不放，参数就会不停地加一，调整到我们需要的参数时再放开按键，这就给操作带来不少方便。电子表就是采用这种方法来调整时间的。

计算机运行的速度很快，如果允许连击，还来不及放手它就可以执行几十次到几百次，使人无法控制连击的次数。因此，我们要对连击速度进行限制，例如每秒 3～4 次，使操作者能有效控制连击次数。在每次执行指定功能后插入 250ms 的延时环节，就可以实现每秒 4 次的连击，程序如下：

```
KEY:    LCALL   KEYIN       ;读键
        CPL     A
        JZ      KEY         ;未按，再读
        LCALL   TIME10      ;延时 10ms，去抖动
        LCALL   KEYIN       ;再读懂
        CPL     A
        JZ      KEY         ;未按，再读
        CPL     A           ;恢复有效使码
        •                   ;键盘解析、执行相应模块
        •
        LCALL   TIME250     ;延时 250ms，控制连击速度
        LJMP    KEY         ;读新的按键
```

连击现象对于“调整键”是有利的，但对其他功能键则是有害的，必须区别对待。当键盘解样程序安排在后台主程序中时，上述处理连击的方法比较适用。当键盘解释程序安排在定时中断子程序中时，上述方法就不能使用，因为每次定时中断的时间间隔是很短的（如 10ms），不能停

下来等待键盘释放，也不能另外再延时 250ms。这时采用另一种方法，不但能解决连击问题，而且可以解决得更好，这就是利用定时中断间隔作为时间单位来测量按键的持续时间，我们用“键龄”来比喻按键按下的持续时间。从按下时开始计算，持续时间每增加一个定时间隔时间，“键龄”就加一，直到释放时为止。我们再定义一个软件标志，用来表示某键指定的功能是否已经被执行过，如果已经被执行，则该标志置 1，表示该按键“已响应”。有了“键龄”和“已响应”这两个辅助信息后，处理防抖动、防止连击、利用连击、延时响应均很方便。这时的键盘处理流程图如图 8-8 所示。

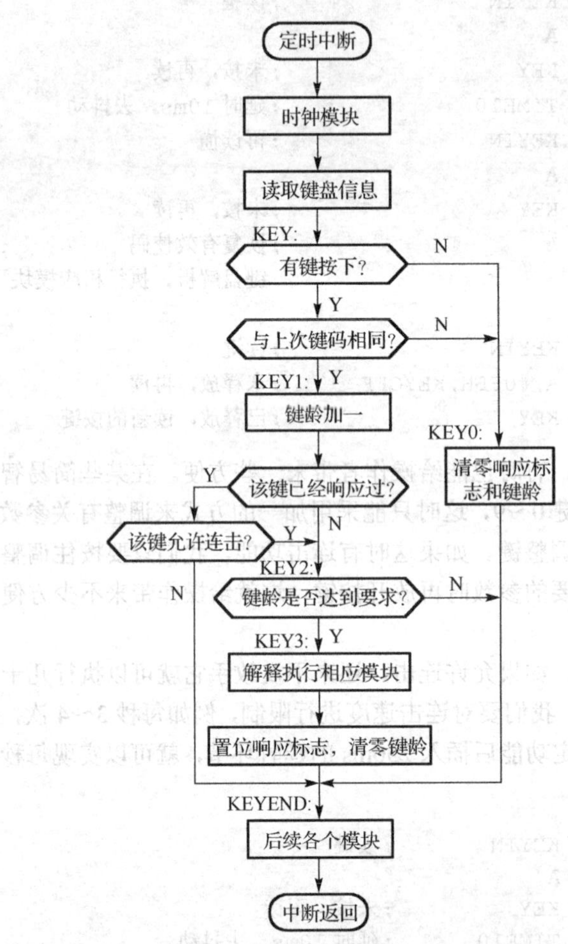

图 8-8 在定时中断里键盘信息处理流程图

每次定时中断发生后，先完成时钟模块的例行处理任务，然后对键盘进行一次采样，获得并保存新键码，且和上一次采样的健码进行比较，如果不同，说明键盘状态发生变化（包括释放按键），这时就对键龄和响应标志初始化，如果相同，则该键码的键龄加一。在对键码进行解释执行前，先检查响应标志，如果已经响应过了，而且该键码不允许连击，则不进行解释，从而防止了连击现象。当该键码尚未响应过，或者虽已响应过但该键允许连击时，则具有解释执行权。但在解释执行前先要检查它的键龄，当键龄小于某一个数值时暂不解释执行，当键龄达到某一数值（例如 2）时就进行解释执行。这样做以后，触点抖动问题可以顺利解决，因为触点抖动时间小于定时中断间隔，当键龄达到预定值时，抖动早已消失。对于允许连击的键码，其键龄要求为指定的连击间隔。例如，连击速度为每秒 4 次，定时中断间隔为 10ms，则键龄限制为 25。通过键龄审查之后就可以解释执行了，解释执行后便设定“已响应”标志，阻止这个按键重复响应，但这个标志对允许连击的按键无效，因此，还要将键龄值清零，使允许连击的按键不会马上得到响应，而必须使键龄再次增长到 25 才响应一次，从而达到控制连击速度的目的。设 KEYCODE 为键码存放单元，KEYT 为键龄存放单元，KEYOK 为响应标志，允许连击的按键的键码为 5，则程序如下：

```
KEYCODE DATA    38H              ;键码存放单元
KEYT    DATA    39H              ;键龄存放单元
KEYOK   BIT     20H.5            ;“已经响应”标志

KEY:    LCALL   KEYIN            ;读键盘
        CPL     A
        JZ      KEY0             ;键盘处于释放状态
        CPL     A                ;有按键操作，恢复键码
        XCH     A,KEYCODE        ;暂存键码
        XRL     A,KEYCODE        ;与上次键码相同否？
        JZ      KEY1
KEY0:   MOV     KEYT,#0          ;未按键或键码变化，键龄清零
        CLR     KEYOK            ;响应标志清零
        LJMP    KEYEND           ;结束本次按键处理
KEY1:   INC     KEYT             ;键龄加一
        MOV     B,#0FEH          ;按键有效，键龄要求初始化（-2）
        JNB     KEYOK,KEY2       ;该按键已响应过否？
        MOV     B,#0E7H          ;已响应过，进行连击速度控制（-25）
        MOV     A,KEYCODE
        XRL     A,#5             ;该按键是 5#按键（允许连击的键）？
        JZ      KEY2             ;是，进行处理
        LJMP    KEYEND           ;其他按键不允许连击
KEY2:   MOV     A,KEYT
        ADD     A,B
        JC      KEY3             ;键龄是否达到要求？
        LJMP    KEYEND
KEY3:   MOV     A,KEYCODE        ;解释执行
        MOV     B,#3
        MUL     AB
        MOV     DPTR,#KEYN
        JMP     @A+DPTR          ;散转到对应模块
KEYN:   LJMP    KEYWK0           ;0#模块路标
        LJMP    KEYWK1           ;1#模块路标
        LJMP    KEYWK2           ;2#模块路标
        ......                   ;其他模块路标
        ......
KEYWK0: ......                   ;0#模块内容
        LJMP    KEYOFF
KEYWK1: ......                   ;1#模块内容
        LJMP    KEYOFF
KEYWK2: ......                   ;2#模块内容
        LJMP    KEYOFF
```

```
        ......                    ;其他模块内容
        ......
KEYOFF: SETB     KEYOK            ;对应模块执行完毕，设立"已响应"标志
        MOV      KEYT,#0          ;键龄清零
KEYEND: ......                    ;后续处理
        ......
```

当某键获准执行后，通过散转指令到达各执行模块的入口，各模块结束时，最后一条指令应该为 LJMP　KEYOFF，汇合到同一点。

当总键数较少，而需要定义的操作命令较多时，可以定义一些复合键来扩充键盘功能。复合键的另一个优点是操作安全性好，对一些重要操作用复合键来完成可以减少误碰键盘引起的差错。

复合键利用两个以上按键同时按下时产生的按键效果，但实际情况中不可能做到真正的“同时按下”，它们的时间差别可能达到 50ms，这对单片机来说是足够长了，完全可能引起错误后果。

设 K1 为动作 1 的功能键，K2 为动作 2 的功能键，复合键 K1+K2 为动作 3 的功能键。当我们要执行动作 3 时，“同时按下 K1 和 K2”，结果 K1（或 K2）先闭合，微机系统先执行动作 1（或动作 2），然后 K2（或 K1）才闭合，这时才执行我们希望的动作 3，从而产生了额外的动作。在释放按键的过程中，也会产生额外的动作。因此，要使用复合键必须解决这个问题。

如果键盘解释程序安排在定时中断中，并引入了键龄这个控制信息，则问题就很容易解决。我们将最低键龄定义到 10（即 100ms），当 K1 先闭合时，只要提前时间小于 100ms，则 K1 的键龄还来不及增长到 10 就“夭亡”了，当然也不会引起额外的动作。

当键盘解释程序安排在后台主程序中（或外部键盘中断程序中）时，计算键龄是困难的，这时采用另一种策略比较有效：定义一个或两个“引导”键，这些“引导”键单独按下时没有什么意义（执行空操作），而和其他键同时按下时就形成一个复合键。这种方式在操作时要求先按下“引导”键，再按下其他功能键。我们在通用微机上看到的“CTRL”、“SHIFT”、“ALT”键均是“引导”键的例子。

8.4　监控程序设计

8.4.1　监控程序的基本概念

系统监控程序是控制应用系统按预定操作方式运转的程序，使系统按操作者的意图完成指定的作业。当用户操作键盘（或按扭）时，监控程序必须对键盘操作进行解释，然后调用相应的功能模块，完成预定的任务，并通过显示等方式给出执行的结果。因此，监控程序必须完成解释键盘、调度执行模块的任务。

对于具有遥控通信接口的应用系统，监控程序还应包括通信解释程序。由于各种通信接口的标准不同，通信程序各异，但命令取得后，其解释执行的情况和键盘命令相似，程序设计方法雷同，故不另行介绍。

监控程序的结构主要取决于系统功能的复杂性和键盘的操作方式。系统的功能和操作方法不同，监控程序就会不同，即使同一系统，不同的设计者往往会编写出风格不同的监控程序来。常见的结构有下述几种。

（1）作业顺序调度型：这种结构的监控程序最常见于各类无人值守的应用系统。这类系统运行后按一个预定顺序依次执行一系列作业。其操作按钮很少，且多为一些启停控制之类开关按钮。

这类应用系统的功能多为信息采集、预处理、存储、发送、报警之类。作业的触发方式有三种：第一种是接力方式，上道作业完成后触发下一道作业运行。第二种是定时方式，预先安排好每道作业的运行时刻表，由系统时钟来顺序触发对应的作业。第三种是外部信息触发方式，当外部信息满足某预定条件时触发一系列作业。

（2）作业优先调度型：这类系统的作业有优先级的差别，优先级高者先运行，高优先级作业不运行时才能运行低优先级作业。这类应用系统常见于可操作或可遥控的智能测试系统。系统给每种作业分配一个标志和优先级别，各作业的优先级别通过查询的先后次序得到体现。各作业请求运行时，通过硬件手段将自己的标志置位。监控程序按优先级高低的次序来检查标志，响应当前优先级别最高的请求，将标志清除后便投入运行，运行完毕后再返回到检查标志的过程。

（3）键码分析作业调度型：这类系统各作业之间既没有固定的顺序，也没有固定的优先关系，作业调度完全服从操作者的意图。操作者通过键盘来发出作业调度命令，监控程序接收到控制命令后，通过分析，启动对应作业。大多数应用系统的监控程序均属此类型。由按键和作业的对应关系，此类监控程序又可分为两大类：“一键一义型”和“一键多义型”。

对于“一键一义型”结构，操作者每按下一键，监控程序就获得一个键盘编码信息（键码），然后由键码散转到对应功能模块的入口，启动对应作业。监控程序的安排与键盘信号的获得方法有关：第一是单纯查询方法，主程序用扫描键盘等手段来获取键盘信息，执行对应作业，其监控程序结构如图 8-9(a)所示。第二是键盘中断方法，按下任何按键都引起一个外部中断请求，键码分析过程放在外部中断子程序中，这种方法需要用硬件方法产生键盘中断并独自占有一个外部中断源，其监控程序结构如图 8-9(b)所示。第三是定时查询方法，每隔一段时间查询一次键盘，由于定时时间间隔通常很短，对于操作者来说键盘响应是“实时的”，键盘的查询过程安排在定时中断之中完成，而定时中断几乎所有的应用系统都是必需的，故不必独自占有一个中断源，其监控程序的结构如图 8-9(c)所示。

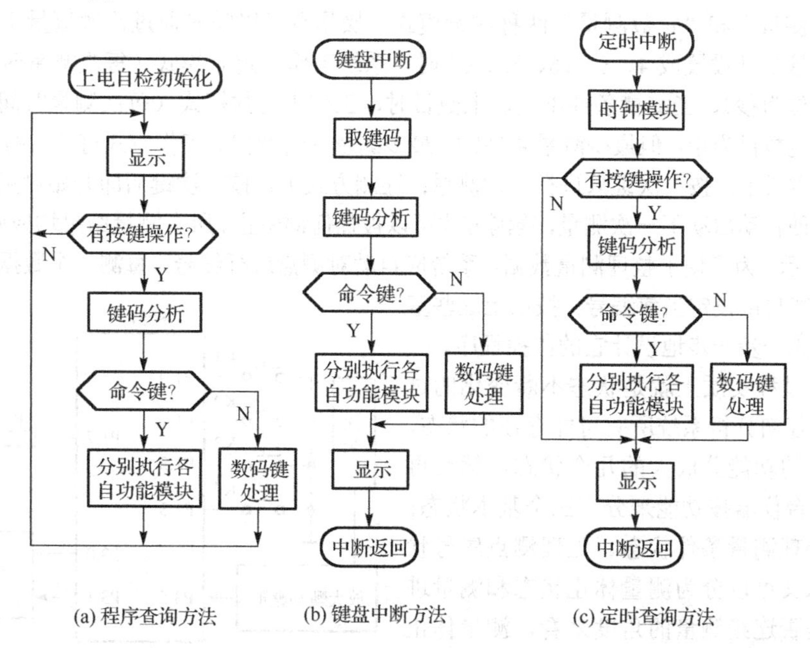

图 8-9 “一键一义型”监控程序结构

当系统功能较多而按键数目较少时，监控程序属于“一键多义型”结构。监控程序不能根据当前获得的一个键码来决定哪一个作业投入运行，而必需根据一个按键操作系列来启动一个作业。因此，同一按键在不同操作系列中有不同的含义。为此，引入系统状态的概念，即将系统运行情况分成若干状态，使得在任何一个状态下每一个按键只有唯一的定义。这样一来，系统运行去向就可以由“当前状态”和“当前键码”来共同决定了。和“一键一义型”不同之处是：在“一键多义型”结构中，键码分析的结果不仅有“做什么”，还有“做完后进入什么新状态（即次态）”。因此，对于“一键多义型”的应用系统，监控程序主要是处理“现态”、“键码”、“功能模块”、“次态”四者之间的关系。系统状态是用状态编码来表示的，根据状态编码与键盘编码的方法不同，监控程序的结构也不同。最常见的做法是将各个状态顺序编码，即状态 0，状态 1，状态 2，…，状态 N，将键码也按顺序进行编码。

从以上分析可知，不同应用系统有不同的监控程序结构，其中作业顺序调度型和作业优先调度型相对比较容易。在键码分析作业调度型中，“一键一义型”也相对容易。以上这些类型的结构有一个共同点：作业调度条件是单纯的（单因素），通常不用“状态”概念，只要配合适量的软件标志即可。而对“一键多义型”，作业的调度条件是多因素的，不仅与外因（键盘操作、遥控命令、外部触发信号）有关，也与内因（系统当前所处的状态、时间信号）有关，监控程序中要引入“状态”概念。本节只介绍使用状态分析的方法来编写“一键多义型”监控程序，掌握这一方法后，前几种结构简单的监控程序编写方法就能无师自通了。

8.4.2　系统状态分析

现在以一台简易 γ 辐射仪为例来说明状态分析法的设计过程。整机硬件结构如图 8-10 所示。探头部分用来检测 γ 射线，经过放大、幅度甄别、脉冲整形后，输出一系列符合 TTL 电平要求的脉冲，单片机用计数器 T1（P3.5）来接收这些脉冲；用 4 位串行显示来输出 γ 射线的强度（每秒钟脉冲个数 CPS）；用发光二极管来指示显示内容的性质；用 4 个按键来控制系统的运行。系统应具有“定时测量”和“定数测量”两种测量模式。操作者可以随时通过修改测量条件来设定测量模式。当测量条件设置成 4、8、16、32、64 时，系统工作于定时模式（每次测量时间固定为设定的时间，单位为秒）、当测量条件不是以上数目时，工作于定数模式（每次测量时间不定，以脉冲总数达到设定数目为止，但最少测量 4 秒钟，最多测量 64 秒钟）。工作方式有“点测”和“连测”两种，在点测方式下，按一次键只进行一次测量；连测方式下，按一次键后即开始测量，测量结束后间隔 4 秒钟便自动启动下一次测量，连测方式可以被任何键中止。所有测量结果均应归一化处理，以 CPS 方式显示。为了便于整理测量数据，系统应自动对测点进行编号，每测一个数据编号自动加一，操作者应能自由设定当前编号。按以上这些基本要求，我们来一步一步地设计它的监控程序。

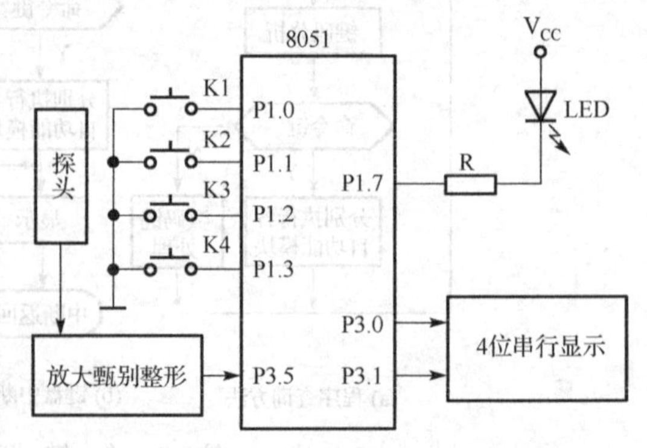

图 8-10　简易 γ 辐射仪电路示意图

系统运行过程实质上就是状态不断变化的过程，因此必须仔细分析系统所有可能存在的状态。开始时按系统的功能分成大的几个状态，然后再细分下去。这台仪器按功能来分有三个基本状态：测量状态、处理测量条件状态、处理测点序号状态。测量状态又可以分为测量休止状态和测量进行状态。从是否连续测量的角度来看，测量休止状态又可分为点测方式的休止状态和连测方式的休止状态，前者是稳定状态，后者是不稳定状态

（最多维持4秒钟就会自动开始一次新的测量）。同样，测量进行状态也可以分为点测进行状态和连测进行状态（因为测量结束后的休止状态不同）。测量条件状态又可分为测量条件查询状态和测量条件修改状态。测点序号状态同样也可以分为测点序号查询状态和测点序号修改状态。

本系统只设了4个按键，数据的修改不能采用数字键输入的方式，而是采用两键方式。一个键用来变换修改的位置（千位、百位、十位、个位），另一个键用来增减该位的值（0→1→2→…→9→0）。这样一来，修改条件状态又可以分解为修改千位状态、修改百位状态、修改十位状态、修改个位状态。同理，修改测点序号状态也可以分解为四个子状态。综合以上分析，可列出系统状态分析如图8-11所示。状态分析图为树状结构，“树叶”的个数即为系统状态的个数。在这个例子中，系统有14个状态。

系统在任一时刻，必处于某一个特定的状态，如果还有某些状态没有包括在内，则说明系统状态分析还不完全。当系统受到某一个因素的激励后，就会转移到一个新的状态，这种因果关系必须是唯一的，否则，状态分析这一步就没有真正进行到底。

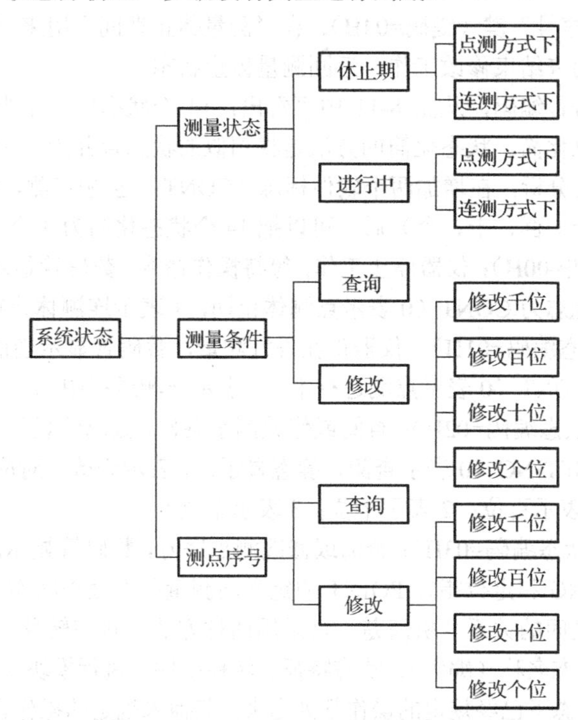

图8-11　系统状态分析

能使系统状态发生变化的因素可分成两大类，即外因和内因。外因主要是指键盘操作命令（包括遥控命令）、外部触发信号。内因主要是指定时信号和信息条件信号（如各种数据处理结果满足某一条件时产生的判断信号）。

现将各状态之间的转移关系和转移条件进行仔细分析，即当前状态（现态）有可能转移到哪些状态？转移的条件是什么？在众多的转移关系和条件中，有很多关系和条件是由用户提出来的，如操作顺序和方式、定时时间、报警门限等。因此，必须首先将这些用户规定的（或设计任务书规定的）关系和条件弄清楚。

例如：用户希望用一个按键作“点测”按键；用一个按键作“连测”按键；用一个按键作“修改测量条件”的命令键；用一个按键作“修改测点序号”的命令键；在修改参数时用一个按键来

控制修改的位置；用一个按键来调整该位的数值大小。这就有 6 个不同的功能按键了，如果用“一键一义”方法，还必须加一个“修改完毕”的命令键，共需 7 个按键。本系统为了减小体积，只有四个按键，必须采用“一键多义”方式。因为测量状态和修改状态相互排斥，在测量状态下不进行修改，故将“点测”和“定位”合用一键，“连测”和“加一”合用一键。将“修改条件”健和“修改序号”键设计成“乒乓”工作方式：按一下，进入修改状态，修改完毕时再按一下，便退出修改状态。这样一来，7 个按键就可以完成全部操作了。现在将四个按键的编码和功能规定如下：

K1 键为“连测/加一”键（键码=01H）：在“测量休止期间”用来下达连续测量命令；在“修改状态”下用来使某一位数加一。

K2 键为“点测/定位”键（键码=02H）：在“测量休止期间”用来下达单次测量命令；在“修改状态”下用来更换修改位置。

K3 键为“修改测量条件”键（键码=03H）：在“测量休止期间”用来下达修改测量条件的命令；在“修改”状态下用来结束修改工作，返回测量休止状态。

K4 键为“修改测点序号”键（键码=04H）：在“测量休止期间”用来下达修改测点序号的命令；在“修改”状态下用来结束修改工作，返回测量休止状态。

系统的状态也需要进行编码，从图 8-11 中可看出，14 个状态中有不少状态非常相似，这就说明可以通过某种途径来化简。状态化简的方法是将相似的状态合并为一个状态，差异部分用软件标志来区分。经过对比分析，在增加两个软件标志（CONT：连测/点测，SETING：修改/查询）和一个指针（POINT：千、百、十、个）后，可以把 14 个状态化简为 4 个状态：

① 休止期（状态编码=00H）：仪器停止工作，等待操作命令。数码管显示测量结果 CPS，LED 熄灭，需要配合的软件标志为 CONT（0 表示点测休止期，1 表示连测休止期）。

② 测量进行中（状态编码=01H）：仪器正在进行测量，数码管显示当前测点序号，LED 亮，需要配合的软件标志为 CONT（0 表示点测进行中，1 表示连测进行中）。

③ 测量条件处理（状态编码=02H）：查阅或修改测量条件，数码管显示测量条件，LED 慢闪。需要配合软的件标志为 SETING（0 表示查阅，静态显示；1 表示修改，对应位闪烁）和定位指针 POINT（0 表示千位；1 表示百位；2 表示十位；3 表示个位）。

④ 测点序号处理（状态编码=03H）：查阅或修改测点序号，数码管显示测点序号，LED 快闪，需要配合软件标志 SETING 和定位指针 POINT 的定义同测量条件处理状态。

为了对系统各状态之间的关系分析清楚，常采用两种方法：状态转移表和状态转移图。状态转移表包括如下各项：状态名称（编码）、状态特征、转移条件、执行模块（模块编号）、后续状态（次态）。列表时将每个状态下已经规定的操作都列出来，其他未规定的操作合并成一项，均作无效处理（误操作提示告警或者不予理睬）。通过对系统的操作分析，归纳出下面 11 个功能模块。各执行模块的功能如下：

1#：设定 CONT=1（连测），开始一次测量。

2#：设定 CONT=0（点测），开始一次测量。

3#：查询当前测量条件，并设定 SETING=0（查询）、POINT=0（指针初始化）、CONT=0（清除连测标志）。

4#：查询当前测点序号，并设定 SETING=0（查询）、POINT=0（指针初始化）、CONT=0（清除连测标志）。

5#：正常结束一次测量，进行归一化处理，CONT 不变。

6#：中止当前测量，测量数据作废，返回休止态，CONT=0。

7#：将测量条件按 POINT 指示的位置进行不进位的加一操作，设定 SETING=l（修改）。

8#：变更修改的位置，SETING=1、POINT=POINT+1，当POINT=4时，令POINT=0。

9#：验收测量条件修改结果，返回休止态。

10#：将测点序号按 POINT 指示的位置进行不进位的加一操作，设定 SETING=1（修改）。

11#：验收测点序号修改结果，返回休止态。

通过对系统各个功能模块执行过程的分析，得到状态转移表如表 8-5 所示。

表 8-5 简化状态转移表

状态编码	状态特征描述	转移条件	执行模块	后续状态
0	休止、等待：数码管显示刚结束的测量结果 CPS，LED 灭，配合软件标志为 CONT（0：点测休止期；1：连测休止期）	K1	1#	1
		K2	2#	1
		K3	3#	2
		K4	4#	3
		4S AND CONT=1	1#	1
1	测量进行中：数码管显示当前测点序号，LED 亮，配合软件标志为 CONT（0：点测中；1：连测中）	定时或定数条件满足	5#	0
		任意键	6#	0
2	查阅或修改测量条件：数码管显示测量条件，LED 慢闪。配合软件标志为 SETING（0：查阅，静态显示；1：修改，对应位闪烁）和定位指针 POINT（0：千位；1：百位；2：十位；3：个位）	K1	7#	2
		K2	8#	2
		K3	9#	0
		K4	9#	0
3	查阅或修改测点序号：数码管显示测点序号，LED 快闪，配合软件标志 SETING 和定位指针 POINT 的定义同上	K1	10#	3
		K2	8#	3
		K3	11#	0
		K4	11#	0

在实际编程时，1#模块和 2#模块可以合并成一个具有两个不同入口条件的公共模块，在调用前对 CONT 进行不同的设置，然后进入公共的启动测量模块。如果用 R0 来指示“测量条件”和“测点序号”的存放地址，则 3#模块和 4#模块，7#模块和 10#模块也可以各自合并成具有不同入口条件的公共模块。

状态转移表有一个明显的弱点，即各状态之间的关系不直观。为此，人们更乐于采用另一种形式来分析系统各状态之间的转移关系，这就是状态转移图。在状态转移图中，每个状态画成一个框，有因果关系的状态之间用带箭头的线段连接起来，箭头由起始状态指向后续状态，箭头旁边注明引起状态转移的条件。如有可能，应在状态框内注明各状态的特征。为了对转移条件加以明显区别，可用实线表示键盘操作，用虚线表示定时条件或其他非人工操作的条件。每一张状态转移表都可以画出对应的状态转移图来，图 8-12 就是根据表 8-5 画出来的状态转移图。从图中可以看出，状态 0 和状态 1 之间共有五条线段，每条线段都表示不同的状态转移。例如，从状态 0 到状态 1 的转移（启动一次测量），两条实线表示有两种按键操作方法可以达到目的，但效果不同，即两种操作对 CONT 标志有不同的赋值。另外还有一条虚线，表示不用人工操作也能自动启动一次新的测量，条件是在 CONT 标志为 1（连测方式）的前提下，休止期已满 4 秒钟。在从状态 1 到状态 0 的转移中，一条虚线表示自动结束一次测量工作，条件是测量时间已满规定的时间（定时测量）或计数器接收到的脉冲数已超过规定的脉冲数（定数测量）或测量时间已满 64 秒，均正常结束一次测量，返回休止期，并对数据进行处理。另外有一条实线，条件是“K*”，这里代表了 K1、K2、K3、K4 中的任何按键，故“K*”这条线段代表了四条线段（凡具有完全等效的操作均可合并），表示人工中止当前正在进行中的测量，并因为测量数据不符合测量条件，而将数据作废。在状态转移图中，还有一类线段，其起点和终点为同一个状态，例如，2 态和 3 态中的 K1 键和 K2 键。它们执行修改操作，系统状态维持不变，但系统中的信息还是有变化的。

当状态转移图中的状态数比较少时，应尽可能将状态说明、软件标志说明、转移的功能说明也画进图中，使这张图能形象具体地说明系统运行的情况，这对指导以后的编程非常有帮助。当状态较多时，为了不使画面混乱，状态框中只标明状态代码即可，但各种说明必须另行写出。

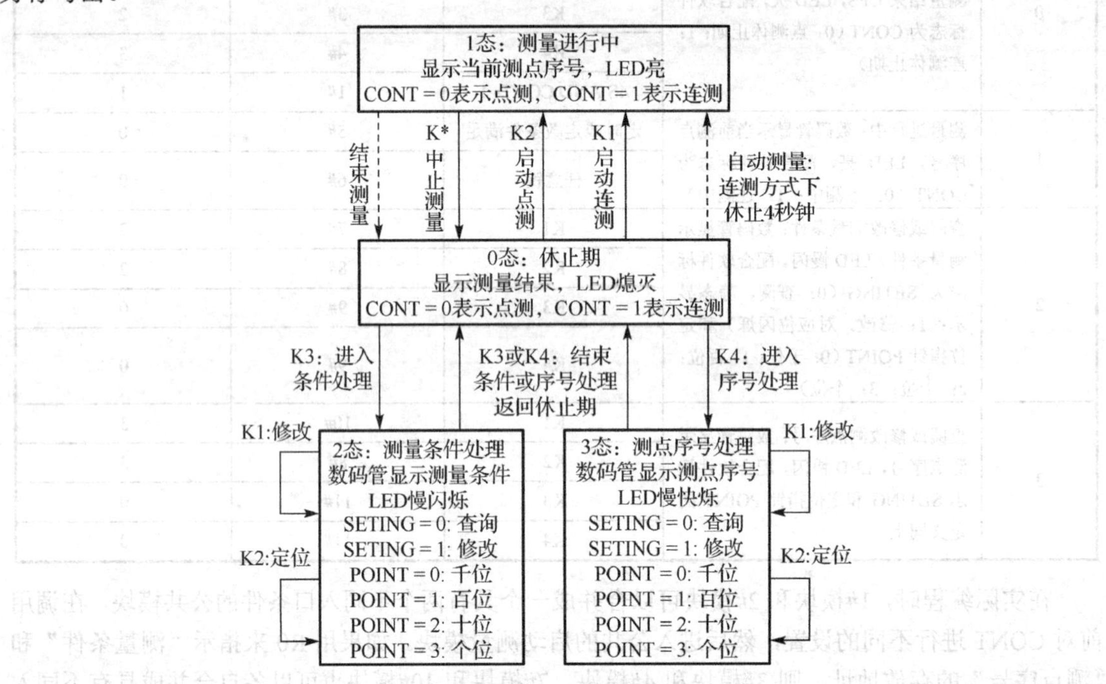

图 8-12　状态转移图

8.4.3　基于顺序编码的监控程序设计

经过状态分析和化简后，总的状态数就定下来了，将这些状态按顺序进行编码，并将系统的 N 种状态分别称为 0 态、1 态、…、N–1 态。习惯上把上电后进入的稳定状态编码为 0 态，相当于系统的待机状态。对于按键，也要进行编码，编码方法由系统研制者自行决定。通常把没有进行键盘操作时读得的键盘信息（空键）编码为 0FFH 或 00H。

对于我们现在要设计的这台简易 γ 辐射仪，共有 4 个状态，分别编码为 0、1、2、3。有 4 个按键，分别编码为 K1=01H、K2=02H、K3=03H、K4=04H、空键=00H。监控程序首先读取当前键码，再结合当前系统的状态，就应能唯一地决定系统的反应（执行什么模块，进入什么后续状态）。这些反应的规律在前面的状态转移表和状态转移图中已经有了详细记录，如何把它们组织到程序中去呢？这就要将这些反应也进行编码。

每一个反应都是一个因果关系，我们将一个因果关系称为一个元素，这个元素有 4 项：起始状态（现态）、键码、执行模块、后续状态（次态），前两项是因，后两项是果。如果我们把全部反应元素看作一个集合，并将起始状态相同的元素安徘在一起，构成一个子集时，则系统反应元素共由 N 个子集构成（N 为状态总数）。在每个子集中，因为各元素的第一项（现态）均相同，故可隐含，不必再写出，每个元素就只剩下三项了。如果系统共有 M 个有效键码，则每个子集中都有 M 个元素。如果将这 M 个元素按键码的顺序排列起来，则键码就隐含在顺序中了，故也可不必再写出。这样处理后，每个元素只需要写出后两项即可。这时，用“现态”和“键码”分别代表元素的行和列，就可以将所有元素构成一个矩阵。监控程序将状态码和键码作为元素的双下标，即可检索到对应元素，然后分析元素内容，得到执行模块的编号或地址以及后续状态的编码，就可以执行所需操作，然后进入指定的次态。

设系统状态编码为 0 到 N–1，共 N 个状态；有效键码为 1 到 M，共 M 个；每个元素的字节数为 L；元素表格首地址为 X_0。当系统处于 i 状态（$0\leqslant i<N-1$）时，且键码为 j（$1\leqslant j\leqslant M$）则可用如下算法求出元素的地址 X_{ij}：

$$X_{ij} = X_0 + (i \times M + j - 1) \times L$$

元素中的两项如何组织，可以灵活处理。执行模块的入口地址为两个字节，次态为一个字节，则一个元素用三个字节来表示。我们这个系统有 4 个状态，4 个键码，共有 16 个元素，故需要 48 个字节。如果执行模块用编码表示，并尽可能和状态码组合起来，有可能使元素长度减少很多，从而使表格规模大大缩小。我们这个系统共有 11 个执行模块，4 个状态，完全可以用一个字节来表示元素的全部信息。高半字节表示模块代号，低半字节表示次态。在这种情况下，表格规模从 48 个字节缩小到 16 个字节。监控程序检索到元素后，将元素分解，保存次态信息后，再按功能模块编号散转到各个执行模块入口。当监控程序安排在主程序的无限循环中时，各个模块执行完毕再返回监控程序的起始端（即每个模块的最后一条指令不是 RET，而是 LJMP　MON），等待下次键盘操作。假设每个元素为 1 字节，便可用下面的程序段来实现监控循环（未考虑键盘的去抖动和防连击问题）：

```
        I       DATA    2FH             ;状态码存放单元
        J       DATA    38H             ;键码存放单元
        M       EQU 4                   ;有效键码总数
        N       EQU 4                   ;状态总数
        L       EQU 1                   ;元素长度

        MON:    LCALL   DISP            ;调用显示输出模块
                LCALL   KEYIN           ;读取键盘信息
                MOV     J,A             ;保存键码
                MOV     A,I             ;取状态码 i
                MOV     B,#M            ;取总键码数 M
                MUL     AB              ;相乘
                ADD     A,J             ;加上键码 j
                DEC     A               ;调整
                MOV     B,#L            ;取元素长度
                MUL     AB              ;相乘，得到元素偏移量
                MOV     DPTR,#LIS       ;取元素矩阵表格首址 X0
                MOVC    A,@A+DPTR       ;查表，得到元素内容
```

```
        MOV     B,A             ;保存元素内容
        ANL     A,#0FH          ;分离出次态
        MOV     I,A             ;保存次态
        MOV     A,B             ;取元素
        SWAP    A
        ANL     A,#0FH          ;分离出模块号
        MOV     B,#3            ;每个路标为 3 个字节
        MUL     AB
        MOV     DPTR,#LWORK     ;取出散转表（路标集合）的首址
        JMP     @A+DPTR         ;散转到指定模块的路标
LWORK:  LJMP    WORK0           ;指向 0 号模块（空操作）的路标
        LJMP    WORK1           ;指向 1 号模块的路标
        LJMP    WORK2           ;指向 2 号模块的路标
        …
        LJMP    WORK11          ;指向 11 号模块的路标
;元素矩阵表格:
LIS:    DB      11H,21H,32H,43H       ;状态 0 下 K1 到 K4 对应的反应元素
        DB      60H,60H,60H,60H       ;状态 1 下 K1 到 K4 对应的反应元素
        DB      72H,82H,90H,90H       ;状态 2 下 K1 到 K4 对应的反应元素
        DB      0A3H,83H,0B0H,0B0H    ;状态 3 下 K1 到 K4 对应的反应元素

WORK0:  LJMP    MON             ;0 号模块（空操作）的内容
WORK1:  …                       ;1 号模块的内容
        LJMP    MON
WORK2:  …                       ;2 号模块的内容
        LJMP    MON
        …                       ;3～10 号模块的内容
WORK11: …                       ;11 号模块的内容
        …
        LJMP    MON
```

由以上分析可以看出，采用状态顺序编码设计出的程序由三部分组成（键盘分析程序、一个表格、众多的执行模块），程序设计方法比较规范。需要注意的是，监控程序实体有两种不同的安排方式，安排在主程序中时就是“监控循环”，安排在中断子程序中时只能是“监控模块”，每次中断只能执行一次，不能循环执行，否则无法结束中断过程。

8.4.4 基于特征编码的监控程序设计

前面在进行状态分析时，将所有状态按顺序编码，这种编码方法虽然有利查表检索，但没有办法从状态编码中直接得到系统的状态特征。如果把系统的各种特征作为逻辑变量，则系统的任何一个状态均可以看成由这些逻辑变量组成的一个逻辑项。当用这个逻辑项的编码作为这个状态的编码时，只要一看到状态编码，就知道处于什么状态了，这种状态编码的方法就叫特征编码法。简易γ辐射仪的状态可以由以下特征来区分：正在测量吗？是处理测点序号吗？是处理测量条件吗？是修改还是查阅？是修改哪一位？测量条件是定数还是定时？不管哪个状态，对上述各问题

都可以给出回答（“是”为 1，“非”为 0，无关为×，定位回答 00B、0lB、10B、11B、××B）。我们把回答的结果组合成一个字节，就得出该状态的编码了。单片机中很多专用寄存器就是按这种方法编码的，TMOD 就是一个典型例子。

假设用 2FH 单元来存放状态编码（以利对各特征位进行位操作），它们的定义如图 8-13 所示。一个状态字可以表示 256 种不同的状态，在这个系统中，前面已经分析过，共有 14 个原始状态。在监控程序中，测量条件的性质（定数/定时）对键盘操作没有影响，键码分析中看不出来，只用在定时中断中作为测量结束的判断依据，故在键码分析中，只考虑 14 个状态即可。在特征编码中，作为系统特征信息，应尽可能参加到状态字中。

14 个实际状态分布在 256 种状态空间中，必然有很多状态空间是没有定义的，即有很多状态码是没有意义的（例如 0FFH），也有很多状态码表示的是同一个状态，例如 00H、0lH、02H、03H 都表示定时方式下的点测休止期，区别在于前续状态不同，它们分别表示曾从修改千位、百位、十位、个位的状态返回到测量休止期，而这种区别对后续状态转移方向没有影响，故为同一状态。

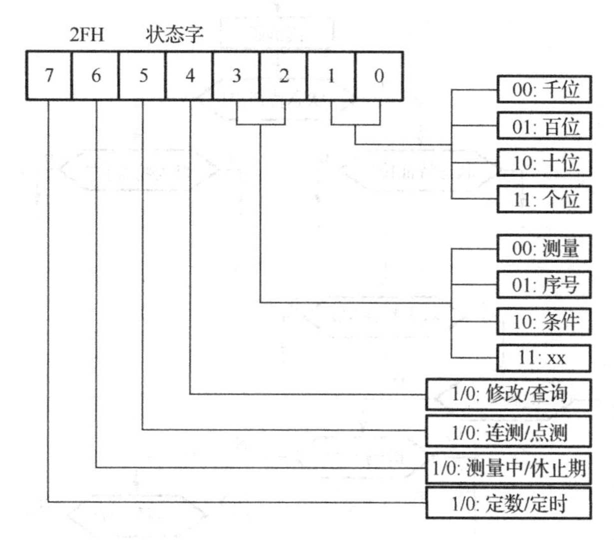

图 8-13　状态特征编码图

系统在状态转移过程中，绝大多数情况下都是一个一个特征发生变化，如果把系统状态转移情况放到特征逻辑空间中来观察，其运动轨迹绝大多数情况下是连续的。也就是说，现态和次态在很多情况下只有一两个特征位不同。我们只要充分利用单片机的位操作功能，执行模块的编写将变得直观易懂，监控程序也变得直观易懂。为提高系统的可靠性而采用的容错措施也很容易加入，因为不少容错措施是针对系统某些特征的，只要状态字中的某特征位符合就执行。采用状态特征编码法后，这种检查和执行只在程序中出现一次。而顺序编码法则必须在所有有关状态中都执行，既麻烦又易遗漏。

按同样的观点，按键编码也采用特征编码，这种编码在读取键盘信息时即可方便得到。在本例中，可用如下几条指令完成：

```
ORL     P1,#0FH
MOV     A,P1
ORL     A,#0F0H
CPL     A
```

这时 A 中即为特征键码。空键=00H；K1=0lH；K2=02H；K3=04H；K4=08H。这种特征键码很容易识别和利用复合键的功能，如 K1 和 K2 同时按下时，键码为 03H。如果采用顺序编码还必须查一次表，将各种有定义的特征码转换成顺序码，才能参加矩阵元素的定位运算。

状态和按键均进行特征编码后，监控程序以树形结构为好，可充分发挥特征码的优势。监控程序先按状态的特征位进行分支，在按状态特征位分支结束以后，依次按有效键码进行分支。是某有效键码，则为树叶，执行某一特定操作，不是，则继续分支，该状态下所有有效的键码均判断完毕后，其余键码均作无效处理，任何非法（无定义）操作均不会引起系统的误动作。键盘分析程序也可以先按有效键码来分支，再按状态特征位来分支，在每种有效键码下，只将有关的状态位加以判断，剩下的均作无效处理，同样可以排除非法操作对系统的不利影响，监控循环如图 8-14 所示。

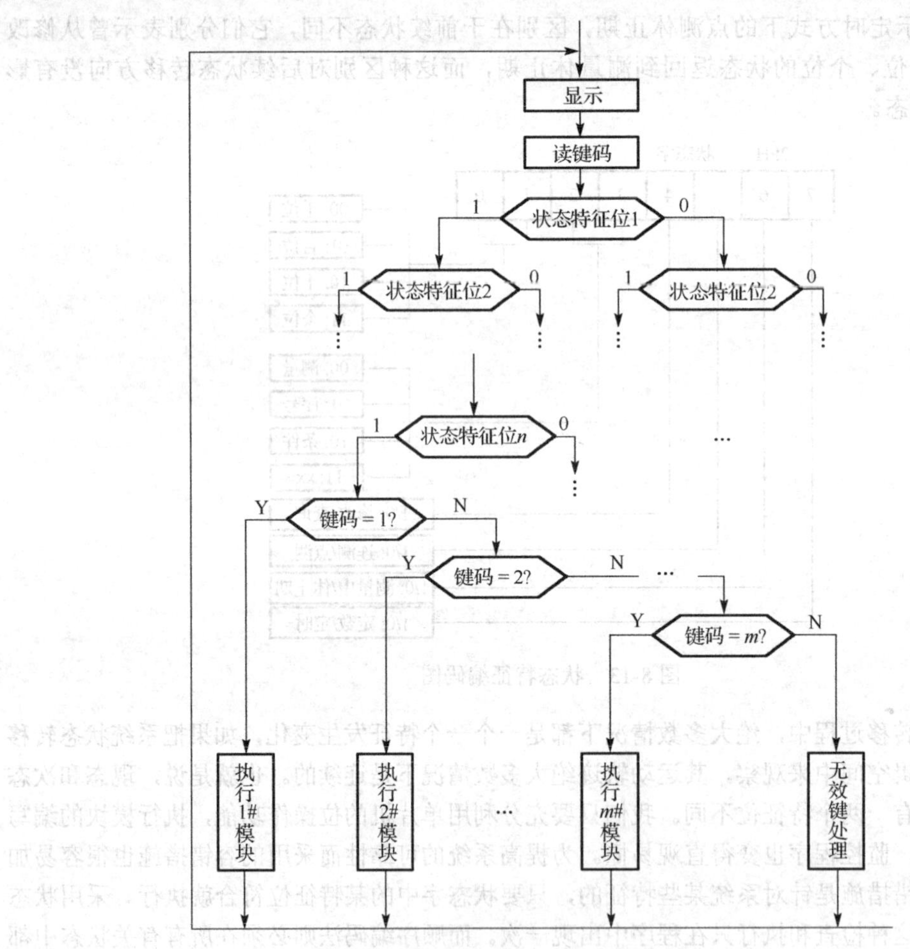

图 8-14　状态特征编码监控程序结构

监控程序在理论上是一棵对称的二叉树，但实际上很多树枝是没有意义的，将这些没有意义的树枝去掉之后，监控程序还是比较简单的。对于这台简易 γ 辐射仪，如果将监控程序安排在主程序的无限循环中，则可按图 8-15 所示方式来构造监控循环。从图中可以看出，当用“测量中？”作为第一个树权时，一边为树枝，一边已经为树叶了。在用“处理序号？”作树权时，一边接下来用“修改序号？”作树权，另一边就不再考虑“修改序号？”了（测量休止期不可能进行修改），如此等等，最终的监控程序也不算太复杂。

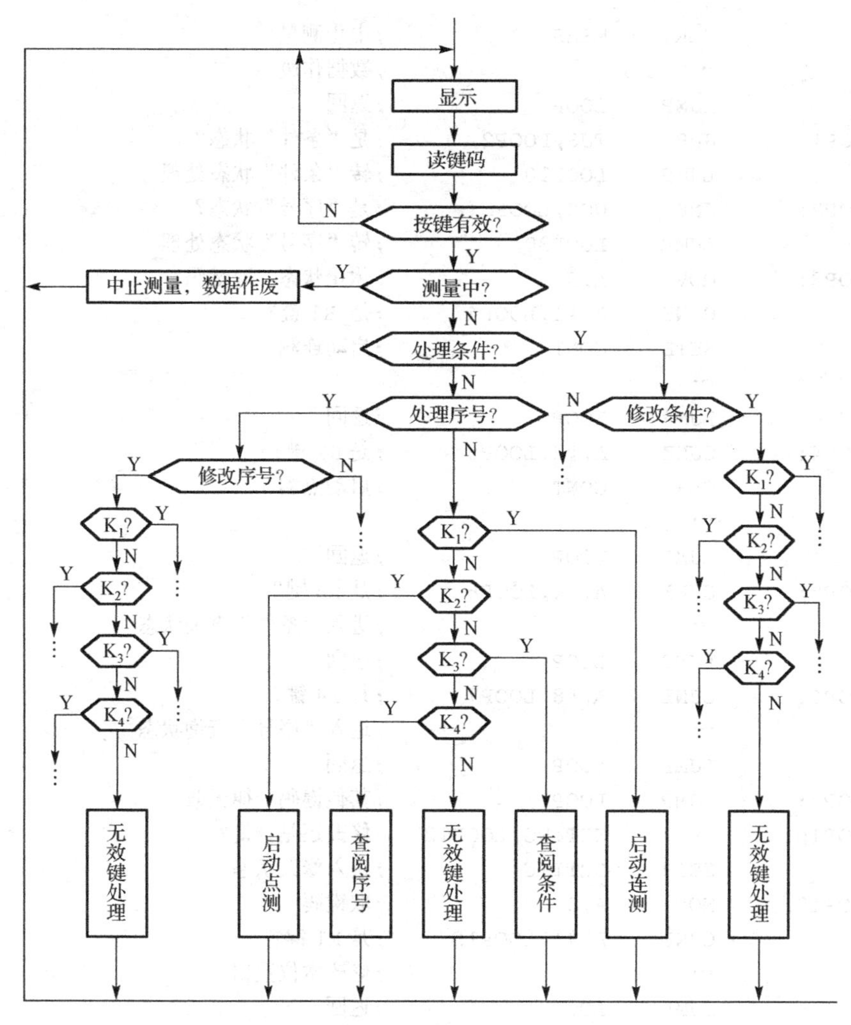

图 8-15　简易 γ 辐射仪监控程序结构

下面是它的监控循环框架（未考虑键盘的去抖动和防连击问题）：

```
J        DATA   38H          ;键码存放单元
STATE    DATA   2FH          ;状态特征字节
SETPL    BIT    STATE.0      ;用于描述修改位置（千[00],百[01]）
SETPH    BIT    STATE.1      ;用于描述修改位置（十[10],个[11]）
NOS      BIT    STATE.2      ;用于描述序号状态（1 是,0 非）
TJS      BIT    STATE.3      ;用于描述条件状态（1 是,0 非）
SETING   BIT    STATE.4      ;用于描述修改（1）和查阅（0）
CONT     BIT    STATE.5      ;用于描述连测（1）和点测（0）
MEAS     BIT    STATE.6      ;用于描述测量中（1）和休止期（0）
DINS     BIT    STATE.7      ;用于描述定数测量（1）和定时测量（0）
LOOP:    LCALL  DISP         ;显示
         CALL   KEYIN        ;读按键
         JZ     LOOP         ;未按按键
         MOV    J,A          ;存键码
         JNB    MEAS,LOOP1   ;正在测量吗?
```

```
            CLR     MEAS            ;中止测量
            …                       ;数据作废
            LJMP    LOOP            ;返回
LOOP1:      JNB     TJS,LOOP2       ;是“条件”状态?
            LJMP    LOOP10          ;转“条件”状态处理
LOOP2:      JNB     NOS,LOOP3       ;是“序号”状态?
            LJMP    LOOP30          ;转“序号”状态处理
LOOP3:      MOV     A,J             ;休止状态，取键码
            CJNE    A,#1,LOOP4      ;是K1键?
            SETB    CONT            ;启动连测
            …
            LJMP    LOOP            ;返回
LOOP4:      CJNE    A,#2,LOOP5      ;是K2键?
            CLR     CONT            ;启动点测
            …
            LJMP    LOOP            ;返回
LOOP5:      CJNE    A,#4,LOOP6      ;是K3键?
            …                       ;进入“条件”查询状态
            LJMP    LOOP            ;返回
LOOP6:      CJNE    A,#8,LOOP7      ;是K4键?
            …                       ;进入“序号”查询状态
            LJMP    LOOP            ;返回
LOOP7:      LJMP    LOOP            ;其他键码一律无效
LOOP10:     JB      SETING,LOOP12   ;修改还是查询?
            SETB    SETING          ;进入修改状态
LOOP12:     MOV     A,J             ;取键码
            CJNE    A,#1,LOOP15     ;是K1键?
            …                       ;修改本位数据
            LJMP    LOOP            ;返回
LOOP15:     CJNE    A,#2,LOOP20     ;是K2键?
            …                       ;调整修改位置
            LJMP    LOOP            ;返回
LOOP20:     …                       ;其他按键，结束修改或查询
            CLR     SETING
            LJMP    LOOP            ;返回
LOOP30:     JB      SETING,LOOP32   ;修改还是查询?
            SETB    SETING          ;进入修改状态
LOOP32:     MOV     A,J             ;取健码
            CJNE    A,#1,LOOP35     ;是K1键?
            …                       ;修改本位数据
            LJMP    LOOP            ;返回
LOOP35:     CJNE    A,#2,LOOP40     ;是K2键?
            …                       ;调整修改位置
            LJMP    LOOP            ;返回
LOOP40:     …                       ;其他按键，结束修改或查询
            CLR     SETING
            LJMP    LOOP            ;返回
```

从以上程序结构中可以看出，在进行状态特征编码后，系统程序成为一个整体（一棵树），基本上不用状态码，而改为使用状态特征位。各个执行模块也不再进行编码，分别插入到相应的分枝尽头（树叶），并用修改状态特征位的方法进入次态。为简化程序设计，可以将相似的处理过程编成子程序，通过不同的入口条件满足不同“树叶”的要求，供“树叶”调用，使“树叶”代码简洁，整棵树也就比较紧凑了，便于阅读和修改。

8.4.5　基于菜单操作的监控程序设计

随着显示器件水平的不断提高，CRT 设备和大面积点阵液晶显示器件开始被各种高级仪器设备采用。在用交流电源供电的情况下常采用 CRT 作大面积显示设备，而在便携式仪器设备中，尤其是用电池供电的手持设备中则采用大面积点阵液晶作显示器件。这种大面积显示器件不但可以显示各种数字和字符，还可以显示各种图形（如汉字和曲线等）和图表，为人们提供了一个图文并茂的显示环境，也就为创造一个更友好的、用菜单驱动工作方式的人机界面提供了物质基础。所谓菜单驱动的工作方式，即用一个大面积显示设备来显示一套菜单，菜单中列举了当前可以进行各种的操作，用户通过选择自己希望执行的菜单项来控制仪器设备的运行。

采用菜单驱动的工作方式后，凡是当前不可执行的操作都不会出现在当前的菜单上，用户想误操作都不可能，故容错性极好。这种工作方式非常直观，只要是懂使用的人员（即使不懂电脑）也能很快学会操作。另外，因为各种操作指示均在显示器件上显示出来，故面板上就不必再标注各种操作说明了，使面板大大简化，按键大大减少。除去电源开关、系统复位等特殊开关按键外，一般只需两套按键即可：一套为选择菜单项时使用的上、下、左、右四个“方向键”和选中菜单项时的“确认键”（或“回车键”），另一套为输入数据时使用的十个数字键（如有必要再加上小数点键和负号键），有了这两套按键原则上就可以满足各种仪器设备的需要了。现将用菜单驱动的监控程序设计步骤和方法大致介绍如下。

1．系统功能分析和菜单结构设计

首先对该系统的功能进行详细规划（必须有最终用户参与），将紧密相关的功能分在一组，系统功能的分组数即为系统主菜单的项目数。因为主菜单的每一项对应于一组功能，所以选中主菜单中某项后往往并不能明确指定设备的具体操作，还必须将该组功能一一列出，供操作者具体指明，这就是二级菜单，也称子菜单。有时二级菜单中的某项可能还有更详细的分类，为此就有三级菜单。各级采菜单之间的关系构成了一棵多分支的菜单树，主菜单为树根，各级子菜单为树杈，各执行模块为树叶。在进行程序设计前，一定要将所有的各级菜单的内容和相互关系规划好，这是监控程序的设计基础。

2．画面设计

由于键盘已经简化，人机界面必须在显示设备上充分表示出来，因此必须设计好每一个画面，使操作者简单无误地了解系统当前的状态，以便合理地进行操作。在以点阵液晶为显示设备的便携仪器中，由于分辨率和系统资源的限制，画面的形式不能太繁杂。在菜单驱动的单片机应用系统中，常用的画面有如下几种。

（1）菜单：显示当前可以选择的各种操作。为了标明操作者的选择意愿，可将选中项以不同的方式进行显示。在彩色显示设备中可用不同的前景色和背景色来显示，在黑白显示设备（如黑白点阵液晶显示屏）可用反转方式来显示，如末选中项为白底黑字，则选中项为黑底白字。这种不同的显示方式就形成了选择光标（通常称为“光棒”）。操作者通过上、下、左、右键来移动光

棒，达到改变选择项的目的。如果当前菜单为子菜单，通常在最后加一个“返回”选择项，以便返回上一级菜单，因为在采用单片机的仪器设备中一般不设专门的“Esc”按键。

（2）数据输入窗口：当选中菜单中的某一功能时，可能需要人们先输入一些工作参数或原始数据，这时就应该生成一个“数据输入窗口”，在该窗口中显示有关输入数据的提示信息，如“请输入今天的日期：”，并等待操作者输入有关数据。

（3）选择窗口：当某项功能需要操作者对一些问题进行决策，而这种决策只有为数不多的几种可能选择时，可生成一个“选择窗口”。例如在菜单中选中了“设置波特率”功能，就可显示一个选择窗口，显示仪器允许使用的几种波特率，供用户选择。这里不用输入窗口来输入波特率，可以避免用户输入一个不合理的波特率。

（4）帮助窗口：当操作者输入了一个不合适的信息或进行了一个不合理的操作时，可以生成一个“帮助窗口”，将出错原因和帮助信息显示出来，以便操作者作出正确处理。

（5）工作画面：这是仪器设备在执行其正常功能时的显示画面，用来显示当前各种工作状态的有关信息。这个画面的设计最具灵活性，可以非常复杂生动（如显示工艺流程、动态曲线等），也可以很简单（显示几个动态数据）。在工作画面中通常也提供一个小型菜单，供操作中做“暂停”、“返回”等选择。

对于一个画面，要完成以下几方面的设计：

① 内容设计：菜单各项的名称、提示的具体内容、显示的数据项、显示的图表曲线等。

② 形式设计：确定各项内容是以图形形式还是以文本形式来显示。汉字信息和图表曲线一般以图形形式显示，数据信息一般以文本形式来显示。

③ 位置设计：确定各项内容在屏幕上的显示坐标。

④ 关系设计：各种画面相互之间除了时间上有出现先后的关系外，在平面位置的摆布上也有不同的风格。当采用 CRT 显示设备时，由于其分辨率高，可以很方便地设计出“下拉式菜单”、“弹出式窗口”。不过单片机应用系统一般要求紧凑、经济，画面不可能搞得很复杂。为了简单，可将每个画面都设计成独占整个显示屏，这样处理起来就非常方便。如果画面不很复杂，也可将显示屏分区：一个区固定显示菜单；一个区固定显示仪器设备的动态信息；一个区用于人机对话，专门显示各种提示告警信息和接受操作者输入的数据。这种分区显示方式可以为人们同时显示较丰富的信息。

在进行程序设计前，必须按上述要求将各类画面设计好，并一一编好号码。以后仪器设备工作起来时，就是在这些画面之间来回切换。

3. 监控程序设计

监控程序的功能是解决系统的因果对应关系：其中外因主要是键盘操作，内因是系统当前的状态，在内外因共同作用下，导致系统执行某一功能，并使系统进入一个新的状态。在传统的监控程序设计中，用“状态变量”来表示系统的状态。而在菜单驱动的应用系统中，就可用“画面编号”来表示系统的状态。这样一来，监控程序实质上就是要完成这样一个任务：在某一画面下，当选中某一选项（“菜单项”）后应该进入那一个画面呢？

在以菜单驱动的应用系统中，直接为监控程序服务的系统状态信息有：

① 当前画面号：以确定系统当前在菜单树中的位置。

② 当前光棒坐标：以确定当前选项情况。

③ 当前有效按键的键码：以确定操作者的意图。

④ 历史状态的辅助信息：记录系统各种参数及其变化情况，以协助执行模块正常工作。

在以菜单驱动的应用系统中，初始化过程中必须将当前画面号初始化为主菜单的画面号，并将光棒坐标定在菜单的第一项。有时为了商业广告的目的，也可在上电初始化后先进入“封面”画面，用来显示系统名称、研制生产单位等信息，延时（或触键）后再进入主菜单。监控循环实体完成访问键盘、键码解释、执行功能模块、刷新显示画面等任务，一般可将其放在主程序的初始化过程之后。在某些仪器设备中，为了降低功耗和减轻干扰，常将监控实体放到定时中断子程序中，而主程序在完成系统初始化工作以后便进入低功耗的睡眠状态。

现以监控实体安排在定时中断子程序中为例（如图8-16所示）分析如下。

① 定时中断发生后，首先进行例行操作：保护现场、重装定时器、调整系统时钟、执行定时作业，等等。

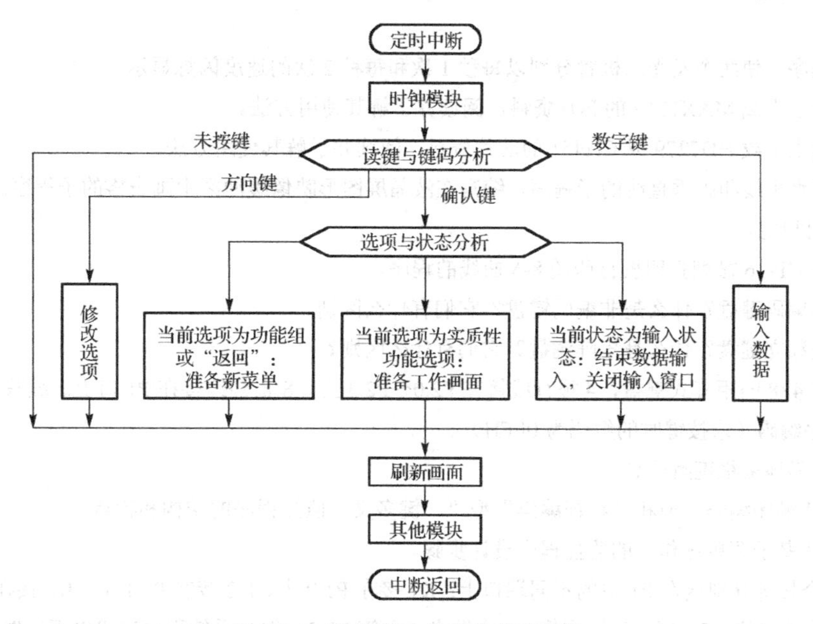

图8-16　菜单驱动的监控程序结构

② 读键与键码分析：通过访问键盘获得有效的键盘操作信息，根据按键情况分别处理。

- 未按键：跳过整个键盘解释模块。
- 方向键：用来移动光棒，达到改变选项的目的。当选项横向排列时，上下键无效。当选项纵向排列时，左右键无效。当选项较多时，可将各选项排成方阵，这时上下左右键都有效。另外，方向键均有回绕功能，即光棒移到边界时，如要出界，就自动绕回到另一边的一项上。方向键中的左移键除控制选项光棒外，还可在输入数据过程中用于抹去已输入的数字，提供改正错误的机会。
- 数字键：当前有效窗口如果是输入窗口，数字键就有效。每当按下一个数字键，就将该数码加入到数据输入缓冲区中，并由显示模块在输入窗口中予以显示。
- 确认键：如果当前有效画面为输入窗口或选择窗口，即表示输入或选择结束。输入数据经过检查后，如果不合理则触发提示告警画面，如果合理则认可该数据，并关闭输入画面。如果当前有效画面为菜单，则表示选中光棒所指示的菜单项，从而执行该菜单项的功能：有可能是激活一个低级菜单，也有可能是激活一个输入窗口，也有可能激活一个工作画面，执行实质性的任务。要激活另一个画面时，只要将有效画面号更改一下，由显示模块来完成画面刷新的工作。

● 任意键：如果当前窗口为告警窗口或提示帮助窗口，表示操作者已经阅读过窗口内容，可以关闭该窗口。

③ 刷新显示：键码分析过程中，单片机执行了一些功能模块，系统的状态和某些参数即发生了变化，本模块则将这些变化从显示屏上反应出来。例如用方向键选择菜单项时，键码分析模块中进行了光棒坐标的修改，这种修改只是变量值的修改，还必须由显示模块在显示屏上将光棒的位置作对应的变化。

④ 后续模块与中断返回：执行其他功能模块，如输出控制信号等，最后恢复现场，返回主程序。

练习与思考题

1．编写程序，使两个发光二极管分别以每秒 1 次和每秒 2 次的速度闪烁显示。

2．从网络上下载 MAX7219 的芯片资料，阅读并了解其使用方法。

3．从网络上下载 HD7279 或 CH451 的芯片资料，阅读并了解其使用方法。

4．利用画水平线和画垂直线的子程序，编写在液晶屏图形映像缓冲区中画表格的子程序。表格的行列数和座标由自己拟定。

5．编写用 GP-16 微型打印机打印图 8-6 曲线的程序。

6．什么是编码键盘？什么是非编码键盘？它们有什么区别？

7．什么是独立键盘？什么是矩阵键盘？它们有什么区别？

8．有一个 4×8 的矩阵式键盘，4 根行线接在 P2.0～P2.3 上，8 根列线接在 P1 口上。编写一个子程序，得到按键的顺序编码（未按键时的编码为 0FFH）。

9．如何可靠地采集键盘信息？

10．简述“顺序编码”型和“特征编码”型“一键多义”监控程序的结构和特点。

11．简述“基于菜单操作”的监控程序设计步骤。

12．有三个按键分别接在 P1 口的不同端口上：K1 接在 P1.0 上、K2 接在 P1.1 上、K3 接在 P1.2 上，按键按下后端口接地电位。P1.7 以低电平驱动一个发光二极管 LED。编写系统程序完成以下功能：K1 使 LED 熄灭；K2 使 LED 点亮；K3 使 LED 闪烁（每秒一次）。

13．使用“一键多义”监控程序结构编写简易 γ 辐射仪的系统程序。

14．按键连击有什么优缺点？如何实现按键连击？如何消除按键连击问题？

15．高位灭零有什么意义，如何实现显示高位灭零？

16．数码显示位闪烁或点闪烁有什么作用，如何实现闪烁？

第9章　常用数据处理功能

本章将介绍智能仪器常用的、典型的数据处理功能，正是由于这些数据处理功能，使得智能仪器能够完成传统仪器所不能完成的任务。

9.1　数据处理

几乎所有的智能仪器均具有数据处理功能，从而能够直接从检测到的原始数据中得到人们需要的最终结果，极大地减轻了人们的劳动强度，提高了工作效率。

数据处理功能是通过软件运算来实现的，可以采用C语言来编程，也可以采用汇编语言来编程。当系统ROM和RAM资源比较充足时，尤其是数据处理工作量很大时，以采用C语言编程为首选。在C语言中，各种数据处理算法可以很方便地用表达式和循环语句来实现。

在中低档电子应用系统中，系统资源有限，数据处理也不太复杂，尤其是要求高效率实时处理时，采用汇编语言来进行数据处理是比较合理的选择。当然，用汇编语言独立完成全部数据处理程序是一件很麻烦和很容易出错的工作，对于大多数人来说是难以接受的。好在已经有现成的子程序库可以使用，编程人员只要准备好原始数据，直接调用各种基本运算子程序就可以得到结果，从而使得采用汇编语言也能够比较简单地实现数据处理功能。

由于采用C语言进行数据处理程序设计比较简单，本章只讨论用汇编语言进行数据处理的程序设计方法。在数据处理程序设计中使用到的“定点运算子程序库”和“浮点运算子程序库”可以通过邮件通信向作者联系得到。

9.1.1　数据类型的选择

在汇编语言中，数据有两种类型，一种是定点数据类型，另一种是浮点数据类型。在定点数据类型中，每种数据占有固定字节数的存储空间，其中各个字节所表示数值的大小是固定的（即小数点的位置是固定的）。定点数据又有两种格式，即十六进制数和十进制数，其中十进制数一般采用 BCD 码格式存放。当某种信息变化的范围是已知的，而且绝对精度要求（分辨率）也是已知的，则选择定点数据格式比较有利。定点数据运算速度快，程序代码量和资源消耗均较少。如果该信息只需要进行加减运算，且主要是供输入输出使用，则采用定点 BCD 码格式最为有利，如各种计分牌、电子时钟。如果该信息需要进行乘除运算，则采用定点十六进制格式最为有利。

当某种信息变化的动态范围很宽，而且相对精度要求是已知的，则选择定浮点数据格式比较有利。浮点数据运算可以保证相对精度基本不变，但速度慢，程序代码量和资源消耗均较多，且不能直接用于人机界面。浮点运算的优势在于进行复杂数据处理，尤其是进行各种函数运算，如对数运算、指数运算、三角函数运算等。当数据处理算法包含复杂的函数运算时，必须采用浮点数据格式。

9.1.2　定点运算子程序库的使用

定点运算子程序库文件名为DQ8051.ASM，为便于使用，先将有关约定说明如下：

① 多字节定点操作数：用[R0]或[R1]来表示存放在由R0或R1指示的连续单元中的数据。地

址小的单元存放数据的高字节。例如：[R0]=123456H，若（R0）=30H，则（30H）=12H，（31H）=34H，（32H）=56H。

② 运算精度：单次定点运算精度为结果最低位的当量值。

③ 工作区：数据工作区固定在 PSW、A、B、R2～R7，用户只要不在工作区中存放无关的或非消耗性的信息，程序就具有较好的透明性。

定点运算子程序库中包含的子程序有以下几类：

- 多字节 BCD 码运算：加法、减法、左移十进制一位；
- 十六进制数的运算：四则运算、平方、开方；
- ASCII 码与十六进制数之间的相互转换；
- BCD 码与十六进制数之间的相互转换；
- 定点数据的常用处理算法：查找极值、查找特定对象、求平均值、求校验和、排序。

子程序库的使用方法如下：将子程序库中使用到的子程序粘接在应用程序之后，统一编译即可。有些子程序需要调用一些低级子程序，这些低级子程序也应该包含在内。

使用实例：某系统采用 12 位 A/D 芯片采集一个电压信号，转换范围为 0～10V，即 0.0000 伏转换为 0000H，9.9976 伏转换为 0FFFH。编写一个将 A/D 采用值转换电压值的子程序，要求电压值为四位 BCD 码（1 位整数和 3 位小数）。如将 0C00H 转换为 7500（即 7.500V）。电压值高字节的单位为 0.1V，为满量程的 1/100，其两字节精度的 A/D 转换值为 28.F6H。为了保证计算精度，我们可以调用 4 字节除于 2 字节的除法子程序。将采样值扩充 2 字节小数后作为被除数，用 0.1V 的理论采样值 28.F6H 作为除数，得到的商的整数部分即为电压高字节的值，小数部分即为电压低字节的值，然后分别将其转换为 BCD 码即可。

```
ADH      DATA    30H       ;A/D 转换结果的高字节（十六进制码）
ADL      DATA    31H       ;A/D 转换结果的低字节（十六进制码）
VTH      DATA    32H       ;电压值高字节（BCD 码个位和十分位）
VTL      DATA    33H       ;电压值低字节（BCD 码百分位和千分位）
VHBCD:   MOV     R2,ADH    ;两字节整数为采样值
         MOV     R3,ADL
         MOV     R4,#0     ;扩充两字节小数，共四字节被除数
         MOV     R5,#0
         MOV     R6,#28H   ;两个字节除数为 28.F6H
         MOV     R7,#0F6H
         LCALL   DIVD      ;调用除法子程序，得到两个字节的商
         MOV     A,R3      ;取商的小数部分
         LCALL   HBD       ;调用转换为 BCD 码小数的子程序
         MOV     VTL,A     ;保存结果
         JNC     VHBCD1
         INC     R2        ;有进位
 VHBCD1: MOV     A,R2      ;取商的整数部分
         LCALL   HBCD      ;调用转换为 BCD 码整数的子程序
         MOV     VTH,A     ;保存结果
         RET
```

9.1.3 浮点运算子程序库的使用

浮点运算子程序库文件名为 FQ8051.ASM，为便于使用，先将有关约定说明如下：

（1）二进制浮点操作数：用 3 个字节表示，第一个字节的最高位为数符，其余 7 位为阶码（二进制补码形式），第二字节为尾数的高字节，第三字节为尾数的低字节，尾数用双字节纯小数（原码）来表示。当尾数的最高位为 1 时，便称为规格化浮点数，简称操作数。在程序说明中，也用[R0]或[R1]来表示 R0 或 R1 指示的浮点操作数，例如：当[R0]=–6.000 时，则二进制浮点数表示为 83C000H。若（R0）=30H，则（30H）=83H,（31H）=0C0H,（32H）=00H。

（2）十进制浮点操作数：用 3 个字节表示，第一个字节的最高位为数符，其余 7 位为阶码（二进制补码形式），第二字节为尾数的高字节，第三字节为尾数的低字节，尾数用双字节 BCD 码纯小数（原码）来表示。当十进制数的绝对值大于 1 时，阶码就等于整数部分的位数，如 876.5 的阶码是 03H，–876.5 的阶码是 83H；当十进制数的绝对值小于 1 时，阶码就等于 80H 减去小数点后面零的个数。例如，0.00382 的阶码是 7EH，–0.00382 的阶码是 0FEH。在程序说明中，用[R0]或[R1]来表示 R0 或 R1 指示的十进制浮点操作数。例如，有一个十进制浮点操作数存放在 30H、31H、32H 中，数值是–0.07315，即-0.7315×10^{-1}，则（30H）=0FFH，31H=73H，（32H）=15H。若用[R0]来指向它，则应使（R0）=30H。

（3）运算精度：单次二进制浮点算术运算的精度优于十万分之三；单次二进制浮点超越函数运算的精度优于万分之一；B C D 码浮点数本身的精度比较低（万分之一到千分之一），不宜作为运算的操作数，仅用于输入或输出时的数制转换。不管那种数据格式，随着连续运算的次数增加，精度会稍微下降。

（4）工作区：数据工作区固定在 A、B、R2～R7，数符或标志工作区固定在 PSW 和 FLAG 单元中的四位（PFA、PFB、PFC、PFD）。在浮点系统中，R2、R3、R4 和位 PFA 为第一工作区，R5、R6、R7 和位 PFB 为第二工作区。用户只要不在工作区中存放无关的或非消耗性的信息，程序就具有较好的透明性。

浮点运算子程序库中包含的子程序有以下几类：

- 基本运算：四则运算、平方、开方、倒数、比较、绝对值、取整、取符号；
- 辅助处理：清零、判零、压栈、出栈、传送；
- 多项式运算；
- 函数运算：对数、指数、三角函数、反三角函数；
- 格式转换：定点数与浮点数相互转换、十进制浮点数与二进制浮点数相互转换、弧度与度相互转换。

子程序调用范例：由于本程序库特别注意了各子程序接口的相容性，很容易采用流水线方式完成一个公式的计算。

计算：$y = Ln\sqrt{|\sin(ab/c+d)|}$

已知：a=–123.4，b=0.7577，c=56.34，d=1.276，它们分别存放在 30H、33H、36H、39H 开始的连续 3 个单元中。用 BCD 码浮点数表示时，分别为 a=831234H，b=007577H，c=025634H，d=011276H。

求解过程：通过调用 BTOF 子程序，将各变量转换成二进制浮点操作数，再调用各种运算子程序完成相应运算，最后调用 FTOB 子程序，还原成十进制形式，供输出使用。程序如下：

```
DTA     EQU     30H         ;操作数 a 存放单元首址
DTB     EQU     33H         ;操作数 b 存放单元首址
DTC     EQU     36H         ;操作数 c 存放单元首址
DTD     EQU     39H         ;操作数 d 存放单元首址
```

```
Y        EQU    3CH         ;运算结果 y 存放单元首址
TEST:    MOV    R0,#DTD     ;指向 BCD 码浮点操作数 d
         LCALL  BTOF        ;将其转换成二进制浮点操作数
         MOV    R0,#DTC     ;指向 BCD 码浮点操作数 c
         LCALL  BTOF        ;将其转换成二进制浮点操作数
         MOV    R0,#DTB     ;指向 BCD 码浮点操作数 b
         LCALL  BTOF        ;将其转换成二进制浮点操作数
         MOV    R0,#DTA     ;指向 BCD 码浮点操作数 a
         LCALL  BTOF        ;将其转换成二进制浮点操作数
         MOV    R0,#Y       ;将操作数 a 传送到中 y，以便在 y 中完成一系列运算
         MOV    R1,#DTA
         LCALL  FMOV
         MOV    R1,#33H     ;指向二进制浮点操作数 b
         LCALL  FMUL        ;进行浮点乘法运算
         MOV    R1,#36H     ;指向二进制浮点操作数 c
         LCALL  FDIV        ;进行浮点除法运算
         MOV    R1,#39H     ;指向二进制浮点操作数 d
         LCALL  FADD        ;进行浮点加法运算
         LCALL  FSIN        ;进行浮点正弦运算
         LCALL  FABS        ;进行浮点绝对值运算
         LCALL  FSQR        ;进行浮点开平方运算
         LCALL  FLN         ;进行浮点对数运算
         LCALL  FTOB        ;将结果转换成 BCD 码浮点数
         RET
```

运行结果，[R0]=804915H，即 y=–0.4915，比较精确的结果应该是 y=–0.491437。

9.2　误差处理

任何测量都是有误差的，由于产生误差的原因不同，消除或减轻误差的措施也不同。智能仪器的优点就是能够利用微处理器的数据处理能力减小测量误差，提高仪器的测量精确度。测量误差按其性质和特性可分为随机误差、系统误差、粗大误差，本节重点介绍这三类测量误差的处理方法。

9.2.1　随机误差的处理

当干扰信号（噪声信号）叠加在待测量信号上后，使检测值偏离真实值，导致同一信号多次测量的结果互不相同，这时产生的测量误差称为“随机误差”。当检测样本足够多时，随机误差的统计平均值趋于零。根据随机误差的这种统计特性，消除或减轻随机误差的措施就是对同一信号增加检测的次数，然后通过某种数据处理算法得到信号的“真实值”。这种从多个数据样本中去除随机误差，得到“真实值”的算法称为“数字滤波”。根据信号的频谱与随机干扰的频谱之间的相互关系，“数字滤波”的算法有所不同。

消除随机误差的常用办法是采集多次测量结果求平均值，即

$$\overline{x}=\frac{1}{N}\sum_{i=1}^{N}x_i \tag{9-1}$$

式中，N 为测量次数，x_i 是每次测量值，显然，N 越大，平均值 $\bar{x}$ 越接近测量真值，但所需要的测量时间也变长。实际处理时，测量次数通常选 2、4、8 或 16 等 2 的整数次方，以便在对测量数值累加后求平均值时，可以采用整体右移的办法实现平均值计算。例如，如果选取测量测试为 8 次时，对 8 个测量值累加后，再对累加结果右移 3 次，就得到 8 次测量的平均值。

为了配合“数字滤波”算法，系统软件中必须具有“多次重复测量”的功能，并可以从键盘上输入测量次数，然后一键启动测量，测量次数到了，自动结束。使得每次测量过程的启动和结束都能够自动完成，不需由人工介入，以免引入“人为因素”。

9.2.2　系统误差的处理

系统误差是系统本身因素引起的测量误差，如果不考虑随机误差的影响，对同一信号在同样条件下进行多次检测，则每次测量产生的误差相同。根据系统误差的特点，可以采用不同的“校正”措施来消除系统误差。

1. 建立误差数学模型

当系统误差可以用数学模型来描述时，就可以用相应的软件算法作为“校正”措施，图 9-1 是典型的测量误差模型。其中 x 是输入电压（被测量），y 是输出电压（包含了误差的测量结果），ε 是影响量（例如是零点漂移或干扰），i 是偏差量，是直流放大器的偏置电流，k 是影响特性，比如是放大器的增益变化。从输出端引一个反馈量 y'到输入端，以改善系统的稳定性。

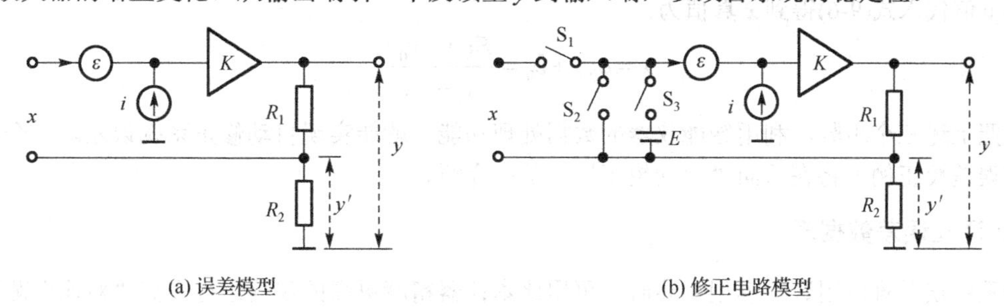

(a) 误差模型　　(b) 修正电路模型

图 9-1　误差修正模型

假设在理想情况下，$\varepsilon=0$，$i=0$，$k=1$，则可得到：

$$y=\frac{R_1+R_2}{R_1}x \tag{9-2}$$

在非理想情况下，存在一定的误差，则可得到：

$$y=k(x+\varepsilon+y') \tag{9-3}$$

再根据图 9-1(a)误差模型，可以得到

$$\frac{y-y'}{R_1}+i=\frac{y'}{R_2} \tag{9-4}$$

则由式（9-3）和式（9-4）可推导出

$$x=y\left(\frac{1}{k}-\frac{R_2}{R_1+R_2}\right)-\frac{i}{\dfrac{1}{R_1}+\dfrac{1}{R_2}}-\varepsilon \tag{9-5}$$

把式（9-5）修改为

$$x = a_0 y + b_0 \tag{9-6}$$

式（9-6）是典型的误差修正公式，其中 a_0、b_0 为误差因子，只要能求解出其中 a_0、b_0 的值就可以由式（9-6）的误差修正公式获得无误差的真值 x，实现系统的误差校正。

为了求解出误差因子 a_0、b_0，可以按图 9-1(b)建立误差校正电路模型，S_1 控制实际测量，S_2、S_3 为了推导出求解误差因子方程式，校正步骤如下：

（1）零点校正：将 S_2 闭合使输入端短路，即 x=0，则在输出端可以检测到输出结果为 y_0，代入到式(9-6)得到方程式：

$$a_0 y_0 + b_0 = 0 \tag{9-7}$$

（2）增益校正：将 S_3 闭合，输入一个标准电压 E，即 x=E，则在输出端可以检测到输出结果为 y_1，代入到式(9-6)得到方程式：

$$a_0 y_1 + b_0 = E \tag{9-8}$$

由方程式（9-7）和式（9-8）联立求解得到误差因子：

$$a_0 = \frac{E}{y_1 - y_0}, \quad b_0 = \frac{E}{1 - y_1/y_0}$$

（3）实际测量：把 S_1 闭合，当输入信号 x 时，在输出端可以检测到输出结果为 y，则将误差因子和 y 值代入式(9-6)得到 x 真值为：

$$x = a_0 y + b_0 = \frac{E(y - y_0)}{y_1 - y_0}$$

按照上述三个步骤，利用智能仪器的数据处理功能，就能实现自动修正系统误差。一个典型的系统误差校正例子将在后面“自动校正”一节中介绍。

2．建立误差数据表

当系统误差难以用数学模型描述时，可用比本仪器精度更高的仪器进行多点“对比”测试，得到本仪器的误差分布表格，即“校正数据表”。在实际测试中，利用“校正数据表”来校正系统误差。由于“校正数据表”中的校正点有限，必须配合插值算法来得到更精确的校正系数。当校正点较密时，采用线性插值算法即可，当校正点较稀疏时，可采用曲线拟合算法。曲线拟合根据情况分为连续函数拟合、分段函数拟合。分段函数拟合又可以采取分段直线拟合，分段抛物线拟合。

9.2.3 粗大误差的处理

粗大误差一般是由操作人员的过失、测量环境（条件）的瞬间改变、突发的严重干扰等引起的，这时测得的检测值将严重偏离真实值，一般称为坏样本数据。包含随机误差的检测数据服从正态分布，如果用 $\bar{X}$ 表示平均值，用 S 表示标准离差，则 99.7%的样本数据分布在（$\bar{X} - 3S, \bar{X} + 3S$）的范围之内，其中 $\bar{X}$ 和 S 可按下式估算：

（1）计算测量数据的算术平均值：$\bar{X} = \frac{1}{n}\sum_{i=1}^{n} x_i$（$x_i$ 为样本数据，n 为样本个数）

（2）计算各项剩余误差：$\varepsilon_i = x_i - \bar{x}$

（3）计算标准偏差：$S = \sqrt{\frac{1}{n-1}\sum_{i=1}^{n}(x_i - \bar{X})^2}$

（4）确定粗大误差区间，判断坏值。运用公式$|\varepsilon_i| > GS_i$进行判断，G为系数。在测量数据足够多且成正态分布式，可采样莱特准则判断，取$G = 3$。也就是说，只要先对全体样本数据进行平均值和标准离差的估算，然后将（$\bar{X}-3S,\bar{X}+3S$）范围之外的样本数据视为坏样本加以剔除，就可以减小粗大误差的影响。然后再对剩下的样本重新进行估算，如此重复几遍，直到没有坏样本数据为止，就可以将粗大误差完全消除，随机误差也基本消除。算法流程图如图 9-2 所示，处理结束后，平均值$\bar{X}$和标准离差S有效。

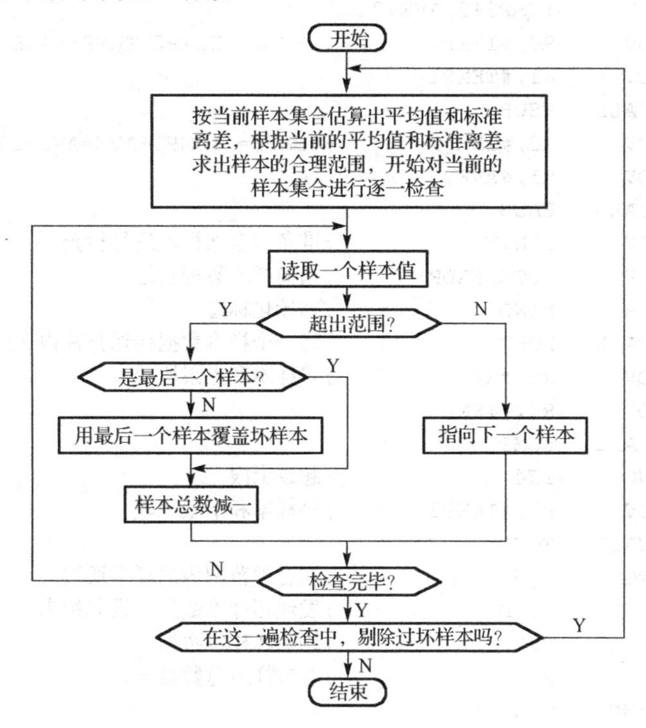

图 9-2 消除粗大误差的算法流程图

程序如下（程序中的各个低级子程序均省略）：

```
ADR     EQU     2000H       ;样本数据数组首址（已经变换为浮点数格式）
FN      EQU     30H         ;样本个数（浮点数）
XI      EQU     33H         ;当前样本（浮点数）
AVE     EQU     36H         ;平均值（浮点数）
S       EQU     39H         ;标准离差（浮点数）
TEMP1   EQU     3CH         ;辅助变量 1（浮点数）
TEMP2   EQU     3FH         ;辅助变量 2（浮点数）
N       DATA    2FH         ;样本个数（不超过 255 个）存放单元
CON     DATA    2EH         ;循环控制计数器
FIND    BIT     00H         ;“发现粗大误差样本”的标志
TJ:     LCALL   AVERAG      ;先求出平均值，结果在 AVE 中
        LCALL   TJS         ;再求出均方差，结果在 S 中
        MOV     TEMP1,S     ;TEMP1=S
        MOV     TEMP1+1,S+1
        MOV     TEMP1+2,S+2
        MOV     TEMP2,#02H  ;TEMP2=3.00
```

```
        MOV     TEMP2+1,#0C0H
        MOV     TEMP2+2,#00H
        MOV     R0,#TEMP1          ;TEMP1= TEMP1×TEMP2=3S
        MOV     R1,#TEMP2
        LCALL   FMUL
        MOV     TEMP2,AVE          ;TEMP2= AVE
        MOV     TEMP2+1,AVE+1
        MOV     TEMP2+2,AVE+2
        MOV     R0,#TEMP2          ;TEMP2= TEMP2-TEMP1=AVE-3S
        MOV     R1,#TEMP1
        LCALL   FSUB
        MOV     R0,#TEMP1          ;TEMP1= TEMP1+AVE=AVE+3S
        MOV     R1,#AVE
        LCALL   FADD
        MOV     CON,N              ;准备对全部样本进行检查
        MOV     DPTR,#ADR          ;指向样本数据首址
        CLR     FIND               ;初始化标志
TJ2:    LCALL   LOAD               ;将一个样本数据传送到片内 XI 中
        MOV     R0,#XI             ;将样本和上限比较
        MOV     R1,#TEMP1
        LCALL   FCMP
        JNC     TJ4                ;超过上限
        MOV     R1,#TEMP2          ;将样本和下限比较
        LCALL   FCMP
        JNC     TJ5                ;在合理范围内的样本通过
TJ4:    SETB    FIND               ;发现坏样本数据，设立标志
        LCALL   DEL                ;剔除坏样本数据
        DEC     N                  ;有效样本总数减一
        SJMP    TJ6
TJ5:    INC     DPTR               ;指向下一个样本
        INC     DPTR
        INC     DPTR
TJ6:    DJNZ    CON,TJ2            ;处理完全部样本
        JB      FIND,TJ            ;若剔除过坏样本，则再进行一遍处理
        RET                        ;没有发现坏样本，则平均值和均方差均有效
```

9.3 标度变换

智能仪器检测对象都是有单位的，如重量信息以“千克”或“顿”为单位，温度信息以“℃”为单位，等等。传感器将各种物理量转换为电信号，再经过 A/D 转换得到一个十六进制数。在人机界面中，这些物理量必须以有单位的十进制数据显示或打印出来，完成从十六进制数据到有单位的十进制数据转换过程的算法就是“标度变换”。

9.3.1 线性标度变换

如果标度变换算法可以用线性表达式 $y=ax+b$ 来表示，即为线性标度变换。很多传感器在额定范围内的输出信号与被测物理量具有较好的线性关系，就可以采用线性标度变换算法。如果系

统软件中其他数据处理算法采用浮点算法，则标度变换算法也采用浮点算法，否则，标度变换采用定点算法。

下面以一个简易温度控制仪为例来说明线性标度变换的程序设计方法。该系统温度控制范围为 30～42℃，采用 4 位数码管显示，显示精度为 0.05℃。温度传感器在 30～42℃的范围内线性良好，信号经过放大和调理后进行 8 位 A/D 转换，温度 y 与转换结果 x 的关系为：$y=0.05x+30.00=x/20+30.00$。即温度为 30℃时转换结果为 0（x=00H），温度为 31℃时转换结果为 20（x=14H），温度为 40℃时转换结果为 200（x=0C8H）。该系统功能简单，精度要求不是很高，没有必要采用复杂的浮点运算。我们对温度数据进行简单约定，以两个字节表示温度的显示值，一个字节表示 A/D 转换值，则标度变换的定点算法子程序如下：

```
ADC     DATA    30H         ;温度采样值（十六进制）
WDH     DATA    31H         ;温度显示值的整数部分（BCD 码）
WDL     DATA    32H         ;温度显示值的小数部分（BCD 码）
BDBH:   MOV     A,ADC       ;取温度采样值
        MOV     B,#20       ;每度采样值为 20
        DIV     AB          ;求整数部分
        MOV     WDL,B       ;暂存余数
        ADD     A,#30       ;整数部分加上基数 30℃
        LCALL   HBCD        ;转换为 BCD 码
        MOV     WDH,A       ;保存温度的整数部分
        MOV     A,WDL       ;取采样值的余数部分
        MOV     B,#5        ;每个采样值相当于 0.05V
        MUL     AB          ;计算小数部分
        LCALL   HBCD        ;转换为 BCD 码
        MOV     WDL,A       ;保存温度的小数部分
        RET
```

9.3.2 非线性标度变换

如果传感器在额定范围内的输出信号与被测物理量不成线性关系，就只能采用非线性标度变换。如果这种非线性关系可以用数学表达式描述，就可以用数学运算来完成非线性标度变换。描述非线性关系的数学表达式可能是二次以上的多项式，也可能包含开方或其他超越函数的表达式。为了保证运算精度，非线性标度变换算法多采用浮点算法。首先调用 DTOF 子程序将定点数（A/D 转换值）转换为浮点数，再进行标度变换运算，最后调用 FTOB 子程序将结果转换为十进制数，供人机界面使用。

如果传感器的非线性特性不能用数学表达式描述，只好采用“表格”来描述，表格中的数据通过“标定”来获得。这时，非线性标度变换通过查表和插值运算来完成。仪器标定过程如下：

（1）准备一个可以产生稳定精确信号的标准信号源，且输出信号强度连续可调。

（2）在仪器检测值的范围内均匀选择若干个“标定点”x_i。例如采用 8 位 A/D 转换时可选择 x_i={00H，10H，20H，30H，40H，…，0D0H，0E0H，0F0H，0FFH}，i={0，1，2，3，…，16} 共 17 个“标定点”。

（3）调节标准信号源输出的信号强度，使检测值正好等于标定点预定的检测值 x_i，记录对应的信号强度 y_i。在每个标定点上应该进行多次重复检测，以消除随机误差的影响。

（4）将一系列标定结果 y_i 组成“标定数据表”，其中最后一个数据 y_{16} 稍微作一些调整，使其相当于 x_{16} =100H 时的值。

标定的点数越多，则表格越大，对系统的描述也越精确。如果受条件限制，标定点数较少，则应采用曲线拟合算法来提高标度变换的精度。

当采用线性插值算法进行标度变换时，将检测值 x 与标定点 x_i 比较，确定区间 $x_i \leqslant x \leqslant x_{i+1}$，然后用线性插值算法求得真实值 y：

$$y = y_i + \frac{y_{i+1} - y_i}{x_{i+1} - x_i}(x - x_i)$$

例如某系统采用 8 位 A/D 转换来检测信号，系统经过标定得到有 17 个标定点的“标定数据表”。表格中每项数据为 2 字节，高字节为信号真实值的整数部分，低字节为信号真实值的小数部分。为了插值运算方便，表格中的数据均为十六进制，但标度变换的结果要求为十进制，则标度变换的程序如下：

```
X           DATA    2FH        ;A/D 转换结果（8 位十六进制数）
YH          DATA    30H        ;标度变换结果的整数部分
YL          DATA    31H        ;标度变换结果的小数部分
TEMPH       DATA    32H        ;临时数据高字节
TEMPL       DATA    33H        ;临时数据低字节
INSERT:     MOV     DPTR,#LIST ;指向表格首址
            MOV     A,X        ;取 A/D 转换结果
            ANL     A,#0FH     ;取低四位，得到区间内偏移量（x - xi）
            MOV     R7,A       ;保持偏移量
            MOV     A,X        ;取 A/D 转换结果
            SWAP    A          ;取高四位
            ANL     A,#0FH     ;得到区间起始节点的序号 i
            CLR     C
            RLC     A          ;每个节点数据为两个字节
            ADD     A,DPL      ;计算区间起始节点的地址
            MOV     DPL,A
            JNC     INSE
            INC     DPH
INSE:       CLR     A          ;读取区间起始节点对应的 yi，存放在 YH 和 YL 中
            MOVC    A,@A+DPTR
            MOV     YH,A
            MOV     A,#1
            MOVC    A,@A+DPTR
            MOV     YL,A
            MOV     A,#2       ;读取区间末端节点对应的 yi+1，存放在临时单元中
            MOVC    A,@A+DPTR
            MOV     TEMPH,A
            MOV     A,#3
            MOVC    A,@A+DPTR
            CLR     C          ;计算区间增量（yi+1-yi），结果存放在临时单元中
            SUBB    A,YL
            MOV     TEMPL,A
            MOV     A,TEMPH
            SUBB    A,YH
            MOV     TEMPH,A
```

```
        MOV     A,TEMPL         ;计算（yi+1-yi）（x-xi），存放在 R4R5R6 中
        MOV     B,R7
        MUL     AB
        MOV     R5,B
        MOV     R6,A
        MOV     A,TEMPH
        MOV     B,R7
        MUL     AB
        ADD     A,R5
        MOV     R5,A
        CLR     A
        ADDC    A,B
        SWAP    A               ;用高低 4 位交换组合完成除于区间宽度 10H 的算法
        MOV     R4,A            ;R4R5R6/（xi+1-xi），结果存放在 R4R5 中
        MOV     A,R5
        SWAP    A
        MOV     R5,A
        ANL     A,#0FH
        ORL     A,R4
        MOV     R4,A
        MOV     A,R5
        ANL     A,#0F0H
        MOV     R5,A
        MOV     A,R6
        SWAP    A
        ANL     A,#0FH
        ORL     A,R5
        ADD     A,YL            ;加上 yi，得到最后计算结果
        MOV     YL,A
        MOV     A,R4
        ADDC    A,YH
        LCALL   HBCD            ;调用转换为 BCD 码整数的子程序
        MOV     YH,A
        MOV     A,YL
        LCALL   HBD             ;调用转换为 BCD 码小数的子程序
        MOV     YL,A
        RET
LIST:   DB      20H,00H,22H,36H         ;表格，包含 17 个双字节数据
        DB      24H,6FH,26H,0ACH
        DB      28H,0F0H,2BH,3CH
        DB      2DH,91H,2FH,0F1H
        DB      32H,5CH,34H,0D3H
        DB      37H,55H,39H,0E2H
        DB      3CH,78H,3FH,16H
        DB      41H,0BBH,44H,64H
        DB      47H,10H
```

9.4　常用自动测量功能

在使用传统仪器进行测量前，需要做不少准备工作，如正确选择量程、校正好仪器的零点等，稍有疏忽就可能导致测量误差太大，甚至损坏仪器。而在智能仪器中，这些工作都由仪器自动完成，这就是智能仪器的“自动测量功能”，也是与传统仪器最明显的区别之一。

9.4.1　自动量程转换

当被检测的信号变化范围很大时，为了保证测试精度，需要设置多个量程。由于智能仪器中的 A/D 部件要求一个固定的输入信号范围（如 0～5V），这就需要将各种强度的输入信号统一调整到这个范围之内，实现这种调整的电路就是量程转换电路，它由衰减器和放大器两部分组成，如图 9-3 所示。当输入信号 U_i 较大时，衰减器按已知比例进行衰减，使衰减后的信号 U_m 在安全范围之内，这时放大器的放大倍数很小，使放大器的输出电压 U_o 落在 A/D 部件要求的范围之内。当输入信号 U_i 较小时，衰减器不进行衰减（直通状态），U_m 经过放大器放大后的输出信号 U_o 在 A/D 部件要求的范围之内。量程转换的过程就是根据输入信号的大小，合理确定衰减器的衰减系数和放大器的放大倍数，使模数转换部件得到尽可能大而又不超出 A/D 部件要求的范围的信号 U_o。

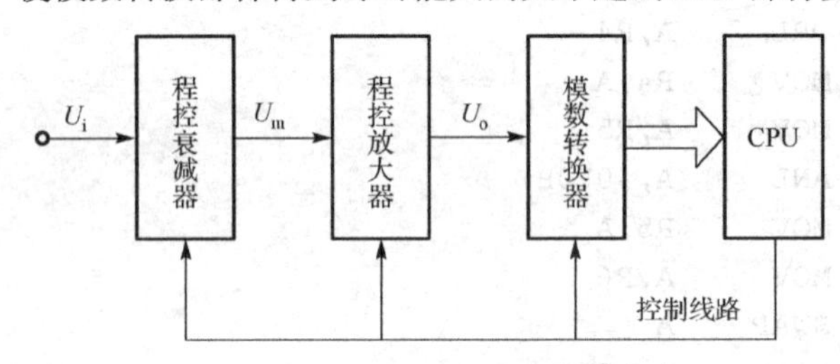

图 9-3　自动量程转换电路示意图

在传统仪器中，这种调整过程由操作者通过扳动量程开关来完成。在智能仪器中，衰减器的衰减系数和放大器的放大倍数由 CPU 控制。程控衰减器由衰减网络和继电器组成，CPU 控制继电器的状态来控制衰减器的衰减系数。程控放大器由运算放大器和反馈网络组成（已有集成程控放大器芯片），CPU 通过输入控制代码，改变反馈网络中多个模拟开关的状态组合，改变反馈网络的反馈系数，达到控制放大倍数的目的。

自动量程转换控制流程图如图 9-4 所示，在量程转换过程中需要插入延时环节，使测量信号稳定。自动量程转换需要满足以下要求：

（1）快速性：待测试信号的强度是随机的，为了找到最合适的量程，需要给每个量程定义一个合理范围，超过上限（超量程）或低于下限（欠量程）均需要进行量程转换，直到测量结果在当前量程的范围之内，从而获得尽可能高的检测精度。如果每次检测都需要进行多次量程转换，必然降低测试速度。事实上，人们在一段时间之内，测试的对象比较固定，并不需要经常更换量程。因此，每次测量直接使用当前的量程（即上次使用后保留下来的量程）往往能够一次成功，只有在改变测试对象时有可能要进行量程转换，从而使量程转换的实际次数减少。当发生超量程情况时，不是一级一级往上试测，而是直接采用最高量程来重测。当发生欠量程情况时，不是一级一级往下试测，而是先进行量程范围判断，确定目标量程后再重测，从而保证了测试的快速性。

（2）稳定性：当信号强度在某两个量程的分界线上时，有可能出现量程多次来回转换的现象，造成测量结果不稳定。假设某两个量程的分界线为 20.000V，信号电压假设也是 20.000V，当用高量程测试时结果为 19.998V（包含随机误差），由于欠量程而需要进行量程转换，转换到低一档量程后检测结果为 20.003V（包含随机误差），由于超量程而需要再次进行量程转换，导致量程多次来回转换。为了解决这个问题，我们可以将相邻两个量程的转换条件（阈值）互相重叠一部分（如表 9-1 所示），如高量程的下限（降量程阈值）设为 19.00V，低量程的上限（升量程阈值）设为 20.00V，中间重叠部分为 1.00V，远大于测量误差值，避免了量程的来回转换。

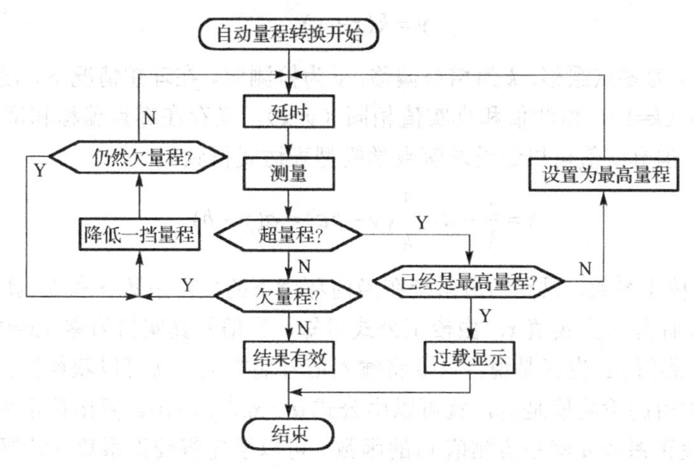

图 9-4　自动量程转换控制流程图

表 9-1　某仪器自动量程转换阈值表

量程编码	名誉量程	显示输出范围	升量程阈值 UL	降量程阈值 DL
5	1000V	0.0～1050.0	1050.0V	190.0V
4	100V	0.00～199.99	200.00V	19.00V
3	10V	0.000～19.999	20.000V	1.900V
2	1V	0.0000～1.9999	2.0000V	0.1900V
1	0.1V	0.00000～0.19999	0.20000V	0.00000V

（3）安全性：应当将放大器的输入信号 U_m 尽可能控制在安全范围之内，以免对系统造成伤害。为此，在系统初始化时应当将量程设置为最高量程，使衰减器的衰减系数达到最大。但在实际使用过程中，有可能在测试完一个小信号后再测试一个很大的信号，系统就处于用低量程（衰减器直通状态）来测量大信号的状态，这时 U_m 可能大大超出安全范围。为此，我们在放大器的输入端增加限幅保护电路，当 U_m 超出安全范围时，使 U_m 控制在略微超出安全范围的水平上，由于系统具有一定的过载能力，还不至于对系统造成伤害，而检测结果必然发生“超量程”现象，系统将自动进入量程转换状态，使衰减器投入工作，将 U_m 降低到安全范围之内。

9.4.2　自动校正

在传统仪器中，为了保证测试精度，必须选用高精度、高稳定性的元器件，使得制造成本昂贵。即使如此，为了消除零点偏移和增益偏移的影响，设置有调零部件和增益调整部件。在使用前需要进行人工校正，才能确保测试结果的可靠性，使得操作不便。

智能仪器具有很强的数据处理的能力，采用了完全不同的方法来保证测试精度：承认并允许各个元器件有误差和参数偏移，只要求系统误差可计算、可测试或可预知。从而不必采用高精度、高稳定性的元器件，降低了系统制造成本。取消了各种人工校正部件，使仪器具有“傻瓜”特性，这就是智能仪器的“自动校正”功能。

在前面介绍“系统误差的处理”中提到，当系统误差的数学模型已知时，可以很容易地用数学运算来进行误差校正；当系统误差的数学模型未知时，可以采用“数据表格”的方式来进行误差校正。这里以 A/D 转换通道为例，说明“自动校正”功能的实现方法。

信号调理电路（放大器及其相关电路）随着环境条件变化会产生零点偏移和增益偏移，从而产生系统误差。其数学模型可以用下面的表达式表示：

$$y = k(x+\varepsilon)$$

式中，x 为真实值，ε 为零点漂移，k 为增益偏移，y 为检测值。在理想情况下，没有零点偏移（$\varepsilon=0$），没有增益偏移（$k=1$），检测值和真实值相同（$y=x$）。当存在零点偏移和增益偏移时，检测值与真实值不相同，但真实值可以通过求解数学模型表达式得到：

$$x = \frac{y}{k} - \varepsilon = \frac{1}{k}(y - k\varepsilon) = a(y-b)$$

式中，a 和 b 是两个校正系数，只要知道系统在当前环境下的校正系数 a 和 b，就可以通过上面的校正公式由检测值 y 计算出真实值 x。由校正公式可知，当信号真实值为零（$x=0$）时，校正系数 b 的值就是这时的检测值 y。也就是说，只要将输入信号端接地，就可以获得校正系数 b。如果有一个已知信号 x_0，测得的检测值是 y_0，就可以用公式 $a = x_0/(y_0-b)$计算出校正系数 a。当已知信号 x_0 为固定值时，校正系数 a 就是检测值 y_0 的函数。可以事先将校正系数 a 计算出来，并组成一个校正系数表格，从而简化程序设计。在正常情况下，校正系数 a 的值非常接近 1。为了简化表格，当 a 大于 1 时，表格中存放正向偏移值，当 a 小于 1 时，表格中存放负向偏移值，且偏移值以带符号的十六进制纯小数格式表示，以便于运算。

由于校正系数的值是动态变化的，因此必须在进行实际信号检测前首先获取当前环境下的校正系数，为此在电路上增加了校正通道。如图 9-5 所示的多路数据采集系统的 A/D 通道由三部分组成，即八选一模拟开关、运算放大器、A/D 转换芯片。我们利用其中闲置的 IN6 和 IN7 来进行系统误差校正。在 IN6 端加上一个已知的高稳定的基准电压信号，其等效电压的数值一般为通道的中心值，经过运放后，A/D 转换后的理论值应该为 80H，即 x_0=80H。其等效内阻与各信号源的等效内阻相同。IN7 端接一等效内阻后直接接地。首先分别检测 IN6 和 IN7，读得两路 A/D 转换后的结果，分别存入 X6 单元和 X7 单元中，这时 X6 中的值就是 y_0，X7 中的值就是 b。然后计算 y_0-b，最后通过查表得到校正系数 a 的偏移量。程序如下：

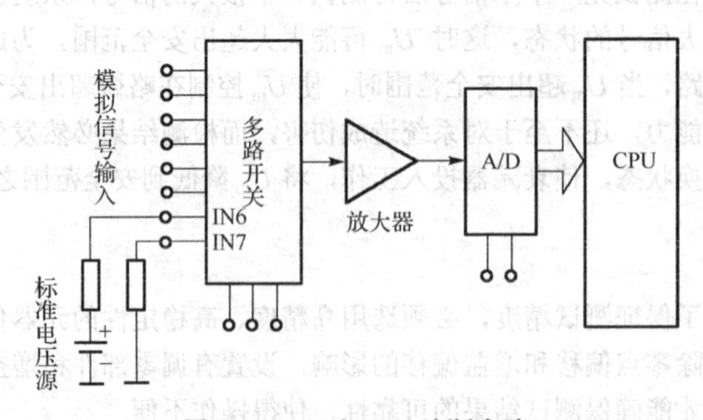

图 9-5　A/D 和 D/A 诊断电路

```
IN6     EQU     0EFF6H          ;参考信号的地址
IN7     EQU     0EFF7H          ;零信号的地址
X6      DATA    46H             ;参考信号转换结果 y0 的存放单元
```

```
    X7      DATA    47H             ;校正系数 b 的存放单元（零漂）
    KA      DATA    48H             ;校正系数 a 的偏移量存放单元
    REV:    MOV     DPTR,#IN6       ;采样参考信号
            MOVX    @DPTR,A
            LCALL   TIME
            MOVX    A,@DPTR
            MOV     X6,A
            MOV     DPTR,#IN7       ;采样零信号
            MOVX    @DPTR,A
            LCALL   TIME
            MOVX    A,@DPTR
            MOV     X7,A
            SETB    F0              ;故障标志初始化
            ADD     A,#0FCH         ;零漂判断（>4?）
            JC      REVE            ;零漂过大
            MOV     A,X6            ;取参考信号采样值
            SUBB    A,X7            ;减去零漂
            JC      REVE            ;失常
            MOV     B,A             ;暂存参考信号的净值
            ADD     A,#78H
            JC      REVE            ;增溢过大（净值>88H）
            MOV     A,#88H
            ADD     A,B
            JNC     REVE            ;增益过小（净值<78H）
            MOV     DPTR,#GCOD      ;用查表获取校正系数 a 的偏移量
            MOVC    A,@A+DPTR
            MOV     KA,A            ;保存校正系数 a 的偏移量
            CLR     F0              ;系数有效
    REVE:   RET
    ;校正系数 a 的偏移量的表格：
    ;0AH 表示校正系数 a=1+10/256，8BH 表示校正系数 a=1-11/256
    GCOD:   DB      11H,0FH,0DH     ;正向校正
            DB      0AH,08H,06H
            DB      04H,02H,00H
            DB      82H,84H,86H     ;负向校正
            DB      88H,8AH,8BH
            DB      8DH
```

执行以上程序后，若 F0=1 则表示 A/D 通道有故障，若 F0=0 则基本正常，系统误差在可以校正的范围之内，校正系数 a 的偏移量在 KA 单元中，校正系数 b 在 X7 单元中，各路模拟信号采样后经过校正便可使用。在对实际信号进行检测时，将待校正的检测值 y 调入累加器 A 中，调用下面的校正程序，累加器 A 中的值即为校正后的结果 x。

```
    CORREC: CLR     C
            SUBB    A,X7        ;减去校正系数 b
            JC      CORRE2
            MOV     R2,A        ;暂存 y-b
```

```
        MOV     A,KA        ;取校正系数 a 的偏移量
        JNZ     CORRE1
        MOV     A,R2        ;偏移量为零，不用校正，x=y-b
        RET
CORRE1: MOV     C,ACC.7     ;保存校正方向
        MOV     F0,C
        CLR     ACC.7       ;取偏移量的绝对值
        MOV     B,R2        ;取 y-b
        MUL     AB          ;求校正量
        RLC     A
        CLR     A
        ADDC    A,B
        JNB     F0,CORRE3
        XCH     A,R2        ;负向校正
        SUBB    A,R2
        JNC     CORRE4
CORRE2: CLR     A           ;下限为零
        RET
CORRE3: ADD     A,R2        ;正向校正
        JNC     CORRE4
        MOV     A,#0FFH     ;封顶
CORRE4: RET
```

9.4.3 自动补偿

在测量电子元器件的电气参数（电阻、电容和电感）时，系统的寄生参数（漏电电阻、分布电容和寄生电感）必然会影响到测量结果的精度。也有不少传感器是通过本身电气参数的变化来反映物理量变化的，仪器通过检测其等效电气参数来换算出对应的物理量，这时系统寄生参数也必然会影响到测量结果的精度。系统寄生参数是一个与测试环境有关的物理量，事先不能准确预知。在传统仪器中，为了消除系统寄生参数对测量结果的干扰，多在硬件设计上增加一些补偿调节电路（平衡电路），在测试过程中通过人工调节来补偿寄生参数的影响，补偿的效果与操作者的经验和认真程度有关。在智能仪器中，通过软件控制，自动完成补偿操作和运算，直接给出最终结果，大大简化了操作过程。

我们以高电阻测量为例（如图 9-6 所示），左边是高电阻测量的原理图，图中 U_S 和 R_S 已知，R_X 为被测电阻，使用 DVM 测量。只要检测出 U_X 就可以简单推算出 R_X：

$$R_X = \frac{U_X}{U_S - U_X} R_S$$

在计算公式中，没有考虑寄生参数的影响，当 R_X 很大时，这种影响是很明显的。为此，高电阻测量的实际方案如图 9-6(b)所示，图中 R_Z 为寄生电阻，它代表了仪器的输入电阻、漏电阻等各种寄生电阻的综合效果，是一个不固定的值。VT_1 和 VT_2 是模拟开关，S 是继电器常开触点。检测过程如下：

- VT_1 闭合，VT_2 和 S 断开，检测当前电源电压 U_S。
- VT_2 闭合，VT_1 和 S 断开，检测寄生电阻的电压 U_Z。

● VT_2和 S 闭合，VT_1断开，检测待测高电阻和寄生电阻并联后的电压 U_X。

根据分压原理，可得：

$$R_Z = \frac{U_Z}{U_S - U_Z} R_S \quad 和 \quad \frac{R_X R_Z}{R_X + R_Z} = \frac{U_X}{U_S - U_X} R_S$$

从而可计算出待测高电阻为：

$$R_X = \frac{U_Z U_X}{U_S (U_Z - U_X)} R_S$$

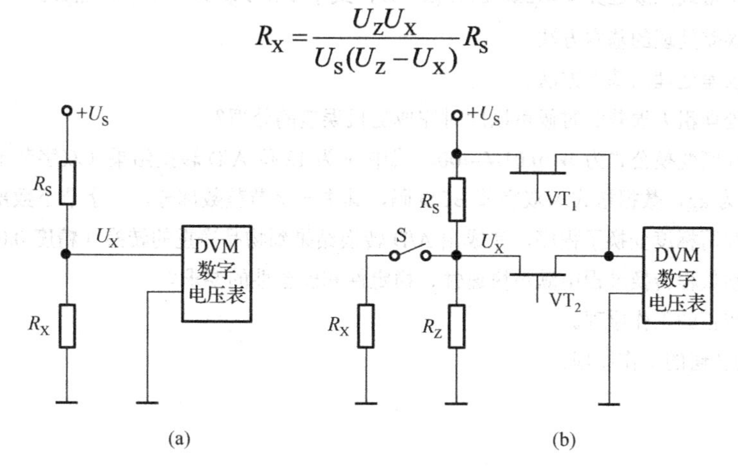

图 9-6　高电阻测量的自动补偿原理图

为了保证补偿效果，必须采用浮点数据格式进行运算。先将电压数据和电阻数据转换为浮点数，通过运算得到 R_X，最后将 R_X 转换为十进制共人机界面使用。补偿运算的程序如下：

```
US      EQU     30H         ;总电压（浮点格式）
UZ      EQU     33H         ;未接 RX 时的信号电压（浮点格式）
UX      EQU     36H         ;接入 RX 时的信号电压（浮点格式）
RO      EQU     39H         ;已知标准电阻 RS（浮点格式）
RX      EQU     3CH         ;待测量电阻（浮点格式）
JSRX:   MOV     R0,#RX      ;RX=RS
        MOV     R1,#RO
        LCALL   FMOV
        MOV     R1,#UZ      ;RX=RS*UZ
        LCALL   FMUL
        MOV     R1,#UX
        LCALL   FMUL        ;RX=RS*UZ*UX
        MOV     R1,#US
        LCALL   FDIV        ;RX=RS*UZ*UX/US
        MOV     R0,#UZ
        MOV     R1,#UX
        LCALL   FSUB        ;UZ=UZ-UX
        MOV     R0,#RX
        MOV     R1,#UZ
        LCALL   FDIV        ;RX=RS*UZ*UX/US/（UZ-UX）
        RET
```

练习与思考题

1．简述定点数据格式和浮点数据格式各自的应用场合。

2．用定点数据格式完成运算 $y=x^2-5x-27$，式中 x 为单字节BCD码，y 为双字节BCD码。

3．用浮点数据格式完成运算 $y=(5x-27)/(x-3)$，式中 x 和 y 均为三字节浮点数。

4．简述随机误差处理的基本方法。

5．简述系统误差处理的基本方法。

6．为什么在处理粗大误差的时候可以同时完成随机误差的处理？

7．某电子秤标度变换公式为 W=0.01N–400，式中 N 为12位A/D转换结果（双字节十六进制数），W 为物品净重（单位为kg，数据格式为双字节BCD码，其中一字节整数部分，一字节小数部分），400表示容器皮重为4kg。编写标度变换子程序，完成由A/D转换结果到物品净重的转换（精度0.01kg）。

8．如何在自动量程转换过程中满足快速性、稳定性和安全性的要求？

9．简述自动校正的工作原理。

10．简述自动补偿的工作原理。

第 10 章　可靠性设计

前面几章从“功能性”角度介绍了智能仪器的设计与实现，完成这些功能设计任务后，在理论上系统可以正常运行。但在实际中，外界存在各种干扰因素，操作者有可能误操作，系统硬件有可能发生故障或性能变化，这些情况存在使得系统不能可靠运行。为了使系统能够在实际环境中可靠运行，还需要进行“可靠性”设计。可靠性设计主要包括“抗干扰”设计和“容错”设计。也就是说，针对外部环境的不利因素需要进行“抗干扰”设计，针对系统内部问题和操作者失误问题需要进行“容错”设计。

10.1　抗干扰设计

干扰可以沿各种线路侵入微机应用系统，也可以以电磁场的形式从空间侵入微机应用系统，供电线路是电网中各种干扰信号入侵的主要途径。系统的接地装置不良或不合理，也是引入干扰的重要途径。各类传感器、输入输出线路的绝缘不良，均有可能引入干扰，以电磁场形式入侵的干扰主要发生在高电压、大电流、高频电磁场（包括电火花激发的电磁辐射）附近。它们可以通过静电感应、电磁感应等方式在微机应用系统中形成干扰。

干扰对微机应用系统的影响可以分为三个部位。第一个部位是输入系统，它使模拟信号失真，数字信号出错。第二个部位是输出系统，它使各输出信号混乱，不能正常反映微机应用系统的真实输出量，从而导致一系列严重后果。第三个部位是微机应用系统的内核，干扰使“三总线”上的数字信号错乱，从而导致程序失控，引发一系列后果。

在与干扰作斗争的过程中，人们积累了很多经验，既有硬件措施，也有软件措施，通常采用软硬结合的措施。硬件措施如果得当，可将绝大多数干扰拒之门外，但仍然有少数干扰窜入微机应用系统，引起不良后果，故软件抗干扰措施作为第二道防线是必不可少的。由于软件抗干扰措施是以 CPU 的开销为代价的，如果没有硬件抗干扰措施消除绝大多数干扰，CPU 将忙于奔命，严重影响到系统的工作效率和实时性。因此，一个成功的抗干扰系统是由硬件和软件相结合构成的。硬件抗干扰有效率高的优点，但要增加系统的投资和设备的体积。软件抗干扰有投资低的优点，但有可能会稍微降低系统的工作效率。

10.1.1　硬件抗干扰设计

干扰信号可分为串模干扰和共模干扰两大类。针对这两类干扰，已经有很多成熟的抗干扰技术，下面将常用的硬件抗干扰技术进行简单介绍。

1. 抗串模干扰的措施

串模干扰通常叠加在各种不平衡输入信号和输出信号上，还有很多情况下是通过供电线路窜入系统的。因此，抗干扰措施通常设置在这些干扰必经之路上，主要方法如下。

（1）光电隔离：在输入和输出通道上采用光耦合器件来进行信息传输是很有好处的，它将微机应用系统与各种传感器、开关、执行机构从电气上隔离开来，很大一部分干扰（如外部设备和传感器的漏电现象）将被阻挡。

（2）硬件滤波电路：常用RC低通滤波器接在一些低频信号传送电路（如热电偶输入线路）中，它可以大大削弱各类高频干扰信号（各类“毛刺”型干扰，相对于慢变有效信号均属“高频”干扰）。

（3）过压保护电路：交流过压保护有专用的压敏元件和间隙放电器件，可以防止供电系统中出现的过高浪涌电压和雷击对系统的伤害。直流过压保护电路由限流电阻和稳压管组成，限流电阻选择要适宜，太大了会引起信号衰减，太小了起不到保护稳压管的作用。

（4）调制解调技术：很多情况下，有效信号的频谱与干扰信号的频谱相互重叠，采用常规的硬件滤波很难将它们分离，这时可采用调制解调技术。先用某一已知频率的信号对有效信号进行调制，调制后的信号频谱就可移到远离干扰信号频谱的区域。然后再进行传输，传输途中混入的各种干扰信号很容易被接收端的滤波环节滤除，被调制的有效信号经过解调后，频谱搬回原处，恢复原来的面目。

（5）净化稳压电源：微机应用系统的供电线路是干扰的主要入侵途径，必须设计一个“干净”的稳压电源来给微机应用系统供电。

2．抗共模干扰的措施

共模干扰通常是针对平衡输入信号而言的。抗共模干扰的方法主要有如下几种：

（1）平衡对称输入：在设计信号源（通常是各类传感器）时尽可能做到平衡和对称，并以差动方式输出有效信号。如用四个压敏电阻组成电桥，构成一个压力传感器。

（2）选用高质量的运算放大器：其特点为高增益、低噪声、低漂移、宽频带，从而获得足够高的共模抑制比。

（3）良好的接地系统：接地不良时，将形成较明显的共模干扰。如没有条件进行良好接地，不如将系统浮置起来，再配合采用合适的屏蔽措施，效果也不错。

（4）系统接地点的正确连接方式：系统中的数字地与模拟地要分开，最后只在一点相连，否则数字信号电流在模拟系统的地线中将形成干扰，使模拟信号失真。

（5）屏蔽：用金属外壳或金属匣将整机或部分元器件包围起来，再将金属外壳或金属匣接地，就能起到屏蔽的作用，对于各种通过电磁感应引起的干扰特别有效。屏蔽的方式和接地点很有讲究，不注意反而会增加干扰。各种情况下屏蔽措施的正确使用方法，可参考有关专题著作。

3．人工复位与硬件“看门狗”

当系统受到强烈干扰而“死机”时，可通过设置“复位”按钮进行人工复位，但操作者往往不能及时发现问题，有可能造成严重后果。采用硬件“看门狗”技术可以及时将系统从“死机”状态解救出来，回到正常运行状态。STC单片机和其他很多新型单片机都已经集成了硬件看门狗部件（WDT），这类单片机在干扰比较严重的场合比较适用。

10.1.2　软件抗干扰设计

在采用必要的硬件抗干扰措施后，仍然需要配合一定的软件抗干扰措施，以确保系统可靠运行。根据干扰作用的部位不同，软件抗干扰措施也不同，现分别介绍如下。

1．数字信号的输入通道

干扰信号多呈毛刺状，作用时间短。利用这一特点，我们在采集某一数字信号时，进行多次重复采集，直到连续两次或两次以上采集结果完全一致方为有效。由于数字信号主要是来自各类开关型状态传感器，如限位开关和操作按扭等，对这些信号的采集不能用多次平均方法，必须绝对一致才行。

2．数字信号的输出通道

最为有效的方法就是重复输出同一个数据，其重复周期尽可能短些。外部设备接收到一个被干扰的错误信息后，还来不及作出有效的反应，一个正确的输出信息又来到，就可以及时防止错误动作的产生。

3．模拟信号输入通道

模拟信号都必须经过 A/D 转换后才能为单片机接收，干扰作用于模拟信号之后，使 A/D 转换结果偏离真实值。如果仅采样一次，我们是无法确定该结果是否可信的，必须多次采样，得到一个 A/D 转换的数据系列，通过某种软件算法处理后，才能得到一个可信度较高的结果。这种从数据系列中提取逼近真值数据的软件算法，通常称为数字滤波算法，是消除随机干扰的有效手段。为消除干扰，下面介绍几种常用的数字滤波算法。

（1）程序判断滤波：经验告诉我们，很多物理量的变化是需要一定时间的，相邻两次采样值之间的变化也有一个限度。我们可以从经验出发，定出一个相邻两次采样值之间的最大可能变化幅度。每次采样后都和上次的有效采样值进行比较，如果变化幅度不超过经验值，本次采样有效，否则，本次采样值应视为干扰而放弃，以上次采样值为准。

（2）中值滤波：对目标参数连续进行若干次采样，然后将这些采样值进行排序，选取中间位置的采样值为有效值。本算法为取中值，采样次数应为奇数，常用 3、5 或 7 次。中值滤波对去除脉冲性质的干扰很有效，采样次数越大，滤波效果越好，但采样次数太大会影响速度。中值滤波适合对变化缓慢的信号进行滤波处理，不适宜用于快速变化的信号处理。

中值滤波需要先进行数据排序，然后取中间值。数据排序可以采用冒泡法、沉底法等。若采样 3 次数据，且把采样数据存放在 R5、R6、R7 中，则程序如下：

```
FILT:   MOV     A,R5        ;排序，先对 R6、R5 进行比较，即判断 R6>R5 吗？
        CLR     C
        SUBB    A,R6
        JC      FILT0       ;若 C=1 说明 R5<R6，则跳转到 FILT0
        MOV     A,R5        ;C=0，则 R5>R6
        XCH     A,R6
        MOV     R5,A
FILT0:  MOV     A,R6        ;再对 R6、R7 进行比较，即判断 R7>R6 吗？
        CLR     C
        SUBB    A,R7
        JC      FILT1       ;若 C=1 说明 R6<R7，则跳转到 FILT1
        MOV     A,R7        ; C=0，则 R6>R7
        XCH     A,R6
        XCH     A,R7
        CLR     C
        SUBB    A,R5        ;再对 R5、R6 进行比较，即判断 R6>R5 吗？
        JNC     FILT1       ;若 C=0 说明 R6>R5，则跳转到 FILT1
        MOV     A,R6
        XCH     A,R5
```

```
        MOV     R6,A          ;中值存放到 R6
FILT1:  RET
```

（3）算术平均滤波：对目标参数进行连续采样，然后求其算术平均值作为有效采样值。采样次数 n 越大，平滑效果越好，但系统的灵敏度要下降。为方便求平均值，n 一般取 4、8、16 之类的 2 的整数幂，以便用移位来代替除法。

（4）去极值平均滤波：算术平均滤波不能将明显的脉冲干扰或粗大误差消除，只是将其影响削弱。因明显干扰或粗大误差使采样值远离其实际值，我们可以比较容易地将其剔除，不参加平均值计算，从而使平均滤波的输出值更接近真实值。算法原理如下：连续采样 n 次，将其累加求和，同时找出其中的最大值与最小值，再从累加和中减去最大值和最小值，按 n–2 个采样值求平均，即得有效采样值。为使平均滤波方便，n–2 常取 4、8、16，故 n 常取 6、10、18。具体作法有两种：对于快变参数，先连续采样 n 次，然后再处理，但要在 RAM 中开辟出 n 个数据的暂存区。对于慢变参数，可一边采样，一边处理，而不必在 RAM 中开辟大量数据暂存区。下面以 n=10 为例，介绍边采样边计算的程序设计方法。

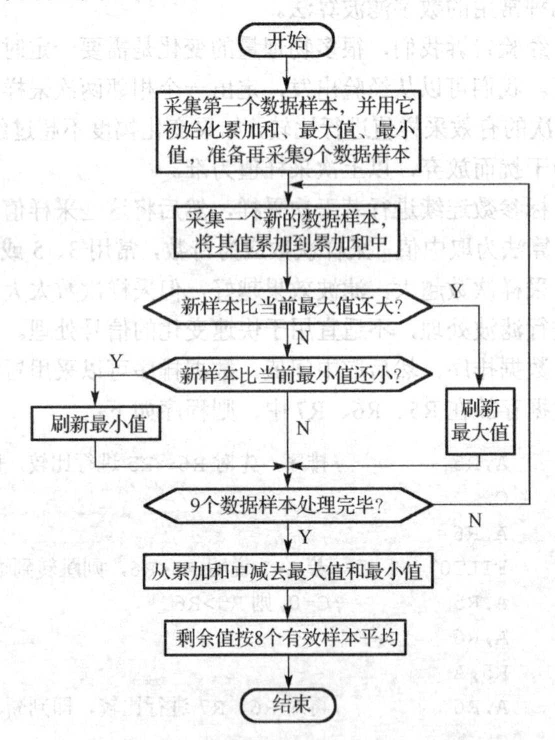

图 10-1　去极值平均滤波算法流程图

去极值平均滤波算法流程图如图 10-1 所示，程序如下：

```
FILT:   LCALL   INPUT         ;先采样一次（8 位 A/D）
        MOV     R3,A          ;作为累加和 R2、R3 的初始值
        MOV     R2,#0
        MOV     R4,A          ;也作为最大值 R4 的初始值
        MOV     R5,A          ;也作为最小值 R5 的初始值
        MOV     R7,#9         ;准备再采样 9 次
FILT0:  LCALL   INPUT         ;采样一次
```

```
        MOV     R6,A            ;暂存采样值
        ADD     A,R3            ;累加到 R2、R3 中
        MOV     R3,A
        CLR     A
        ADDC    A,R2
        MOV     R2,A
        MOV     A,R4            ;当前采样值是新的最大值?
        SUBB    A,R6
        JNC     FILT1
        MOV     A,R6            ;更新最大值
        MOV     R4,A
        SJMP    FILT2
FILT1:  MOV     A,R6            ;当前采样值是新的最小值?
        SUBB    A,R5
        JNC     FILT2
        MOV     A,R6            ;更新最小值
        MOV     R5,A
FILT2:  DJNZ    R7,FILT0        ;总共采完 10 个数据样本
        CLR     C
        MOV     A,R3            ;从累加和中减去最大值
        SUBB    A,R4
        XCH     A,R2
        SUBB    A,#0
        XCH     A,R2
        SUBB    A,R5            ;再从累加和中减去最小值
        MOV     R3,A
        MOV     A,R2
        SUBB    A,#0
        SWAP    A               ;剩下的数值除于 8
        RL      A
        XCH     A,R3
        SWAP    A
        RL      A
        ADD     A,#80H          ;四舍五入
        ANL     A,#1FH
        ADDC    A,R3
        RET                     ;结果在 A 中
```

（5）移动平均滤波：算术平均滤波每次需要采样 N 次才能进行处理一次，获得有效数据，滤波速度比较慢。移动平均滤波方法是先在 RAM 中分配一段存储区，把依次采集 N 次的数据存放在这段存储区里，然后进行算术平均滤波一次。此后，每采集一个新的数据，就把最早采集的那一个数据冲掉，补充新采集的这个数据组成 N 个数据，再进行算术平均滤波一次。这样，每采样一次数据，就丢掉一个老数据，保持这 N 个数据始终是最近的数据。也就是测量一次即可计算一次平均值，加快了平均滤波的速度。

假设在单片机内部 RAM 的 30H～3FH 中 16 个缓冲单元设计成一组环形队列地址，指针 R0 指向队首，R1 指向队尾，R2、R3 存放 16 个数据累加和。可设计出移动平均滤波算法流程图如图 10-2 所示。程序设计如下：

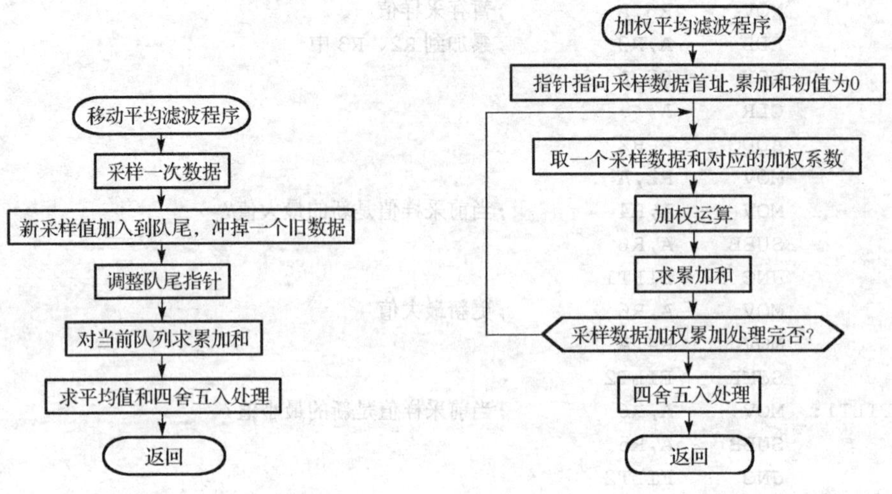

图 10-2　移动平均滤波算法流程图　　　　图 10-3　加权平均滤波算法流程图

```
FILT:     ACALL  INPUT          ;采样新值
          MOV    @R1,A          ;插入队尾
          INC    R1             ;调整队尾指针
          MOV    A,R1
          ANL    A,#3FH
          MOV    R1,A
          MOV    R0,#30H        ;初始化,准备计算累加和
          MOV    R2,#00         ;累加和高字节
          MOV    R3,#00         ;累加和低字节
FILT1:    MOV    A,@R0
          ADD    A,R3
          MOV    R3,A
          CLR    A
          ADDC   A,R2
          MOV    R2,A
          INC    R0
          CJNE   R0,#40H,FILT1  ;判断累加完 16 个数据了吗?
          SWAP   A              ;累加完后，开始求平均值
          XCH    A,R3
          SWAP   A
          ADD    A,#80H         ;四舍五入
          ANL    A,#0FH
          ADDC   A,R3           ;平均值放在 A 中返回
          RET
```

（6）加权平均滤波：算术平均滤波和去极值滤波存在平滑性和灵敏度的矛盾，采样次数太少了，平滑效果差；次数太多，灵敏度下降，对参数的变化趋势不敏感。为了协调两者的关系，可采用加权平均滤波。对连续 N 次采样值不是一视同仁的求累加和，而是分别乘上一个不同的加权系数之后再求累加和。加权系数一般先小后，以突出后面若干采样次数的效果，加强系统对参数

变化的趋势性辨识，各个加权系数均小于1的小数，且满足总和等于1的约束条件。如此处理，加权运算之后的累加和即为有效采样值。

为方便计算，可取各个加权系数均为整数，且总和为256。加权运算后的累加和再除以256（即舍去低字节）以后便是有效采样值。要事先设计好加权系数，并存放在程序表格中。

假设每批采样8个数据，并依次存放在30H～37H单元中，加权平均滤波算法流程图如图10-3所示。程序如下：

```
FILT:   MOV     R0,#30H                 ;指针 R0 指向采样数据首地址
        MOV     DPTR,#TAB               ;指向加权系数表格首地址
        MOV     R2,#00                  ;累加和清 0
        MOV     R3,#00
FILT1:  MOV     B,@R0                   ;取一个采样值
        CLR     A
        MOVC    A,@A+DPTR               ;查表取对应的加权系数
        MUL     AB                      ;加权运算
        ADD     A,R3                    ;计算求累加和
        MOV     R3,A
        MOV     A,B
        ADDC    A,R2
        MOV     R2,A
        INC     R0                      ;指向下一采样数据
        INC     DPTR                    ;指向下一个加权系数
        CJNE    R0,#38H,FILT1           ;判断 8 个采样数据处理完否
        MOV     A,R3                    ;求有效采样值，对数据四舍五入处理
        RLC     A
        CLR     A
        ADDC    A,R2
        RET
TAB:    DB      18,22,26,30,34,38,42,46 ;加权系数
```

（7）低通滤波：在使用前面介绍的中值滤波、算术平均滤波和去极值平均滤波时，都有一个前提条件：在多次对信号进行采样期间，信号的真实值保持不变（或变化忽略不计），即采样频率远远高于信号频谱的上限频率。当两次采样期间信号的变化必须考虑时（虽然不大），即采样频率接近信号频谱的上限频率时，可以采用低通滤波算法来去除干扰。

将普通硬件RC低通滤波器的微分方程用差分方程来表示，便可以用软件算法来模拟硬件滤波器的功能。经推导，低通滤波算法如下：

$$Y_n = \alpha X_n + (1-\alpha)Y_{n-1}$$

式中，X_n为本次采集值，Y_{n-1}为上次的滤波输出值，α为滤波系数，其值通常远小于1，Y_n为本次滤波的输出值。由上式可以看出，本次滤波的输出值主要取决于上次滤波的输出值（不是上次的采样值），本次采样值对本次滤波输出的贡献是比较小的，但多少有些修正作用。这种算法便模拟了具有较大惯性的低通滤波器的功能。滤波算法的截止频率可由下式计算出来：

$$f_L = \frac{\alpha}{2\pi t}$$

式中，α 为滤波系数，t 为采样间隔时间。例如当 $t = 0.5$ 秒（即每秒采样 2 次），$\alpha = 1/32$ 时，$f_L = \dfrac{\alpha}{2\pi t} = (1/32)/(2\times3.1416\times0.5)\approx 0.01\text{Hz}$。

当目标参数为变化很慢的物理量时（如大型贮水池的水位信号），这是很有效的。另一方面，它不能滤除高于二分之一采样频率的干扰信号，本例中采样频率为 2Hz，故对 1Hz 以上的干扰信号通常应配合硬件滤波电路来滤除。

4. CPU 抗干扰技术

当干扰作用到 CPU 本身时（通过干扰三总线等途径），CPU 将不能按正常状态执行程序，从而引起混乱。如何发现 CPU 受到干扰，如何拦截失去控制的程序，如何使系统的损失减小，如何尽可能恢复系统正常状态，这些便是 CPU 抗干扰技术所需要解决的问题。

（1）睡眠抗干扰：CPU 进入睡眠状态后只有定时/计数系统和中断系统处于值班工作状态，对三总线上出现的干扰没有反应，从而大大降低了系统对干扰的敏感程度。按这种思想设计的软件有如下特点：主程序在完成各种自检、初始化工作之后，用下述两条指令组成无限循环：

```
LOOP:   ORL     PCON,#1         ;进入睡眠状态，等待中断发生
        LJMP    LOOP            ;中断返回后，再次进入睡眠状态
```

系统所有的工作都放在各个中断子程序中执行，监控程序一般放在定时中断子程序中。

（2）软件陷阱：当受干扰的程序跳到非程序区（如程序存储器中未使用的空间、程序中的数据表格区）时，采取的措施就是设立软件陷阱。所谓软件陷阱，就是一条引导指令，强行将捕获的程序引向一个指定的地址，在那里有一段专门对程序出错进行处理的程序。如果我们把这段程序的入口标号称为 ERR 的话，软件陷阱即为一条 LJMP　ERR 指令，为加强其捕捉效果，一般还在它前面加两条 NOP 指令，因此，真正的软件陷阱由三条指令构成：

```
NOP
NOP
LJMP  ERR
```

软件陷阱安排在下列四种地方：未使用的中断向量区、未使用的大片 ROM 空间、表格和程序断裂点。由于软件陷阱都安排在正常程序执行不到的地方，故不影响程序执行效率。

（3）软件复位：软件复位就是用一系列指令来模拟硬件复位功能，最后通过转移指令使程序从 0000H 地址开始执行。软件复位是使用软件陷阱后必须进行的工作，这时程序出错完全有可能发生在中断子程序中，中断激活标志已置位，它将阻止同级中断响应，由此可见清除中断激活标志的重要性。在所有的指令中，只有 RETI 指令能够清除中断激活标志。前面提到的出错处理程序 ERR 主要就是完成这一功能，其他的善后工作交由复位后的系统去完成。这部分程序如下：

```
POWER   DATA    67H             ;上电标志存放单元
ERR:    CLR     EA              ;关中断
        MOV     DPTR,#ERR1      ;准备第一次的返回地址
        PUSH    DPL
        PUSH    DPH
        RETI                    ;清除高级中断激活标志
ERR1:   MOV     POWER,#0AAH     ;重建上电标志
        CLR     A               ;准备复位地址
        PUSH    ACC             ;压入复位地址 0000H
```

```
        PUSH    ACC
        RETI                    ;清除低级中断激活标志，程序从 0000H 开始执行
```

这段程序先关中断，以便后续处理能顺利进行，然后用两个 RETI 指令代替两个 LJMP 指令，从而清除了两级中断激活标志，最后进入复位地址。

（4）系统的恢复：由系统复位时的历史状况，可将复位分为“冷启动”和“热启动”。“冷启动”时，系统的状态全部无效，可以进行彻底的初始化操作。而“热启动”时，对系统的当前状态进行修复和有选择的初始化。系统初次上电投入运行时，必然是“冷启动”，以后由抗干扰措施引起的复位操作一般均为“热启动”。为了使系统能正确决定采用何种启动方式，常用上电标志来区分，如图 10-4 所示。

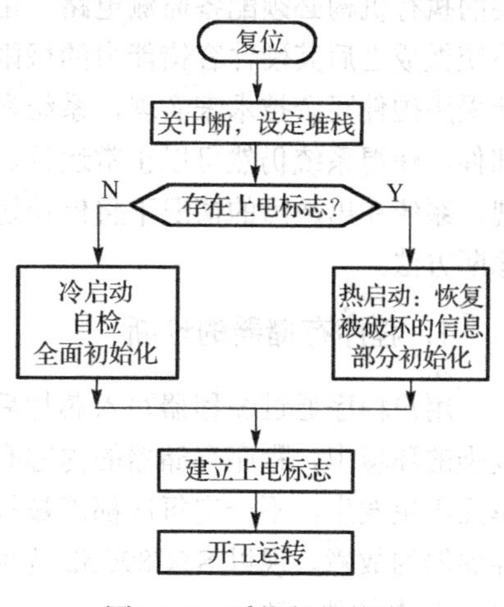

图 10-4　系统复位策略

“上电标志”是软件标志，如上述程序中在 POWER 中存放的特定数据 0AAH 作为“上电标志”。这时复位后的主程序如下：

```
MAIN:   CLR     EA              ;关中断
        MOV     SP,#67H         ;设定堆栈
        MOV     PSW,#0          ;设定 0 区工作寄存器
        MOV     A,POWER         ;判断上电标志
        CJNE    A,#0AAH,MAIN0
        •                       ;有上电标志，热启动过程，恢复现场
        •                       ;部分初始化
        SJMP    MAIN3
MAIN0:  •                       ;无上电标志，进行冷启动
        •                       ;自检、全面初始化
MAIN3:  MOV     POWER,#0AAH     ;建立上电标志
LOOP:   •                       ;开工循环
        LJMP    LOOP
```

软件抗干扰措施要通过“热启动”来使系统恢复正常。这里需要说明，在“热启动”过程中，如果由于现场破坏过于严重，所采取的软件硬件手段均不能正确恢复系统，这时只好转为“冷启动”。

10.2　容错设计

“容错设计”是指提高微机应用系统内在素质，使其在不考虑干扰的前提下能可靠运行的设计方法。本节简单介绍硬件容错设计技术和软件容错设计技术。

10.2.1　硬件容错设计

“硬件容错设计”是指提高硬件系统可靠性的设计方法。硬件容错设计可从两方面来考虑，首先是提高系统的“先天”素质，即采用可靠的元器件、合理的结构设计等；其次是提高系统的“后天”素质，使系统具有“自诊断”功能，即使出了问题，也能及时诊断出硬件故障类型，甚至诊断出故障位置，协助维修人员进行修复，并能及时采取相应的措施，避免事态扩大。本节不讨论如何筛选元器件、如何进行结构设计等问题，仅仅讨论系统的“自诊断”功能实现方法。

为了使微机应用系统的硬件故障能够及时自行诊断出来，在进行系统硬件电路设计时就必须通盘考虑，将有关测试电路设计进去，以便CPU可以随时了解系统各部分工作是否正常，其中重要的执行机构必须配备监测电路。由此可以看出，系统的硬件容错功能在很大程度上是先天的，系统做成之后其硬件容错能力的极限也就定下来了。在可靠性要求非常高的系统中，硬件容错设计采用硬件冗余技术来实现，系统在出现故障的情况下由处于“热备份”状态下的部件取代故障部件，使得系统仍然可以正常运行。在大多数应用系统中，硬件容错能力主要通过硬件诊断来实现，系统在出故障的情况下将停止运行，从而避免系统带病运行。本节介绍常用的几种硬件故障诊断方法。

1. 程序存储器的诊断

用户程序通过编程器写入芯片后，一般是不会出错的。但使用时间一长，尤其是处于放射性较强的环境中，程序存储器的内容有可能改变，从而使系统运行不正常。由于这种出错总是个别单元零星发生，不一定每次都能被执行到，故必须主动进行检查，通常用“校验和”来诊断程序存储器的故障。现以STC89C52为例（其程序存储器地址范围为0000H～1FFFH）介绍程序存储器诊断的实现方法。

（1）在应用程序中必须包含下面的诊断子程序，并在自检模块中通过调用该子程序来检测程序存储器内容是否正常：

```
TESTROM:    MOV     DPTR,#0000H        ;从程序存储器的起始地址开始
            MOV     R2,#20H            ;一共32页（每页256字节）
            MOV     B,#0               ;校验和初始化
TESTROM1:   CLR     A                  ;读一个字节的内容
            MOVC    A,@A+DPTR
            XRL     B,A                ;计算校验和
            INC     DPTR               ;指向下一个字节
            MOV     A,DPL
            JNZ     TESTROM1           ;本页未完
            DJNZ    R2,TESTROM1        ;校验完32页
            MOV     A,B                ;取最终校验结果
            RET
```

调用该子程序后，累加器中的值就是8KB程序存储器的校验和。在8KB程序存储器空间的后部必然有不少字节没有使用，建议在应用程序清单的最后面加一软件陷阱，地址安排在1FFAH～1FFEH，空出1FFFH单元作为校验和存放单元，并假设其初始值为零：

```
ORG     1FFAH    ;软件陷阱
NOP
NOP
LJMP    ERR
DB      00H      ;假设的校验和
END
```

（2）将应用软件编译后的目标码调入开发系统的仿真RAM中，运行校验子程序，累加器中就可以得到真正的校验和，假设校验和为8CH。

（3）用真正的校验和来取代程序清单中的值：

```
ORG     1FFAH       ;软件陷阱
NOP
NOP
LJMP    ERR
DB      8CH         ;真正的校验和
END
```

（4）重新编译原程序，得到一个目标码文件（BIN 文件或 HEX 文件），该文件即可以实现程序存储器的诊断功能。在自检模块中调用 TESTROM 子程序后，如果累加器中的值为零则正常，不为零则出错。在程序调试阶段，程序代码经常修改，应该屏蔽本诊断功能。当需要将程序代码写入芯片时才计算校验和，生成最终目标文件，使其具有 ROM 诊断功能。

2．数据存储器的诊断

数据存储器每个字节的每一位都应该可以任意读写，诊断的方法就是使每一位进行写“0”操作和写“1”的操作，并读取结果，验证是否写入成功。数据存储器的诊断有破坏性诊断与非破坏性诊断两种，非破坏性诊断可以在完成诊断任务的同时不破坏原有数据，以便随时进行。设系统扩充有一片 6264，其地址为 2000H～3FFFH，非破坏性诊断程序如下：

```
TESTRAM:    MOV     DPTR,#2000H         ;6264 的起始地址
            MOV     R2,#20H             ;共 32 页
TESTRAM2:   SETB    F0                  ;诊断一页，出错标志初始化
TESTRAM4:   MOVX    A,@DPTR             ;读取一字节数据
            MOV     B,A                 ;保存副本
            CPL     A                   ;取反
            MOVX    @DPTR,A             ;写回 RAM
            MOVX    A,@DPTR             ;再读取
            CPL     A                   ;取反
            CJNE    A,B,TESTRAM6        ;校对有误？
            MOVX    @DPTR,A             ;恢复原数据
            MOVX    A,@DPTR             ;再读取
            CJNE    A,B,TESTRAM6        ;恢复出错？
            INC     DPTR                ;指向下一单元
            MOV     A,DPL
            JNZ     TESTRAM4            ;全页完？
            CLR     F0                  ;本页通过
TESTRAM6:   JB      F0,TESTRAM8         ;出错，结束检测
            DJNZ    R2,TESTRAM2         ;诊断完 32 页？
TESTRAM8:   RET                         ;诊断结束
```

上述程序执行后，若 F0=0 则通过，若 F0=1 则有问题。在实际情况下，RAM 芯片本身出故障的可能性很小，问题很可能出在线路板上（断线、短路、虚焊）。

3．A/D 通道的诊断

如图 10-3 所示，将某一闲置的模拟输入端接地，启动 A/D 转换后读取转换结果，如果不为零，则说明 A/D 通道发生零点漂移。如果零点漂移太大，则为故障。在另一闲置的模拟输入端加上一个稳定的已知模拟电压，启动 A/D 转换后读取转换结果，减去零点漂移后如果等于预定值，

则 A/D 通道增益正常，如果有少许偏差，则说明 A/D 通道发生增益漂移，可求出校正系数，供信号通道进行校正运算，如果偏差过大，则为故障现象。具体程序在第九章的“自动校正”一节中已有介绍。

4. D/A 通道的诊断

诊断的目的是为了确保模拟输出量的准确性，而要判断模拟输出量是否准确又必须将其转变为数字量，CPU 才能进行判断。因此，D/A 通道的诊断离不开 A/D 环节。在 A/D 环节诊断正常后，就可以借助 A/D 的另一个闲置的输入通道来对 D/A 进行诊断了。将 D/A 转换后的模拟输出信号通过分压电阻接到 A/D 的某输入端（如图 10-5 所示）。适当调整分压系数，使整个 D/A～A/D 闭环增益为 1，即可达到满意的诊断效果。这时，CPU 向 D/A 输出一个代码，就可以从 A/D 读得同样的代码（可能需要进行校正）。如果偏差明显，则 D / A 电路的增益出现明显漂移。

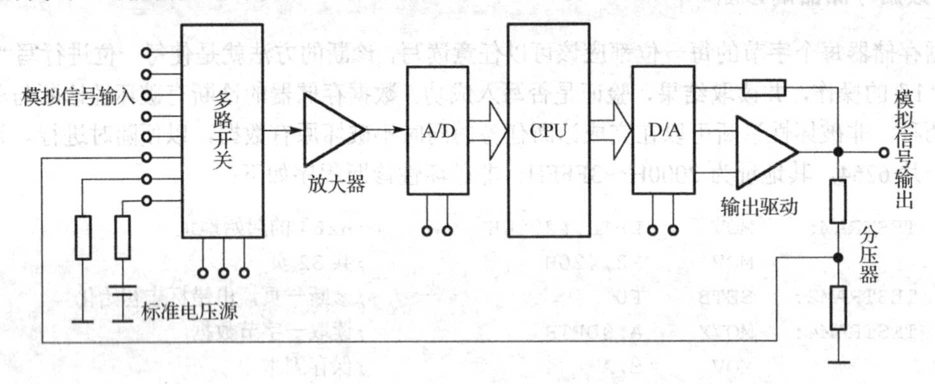

图 10-5　A/D 和 D/A 诊断电路

5. 显示功能的诊断

发光二极管的诊断可以通过“闪烁”几次来实现，数码管诊断必须将所有合法显示内容轮流显示一遍，操作者通过观察显示效果来判断显示部件是否正常。在自检模块调用显示诊断程序时，系统时钟尚未工作，必须用延时子程序来控制显示和“闪烁”的快慢。

6. 打印机的诊断

最常采用的作法是让打印机启动，走纸 2～3 行，打印一段开工信息，再走纸 2～3 行，回车，最后关闭打印机。操作者通过观察打印效果来判断打印机是否正常。

7. 音响报警装置的诊断

音响报警装置有电喇叭、蜂鸣器（压电陶瓷）、电铃等种类。对于电喇叭的诊断，常让它表演一段预定的音乐旋律，如能正常唱出来（音量足够，不跑调），便可对它放心。对蜂鸣器可通过驱动电路使其发出三声音响，以验证其工作正常。

8. 键盘的诊断

在微机应用系统中，键盘的故障率比较高。有时系统操作失灵，很可能就是键盘失灵。键盘诊断功能可以使操作者很快作出判断：问题是出在键盘上还是与键盘无关？诊断的方法是：CPU 每取得一个按键信息，就让蜂鸣器发出一声短促的声响，当按某键听不到响声时，就可以判断键盘系统出了故障，很多家用电器（如微波炉）都采用这种方法。

10.2.2 软件容错设计

同一个微机应用系统，熟练的操作者认为该系统很正常，而一个不太熟练的操作者会认为该系统很难操作，老是出差错。出现这种现象的主要原因就是该系统的人机界面设计不佳，或曰不友好。人机界面的硬件部分是固定的，改进的方向应放在软件设计上。

实践经验告诉我们，很多错误往往是人为因素造成的。具有友好人机界面的系统俗称“傻瓜”系统，即一个“傻瓜”也能很快学会操作的系统。“傻瓜”系统有如下特点：只需要短时间训练就能顺利操作，即使操作中出现失误也不会引起事故，还能及时给操作者以帮助（进行操作功能提示），简化操作过程，为操作者提供更正错误的机会，其输出的信息清楚明白，不易引起误解。另外，对于某些重要操作，人机界面如能提供某些安全保护功能，则该系统的人机界面是安全的。友好性和安全性的设计前提都是“操作者的操作有误”，故人机界面的友好性和安全性设计属于软件“容错”设计的最主要内容，现简单介绍如下。

1. 操作提示功能的设计

微机应用系统的监控程序是完成人机界面功能的软件主体。监控程序一般由“输入键盘信息、分析、执行”这几个环节组成。如果一切操作正常，当然这三个环节都会被顺利通过，如果操作不正常，其后果全看软件的“容错能力”了。本着“预防主为，医治为辅”的原则，首先要尽可能减少误操作。预防误操作的有力手段就是“提示功能”。微机应用系统应在任何时刻都提供足够的提示功能，告诉操作者现在微机应用系统正在做什么，操作者应该做什么或者可以做什么。

对于比较高级一些的微机应用系统，一般都配置有 CRT 装置或大屏幕液晶屏，可以很方便地将各种信息都显示出来，还可以用图型显示的方式形象地将整个工艺流程显示出来，一目了然。同时可以将各种运行参数，操作提示菜单一并显示出来。对于一些小型应用系统，其显示部件一般只有数码管和发光二极管，常用的提示方式是显示“提示符”。随着系统状态变化，提示符也不断变化，以提示操作者进行对应操作。我们将它的各笔划按需要组合成各种提示符，并将对应的笔型码编入笔型表中，就可以供显示使用了，如“-”、“P”、“A”、“U”、“E”，等等。

2. 数据输入的容错设计

参数输入过程可分为三个阶段：第一阶段为接收输入命令，使系统进入输入准备状态，通常由某一个输入命令键来完成；第二阶段为输入参数过程，由操作一系列数值键（包括小数点键和负号键）来完成；最后阶段为结束输入，通常由回车键或其他非数值键来完成，这时计算机将刚才输入的数据正式存入相应的参数区中。

在一个没有容错能力的输入模块设计方案中，读得有效键码后散转到各对应的执行程序入口，与输入功能有关的键为“输入命令键”、“数值键”、“回车键”。

① 输入命令键的处理过程：将显示缓冲区（或输入缓冲区）清零，准备接受输入的新数据，设立参数指针，指明输入参数的存放目的地址，然后使系统进入“输入”状态。

② 数值键的处理过程：对于 0～9 这十个数码键，从低位加入输入缓冲区，缓冲区中的原数据连同小数点一起左移十进制一位。对于小数点键，将其安放在最低位。对于负号键，则改变缓冲区数据的符号。

③ 回车键处理：将输入缓冲区中的数值按参数指针存放到参数区中，完成输入过程，退出“输入”状态。

只要认真操作，这样设计的输入模块完全可以正确地输入参数。但是，在实际工作中这三个阶段都有可能出现误操作，输入模块必须考虑到这一点。有可能一开始就属误操作，当前并不想输入这个参数，但不小心碰到了这个键，进入了输入状态。在第二阶段，正常情况下只能操作数码键（包括负号键和小数点键），如果这时不小心碰了其他键，怎么办？如果定义只有回车键为输入结束键，则在第二阶段中就不应理会其他键。如果没有回车键，其他功能键往往就是结束输入的命令键。按下结束输入键（或回车键）进入第三阶段后，刚才输入的数据很可能不合理，如出现两个小数点、数据太大或太小，或者该数据本身虽然没有问题，但和其他数据有矛盾等，这时就应向操作者提出报警，要求更正。

为保证系统有一个基本正常的运行环境，所有参数均应在程序中保留三个值：最大值、最小值、默认值。在系统上电初始化过程中，所有参数均按默认值进行赋值，不能空缺不赋值。当输入过程失败（一个无经验的操作者很容易将系统参数弄乱）后，仍可恢复修改前的原数值或默认值。

我们假定INP为输入状态标志，INP=0为非输入状态，INP =1为输入状态。再设SETTING为修改标志，SETTING =0为尚未修改，SETTING =1为数据已被修改过。设PN为数符标志，PN=0为正，PN=1为负。设要修改的参数为频率，该参数用两个字节的BCD码存放在FH、FL中，其最大值不超过8000Hz，最小值为200Hz，典型值为1000Hz，调节步距为25Hz（即输入的频率参数必须为25的整数倍）。频率提示符为“F”，其代码为0DH，存放在变量TSF中。该数码键0～9的键码分别对应于00H～09H，小数点的键码为0AH，负号的键码为0BH。加入容错措施之后，各键码的处理过程如下：

① 输入命令键的处理过程：首先判断目前状态，如果不是输入状态，则可以进入输入状态（实际还可能需要作其他检查，判断当前是否允许输入参数）。之后就可以作一系列的输入准备工作：置位输入标志INP，用于说明系统进入输入状态；建立参数指针，用于说明目前待输入的参数在何处存放；按参数指针将参数的当前值送入显示缓冲区，使操作者在开始输入新值前就可以知道当前值，这对操作者是有利的；最后清除修改标志，说明目前显示缓冲区中的数值与参数的当前值一样，尚未被修改过。作完这几项准备工作后即完成输入的第一阶段，可以进入第二阶段。如果已经是输入状态了，就说明在这之前已经按过输入命令键。这时就检查修改标志，如果已经修改过，这次命令键可以不予理会，也可以和回车键同等看待，作为结束命令，两种方式可以任选。如果尚未修改过，则说明操作者在前一次按输入命令键之后并未输入任何数据，甚至手指都没有离开过这个键，接着再次按下它。在这种情况下就可以直接清除输入标志，退出输入状态。这种安排有两个目的，如果是误操作，再按一次便可原地退回，不影响参数的数值。如果是有意按下，则提供了“查询”功能，操作者按下某参数的输入命令键后，该参数便显示出来，看完后再按一下便退出输入状态，达到查询的目的。

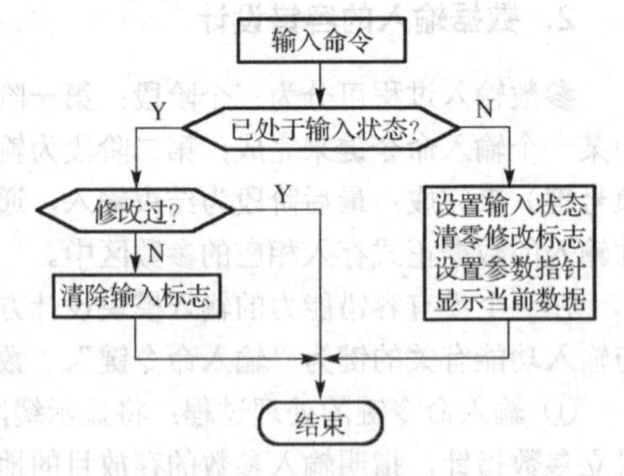

图10-6　输入命令键的处理

“频率”输入命令键的处理程序流程图如图10-6所示，程序如下：

```
INP         BIT     2EH.6       ;输入状态标志（0：非输入状态；1：输入状态）
SETTING     BIT     2EH.5       ;修改状态标志（0：未修改状态；1：已修改状态）
DSBUFS      EQU     5BH         ;显示缓冲区首址
DSBUF0      DATA    5BH         ;万位显示内容存放单元
DSBUF1      DATA    5CH         ;千位显示内容存放单元
```

```
DSBUF2    DATA    5DH             ;百位显示内容存放单元
DSBUF3    DATA    5EH             ;十位显示内容存放单元
DSBUF4    DATA    5FH             ;个位显示内容存放单元
XSDS      DATA    2AH             ;小数点控制单元
XSD0      BIT     XSDS.0          ;万位小数点控制标志（0:熄灭,1:点亮）
XSD1      BIT     XSDS.1          ;千位小数点控制标志（0:熄灭,1:点亮）
XSD2      BIT     XSDS.2          ;百位小数点控制标志（0:熄灭,1:点亮）
XSD3      BIT     XSDS.3          ;十位小数点控制标志（0:熄灭,1:点亮）
XSD4      BIT     XSDS.4          ;个位小数点控制标志（0:熄灭,1:点亮）
PN        BIT     XSDS.7          ;数据符号（0: 正数;1: 负数）
FSZ       EQU     60H             ;频率参数存放首址
FH        DATA    60H             ;频率参数的高字节（BCD码）
FL        DATA    61H             ;频率参数的低字节（BCD码）
TSF       DATA    62H             ;当前提示符编码存放单元
CSP       DATA    63H             ;当前参数首址存放单元

KEYF:     JNB     INP,KEYF1       ;是否输入状态?
          JB      SETTING,KEYF0   ;若参数已经修改，则该命令无效
          CLR     INP             ;若未修改，则退出输入状态，结束查询
KEYF0:    LJMP    KEYOFF
KEYF1:    MOV     XSDS,#0         ;频率为正整数，无小数点
          MOV     TSF,#0DH        ;提示符"F"的编码
          MOV     CSP,# FSZ       ;指向频率参数的存放首址
KEYF2:    SETB    INP             ;进入输入状态
          CLR     SETTING         ;尚未开始修改
          MOV     DSBUF0,TSF      ;万位显示提示符
          MOV     R0,CSP          ;取参数存放首址，准备显示当前数据
          MOV     A,@R0           ;取参数当前值的高字节
          SWAP    A
          ANL     A,#15
          MOV     DSBUF1,A        ;千位
          MOV     A,@R0
          ANL     A,#15
          MOV     DSBUF2,A        ;百位
          INC     R0
          MOV     A,@R0           ;取参数当前值的低字节
          SWAP    A
          ANL     A,#15
          MOV     DSBUF3,A        ;十位
          MOV     A,@R0
          ANL     A,#15
          MOV     DSBUF4,A        ;个位
          LJMP    KEYOFF          ;处理结束
```

这一段程序是监控程序的一部分，当按下“输入频率”的命令键后，键盘解释程序便散转到标号为KEYF的地方。标号KEYOFF是所有键盘处理模块的汇合点。

② 数值键的处理过程：首先进行状态判断，如果不是输入状态，则不予处理。如果是输入状

态，就检查“修改标志”，若尚未修改过，说明这是输入的第一个数值键，应先将显示缓冲区清零，再填入第一个数值到个位。如果已经修改过，且输入的是数码键，则将显示缓冲区的内容左移十进制一位，空出个位后填放刚才输入的数值。如果是小数点键，则数值内容不变，只将个位的小数点点亮。如果是负号键，则改变数符。其输入过程和使用袖珍计算器一样。

数值键的执行程序流程如图10-7所示，程序如下：

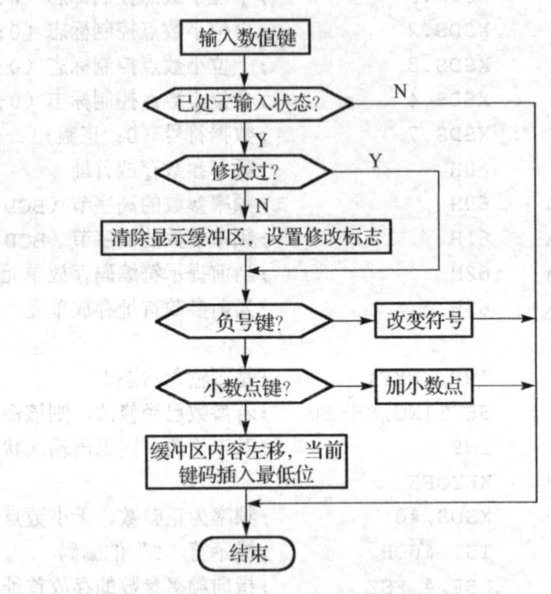

图10-7　数值键的处理

```
KEYDIG: JNB     INP,KEYDGE           ;输入状态?
        JB      SETTING,KEYDG0       ;修改过?
        CLR     A                    ;清显示缓冲区内容（保留提示符）
        MOV     DSBUF1,A
        MOV     DSBUF2,A
        MOV     DSBUF3,A
        MOV     DSBUF4,A
        CLR     PN                   ;符号初始化
        SETB    SETTING              ;置位“修改标志”
KEYDG0: MOV     A,KEYCODE            ;取键码
        CJNE    A,#0BH,KEYDG1        ;负号键?
        CPL     PN                   ;改变符号
        LJMP    KEYOFF               ;处理完毕
KEYDG1: CJNE    A,#0AH,KEYDG2        ;小数点键
        SETB    XSD4                 ;个位加小数点
        LJMP    KEYOFF               ;处理完毕
KEYDG2: XCH     A,DSBUF4             ;数字键，插入最低位
        XCH     A,DSBUF3             ;顺次左移
        XCH     A,DSBUF2
        MOV     DSBUF1,A             ;到千位为止，保留提示符
        MOV     A,XSDS
        MOV     C,PN                 ;保存数符
        RR      A                    ;小数点位置移一位
```

```
          ANL     A,#1EH              ;小数点只有四个有效位置
          MOV     PN,C                ;恢复数符
          MOV     XSDS,A
KEYDGE:   LJMP    KEYOFF              ;处理结束
```

③ 回车键（输入结束）处理：首先判断当前是否处于输入状态，若不是，则不予处理或作其他功能处理。若是输入状态，再判断是否修改过参数，若未修改过，则清除输入标志即可，这相当于一次查询功能或者对当前参数值表示认可。若已经修改过参数值，就要对修改后的参数值作一系列审查。审查合格后，将新输入的数值存入参数区，更新该项参数。若审查不合格，则不更新参数，以保护原参数不被冲掉，并提出告警，然后重新启动一次输入，提供更正的机会。审查项目最少有三项：数据格式（小数点位置等）、是否超过最大值、是否低于最小值。有时还要进行其他的约束条件或相关条件的审查，本例中要进行步距审查。

程序流程如图10-8所示，程序如下：

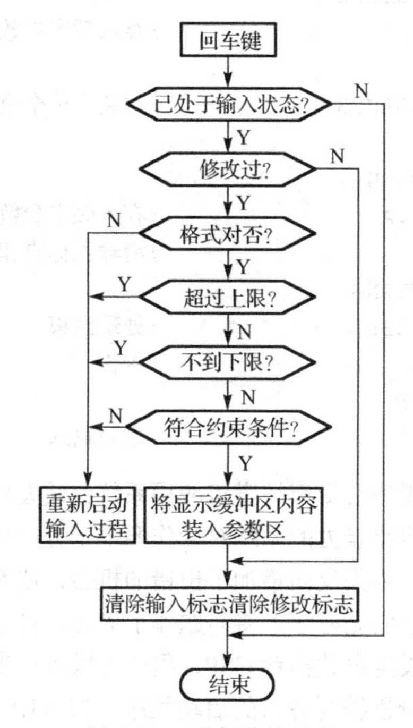

图10-8 回车键的处理

```
KEYCR:    JNB     INP,KEYCR0          ;输入状态?
          JB      SETTING,KEYCR1      ;修改过?
          CLR     INP                 ;结束查询
KEYCR0:   LJMP    KEYOFF              ;结束处理
KEYCR1:   MOV     A,XSDS
          JNZ     AGAIN               ;非正整数无效，重新输入
          MOV     A,DSBUF1            ;取千位
          JNZ     KEYCR2              ;超过1000Hz?
          MOV     A,DSBUF2            ;取百位
          ADD     A,#0FEH
          JNC     AGAIN               ;小于200Hz无效，重新输入
          CLR     A
```

```
KEYCR2: ADD     A,#0F8H             ; 8000Hz 以上无效，重新输入
        JC      AGAIN
        MOV     A,DSBUF3            ;十位和个位拼接
        MOV     B,#10
        MUL     AB
        ADD     A,DSBUF4
        MOV     B,#25
        DIV     AB                  ;能否被 25 整除？
        MOV     A,B
        JNZ     AGAIN               ;有余数无效，重新输入
        MOV     R0,CSP              ;取参数指针
        MOV     A,DSBUF1            ;拼装千位百位 BCD 码
        SWAP    A
        ORL     A,DSBUF2
        MOV     @R0,A               ;存入频率参数区高字节
        INC     R0
        MOV     A,DSBUF3            ;拼装十位个位 BCD 码
        SWAP    A
        ORL     A,DSBUF4
        MOV     @R0,A               ;存入频率参数区低字节
        CLR     INP                 ;清输入标志和修改标志
        CLR     SETTING
        LJMP    KEYOFF              ;处理结束
AGAIN:  LCALL   BEEP                ;告警
        LCALL   BEEP
        LJMP    KEYF1               ;重新输入
```

采用以上容错设计后，操作者便会觉得该微机应用系统比较友好，对操作者要求不高，操作者的心理状态也可以放松。而没有容错能力的系统对操作要求十分严格，不准按错一次按键，势必使操作者处于高度紧张的心理状态，结果反而增加了出错的机会，使人感到该系统很难操作。在以上设计过程中，为了说明容错方案的实施办法，将问题作了简化，只考虑了一个参数的输入过程。如果真的只有一个参数，也就不必设定参数指针CSP，程序可以进一步化简。实际场合往往有多个参数需要输入，这时，就要对各键分别编写各自的启动程序（如KEYF程序一样），如果各参数的数据结构（定点字节数，小数点位置等）相同，就可以分别对参数指针赋值后，进入共同的启动过程。如果各参数的数据结构不同，实现起来就要麻烦些，还不如各自独立编程要好些。在回车键的处理过程中，因为各参数的审查条件不同，可根据参数指针分别进行各自的审查验收过程。

3．命令输入的容错设计

微机应用系统除了从操作者那里获得各项参数外，更多的情况下是从操作者那里获得控制命令。人们总是希望微机应用系统忠实听话，下什么命令就干什么活。但太听话了并不是好事，因为人下的命令未必都正确适宜，对错误命令也忠实执行，决不会有好的结果。事实证明，人在频繁的操作过程中，几乎没有不错上一次两次的，也许就是这一两次的错误操作被忠实执行后引起了严重后果。对命令键的解释执行程序不加任何容错措施就会设计出这种“最忠实”的，但也是最不友好的软件来。如果微机应用系统能对操作者的命令进行分析，合理的就执行，不合理的就不执行，并提示其错误所在，人们就会感到这才是真正的忠实，所以命令输入的容错设计是十分重要的。

每一个命令的执行都需要若干条件，执行后也有若干反应。因此，一个命令应不应该执行，首先要检查条件是否具备？如果需要外部硬件配合，则这些外部硬件是否准备就绪？一句话，如果这个命令合理、适时，能顺利完成，就执行，否则就拒绝执行。

（1）软件环境检查：每个命令都有其适用的软件环境。这包括两种不同质的信息集合。第一类是状态信息，如状态字和软件标志。每种状态下都有其允许进行的操作和禁止进行的操作。在同一状态下，某种操作是否允许进行还要由若干软件标志通过逻辑运算后才能决定。第二类是数值信息，某些命令是否允许执行，有时要通过对若干数据进行数值运算后才能决定，这种运算以各种范围判断为常见。时间信息也是一种数值信息，某些命令是否允许执行与时间有关，这时系统时钟的内容成为判断的依据。另外，如果该命令执行需要若干参数，通过对参数的完备性检查，也可避免执行不妥当的命令。所谓“参数的完备性检查”是指某一功能的实现需要预先由操作者决定一组参数的值。由于这些参数在初始化时已经都赋给了默认值，按道理人们不进行任何输入该功能也可以正常执行，即所需参数是完备的。但实际情况可能不允许这样做，对于某些控制条件、检测条件等参数，必须由操作者一一输入或核实后才算有效，否则，使用未经核实的参数（即使是默认值），也可能因为和实际情况出入较大而出问题。为此，在这些重大功能执行前必须进行参数完备性检查，保证每一个参数都是经过操作者修改或者核实过的。为此必须在输入模块中给每一个参数分配一个软件标志位，在初始化时将其清零，当某参数的输入过程（或查询过程）结束时，将相应的标志位置位。当进行参数完备性检查时，若发现某参数的标志为零，说明该参数被操作者遗忘了，及时提出告警，要求输入或核实该参数。

（2）硬件环境检查：硬件环境不是指硬件故障，因为硬件故障由自检功能检查发现后系统将停止运行。这里的硬件环境是指硬件的状态环境。如在数控车床中，冷却泵是否运转？主轴电动机是否运转？如果是双向运转，当前是正转还是反转？刀架电动机是进是退还是停？如此等等。如果一个命令的执行要牵涉到若干外部硬件状态，则必须对这些状态进行检查判断，例如启动刀架电动机开始进行切削加工的命令必须在冷却泵和主轴电动机已经启动后才能有效。有些硬件的控制是开环的，没有检测手段，这时只能利用其输出暂存区中的信息来判断，这一步的检查工作常和软件标志检查一起进行。对于一些事关重大的设备，人们一般均设计有硬件检测手段，这时应通过检测通道来获取有关设备的最新状态信息，作为判断依据。通过上述检查无误后，操作者的命令方才被执行，这时出差错的可能性就小多了。

4．输出界面的容错设计

人机界面的输出部分包括显示部分、指示部分、报警部分、打印部分。计算机通过输出界面将有关信息传送给操作者，这些信息中有操作提示报警信号，各项运算结果或中间结果。关于提示信号和报警信号，在输入的容错设计中已经涉及了，软件设计的方向是尽可能使有限的显示器件提供尽可能多的提示信号和报警信号，使操作者得到的信息尽可能具体和明确。对于声响报警，可设计多种不同的报警方法，例如，响一声表示按键正常，响两声表示操作有误，响三声表示运行到某一特定情况，响声不断表示系统出现故障等等，以引起操作者注意。这样，操作者从听响声中就可以区分出几种不同情况，比仅仅设计一种音响报警效果要好得多。

对于数据信息的输出，必须用人们乐于接受、直观明了、不易引起阅读差错的格式来完成。这也就是说，输出界面的容错设计目标就是如何使计算机提供给操作者信息能被操作者正确理解，而不产生辨识差错。

（1）数据的输出精度要反映真实情况。计算机的运算精度可以非常高，但受各种传感器的精度所限制，原始数据的精度往往是有限的，根据“有效数字”的运算法则，输出量的精度不可能比输入量的精度高很多。如果输出数据不采用相应的舍入处理，容易给人们造成虚假的“高精度”印象，这实际上是提供了错误信息。

（2）数据输出格式中要加提示信息，说明其物理属性和计量单位，以免造成阅读混乱。如果是打印输出，则尽可能设计出一种报表输出格式，其阅读效果最好。当输出数据很多时，必须对数据进行分组，并同时输出各类定位提示信息，如组号、顺序号等，并对数据进行一定的初步统计处理，将有关统计处理信息一并输出，如分组累计、平均、总计等。否则，操作者面对一大堆数字，是看不出多少头绪来的。

5. 安全性设计

前述各项容错措施可以基本防止误操作给系统带来的不良后果，但没有注意到安全性问题。微机应用系统中有些参数是非常重要的，不是谁都可以任意修改的。例如某供电控制器，它根据用户单位的用电定额和已交电费对用户进行供电控制。当用户电费已接近用完时，提出告警，再不交电费即停止供电。当用户交电费后，将金额输入控制器，便可恢复供电。在这里，交纳电费、调整电价、增减用电定额（超定额要罚款）等均由键盘输入，这些参数与双方的经济利益有关，不是随便就可以输入或修改的。如果没有安全措施，用电单位便可以经常修改它们，而给供电单位造成经济损失。不仅输入重要参数要注意安全措施，有些操作命令也要采取安全措施，例如某些操作要由指定专人进行，其他未授权者不得私自操作。

微机应用系统现在面临的不是操作方法是否正确，而是操作者的身份是否合法的问题。目前微机应用系统对操作者直接进行身份辨认尚属高新技术（如指纹识别、IC 卡等），成本比较高，对于低档单片机应用系统，只能通过间接的手段来验明操作者的身份。

（1）硬件安全性措施：增加若干硬件，用这些硬件的状态来判断操作者的身份。合法操作者具有使这些附加硬件电路处于“允许操作”状态的手段，而非法操作者没有这种手段，其操作将被微机应用系统拒绝。常用的措施有：锁开关（只有合法操作者有钥匙）、暗开关（只有合法操作者知道开关位置）、复合键操作（只有合法操作者知道操作方法）、延时方式（必须按键一段较长时间才能奏效）。

（2）软件安全性措施：如果在系统电路设计时没有考虑到硬件安全性措施，以后再增加就不方便了，这时仍可以采用软件安全性措施。当然，也可以一开始就决定采用软件方案，从而节约硬件成本。软件安全性措施是通过“密码”来识别操作者身份的，合法操作者知道密码而非法操作者不知道。若要进行某种受保护的操作，必须首先输入密码，密码无误方能进行后续操作，否则拒绝执行，甚至进行报警。密码为一串特定有序按键操作，在单片机应用系统中，通常键盘都比较简单，组合的范围有限，可适当将密码加长，减少破密的机会。

当操作者从键盘上输入一串“密码”后，微机应用系统必须将它和程序中预留的密码进行比较，以辨真伪。密码如果以源码保存，则很容易被破解。在要求不太高的系统中，密码用简单的加密方法保存，在要求较高的系统中，密码要用比较复杂的不可逆加密算法保存。

在输入密码的过程中，不能显示输入的密码，以免旁观者窃取密码。还可在输入速度上加以限制，从开始输入到结束输入所耗时间不得长于规定时间，超时不予承认。限制密码输入次数，避免非法操作者用多次试探的方法破密。

练习与思考题

1. 简述可靠性设计的必要性和主要任务。
2. 简述主要的硬件抗干扰措施。如何用软件消除干扰？

3. 什么叫数字滤波？数字滤波有哪些方法？

4. 编写采样 3 次的中值滤波程序（以 8 位 A/D 为例）。

5. 编写采样 8 次的算术平均滤波程序（以 8 位 A/D 为例）。

6. 比较“去极值平均滤波”算法与“粗大误差处理”算法的特点和差异。

7. 比较算术平均滤波、移动平均滤波、加权平均滤波算法的特点和差异。

8. 编写滤波系数 α=1/32 时的低通滤波程序。

9. 简述在有干扰情况下的系统复位策略。

10. 在图 10-3 中，输入模拟信号的范围为 0 到 255mV，8 位 A/D 转换结果对应为 00H 到 0FFH。8 位 D/A 将 00H 到 0FFH 转换为 0 到 12.75V 的模拟信号输出。求 D/A 诊断电路中分压器的分压系数。

11. 编写图 8-2 中数码管显示的自检子程序，并显示闪烁处理。

12. 简述在输入数据操作中各个环节的容错措施。

13. 简述在输入命令操作中的容错措施。

14. 简述输出界面容错设计的内容。

15. 简述安全性设计中常用的措施。

16. 使用 DAC0832 进行采样数据存放在 30H 开始的地址单元，请分别采用算术平均滤波、移动平均滤波、加权平均滤波算法编程，完成数据滤波处理。

第 11 章　基于电压测量的智能仪器

电压信号是电子测量中最基本的测量对象，不管是电量和非电量的检测都是先将其转化为直流电压信号，然后对信号进行调理，再对它进行测量。因此，研究和了解电压测量技术具有非常广泛的现实意义和实用价值。前面几章主要介绍了智能仪器的算法思想和软件设计方法，本章着重介绍智能数字电压表、智能数字万用表、智能数字 RLC 测量仪的基本工作原理，并对这几种智能测量仪表的系统结构和硬件电路设计进行介绍。

11.1　数字电压表

11.1.1　数字电压表的结构

由于许多物理量都需要转换成电量以后才能进行数字化测量，因此数字电压表和数字多用表是应用较广泛、发展较快的仪器。智能数字电压表是在数字电压表（DVM）的基础上、嵌入单片机系统形成的、具有很强数据处理能力的智能化数字电压表，是目前电子、电工、仪器、仪表和测量领域中大量使用的一种基本测量工具。

智能 DVM 一般都具有自动量程转换、自动零点调整、自动校准、自动诊断等功能，并配有标准接口。智能 DVM 之所以有智能性能，是因为它以微处理器为核心，以监控系统软件为基础。从系统结构来看，智能数字电压表主要由单片机、存储器、A/D 转换器、输入电路、输出显示电路和标准仪器接口等组成，其典型电路结构如图 11-1 所示。

从信号处理类型来看，智能数字电压表由模拟部分和数字部分组成。模拟部分主要包括输入电路和 A/D 转换电路，输入电路由阻抗变换、放大电路和量程控制组成，主要完成被测输入信号的整形放大；模数转换由高性能 A/D 转换器件组成，主要完成模拟量到数字量的转换。数字部分由单片机系统和显示电路组成，主要完成数据采集处理、逻辑控制、译码和数值显示等。

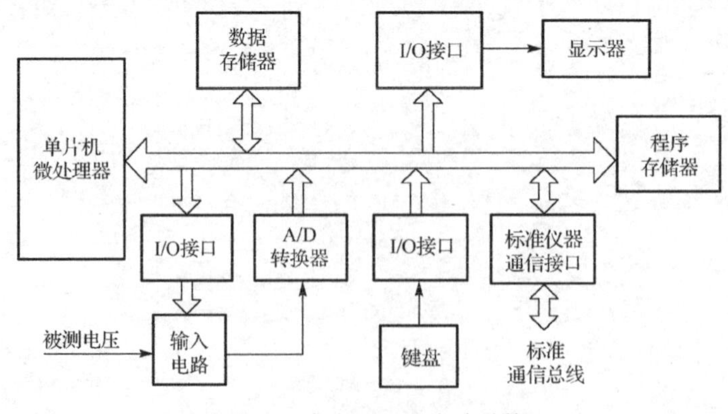

图 11-1　智能 DVM 电路结构

1．数字电压表的测量过程

一般，数字电压表的测量分为以下四个过程：

（1）数字电压表开机首先进行自诊断校准，之后进入电压测量状态。这时将被测信号接入输入电路，经过整形放大处理后送入 A/D 转换器。

（2）在单片机的控制下，A/D 转换器将被测信号进行连续采样并转换为数字信息，保存到存储器中。

（3）单片机对转换的数字量进行滤波、计算、求平均值、消除零点漂移等处理。

（4）将结果通过输出电路处理，输出并显示测量值。

数字电压表在测量时，被测电压信号首先要经过输入电路处理后才能进入 A/D 转换器，A/D 转换器在微处理器的控制下工作，把输入的电压信号变换成数字量并存放到相应的数据存储单元。然后，单片机根据不同的量程校准参数和相应的数学模型，调用相应的数据处理程序计算出正确的测量结果，并输出显示。一次测量结束后，程序自动返回进行下一次测量，如此周而复始地不断循环测量和显示。

微处理器的出现大大提高了数字电压表的性能，测量直流电压的准确度都优于 20ppm（即十万分之二），数字电压表不仅有测量功能，同时还具有很强的数据处理能力和自动校准等功能。这类仪器都具有友好的输入/输出功能，在校准时，不需要打开机箱，只要通过面板键盘输入相应的参数，调用相应的处理程序就可以完成校准工作。有的还可以在外部计算机的控制下实现自动校准，给人耳目一新的感觉。经过十多年的发展，智能化数字电压表已日臻完善，成为一种最典型的智能仪器。

2. 电压测量基本要求

在电压信号测量中，所遇到的被测电压都可能具有频率范围宽、幅度差异大、波形形态多等特点，所以在对电压测量时，对测量仪器应该提出以下要求：

（1）有足够宽的电压测量范围：被测电压可能小到 μV 级，大到 MV 级，要求电压测量仪器具有非常高的灵敏度。目前，最好的灵敏度已经达到 1nV 级。

（2）有足够宽的频率范围：在集总参数电路中，通常交流电压的频率范围要求从几赫兹到几百兆赫兹，有的要达 GHz 级别，一般模拟电压表的频率范围比数字电压表的要高很多。

（3）有足够高的测量准确度：通常电压测量准确度有三种方式表示：①$\beta\%U_{\rm m}$，即满刻度值的百分比，这种方式比较通用，在具有线性刻度的模拟电压表中用得很多；②$\alpha\%U_{\rm x}$，即读数值的百分比，在具有对数刻度的电压表中使用很多；③$\beta\%U_{\rm m}+\alpha\%U_{\rm x}$，主要用在具有刻度要求很严格准确度的电压表中。

电压测量的基准是直流标准电池，分布参数影响很小，使直流电压的测量可获得很高的准确度。目前数字电压表的准确度可达到$\pm10^{-6}$的数量级（即 $0.0001\%U_{\rm m}+0.0005\%U_{\rm x}$），而模拟电压表只有 10^{-2} 量级。但交流电压的测量过程中，由于需要 AC/DC 转换电路，波形误差与分布性参量影响较大，测量准确度只有 10^{-2}～10^{-4} 量级。

（4）有足够大的输入阻抗：输入阻抗是被测电路的额外负载，为了在仪器测量时对接入电路的影响尽量小，仪器的输入阻抗必须要足够大。目前直流数字电压表的输入阻抗在小于 10 量程时为 10GΩ，有的高达 1000GΩ。但在高量程端因有分压器的接入只有 10MΩ。在交流电压挡，因存在 AC/DC 变换器，其输入阻抗也只有 1MΩ 并联 15pF 电容。

（5）有足够好的抗干扰能力：在实际测量中，都存在各种这样的干扰，测量灵敏度越高，干扰引入的测量误差不可避免，尤其是数字电压表的抗干扰能力更重要。

11.1.2　数字电压表主要技术指标

数字电压表一般都具有自动量程转换、自动零点调整、自动校准和自诊断等自动测量功能，此外还有量程范围、测量位数、测量准确度、分辨率、输入阻抗、输入电流和测量速度等技术指标，这些技术指标直接关系仪器的性能。

（1）量程：多量程智能 DVM 一般可测 0～1000V 直流电压，配上高压探头还可测量上万伏的高压。为扩大测量范围，智能数字电压表采用分压器和输入放大器将测量系统分为若干个量程，对既不放大也不衰减的量程称为基本量程。例如 BY1955A 智能数字电压表的基本量程为 1V，在直流 1～1000μV 测量范围内划分为 5 挡量程：100μV，1V，10V，100V，1000V。

（2）显示位数：智能化数字电压表的显示位数通常为 3½位～8½位。具体讲，有 3½位、3⅔位、3¾位、4½位、4 ¾位、5½位、6½位、7½位、8½位共 9 种。判定数字仪表的位数有两条原则：

① 能显示从 0～9 所有数字的位是整数值；

② 分数位的数值是以最大显示值中最高位数字为分子，用满量程时最高位数字做分母。

例如，某数字仪表的最大显示值为±1999，满量程计数值为 2000，则表明该仪表有 3 个整数位，而分数的分子为 1，分母是 2，故称之为 3½位，读作三位半，其最高位只能显示 0 或 1。3⅔位仪表的最高位只能显示从 0～2 的数字，最大显示值为±2999，比 3½位仪表的量限高 50%。3¾位仪表的最高位可显示从 0～3 的数字，最大显示值为±3999，其量限比 3½位仪表高一倍。5½位以上的仪表大多属于台式智能数字电压表。

（3）测量准确度：准确度是测量结果中系统误差与随机误差的综合，它表示测量结果与真值的一致程度，也反映了测量误差的大小，准确度愈高，测量误差愈小。智能 DVM 的测量准确度常用绝对误差的形式来表示，测量的绝对误差的表达式有：

$$\Delta U = \pm(a\%U_X + b\%U_M) \tag{11-1}$$

$$\Delta U = \pm(a\%U_X + n) \tag{11-2}$$

对于式（11-1），U_X 为测量显示值，U_M 表示满度值。其中“$a\%U_X$”代表 A/D 转换器和功能转换器（例如分压器）的综合误差，“$b\%U_M$”是数字化处理所带来的误差。

对于式（11-2），n 是数字量化误差后反映在末位数值上的变化量。如果把 n 个数值误差折合成满量程的百分率，则式（11-2）变成式（11-1）。可见上述二式是完全等价的。智能数字电压表的准确度远优于模拟电压表，例如，3½位、4½位 DVM 的准确度分别可达±0.1%、±0.02%。

（4）分辨力和分辨率：智能数字电压表使用最低电压量程时测量的结果，其显示器的末位 1 个数字所代表的电压值，称做智能数字电压表的分辨力，它反映仪表灵敏度的高低。分辨力随显示位数的增加而提高。例如，3½、4½位、8½位的智能 DVM 的最大分辨力分别为 100μV、10μV、1nV。智能数字电压表的分辨力也可采用分辨率来表示。分辨率是指测量所能显示的最小数字（零除外）与最大数字之间的比值。

例如，3½位 DVM 的分辨率为：（1/1999）≈0.05%。

（5）输入阻抗：输入阻抗 Z_i 是指从 DVM 的两个输入端看进去的等效电阻。智能数字电压表具有很高的输入阻抗，通常为 10MΩ～10000MΩ，最高可达 1TΩ。输入阻抗高，在测量时从被测电路上吸取的电流就小，由仪器引入的绝对误差就小，这样对被测电路和被测信号源的工作状态的影响就小，能极大地减小由信号源内阻引起的测量误差。

（6）测量速率：智能数字电压表以每次测量所需要的时间或在每秒钟内对被测电压所能完成的测量次数叫测量速率，单位是“次/秒”，它主要取决于 A/D 转换器的转换速率，其倒数是智能 DVM 的测量周期。例如 3½位、5½位 DVM 的测量速率分别为每秒几次、每秒几十次。8½位 DVM 采用降位的方法，测量速率可达 10 万次/秒。

（7）输入电流：是指仪器内部通过信号源内阻产生的一个附加电流，这个输入电流与被测电压无关，但由此会产生一个误差电压。因此，输入电流越小越好。

11.1.3　数字电压表的功能特点

数字电压表 DVM 均以微处理器为核心，内部有先进的程序处理算法，使得 DVM 的系统结构、设计思想发生很大变化。DVM 不仅有测量功能，还有很强的数据处理能力，可通过不同按键输入一些参数，实现不同数据处理功能，达到不同测量效果。

由于智能化数字电压表是在单片微处理器的控制下完成电压信号的测量，测量的准确性和测量数值的显示需要 CPU 进行复杂的运算和变换，需要使用许多参数、数学表达式来进行处理和标定，常用的数值处理方式有以下几种。

（1）标定变换：标定就是找出被测信号值 X 与测量结果 R 之间的数学关系。被测信号 X 在测量时要进行处理，即信号太小要进行成比例的放大，若信号太大要进行成比例地衰减，然后将处理好的信号进行 A/D 转换后变成数字量，不同的数字值对应不同的电压信号。信号按比例地变换成数字值可以用以下表达式表示：

$$R = AX + B$$

式中，R 为最后的显示结果；X 为实际要测量的信号电压值；A，B 为变换系数，根据不同的信号通过键盘输入的常数。

利用这一功能，如进行温度测量时，可将传感器输出的测量值，直接用实际的单位来显示，实现标度变换。

（2）相对误差：测量结果相对被测量 X 的差值可以用下式来表示：

$$R = \frac{X - n}{n} \times 100\%$$

式中，n 是标称值，计算相对误差时通过键盘输入。利用这一功能表达式，可把测量结果与标称值的差值以百分率偏差的形式显示出来，适用于元件容差校验。

（3）极限提示：对测量值超限报警，即当被测信号超出仪器的允许的上限和下限值时将报警提示。要测量信号是否超出极限，必须确定仪器的上极限值 V_H 和下极限值 V_L，测量时应先通过键盘输入这两个极限值，这样在测量结束显示测量结果时，将显示出测量值是否超上限或超下限的提示标志。

（4）最大值/最小值：此项功能是对一组测量值进行比较，求出其中的最大值和最小值。智能仪器在程序运行过程中一般只显示现行测量值并保存起来，在设定的一组数据测量完成后，通过运算再显示这组数据的最大值和最小值。

（5）比例关系：比例是指被测量 X 与测量值 R 之间的相互关系，不同的测量对象有不同的比例关系，通过对电学、声学、负载功率等被测信号的测量结果分析，可以总结出三种数学表达形式：

$$R = X / r \tag{11-3}$$

$$R = 20\log(X / r) \tag{11-4}$$

$$R = X^2 / r \tag{11-5}$$

式中，r 是测量参考量，通过仪器键盘输入。以上三个表达式中，式（11-3）为简单的线性比例关系；式（11-4）为对数比例关系，测量值的单位为 dB，这是电学、声学常用的单位；式（11-5）是将测量值平方后除以 r，其功能相当于用瓦或毫瓦为单位直接测量显示出负载电阻 r 上的功率。

（6）数值处理：此功能用来处理多次测量值的统计运算结果，运算完成后直接显示。常见的数值处理有统计平均值、方差值、标准差值等。

（7）抗干扰能力强：5½位以下的智能 DVM 大多采用积分式 A/D 转换器，其串模抑制比（SMR）、共模抑制比（CMR）分别可达 100dB、80～120dB。高档 DVM 还采用数字滤波、浮地保护等先进技术，进一步提高了抗干扰能力，CMR 可达 180dB。

（8）显示清晰直观，读数准确：传统的模拟式仪表必须借助于指针和刻度盘进行读数，在读数过程中不可避免地会引入人为的视觉测量误差。数字电压表则采用先进的数显技术，使测量结果一目了然，新型智能数字电压表还增加了标志符显示功能，包括测量项目符号、单位符号和特殊符号，有的还有“数字/模拟条图”，利用条状图形来模拟被测量的大小及变化趋势。这类仪表集数字显示与高分辨率模拟条图显示于一身，兼有 DVM 与模拟电压表之优点，为用数字电压表完全取代模拟式电压表创造了条件。

智能数字电压表均带微处理器与标准接口，可配计算机和打印机进行数据处理或自动打印，构成完整的测试系统。

11.1.4　数字电压表的输入电路

输入电路位于智能数字电压表的最前端，其后级是 A/D 转换器，这两部分决定智能数字电压表的许多技术指标。输入电路的作用有二：首先是提高智能数字电压表的输入阻抗；其次是实现量程转换。下面介绍的是 DATRON 1071 型智能数字电压表的输入电路，主要由信号输入衰减器、放大器、有源滤波器、输入电流补偿电路和自举电源等部分组成，它们的工作由微处理器通过 I/O 接口电路实施控制，电路组成如图 11-2 所示。

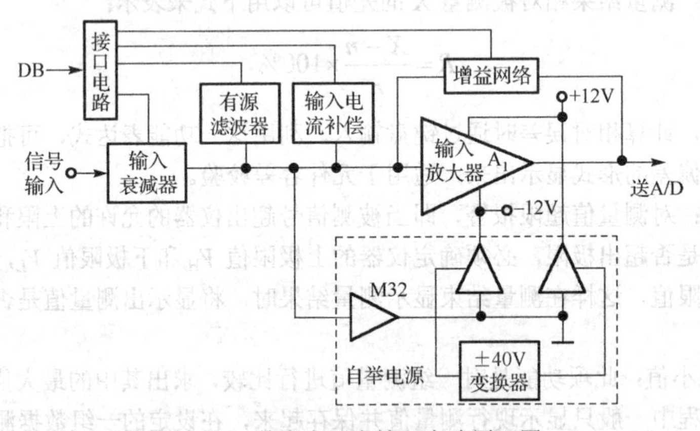

图 11-2　数字电压表输入电路原理图

图 11-2 中的信号输入衰减器和放大器是输入电路的核心部件，主要作用是完成量程标定。其中衰减器是 100∶1 的电压衰减器，由继电器开关控制，当输入电压较大时，继电器接通，电压通过衰减器衰减后输入测量电路。后级的输入放大器包含了一些场效应管构成的模拟开关，它与继电器组合，在微处理器的控制下，形成不同模式的通断组态，控制放大器不同的增益，实现 0.1V、1V、10V、100V 和 1000V 五种量程切换和自测试状态。

有源滤波器主要对电源 50Hz 的干扰信号进行衰减，输入电流补偿电路的作用是减小输入电流的影响，其补偿原理如图 11-3 所示。

在补偿电路的输入端设计一个 10MΩ 电阻，当有电流（$+I_b$）流过时在该电阻上产生压降，电压经过放大器放大送入 A/D 转换器转换成数字量保存在存储器中，作为输入电流的校正量。进行正常测量时，微处理器根据校正量输出适当的数字到 D/A 转换器送到输入端产生一个与输入电流（$+I_b$）大小相等、方向相反的电流（$-I_b$），两者在放大器的输入端相互抵消，达到高精度测量的目的。

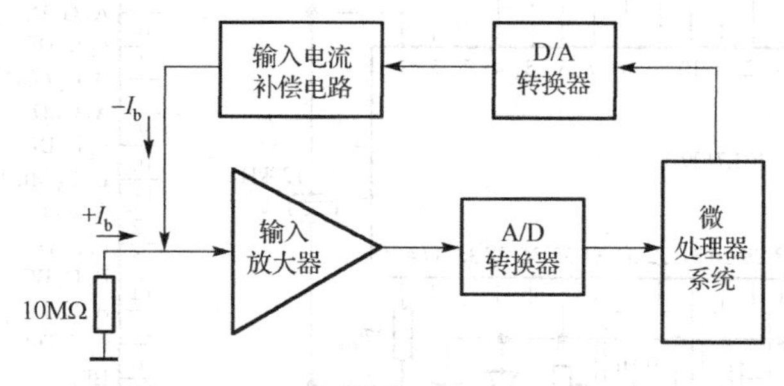

图 11-3　输入电流补偿电路原理

另外，在图 11-2 中，为使输入端放大器的静态工作点不受输入信号的影响，输入电路的供电采取自举电源。自举电源的参考点不是地，而是输入信号。M32 是高阻抗缓冲放大器，其输入端与输入放大器 A_1 的反相输入端相接，输出与另两个放大器相连，使 M32 能精确地跟踪输入信号的变化，从而实现随输入信号的变化而控制自举电源的输出产生一个浮动的±12V 的电压作为输入放大器的电源电压。这样，输入放大器的静态工作点基本不随输入信号的变化而变化，有效地提高了放大器的稳定性和抗共模干扰的能力。

11.1.5　数字电压表设计

1．数字电压表头

用 ICL7129 可构成 4½位数字电压表头，在满量程为±200mV 和±2.0000V 范围内，准确度为±1 个字。ICL7129 是 Intel 公司于 20 世纪 80 年代后期研制的高性价比、带 LCD 液晶显示接口的 4½位单片 A/D 转换器，具有很高的性能指标，可广泛应用于数字电压表、便携式数字万用表、智能测量仪器和其他高精度高分辨率的测试系统中。

ICL7129 采用逐次多重积分、数字调零等先进技术，保证在 0V 输入时读数为“0000”而且不需要使用自动调零电容（最高位自动消隐）。当基本量程选择为±200.00mV 时，分辨力高达 10μV，输入阻抗高于 $10^9\Omega$，输入漏电流仅仅 1pA（典型值），允许差分输入方式。

ICL7129 已大量使用在数字万用表中（如 DT930F 系列），由 ICL7129 构成的数字电压表头如图 11-4 所示。

图中 ICL7129 是按照普通应用电路而组合成的最基本的数字表头，主要使用了其±200.00mV 的直接测量功能。ICL7129 以 DIP40 封装，采用 CMOS 大规模集成电路，具有高准确度、高分辨力、微功耗、外围电路简单、价格较低廉等优点，以多路扫描方式直接驱动 4½位 LCD 显示器，最大显示值为 ±19999。ICL7129 的主要引脚的功能如下：

① ICL7129 的小数点选择方式有自动/手动两种。第 20、21、38 和 39 脚均为手动选点的输入控制端，将其中某一脚接高电平时，即相应小数点被点亮；自动选点时则随量程设定。

② 第 20、21、22、27 脚均为双向输入/输出端。不作输出时，应接 V+（或 GND 端），使之无效。ICL7129 本身就具有选择两种分辨力量程的功能，用 37 引脚选择量程。如果 37 脚悬空，它就工作在±200.00mV 量程，分辨力为 10μV；如果把 37 脚接电源正极，它就工作在±2.0000V 量程，分辨力为 100μV。

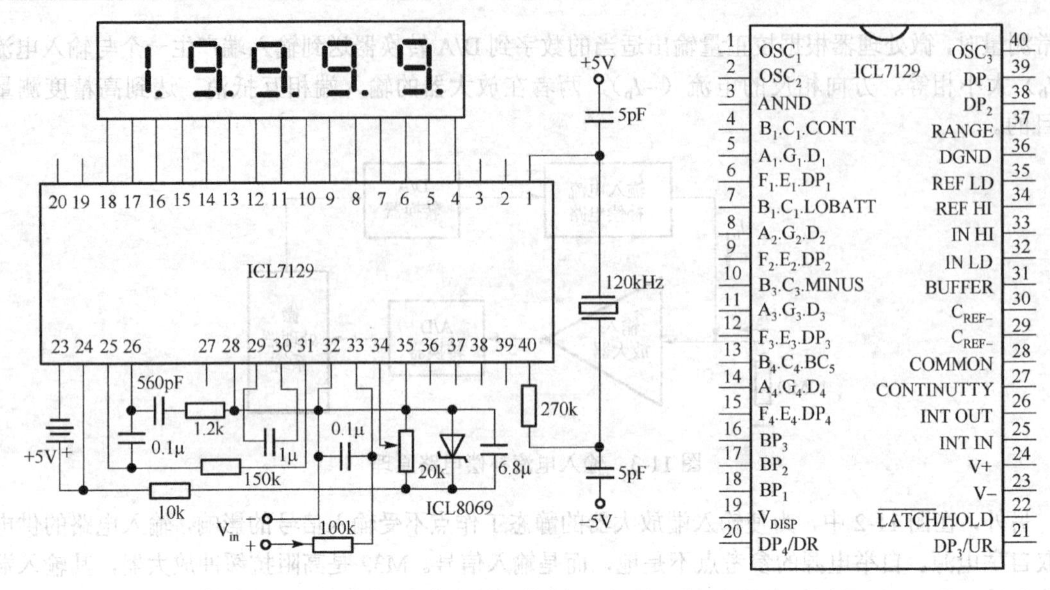

图 11-4　数字电压表头

③ 为达到 10μV 的高分辨力指标，就要求噪声电压非常低，ICL7129 不采用自动调零电容来校正失调电压的方案，而是采用数字调零技术。这样既可省去外部的自动调零电容，也避免了该电容产生的噪声电压。

④ ICL7129 的 ANND 引脚用来选择点亮测量辅助符号，辅助符号有：温度、电阻、频率、电流、电压、冒号，当连接到对应的脚上，相应的辅助符号被点亮。

⑤ ICL7129 可以用单电源 3.8～6V 供电或±5V 供电，其转换时钟可以采用 75kΩ、51pF 组成 RC 振荡器或 120kHz 晶体振荡器提供。

2．多量程数字电压表

采用一只数字电压表头，给它配置一组分压电阻，就可以实现从±200.0mV 至±1000V 的多量程电压表，如图 11-5 所示。

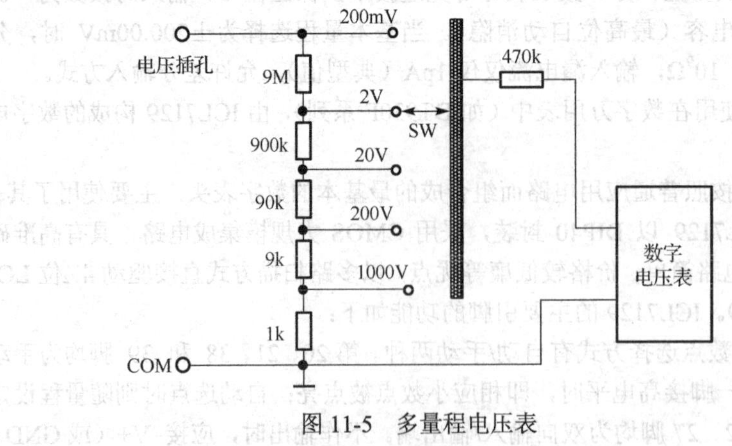

图 11-5　多量程电压表

当滑动开关切换到 2V 挡时，由电阻网络构成的变换器将电压衰减至 1/10，使最大输入到数字电压表的电压为 200mV。当滑动开关切换到 20V 挡时，由电阻网络构成的变换器将电压衰减至 1/100，始终保证输入到数字电压表的电压不超过 200mV。

3. 智能数字电压表

STC15W4K32S4 系列单片机内部包含 10 位精度的 A/D 转换器，采用 STC15W4K32S4 系列单片机、多量程开关和数码显示电路，可以设计实现多量程智能数字电压表。

例 11-1　假设要用 STC15W4K32S4 单片机设计一个直流电压表，测量范围 0～999V，测量精度 10mV，显示精度 0.01V。

（1）设计方案

分辨率选择：根据数字电压表设计要求，把测量范围 0～999V 划分为四挡，即 5V、50V、500V、1000V。使用基准源 5V 的 A/D 转换器采样测量输入电压。

因此，当被测的输入电压≤5V，可选用 5V 挡直接测量；当被测的输入电压≤50V，需要选 50V 挡衰减至 1/10 后再输入 A/D 进行采样测量；同样地，当被测的输入电压≤500V，需要选 500V 挡衰减至 1/100 后再输入 A/D 进行采样测量；当被测的输入电压≤1000V，需要选 1000V 挡衰减至 1/200 后再输入 A/D 进行采样测量。

因为测量精度为 10mV，基本测量范围是 0～5V，则输入 A/D 转换器的最大测量值为 5V，理论计算 5V/10mV=500，故至少需要选用分辨率有 500 个量化等级的 A/D 转换器，即至少需要选用分辨率为 9 位二进制的 A/D 转换器。

STC15W4K32S4 单片机内部包含有 10 位二进制精度的 A/D 转换器，能够满足这个电压测量要求。但选用 5V 以上量程、测量较大电压时，不能保证 10mV 的测量精度要求。

显示电路：由于显示精度需要 0.01V，显示最大电压值 999V，则采用六位数码显示，四位显示整数，两位显示位小数，显示采用动态显示。动态显示用单片机串行口扩展一片 74LS164 输出要显示的数据，用 6 根口线分别控制 6 个 PNP 三极管 9012 或 8550 驱动六位数码管显示。

（2）电路设计

采用 STC15W4K32S4 单片机通过串行口输出的数据经 74LS164 转换成并行八段笔形码输出，直接与六位 LED 的 a～h 相连。LED 数码管选用共阳型，PNP 三极管 9012 或 8550 驱动接到数码管的公共端，六位 LED 的显示是通过地址线进行分时选通的。输入的电压通过电阻网络做衰减器，采用 SW 切换开关选择量程，输入到单片机内部的 A/D 采样端进行电压测量。在实战中，SW 应由继电器控制接通选择的挡位，原理电路如图 11-6 所示。

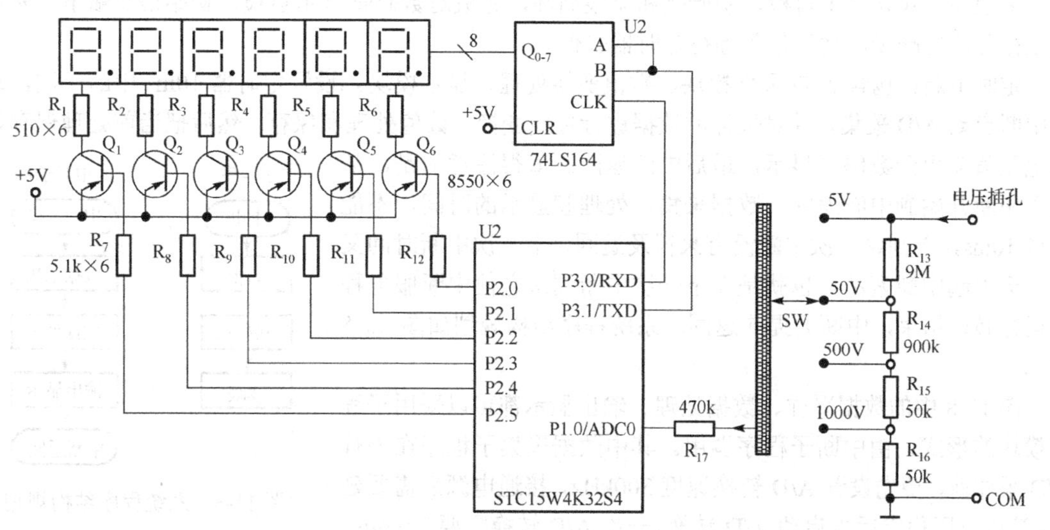

图 11-6　数字电压表电路原理图

采用动态扫描显示方式时，动态扫描的频率有一定的要求，频率太低，LED 将出现闪烁现象。若频率太高，由于每个 LED 点亮的时间太短，LED 的亮度太低，让人无法看清，所以显示扫描时间一般取 10ms。这就要求在编写程序时，选通某一位 LED 使其点亮，应保持一定的点亮时间，编程时可采用 10ms 定时中断来控制点亮的持续时间或扫描时间，即每隔 10ms 进行扫描显示一次。

如果需要测量精度在 1mV 以下，则可以增加一个 50mV 挡，并设计一个 10 倍或 100 倍的前端输入放大器。这样通过 50mV 挡处理后输入微小电压到 A/D 采样端进行电压采集，数据经除以 10 或 100 的倍数处理后送显示。

图 11-7 是一个最简单的 10 倍放大电路，运算放大器使用的是高精度型 OP07 集成运算放大器。利用它，可以把 0～5mV 的电压放大到 0～50mV。当切换到 50mV 挡测量电压时，就相当于把测量分辨力提高了 10 倍。在实际测量领域中，传感器的信号往往输出信号太小，这时，就可以考虑在数字电压表前面加上这种放大器来提高分辨力。

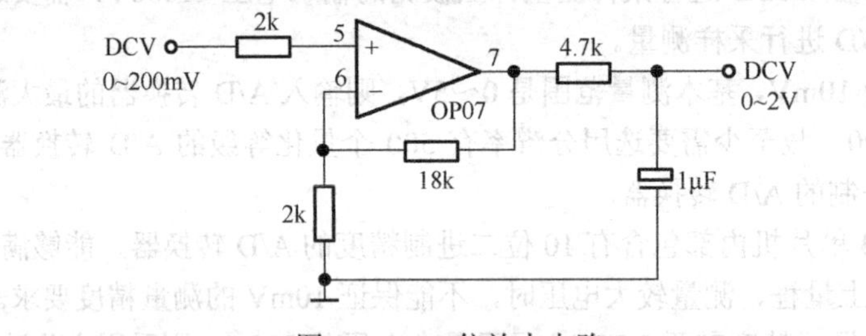

图 11-7　10 倍放大电路

（3）软件设计

程序功能模块：系统软件主要完成 A/D 采样、数据处理、数据显示等功能。故软件一般应包括自检模块、初始化模块、A/D 采集模块、数据处理模块、输出显示模块。因为系统采用了动态显示和 A/D 采样，为保证扫描显示清晰、不闪烁，则需要使用定时器，设置每 10ms 定时中断一次，处理数码显示和 A/D 采样。

层次结构与任务划分：软件系统采用中断结构，程序包括主程序、定时中断服务程序、自检子程序、A/D 采样程序、显示程序。各个子程序层次结构与任务分配如下：

主程序：包含显示自检、初始化和无限循环，完成对数码管显示自检、初始信息赋值，然后无限循环原地踏步，功能任务等待定时器去做。

定时中断：包含 A/D 采样模块、数值变换处理、显示模块。设置定时器 10ms 中断一次，每次中断启动 A/D 采集，并对采样的数据进行标度变换、数值处理和保存，然后把当前处理保存好的电压值输出到数码管显示，最后中断返回。值得注意的是，从进入中断开始到中断返回，数据采集、处理和显示的时间，不能超过 10ms，否则这一次中断没有来得及返回，下一次中断时间又到，会引起中断紊乱。也就是在下一次中断到来之前中断服务程序运行必须结束，中断要提前返回。系统程序结构规划如图 11-8 所示。

图 11-8　系统程序结构规划

图 11-8 中的数据采样、数据处理、输出显示都可以采用子程序模块的形式，由中断子程序调用。其中数据采集子程序在进行 A/D 采样前，要先设置 A/D 转换速度 300kHz，接通电源后需要延时，等待电压稳定后再启动 A/D 转换。一次 A/D 转换需要 3～4μs。这里采用查询方式读 A/D 转换值，采样子程序如下：

```
        #Include <STC15W4K32S4.h>   ;包含 STC15W4K32S4 单片机寄存器的定义文件
Get_ADC:    ANL    CLK_DIV,#0FBH             ;置 ADRJ=0 为 A/D 转换结果存储形式
            ORL    ADC_CONTR,#80H            ;打开 A/D 转换电源
            ORL    P1ASF,#0000 0001B         ;选择 P1.0 口为模拟输入端
            MOV    ADC_CONTR,#1110 0000B     ;置 300kHz 转换率，接通 ADC0 通道
            MOV    P1M1,#01H                 ;置 P1.0 为高阻输入
            MOV    P1M0,#00H
            NOP                              ;延时，待电源稳定
            MOV    ADC_RES,#0
            ORL    ADC_CONTR,#0000 1000B     ;启动 A/D 转换
            NOP
Wait_AD:    MOV    A,#0001 0000B
            ANL    A,ADC_CONTR
            JZ     Wait_AD
            ANL    ADC_CONTR,#1110 0111B     ;清除标志，停止 A/D 转换
            MOV    A,ADC_RES                 ;读取 A/D 转换高 8 位结果
            MOV    R7,A
            MOV    A,ADC_RESL                ;读取 A/D 转换低 2 位结果
            ANL    A,#03
            MOV    R6,A                      ;A/D 转换结果存放在 R7-R6 中返回
            RET
```

其中“$Include　STC15W4K32S4.h”是包含 STC15W4K32S4 单片机寄存器的定义文件；启动 A/D 转换前，最好应延时 1ms 左右以便电源稳定才能精确转换。

数据处理算法思路：本系统使用 10 位分辨率的 A/D 进行模/数转换，基准电压为 5V，则采样最大电压值 5V 时对应的数字量为 3FFH。因此，当要采样 0～5V 的电压时，假设采样的电压值为 X，对应的数字量为 B，由于输入电压值与转换的数字量成正比，所以可以得出标度变换表达式为：

$$5\text{V} : 3\text{FFH} = X : B，\text{得出 } X = 5\text{V} \times \frac{B}{3\text{FFH}}$$

因此，只要 A/D 采样到有效的数字量 B，代入上面的表达式，就能够运算处理出当前的被测电压值。

11.2　数字万用表

在数字电压表的基础上、可扩展成各种通用及专用数字仪表、数字多用表（DMM）和其他智能仪器，以满足不同应用的需要。

11.2.1　概述

数字万用表是既能测量直流电压，又能测量交流电压、电流和电阻等参数的数字测量仪表。智能数字万用表是在数字万用表的基础上嵌入单片微处理器，具有测量软件的多功能数字测量仪器。数字万用表的系统结构如图 11-9 所示。

实际上，数字万用表对交流电压、电流和电阻的测量均需要通过 AC-DC 交直流转换器、电流转换器和电阻欧姆转换器分别将其转换成相应的直流电压，然后再输入到数字电压表进行电压的测量，实现对这些参数的测量和显示。

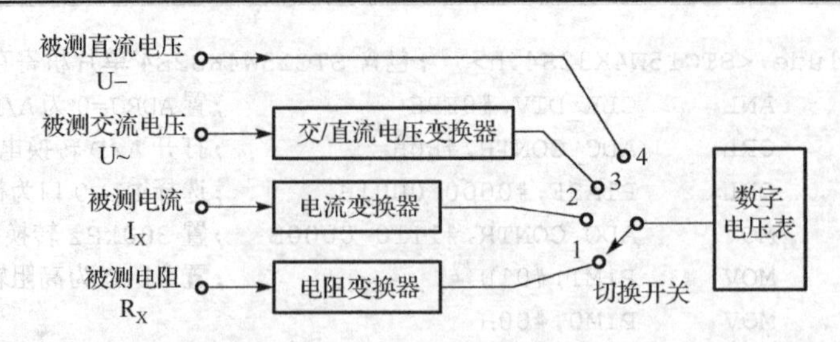

图 11-9　数字万用表系统结构

交流电压可以用峰值、平均值、有效值、波形因数和波峰因数来表征。

（1）峰值：是指某一周期性交流电压 $u(t)$在一个周期内所能达到的最大值。交流电压根据待测系统中直流分量 U_o 的不同数值，其峰值又分为峰-峰值 U_{pp}，正峰值 U_{p+}负峰值 U_{p-}和谷值$\bar{U}$ 。要注意区分峰值 U_p 和振幅值 U_m：峰值是从零电平开始计算的，振幅值是以直流分量的电平做参考的，是反映交流部分振动的幅度。振幅值也可分为正振幅 U_{m+}，负振动 U_{m-}。当 U_o 为 0 时，振幅值即为峰值。

（2）平均值：交流电压的分为电压平均值、全波平均值和半波平均值三种。

① 电压平均值定义为$\overline{U}=\dfrac{1}{T}\int_0^T|u(t)|\,\mathrm{d}t$，其中 T 为交流电压周期。

② 全波平均值是交流电压绝对值在一个周期内的平均值，表达式与电压平均值一样。

③ 半波平均值是交流电压在正半周或负半周内的平均值。

一般在没有特别标明时，平均值就是指全波平均值。

（3）有效值：若某一交流电压 $u(t)$在一个周期内通过纯阻负载所产生的热量，与一个直流电压 U 在同样情况下产生的热量相等，则把 U 的数值定义为 $u(t)$的有效值。数学关系式为：

$$U=\sqrt{\frac{1}{T}\int_0^T u^2(t)\,\mathrm{d}t}$$

有效值在实际中应用广泛，若无特殊注明，在对电压表读数时，都是按正弦波有效值进行定度的。有效值直接反映出了交流信号能量的大小，具有十分简单的叠加性质，计算起来很方便，对研究功率、噪声、失真度、频谱纯度、能力转换等非常重要。

（4）波形因数：交流电压的波形因数定义为该电压的有效值与平均值之比。

（5）波峰因数：交流电压的波峰因数定义为该电压的峰值与其有效值之比。

11.2.2　交直流信号变换器

在电流或电压的测量中，如果被测信号并不是直流信号，这时必须先将被测的交流信号转换成直流信号，再送入数字电压表进行测量。目前的 DMM 智能数字万用表中，使用的交直流信号（AC/DC）变换器主要有两种，即平均值变换器和有效值变换器。

1. 平均值变换器

要进行交流信号的测量，首先必须测出被测输入交流电压信号 u_i 的平均值，然后再根据波形因素换算出对应的有效值，最后送入 A/D 转换器，在微处理器的控制下完成对被测输入信号的数字化测量。被测输入交流电压信号 u_i 的波形参数表达式如下。

平均值的定义是时变量的瞬时值在给定时间间隔内的算术平均值，即：

$$\overline{U}=\overline{u_i}=\frac{1}{T}\int_0^T|u_i|dt \tag{11-6}$$

针对交流电压信号的测量，平均值是指经过整流后的。若被测信号是正弦波，则其平均值等于零。因此，要得到式（11-6）所表征的平均值，必须先求出交流信号的绝对值，再求平均值。而绝对值可通过半波线性整流器或全波线性整流器得到，平均值用滤波器来得到。

对于周期信号，时间间隔为一个周期，一般有算术平均值、几何平均值、平方平均值（均方根值，rms）、调和平均值、加权平均值和移动平均数等。算术平均数是 n 个数相加后除以 n。几何平均数是 n 个数相乘后开 n 次方。调和平均数是 n 个数的倒数取算术平均，再取倒数。平方平均数或均方根是 n 个数的平方取算数平均，再开根号。移动平均数在数学上可视为一种卷积，在股票交易中运用广泛。加权平均值是对 n 个数，每个数乘以一个相同或不同的权值系数后相加，再除以权值系数的和，即：

$$\bar{x} = \frac{w_1x_1 + w_2x_2 + \cdots + w_nx_n}{w_1 + w_2 + \cdots + w_n} = \frac{\sum_{i=1}^{n} w_i x_i}{\sum_{i=1}^{n} w_i}$$

正弦交流电信号有瞬时值、最大值、有效值。有效值是根据电流热效应来规定的，让一个交流电流和一个直流电流分别通过阻值相同的电阻，如果在相同时间内产生的热量相等，那么就把这一直流电的数值叫做这一交流电的有效值。

有效值也称为均方根值，其数学表达式为：

$$U_{\text{rms}} = \sqrt{\frac{1}{T}\int_0^T u_{\text{i}}^2 \,\mathrm{d}t} = \sqrt{\overline{u_{\text{i}}^2}} \tag{11-7}$$

波形因素定义为信号在一个周期内的有效值与绝对均值之比，即：

$$K_{\text{F}} = \frac{U_{\text{rms}}}{\bar{U}} \tag{11-8}$$

波峰因素定义为波形的峰值与有效值之比，即：

$$K_{\text{P}} = U_{\text{M}}/U \tag{11-9}$$

要想测量交流信号的平均值，必须先将交流信号线性整流成绝对值，然后经过滤波得到交流信号的平均值，之后输入 A/D 转换器进行模数转换，实现对交流信号的测量。典型 AC-DC 转换电路原理如图 11-10 所示。图中采用了 TL062 与外围电路结合形成 AC 整流电路，使交流信号几乎没有损失地转换成直流信号。TL062 是低功耗、高输入阻抗运算放大器，灵敏度为 2mV 左右。当输入端接入 0～200.0mV 的交流信号时，经整流转换后在输出端可输出 0～200.0mV 的直流信号。这个电路在普通数字万用表中使用很广。

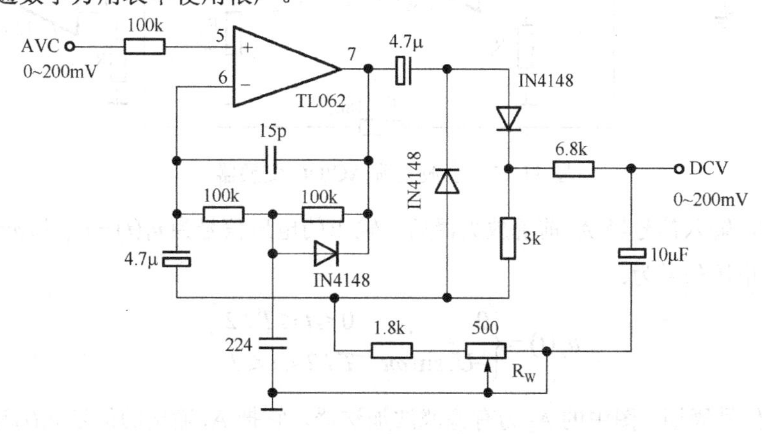

图 11-10　AC-DC 转换电路

实际测量时可以采用平均值 AC-DC 转换器来取得交流信号的平均值。平均值 AC-DC 转换器还可以采用下面两种：半波整流 AC/DC 变换器和全波整流 AC/DC 变换器。

（1）半波整流 AC/DC 变换器

图 11-11 是采用半波线性整流器设计的平均值 AC-DC 转换器，由 A_2、VD_1、VD_2 组成半波整流器。当输入电压信号为正半周时，二极管 VD_1 导通，VD_2 截止，VD_2 的负极端电压为零。当输入电压信号为负半周时，二极管 VD_1 截止，VD_2 导通，导通电流经过 R_9，在 VD_2 的负极端产生正电压；若 $R_3=R_5$，则此时 VD_2 负极端电压波形幅度与输入电压信号幅度相等，但极性相反。图中的 A_1 是前级高阻输入放大器，用于提高输入阻抗和扩大测量范围。A_3 是有源滤波放大器，用于完成交流信号平均值处理，实现对交流信号的有效值测量。

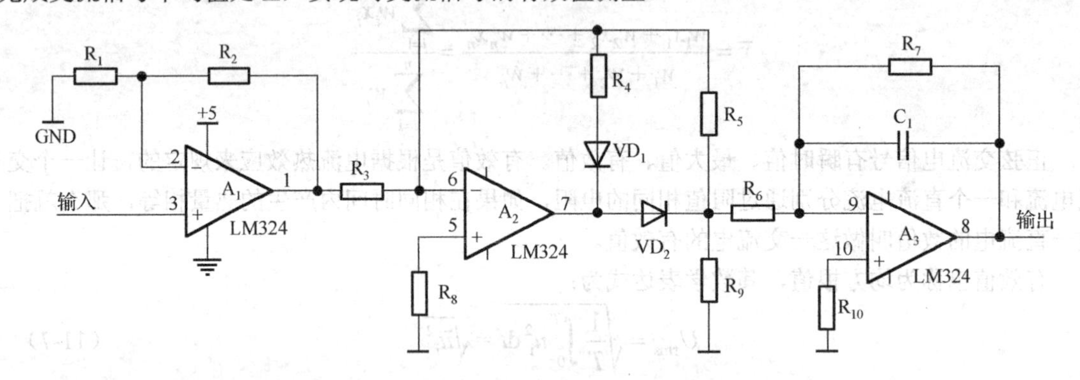

图 11-11　半波整流 AC/DC 变换器

（2）全波整流 AC/DC 变换器

全波整流是在半波整流的基础上，将输入的交流信号与半波整流后的信号叠加，由于正负半波的幅度相等、极性相反，叠加后构成全波整流 AC/DC 变换器。如图 11-12 所示。

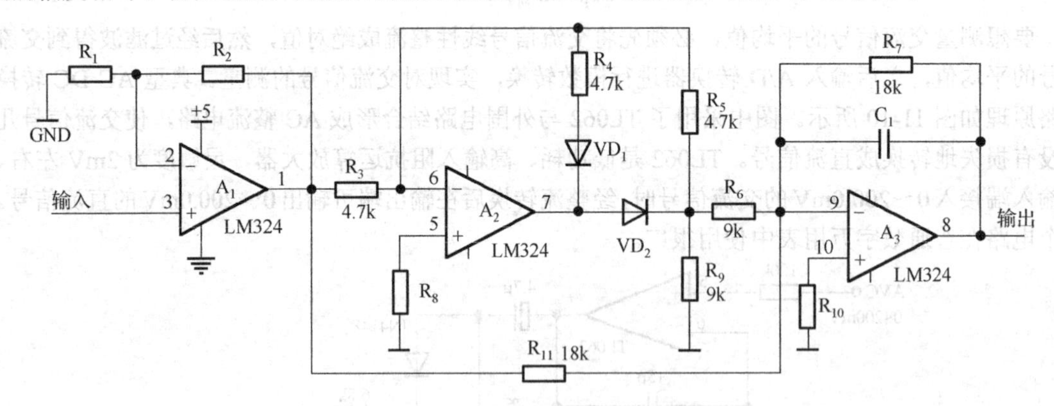

图 11-12　全波整流 AC/DC 变换器

图 11-12 中，输入信号经 A_1 前置放大器后，输出的电压信号为 $u_1(t)=U_1\sin\omega t$，则经 A_2 整流后的半波整流电压信号为：

$$u_2(t)=\begin{cases}0 & 0\leqslant t\leqslant T/2\\ -U_1\sin\omega t & T/2<t\leqslant T\end{cases} \tag{11-10}$$

式中，T 为被测信号周期。图中的 A_3 为有源滤波加法器，它把 A_1 输出的信号 $u_1(t)$ 和 A_2 输出的信号 $u_2(t)$ 相加，同时电容 C_1 对信号进行滤波，实现有源滤波、加法处理和平均值处理。因此，

A_3 输出的信号为：

$$U_o=-\left(\frac{R7}{R11}u_1(t)+\frac{R7}{R6}u_2(t)\right)$$

由于 $R_7=R_{11}=2R_6$，则代入可得：

$$U_o(t)=\begin{cases}-U_1\sin\omega t & 0\leqslant t\leqslant T/2\\ U_1\sin\omega t & T/2<t\leqslant T\end{cases} \tag{11-11}$$

最后整理得到：

$$U_o(t)=-|U_1\sin\omega t| \quad 0\leqslant t\leqslant T \tag{11-12}$$

因此，图 11-12 电路能够实现全波整流和 AC/DC 变换。

以上介绍的两种平均值 AC-DC 转换器电路简单、成本低，但测量精度低，而且电压表按正弦有效值进行刻度标定的，所以只适合对测量纯净的正弦波电压信号时所显示的数据才是正确的。

2．有效值变换器

对于非正弦交流电压信号有效值的测量，经典的做法是对连续的被测信号进行离散采样，对采样值进行连续求平方值、求平均值和求均方根运算，这样通过运算可以得到输入交流电压信号的有效值。有效值与均方根值是同义词，可统一用数学表达式（11-7）表示。

高精度 DMM 一般不采用平均值转换器，更多采取真有效值转换器。真有效值转换器输出的直流电压，基本上不受输入波形失真度的影响，线性地正比于被测交流信号波形的有效值。真有效值交直流转换器主要有两种转换形式，一种是热电式，另一种是运算式。热电式的优点是精度高、频带宽，缺点是过载能力差，结构复杂。因此，目前的智能 DMM 大多采用运算式来设计。

运算式主要有两种形式，一种是直接运算式，另一种是隐含运算式。

（1）直接运算式：可以采用式（11-7）的有效值表达式进行按步骤逐一运算得到有效值。其实现电路原理如图 11-13 所示。

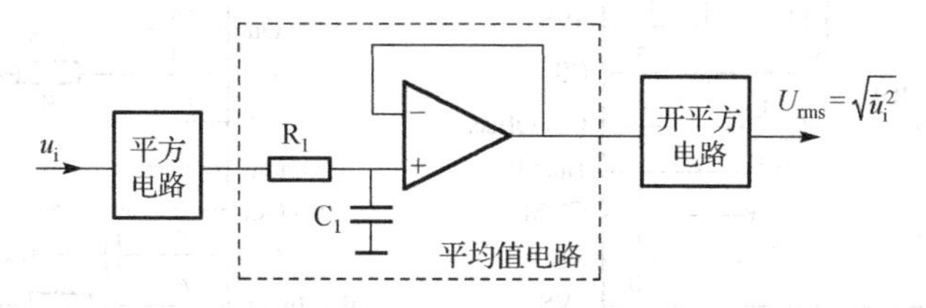

图 11-13　直接运算式有效值变换器

图中先采用一个平方电路对交流输入电压进行平方运算得到 u_i^2，然后经过积分滤波得到平均值 $\overline{u_i^2}$，再送到开平方器得到均方根 $\sqrt{\overline{u_i^2}}$，最后得到输入交流电压信号的有效值。

假设在一个采样周期 T 内采样了 N 个点，每两个点之间的采样距离为 ΔT_m 时间，因此可以得到有效值为：

$$U_{rms}=\sqrt{\frac{1}{T}\sum_{m=0}^{N-1}{u_m}^2\times\Delta T_m}$$

式中，$T=N\times\Delta T_m$，将 T 代入上式进一步可得到：$U_{rms}=\sqrt{\frac{1}{N}\sum_{m=0}^{N-1}{u_m}^2}$

由于采样频率 $f_{\text{imax}}=\dfrac{1}{N\times\Delta T_{\text{m}}}$，如果要使 f_{i} 大，则 ΔT_{m} 要小，而 N 不能太大，因此需要采用高速 A/D 转换器才能完成有效值的采样处理变换。在一些转换精度要求比较高的场合，一般要采用“真有效值”转换专用芯片。

（2）隐含运算式：可以通过直接运算式（11-7）的推演中得到。

因为 $U_{\text{rms}}=\sqrt{\dfrac{1}{T}\int_0^T u_{\text{i}}^2\text{d}t}=\sqrt{\overline{u}_{\text{i}}^{\,2}}$，则 $U_{\text{rms}}^{\ \ 2}=\overline{u}_{\text{i}}^{\,2}$，得到 $U_{\text{rms}}=\dfrac{\overline{u}_{\text{i}}^{\,2}}{U_{\text{rms}}}$　　（11-13）

从式（11-13）中可以看出，隐含运算式只需要把一个平方器与除法器相除，后面再加一个积分滤波器连接成闭环系统，就实现了对交流输入信号的有效值转换。

11.2.3　有效值转换模块应用

AD637 是美国 AD 公司研制的按隐含式运算设计的有效值转换器件，其精度大于 0.1%，非线性误差仅为 0.02%，是一种高精度的有效值交/直流转换器，广泛应用于数据采集和仪器仪表等场合。

AD637 采用 DIP14 封装，内部包含绝对值电路、平方/除法电路、低通滤波/放大电路和缓冲放大器电路。其有效值输入为 0V～2V，可对任意电压波形转换成直流电压进行测量，包括理想正弦波、失真的正弦波、方波、三角波、脉冲波等。如果单纯使用 AD637 的真有效值输出功能，电路连接非常简单，其典型接法如图 11-14 所示。输入缓冲和输出偏移接到内部的模拟公共端（即 1、2、3 脚）一起接地；7 脚的 dB 输出端悬空；14 脚输出缓冲悬空；片选端 CS 通过一个外部的 4.7kΩ 上拉电阻接电源 V_{S}，以降低系统在静态时的工作电流；外部的输入信号如果是交流信号，需要在输入端串接一个无极性的耦合电容；电容 C_{av} 的作用是调整输出的直流信号纹波大小。

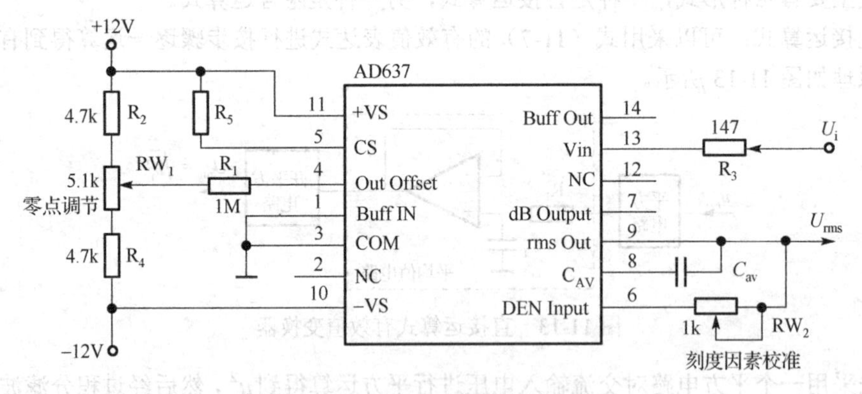

图 11-14　AD637 典型应用电路

被测电压信号 U_{i} 从 13 脚输入送入内部绝对值电路转换成电流，然后送入平方/除法器处理，再送入低通滤波/放大电路，完成对被测输入电压信号的有效值运算，并从 9 脚输出 U_{rms}（U_{rms} 可直接输送到 DVM 上测量）。图 11-14 中，电容 C_{av} 为外接滤波电容，其容值根据被测信号频率确定，一般在 0.47～5.6μF 之间；6 脚和 4 脚外接的可调电阻 RW_1 作输出零点调节，RW_2 作刻度因素校准，提高测量的准确度。

零点调整过程：先将输入端短路（即 Ui 接地），调整 RW_1 使 9 脚输出电压为 0；然后将输入基准电压 U_{i}=1V，调整 RW_2，使输出电压 U_{rms}=1000V。

当对 AD637 输入信号频率为 2MHz 以下、有效值为 0.7～7V 范围内时，能保证输出测量误差

≤±0.2%+0.5mV，当被测输入信号的有效值远小于 1V 时，会出现较大的测量误差，所以当被测信号幅值较小时，须在前级对被测信号进行放大，以保证测量精度。

11.2.4　电流测量方法

电流的测量可以根据欧姆定律将被测电流转换成电压来测量，其测量方法是：让被测电流 i_x 流过一个已知的标准电阻 R_s，则在 R_s 的压降为 $U_s=i_xR_s$。测出这个电压 U_s，经过换算便能确定被测电流的大小。通过切换量程，改变 R_s 即可改换 i_x 的量程。

1. 采用 200mV 数字表头设计多量程数字电流表

采用一只数字电压表头，给它配置一组分压电阻，就可以实现±200.0μA～±20A 的多量程直流电流表，多量程电流转换器测量电路如图 11-15 所示。

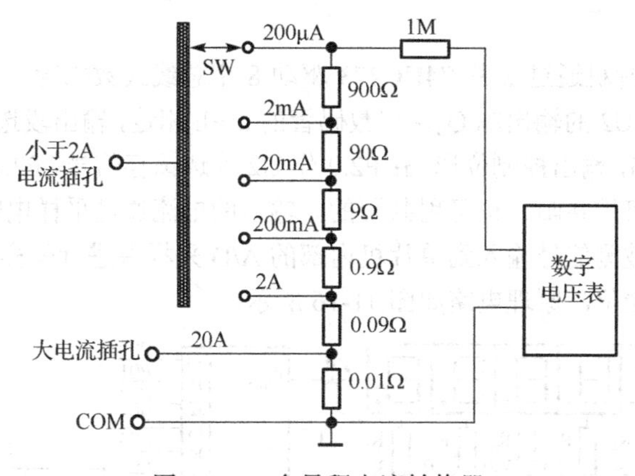

图 11-15　多量程电流转换器

图 11-15 中有六挡电流量程，当滑动开关切换到 2mA 挡时，由电阻网络构成的变换器将电流变换成电压，2mA 挡上面的这些电阻构成数字电压表的输入电阻，下面的 5 个电阻为电流/电压变换电阻；因为输入电阻很大，若输入 2mA 电流时，最大输入电压为 $U=IR$=2mA×100Ω，使最大输入到数字电压表的电压为 200mV。同样地，当滑动开关切换到 20mA 挡时，20mA 挡以上的这些电阻构成数字电压表的输入电阻，下面的 4 个电阻为电流/电压变换电阻。若此时输入 20mA 电流时，则最大输入电压为 $U=IR$=20mA×10Ω，始终保证输入到数字电压表的电压不超过 200mV。其他几个挡位原理一样。数字电压表通过测量输入的电压值，再经过变换处理为对应的输入电流值。

2. 采用单片机设计数字直流电流表

STC15W4K32S4 系列单片机内部包含 10 位精度的 A/D 转换器，利用 STC15W4K32S4 系列单片机、多量程开关和数码显示电路，可以构成多量程智能电压表。

例 11-2　假设要用 STC15W4K32S4 单片机设计一个直流电流表，测量范围 0～2A，测量精度 5μA，显示精度 μA 级。

（1）设计方案

电流的测量需要通过电流/电压变换器转换为电压的测量，然后在经过标度变换，换算成对应的电流值。因此，测量范围 0～2A 的电流，需要对应变换为 0～5V 的电压，然后进行 A/D 采样和运算处理。

为了保证测量精度，需要把 0～2A 电流测量范围划分为多个量程等级，可分为 500μA、5mA、

50mA、500mA、2A 这五个量程。在每个量程下，把输入电流转换为对应的电压范围是 0～5V，再使用基准源 5V 的 A/D 转换器采样输入电压。

分辨率选择：当使用 500μA 量程挡位时，电流经过 10kΩ 取样电阻，可以把对应的输入电流转化为 0～5V 电压。因为测量精度为 5μV，基本测量范围是 0～500μA 对应 0～5V，对应的测量电压精度为 50mV，则 A/D 转换器采样的最大测量值为 5V，理论计算 5V/50mV=50，故至少需要选用分辨率有 50 个量化等级的 A/D 转换器，即至少需要选用分辨率为 6 位二进制的 A/D 转换器。

STC15W4K32S4 单片机内部包含有 10 位二进制精度的 A/D 转换器，能够满足这个电压测量要求。但选用 50mA 以上量程、测量较大电流时，不能保证 5μA 的测量精度要求。

显示电路：由于显示精度需要 1μA，显示最大电压值 2A，则采用八位数码显示，4 位显示 mA 级整数，三位显示 μA 级小数。显示采用 2 片 74HC273 构成动态显示，一片做段选码输出数据，一片做位选码控制位显，驱动数码管显示。

（2）电路设计

STC15W4K32S4 单片机通过 2 片 74HC273 驱动 8 个总线式数码管，电路采样直接 I/O 口连接方式，P0 口作数据线，U2 的输出端 $Q_{0\sim7}$ 与数码管的 a～h 相连，输出段选码；U3 的输出端 Q0～7 连接到数码管的公共端，输出控制位选码；P2.0 作 U2 片选锁存信号，P2.1 作 U3 片选锁存信号，高电平有效。数码管既可用共阳、也可用共阴的。输入的电流通过采样电阻转化为电压，由 SW 切换开关选择量程，把被测信号输入到单片机内部的 A/D 采样端进行采样。在实战中，SW 应由继电器控制接通选择的挡位，原理电路如图 11-16 所示。

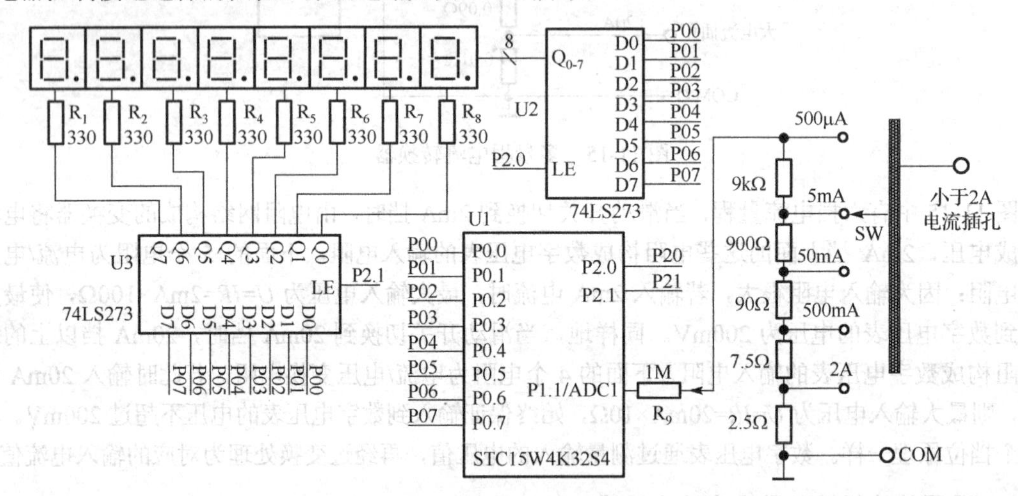

图 11-16　智能数字电压电路原理图

采用动态扫描显示方式时，选择动态扫描速度很重要，频率太低，LED 将出现闪烁现象。若频率太高，由于每个 LED 点亮的时间太短，LED 的亮度太低，让人无法看清，所以显示扫描时间一般取 10ms。这就要求在编写程序时，选通某一位 LED 使其点亮，应保持一定的点亮时间，编程时可采用 10ms 定时中断来控制点亮的持续时间或扫描时间，即每隔 10ms 进行扫描显示一次。

（3）软件设计

系统软件主要完成 A/D 采样、数据处理、数据显示等功能。软件系统采用中断结构，程序包括主程序、定时中断服务程序、自检子程序、A/D 采样程序、显示程序。设置定时器 10ms 中断一次，每次中断启动 A/D 采集，并对采样的数据进行标度变换、数值处理和保存，然后把当前处理保存好的电压值输出到数码管显示，最后中断返回。

被测电流经过电流/电压变换、A/D 采集后，变为数字量，然后对数字量进行数据处理、标度变换成电流值输出显示。数值标度变换算法思路如下：

满量程对应电压为 5V，则经 A/D 采样的数字量为 3FFH；当输入任一电流 I_x 转为电压 V_x 时，对应的 A/D 采集的数字量为 B，由线性比例关系可以得到：

$$5\text{V} : 3\text{FFH} = V_x : B$$

则推导得到：

$$V_x = 5\text{V} \times \frac{B}{3\text{FFH}}$$

① 当选用 500μA 量程进行测量时，按照欧姆定律计算得到电流值 $I_x=V_x/10\text{k}\Omega$；

② 当选用 5mA 量程进行测量时，按照欧姆定律计算得到电流值 $I_x=V_x/1000\Omega$；

③ 当选用 50mA 量程进行测量时，按照欧姆定律计算得到电流值 $I_x=V_x/100\Omega$；

④ 当选用 500mA 量程进行测量时，按照欧姆定律计算得到电流值 $I_x=V_x/10\Omega$；

⑤ 当选用 2A 量程进行测量时，按照欧姆定律计算得到电流值 $I_x=V_x/2.5\Omega$。

对于交流电流的测量与直流电流的测量方法基本相同，只是电流转换器得到的是交流电压，所以在交流电流转换成交流电压之后还要进行 AC-DC 转换，然后才能使用数字电压表进行测量。

11.2.5 电阻测量原理

智能数字万用表测量电阻采用伏安法，就是将电阻转换成电压，然后根据欧姆定律换算成电阻值。因此，测量电阻需要采样欧姆转换器，构成欧姆转换器的方法有恒流源二端测量法、恒流源四端测量法和恒压源法测量法。

1. 恒流源二端测量法

恒流源二端测量电阻方法，就是要设计一个恒定电流 I_s 流过被测未知电阻 R_x，这样在 R_x 上产生一个压降 $U_x=I_sR_x$，因此只要测量出 U_x，通过微处理器运算就可以知道 R_x 的值。恒流源可使用一个基准电压和一个运放以及多个不同阻值的精密电阻组成多值恒流源，就可实现多量程电阻测量。其原理图和欧姆表量程如图 11-17 所示，数字电压表为 0～2.0V 的表头。

当选用 200Ω 量程时，恒流源输出 I_s=10mA，连接一个被测电阻 R_x，这时数字电压表测量出电压为 U_x，按照欧姆定律计算得到 $R_x=U_x/I_s$；假设测得 U_x=1V，则 R_x=100Ω。

同样地，当选用 2kΩ 量程时，恒流源输出 I_s=1mA，连接一个被测电阻 R_x，这时数字电压表测量出电压为 U_x，按照欧姆定律计算得到 $R_x=U_x/I_s$；假设测得 U_x=1V，则 R_x=1kΩ。

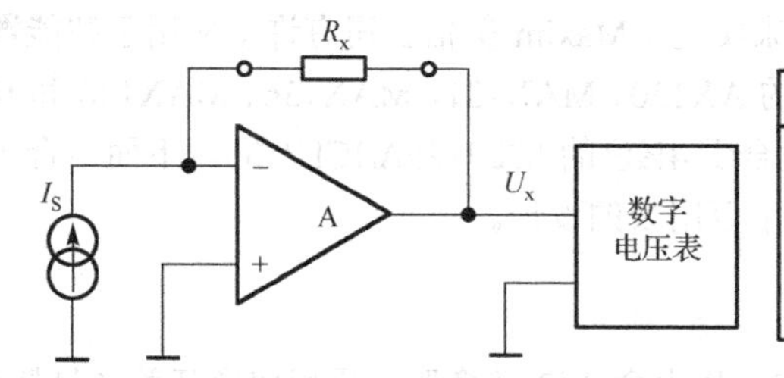

欧姆表量程设置

量程范围	恒流源	满度电压
200Ω	10mA	2.0V
2kΩ	1mA	2.0V
20kΩ	100μA	2.0V
200kΩ	10μA	2.0V
2MΩ	1μA	2.0V

图 11-17 二端恒流源法原理图

实际恒流源二端测量电路模型如图 11-18 所示，r_1、r_2 为引线电阻。显然，只要改变 I_s，并且选择一个恰当满度电压的数字电压表，便可以扩大被测电阻值的范围，实现多量程测量。恒流源法测量电阻的精度主要取决于恒流源电流值的精度和稳定以及内阻是否足够大。

2. 恒流源四端测量法

采用恒流源二端测量法测量的电阻 R_x 值包含了 r_1、r_2 引线电阻。当被测电阻比较大时，引线电阻可以忽略不计。但当被测电阻比较小时，将会带来比较大的误差。为消除这个 r_1、r_2 带来的误差，可以采用恒流源四端测量法，测量原理图如图 11-19 所示。

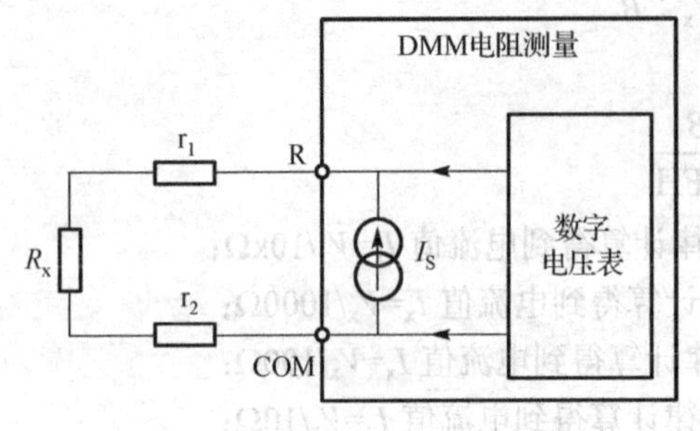

图 11-18　恒流源二端测量原理

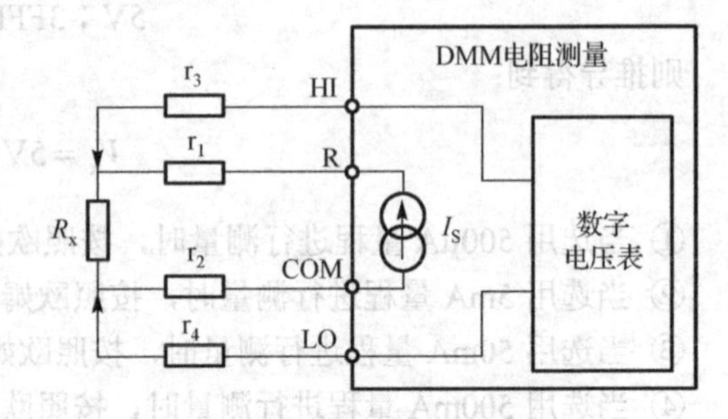

图 11-19　恒流源四端测量原理

四端测量法原理是借用数字电压表的高输入阻抗，认为引线电阻可以忽略，即在引线电阻 r_3、r_4 上无电流流过，也就不会产生降压，从而消除了接触引线电阻对被测电阻的影响，实现小电阻的高精度测量。

3. 电压源测量法

恒流源法适用于中低电阻值的测量。对于大电阻值的测量，如果仍然使用恒流源法，则需要采用微安级以下的电流源，这时就不能忽略欧姆放大器的零电流。因此，测量大电阻值时，最好采用电压源法，其测量原理如图 9-6(a)所示。

由 U_x 与 R_x 之间的关系：

$$R_x = R_s \frac{U_x}{U_s - U_x}$$

其中，U_x 为测量值，U_s 为恒电压源，根据测量值就可以计算出被测电阻值 R_x。

对于高欧姆量程和电导量程，由于被测电阻 R_x 很大，输入缓冲放大器或者 PCB 线路板的任何泄漏都可能会对测量结果引起较大的误差。因此，为了消除误差，要对这些电路认真设计和防潮处理；在编程算法上，还需要采用误差修正技术，设计修正误差模型。其测量原理参考图 9-6(b)。

11.2.6　数字万用表的设计

智能数字万用表一般都用专用 IC 电路来实现。Maxim 美信公司有许多应用于智能数字万用表的双积分型 A/D 芯片，包括适合于 3½位的 AX130、MAX131、MAX136、MAX138 和 ICL71X6 等，适合于 4 ¾位的 MAX133/MAX134，适合于 4½位的 ICL7129A/ICL7135。下面结合一些专用芯片（如 MAX134）介绍 4 ¾便携式智能数字万用表的设计。

1. MAX134 的主要性能

（1）MAX134 集成芯片采用 DIP40 封装，片内含 A/D 转换器、量程切换开关（包括 DCV 量程转换电路、DCA 测量电路、Ω 测量电路）、时钟振荡器、蜂鸣驱动器、电阻衰减器、有源滤波器，具有多路模拟开关、电源电压、共模电压和低电池电压检测等功能，配有完善的数字接口，带 BCD 码输出，与单片机结合能实现 20 种测量功能。

（2）MAX134 采用多重积分式 A/D 转换器，采用余数乘法转换原理完成 40000 计数转换，其最大计数值为±39999，测量单极性信号时计数值可达 79999；转换准确度为 0.025%，最高分辨率达 5μV。时钟频率为 32.768kHz，测量速度每秒 20 次。

（3）MAX134 能提供 A/D 转换所有逻辑电路和计算器、寄存器，通过附加模式选择电路来测量，量程和模式选择由单片机设定，零读数校正由单片机控制完成。

（4）基本量程设置为：

DCV 挡：400mV，4V，40V，400V，4000V。

ACV 挡：400mV，4V，40V，400V，4000V（均为有效值）。

DCA 挡：400mA。

ACA 挡：400mA（有效值）。

欧姆挡：400Ω，4kΩ，40kΩ，400kΩ，4MΩ，40MΩ。

此外，还有蜂鸣挡，能检测二极管，检测线路通断，测电压和电阻时，能自动转换量程。

（5）采用 9 V 电池或±5V 电源供电，带微处理接口，工作电流 100μA，休眠模式下静态电流为 25μA。

2. 电路设计

基于 MAX134 的数字万用表应用电路包括 STC15W4K32S4 单片机、MAX134 及其外围辅助电路、LCD1602 液晶显示器、量程及功能选择开关等其他接口电路。利用单片机与 MAX134 结合，可提升万用表的技术性能。其应用电路如图 11-20 所示。

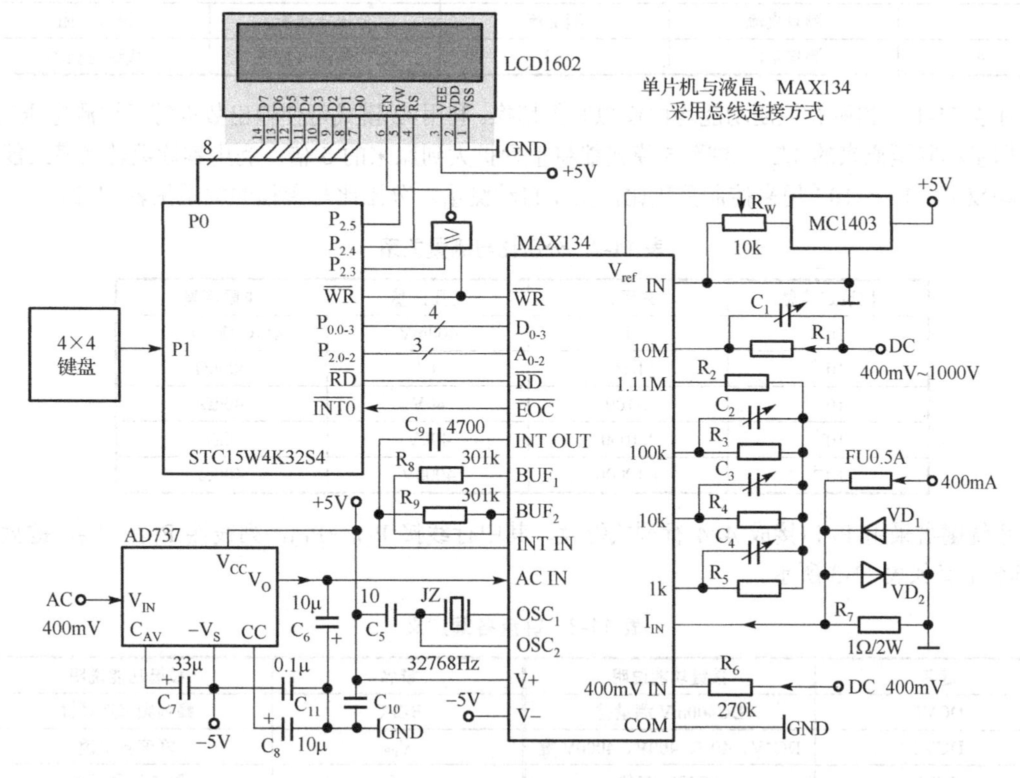

图 11-20　数字万用表基本电路原理图

MAXl34 有 40 个引脚，包含有 4 位双向数据总线 D_0～D_3，3 根地址线 A_0～A_2 和 3 个控制信号（$\overline{EOC}$、$\overline{RD}$、$\overline{WR}$）分别与单片机 P_0、P_2 和 P_3 口的部分线连接。A_0～A_2 是复合信号，作为地址线使用时用来选择 MAX134 内的 6 个寄存器，其编址为 00～05H；作为控制信号时，A_0 是 $\overline{CS}$ 片选端，A_1 是 ALE 地址锁存使能端，A_2 是缓冲器时钟输出端。当 $\overline{RD}$=0 时，通过总线读出选定寄存器中的数据；当 $\overline{WR}$=0 时，通过数据总线写数据到选中的寄存器中。$\overline{EOC}$ 为 A/D 转换结束信号，可作外部中断请求信号送至单片机的 $\overline{INT0}$ 端，通知单片机 A/D 转换已结束，以便及时读出转换结果。

MAX134 输出的数据格式是以 9 为补码的 BCD 码，即当测量值 $N>0$ 时，数值不变；若 $N<0$ 时以 9 取补码。也就是说若测量值为正数，输出的 BCD 补码是其本身，若测量结果是负数（如 –12305）时，则输出的 BCD 补码应将数据取反加 1（即为 87695），转换出的五位 BCD 数据分别存放在 MAX134 的低 5 个地址寄存器中，其中 04H 地址存放 BCD 码最高位即万位，00 地址存放 BCD 码最低位即个位，而 05H 地址寄存器存放芯片转换的状态信息。状态寄存器信息有 8 位，其中 D_0～D_3 代表状态位、D_4 为锁存短接位、D_5 为 HOLD 保持位、D_6 为电池低 LOBAT 位。利用键盘通过单片机向 MAX134 输入相应的数据即可实现多达 20 种控制功能，如表 11-1 所示。

表 11-1　MAX134 的 20 种程控功能

地址或寄存器号	单片机对 MAX134 输入的位设定信息			
	D_3	D_2	D_1	D_0
0	读数保持	蜂鸣器发高频声	打开蜂鸣器	休眠模式
1	10^0	滤波器短路	÷5	抑制 50Hz 干扰
2	10^{-4}	10^{-3}	10^{-2}	10^{-1}
3	测量直流	测交流	分压器通断	测量电阻
4	测量电流	×2	进行零读数转换	接通滤波器

在表 11-1 中的所有控制功能均由模拟开关切换。利用×2 模式可使输出数据等于被测电压的 2 倍，即量程降至原来的 1/2。选择÷5 模式能将量程扩大到原来的 5 倍。利用零读数转换模式能进行自动校零。10^0～10^{-4} 用来控制分压比，实现自动测量。分压比与量程的关系见表 11-2。

表 11-2　分压比与测量关系

位设定信息	分压比	电压测量	电阻测量
10^{-0}	1	400mV	4MΩ 或 40MΩ
10^{-1}	1/10	4V	400kΩ
10^{-2}	1/100	40V	40kΩ
10^{-3}	1/1000	400V	4kΩ
10^{-4}	1/10000	4000V	400Ω

系统键盘采用 P_1 口接成 4×4 行列式键盘，其中行线接 $P_{1.0}$～$P_{1.3}$，列线接 $P_{1.4}$～$P_{1.7}$。键盘的 16 键名定义如表 11-3 所示。

表 11-3　键盘各键定义

键名	按键功能说明	键名	按键功能说明
DCV1	DC400mV 测量键	BZFC	蜂鸣频率选择键
DCV2	DC4V、40V、400V、4000V 键	V_{PP}	峰值测量键
ACV	AC400mV 键	÷5	除 5 测量模式
DCA	DC400mA 测量键	On/Off	线路通断键
RST	复位键	SLEEP	休眠键

续表

键名	按键功能说明	键名	按键功能说明
Ω	400、4K、40K、400K、4MΩ 键	×2	乘 2 模式测量键
HOLD	读数保持键	DCVH	DC40mV 测量键
FILT	有源滤波器	Pack	峰值测量键

系统采用 LCD1602 字符液晶显示方式，其 VDD 引脚是液晶对比度调节端，把 VDD 接+5V 时亮度最小，接地时亮度最高。单片机与液晶、MAX134 采用总线接口连接方式，P0 口作数据总线，P2 口作高 8 位地址线（低 8 位没有引出）。单片机在对 LCD1602 写入显示信息时，其使能端 EN 通过单片机的 P2.3 与 $\overline{WR}$ 写信号进行逻辑“或非”选通控制。当写入指令时，P2.0=P2.1=P2.2=P2.3=P2.5=0，P2.4=1，则写指令的选通地址为 1000H；当写入数据时，P2.0=P2.1=P2.2=P2.3=P2.5=0，P2.4=0，则写数据的选通地址为 0000H。对液晶写指令和数据程序如下：

```
写指令程序：
MOV     DPTR,#1000H          ;指到 1000H 指令区
MOV     A,#xx                ;指令码赋给 A
MOVX    @DPTR,A              ;发写指令命令

写数据程序：
MOV     DPTR,#0000H          ;指到 0000H 显示区
MOV     A,#xx                ;显示数据赋给 A
MOVX    @DPTR,A              ;发写数据命令
```

MAX134 外围配合电路：R_1～R_5 是精密分压电阻。测量 400mV 以下的直流电压时，V_{IN} 经 R_6 接入 MAX134 的 IN 端。对于 400mV～1000V 挡，V_{IN} 经分压器衰减后送至 A/D 转换器。C_1～C_4 与 R_1，R_3～R_5 组成宽频带不失真衰减器，可减小测交流电压的误差。 R_7 是 DC400mA 挡的分流电阻，由 FU、VD_1 和 VD_2 组成保护电路。R_8、R_9 为积分电阻，C_9 为积分电容。用 MCl403 做基准输出 2.5V 基准电压，经精密多圈电位器 R_W 分压给 MAXl34 的 V_{REF} 提供 655mV 的基准源，能有效抑制 50Hz 工频干扰。JZ 与 C_5 构成 32768Hz 晶振电路。C_7 为平均电容，C_6 是耦合电容，C_8 为输出端滤波电容。C_{10} 与 C_{11} 分别是正负电源的滤波电容。

进行 DCV 测量时，400mV 量程直接输入，使用 R_6 作为限流电阻。4V～4000V 量程须经分压器（R_1～R_4）输入信号。

进行 DCA 测量时，需要外接分流器，应在 I_{IN}-COM 之间接分流电阻，对于 400mA 挡，电阻 R_7 取 1.0Ω/1w；对于 4A 挡，电阻取 0.1Ω。输入端还需加过流与过压保护电路。

ACV 交流电压用 AD737 变换后再测量。AD737 是单片低功耗、精密型真有效值交/直流 AC-DC 转换器。被测电压经 AC-DC 转换器后再送到 MAX134 的 AC IN 端。

进行电阻测量时，MAX134 采用比例法，如图 11-21 所示。图中 R_1～R_5 为标准电阻，VT_1、VT_2、PTC 为保护元件。当使用 4kΩ～40MΩ 挡时，测试电压 E_0 为 3.0V，当使用 400Ω 挡时 E_0 为 2.3V。

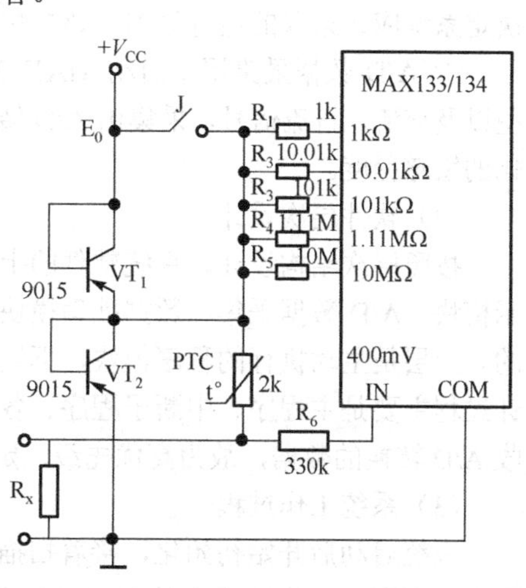

图 11-21　电阻测量电路

测量工作过程：实际测量时，在单片机的控制下对外部输入信号进行 A/D 转换，每次 A/D 转换分 7 个阶段进行，特别增加了零积分阶段，能使积分器发生过载后迅速归零。使用单片机可定期控制 MAXl34 进行零读数转换，得到零读数 N_0，再从计数值 N 中减去 N_0，获得准确值 N′，从而可实现零读数校正。因此，在 A/D 转换过程中无须设置自动调零阶段。A/D 转换结束后，自动将数据转换成 BCD 码存放在 MAX134 内部寄存器中，并产生 EOC 信号。单片机可以采用查询或中断的方式处理 EOC 信号，通过总线读出 MAX134 内的数据进行处理，完成智能化测量。MAX134 的满量程显示数值为：

若系统频率为 32768Hz，即时钟周期为 T_S，则完成一次 A/D 转换约需 $1638T_S$，转换周期 T=50ms，测量速率为 20 次/秒，正向积分时间 $T_C=655T_S$，则计数值 N 的计算公式为：

$$N=\frac{100T_C}{T_Q\cdot V_{REF}}\cdot V_{IN}$$

把上面所得 $T_C=655T_S$ 和 V_{REF}=655mV 代入上式，得 $N=100V_{IN}$。

因此，当使用±400mV 挡时，万用表最大计数值为±39999，即 4¾位。

3. 软件设计

（1）主要功能模块

系统软件包括主程序、INT0 外部中断、T0 定时中断子程序、键盘模块、显示模块、控制决策模块及 A/D 数据采集处理等模块。各模块功能分配如下：

① 主程序负责系统初始化，包含内存单元初始化、中断允许初始化、串行口工作方式初始化和显示初值设置。

② INT0 外部中断用来处理 A/D 转换结果，及时读出数据进行运算处理。

③ T0 定时中断用来做时间片，定时时间 10ms，以便及时地扫描键盘，使按键操作灵敏；同时实时输出处理的显示数据。

④ 键盘模块用于识别按键，通过监控键盘和解释执行，完成操作者对系统的控制。键盘使用定时器/计数器 T0 作 10ms 定时中断，定时扫描键盘，以保证按键查询实时性。

⑤ 显示模块用于显示结果，在设计时，需要处理数据格式转换问题和显示格式问题。

⑥ 控制决策模块用于控制 MAX134 的工作，根据键盘监控、数据处理的结果和系统的状态，决定系统应该采取的运行策略。该模块的设计与控制决策算法有关。

⑦ A/D 数据采集用于启动 MAX134 进行数据采集，系统采集对象包括电压、电流、电阻类型以及交流、直流信号，采集由 A/D 转换来完成。该模块执行的实时性体现了系统对外部信息变化的敏感程度。

（2）软件层次设计

按照层次结构设计，系统软件的上层由主程序和两个中断子程序组成；下层由键盘模块、显示模块、A/D 数据采集、数据处理模块和控制决策模块等子程序组成，下层子程序是为上层服务的。上层是主动执行的程序模块，下层子程序是被动执行的程序模块。因此，整个软件系统的设计过程主要是主程序、中断子程序、各个子程序模块功能规划的过程。因为外部中断需要及时接收 A/D 转换的数据，故为高优先级，定时中断为低优先级。

（3）系统工作过程

系统启动后开始初始化，接着扫描键盘开始查键。如检测到有键按下，则进入相应的键值处理服务程序，单片机开始对 MAX134 进行读写操作：先将 MAX134 设置成相应的测试状态，启动 A/D 转换器开始采样外部信号，待 A/D 转换完成后，产生 EOC 输出信号送到单片机的 $\overline{\text{INT0}}$，单片机收到信号后，产生中断并进入服务程序，读出 MAX134 内部寄存器中的转换结果，并控制 MAX134 进行零数据转换。单片机对读取的数据进行零数据校正，并把校正的数据输出显示，完成一次测量。程序主要流程如图 11-22 所示。

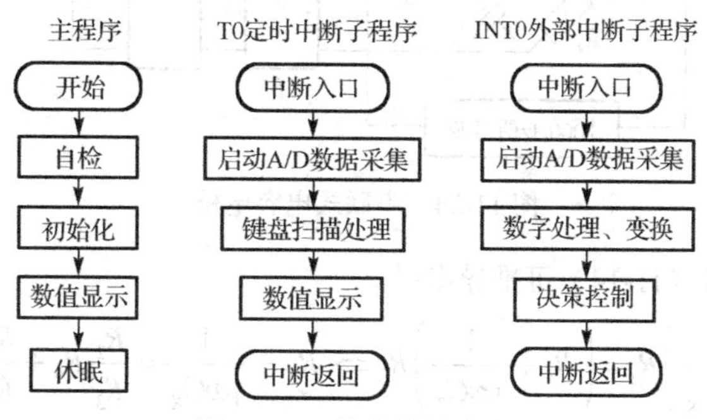

图 11-22　软件设计流程

11.3　智能 RLC 测量仪

11.3.1　概述

智能数字 RLC 测量仪就是在微处理器控制下实现对电阻、电容和电感参数的数字化测量。常用 RLC 测量仪主要采用电桥法、谐振法、比例法、伏安法四种。

1．电桥测量法

电桥法将被测参数与其他精密器件组成电桥，调节电桥器件的参数值，使电桥平衡，用切换开关实现 RLC 测量的目的。这种方法测量精确度较高，但需要反复调节电桥平衡，测量时间长，因而很难实现快速的自动测量。测量原理如图 11-23 所示。四桥臂是电桥的核心，U 为信号源，G 为检流计。桥臂接入被测电阻或电容、电感，调节桥臂中可调元件，使流过检流计的电流为零，电桥处于平衡状态，此时得到电桥平衡表达式为：

$$Z_X Z_3 = Z_2 Z_4 \tag{11-14}$$

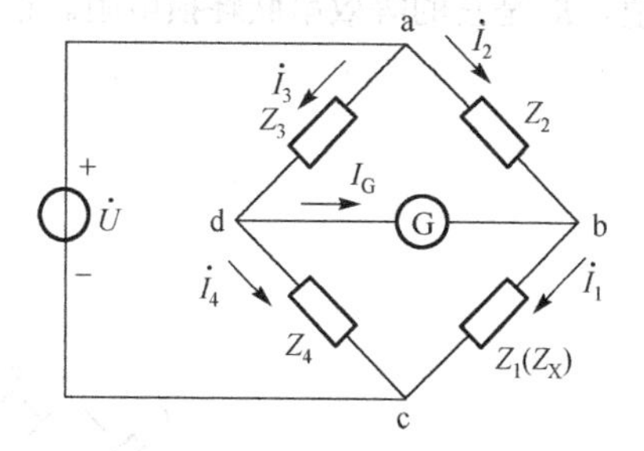

图 11-23　电桥平衡原理图

由式（11-14）可计算出被测元件的值。而且电桥平衡时，下面等式成立：

$$|Z_X||Z_3| = |Z_2||Z_4| \tag{11-15}$$

$$\phi_X + \phi_3 = \phi_2 + \phi_4 \tag{11-16}$$

式中，$|Z_X|$、$|Z_3|$、$|Z_2|$、$|Z_4|$为复数阻抗 Z_X、Z_3、Z_2、Z_4 的模，ϕ 为复数阻抗的阻抗角。上面两个等式表明交流电桥模平衡条件是电桥四臂的两对平行臂的阻抗的模的乘积必须相等；相位平衡条件是两对平行臂的阻抗相角之和必须相等。对被测元件是电阻时也适用。

（1）电桥法测电容

实际测量电容时，电路接成如图 11-24 所示。被测电容接在 b-c 两端，C_X 为被测电容，R_X 是其等效串联电阻，通过调节桥臂中的可调电阻使电桥平衡。

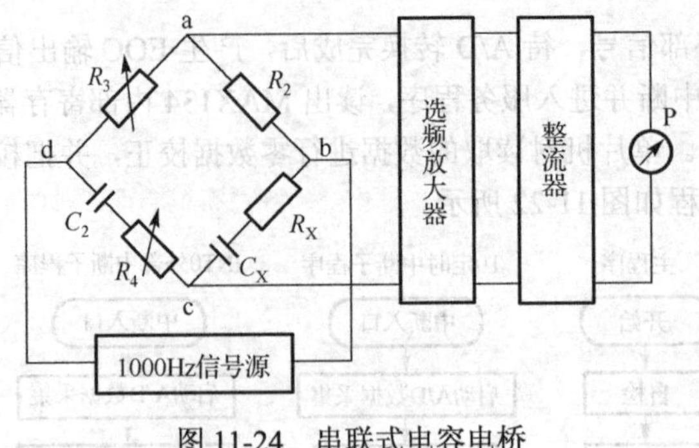

图 11-24　串联式电容电桥

根据电桥平衡条件式（11-14）可推导出：

$$\left(R_X+\frac{1}{j\omega C_X}\right)R_3=\left(R_4+\frac{1}{j\omega C_2}\right)R_2 \Rightarrow R_X+\frac{1}{j\omega C_X}=\frac{R_2}{R_3}R_4+\frac{R_2}{R_3}\frac{1}{j\omega C_2} \tag{11-17}$$

由复数的实部相等可得

$$R_X=\frac{R_2}{R_3}R_4 \tag{11-18}$$

由复数的虚部相等可得

$$C_X=\frac{R_3}{R_2}C_2 \tag{11-19}$$

通常使用损耗角和损耗因数来衡量电容的质量，其中损耗因数 $\tan\delta=\omega C_2 R_4$。

（2）电桥法测电感

采用麦克斯韦电桥测量电感值（如图 11-25 所示），被测电感连接在 b-c 两端，L_x 是它的电感值，R_x 是它的等效串联耗损电阻。根据电桥平衡的条件可以推导出：

$$\begin{cases} L_X=R_2R_4C_2 \\ R_X=\dfrac{R_2R_4}{R_3} \\ Q=\omega R_3C_2 \end{cases} \tag{11-20}$$

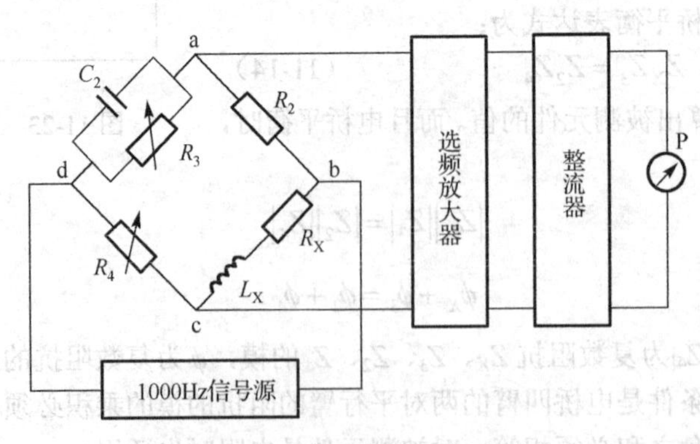

图 11-25　电桥法测电感原理图

在实际应用中，为了获得不同性能的电感值测量，综合了很多不同特点的实用电桥，表 11-4 是各种测量电桥的基本线路、特点和平衡条件。

表 11-4　电感值测量常用电桥

编号	电桥特点	电桥基本线路	电桥平衡条件
1	直流电桥 适用于测量范围在 1Ω 至几兆 Ω 的精密电阻	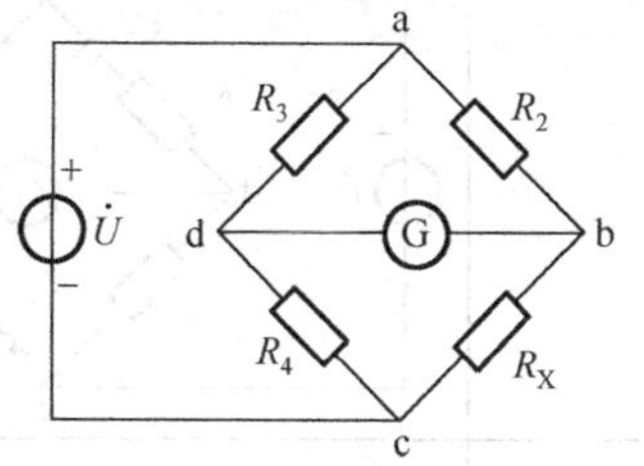	$R_X R_3 = R_2 R_4$ 即 $R_X = \frac{R_2}{R_3} R_4$
2	串联电容比较电桥 适用于测量小耗损电容，方便分别读数。若调节 R_2 和 R_4，可直接读出 C_X 和 $\tan\delta$	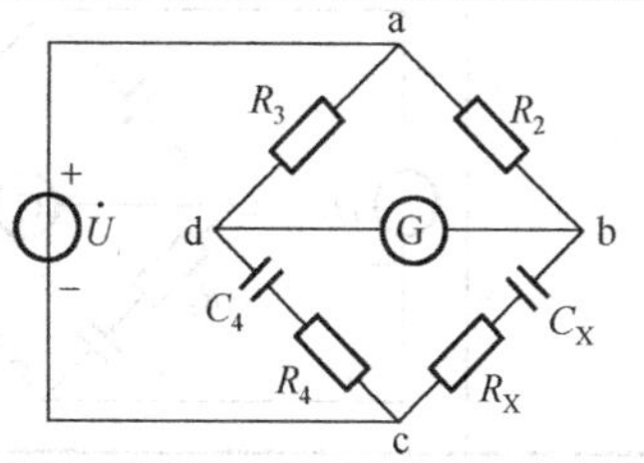	$R_X = \frac{R_2}{R_3} R_4$ $C_X = \frac{R_3}{R_2} C_4$ $\tan\delta = \omega C_4 R_4$
3	并联电容比较电桥 适用于测量较大耗损电容，方便分别读数	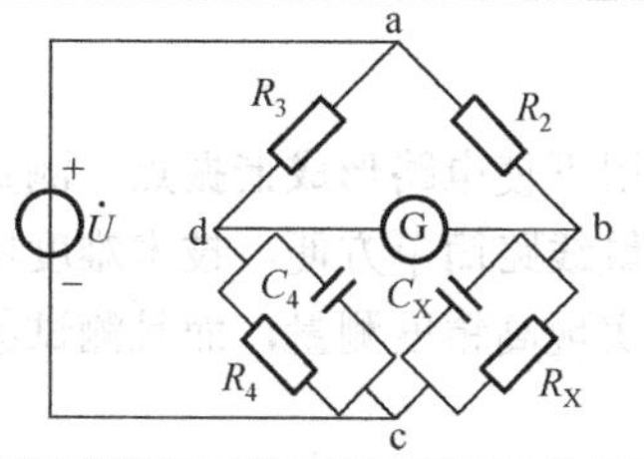	$R_X = \frac{R_2}{R_3} R_4$ $C_X = \frac{R_3}{R_2} C_4$ $\tan\delta_x = 1/\omega C_4 R_4$
4	高压电桥（西林电桥） 适用于测量高压下电容或绝缘材料的介质损耗，方便分别读数。若调节 R_3 和 R_4 可调元件，可直接读出 L_X 和 $\tan\delta_x$	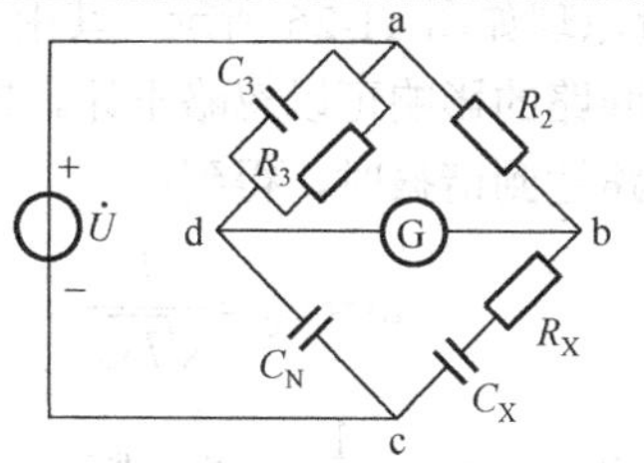	$R_X = \frac{C_3}{C_N} R_2$ $C_X = \frac{R_3}{R_2} C_N$ $\tan\delta = \omega C_3 R_3$ C_N 为高压电容
5	麦克斯韦电桥—文氏电桥 适用于测量 Q 值不大的电感。若调节 R_3 和 R_4，可直接读出 L_X 和 Q_X	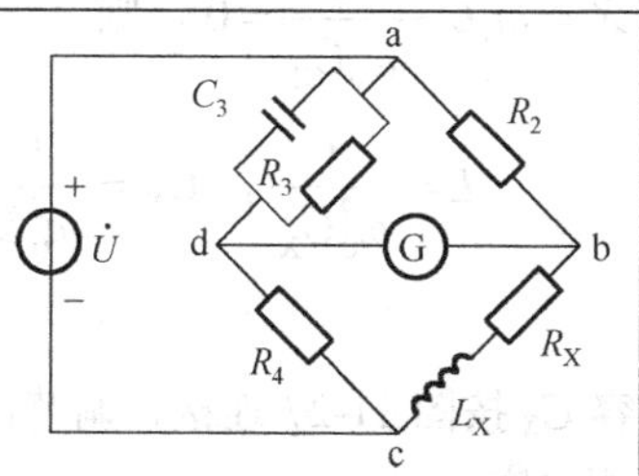	$L_X = R_2 R_4 C_3$ $R_X = \frac{R_2}{R_3} R_4$ $Q_X = \omega C_3 R_3$ C_N 为高压电容
6	麦克斯韦电感比较电桥 适用于测量 Q 值较小的电感。电阻借开关 S 可直接连接在 L_X 和或 L_4，以便于调节电桥平衡	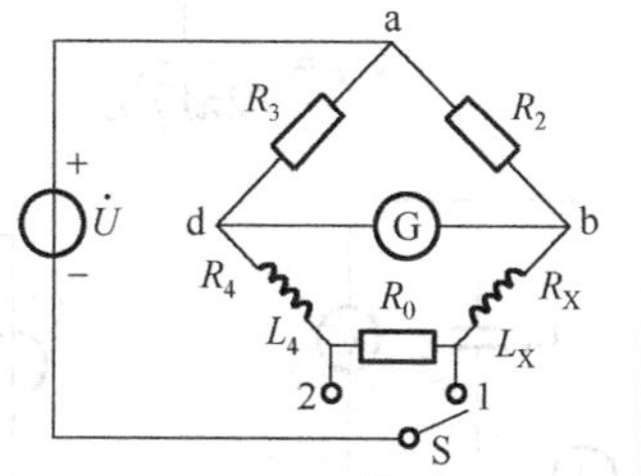	$L_X = \frac{R_2}{R_3} L_4$ S 接 1 端时 $R_X = \frac{R_2}{R_3}(R_4 + R_0)$ $Q_X = \frac{\omega L_4}{R_4 + R_0}$ S 接 2 端时 $R_X = \frac{R_2}{R_3} R_4 - R_0$ $Q_X = \frac{\omega L_4}{R_4 - (R_3 / R_2) R_0}$

续表

编号	电桥特点	电桥基本线路	电桥平衡条件
7	串联 RC 电桥（海氏电桥） 适用于测量 Q 值较大的电容		$L_X=\frac{R_2R_4C_3}{1}+(\omega C_3R_3)^2$ $R_X=\frac{R_2R_4C_3}{1+(\omega C_3R_3)^2}$ $Q_X=\frac{1}{\omega C_3R_3}$
8	欧文电桥 适用于测量高精密电感		$L_X=R_2R_4C_3$ $R_X=\frac{C_3}{C_N}R_2$ $Q_X=\omega C_4R_4$

2．谐振测量法

谐振法是在激励信号的作用下使电路形成谐振点，测量出参数值。这种方法利用调谐回路的谐振特性进行测量，优点是测量线路简单方便，技术难度比高频电桥小；但要求激励信号的频率高，频率范围宽，一般不容易实现高精度测量，而且测试频率不固定，调节测试频率时间长，测试速度也较慢。

谐振法又称 Q 表法，测量原理如图 11-26 所示，其中 $u(t)$为振荡源，测量回路与振荡源之间采用弱耦合，使振荡源对测量回路的影响可以忽略不计。接入回路中的电压表和电流表内阻对回路影响应尽量小。因此，当回路达到谐振时，得到：

$$\omega=\omega_0=\frac{1}{\sqrt{LC}} \tag{11-21}$$

由于回路总阻抗为零，即 $X=\omega_0L-\frac{1}{\omega_0C_X}=0$，则

$$L=\frac{1}{\omega_0^2C_X},\quad C_X=\frac{1}{\omega_0^2L}$$

（1）谐振法测电容

直接法测电容：把被测电容 C_X 按图 11-27 连接，调节谐振源频率 f_0，当电压表指示最大时回路产生谐振，此时可计算出被测电容：

$$C_X=\frac{1}{(2\pi f)^2L} \tag{11-22}$$

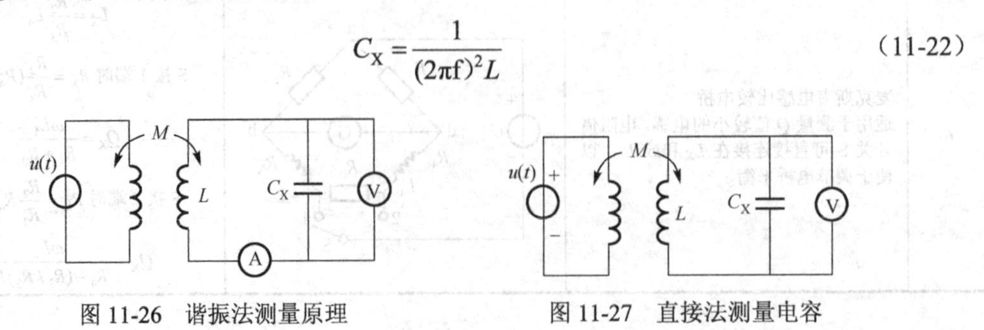

图 11-26　谐振法测量原理　　　　图 11-27　直接法测量电容

直接测量电容的误差包含分布电容（线圈和接线分布电容）引起的；当频率过高时，引线电感也将引起误差；当回路 Q 值较低时，谐振曲线很平坦，不容易准确找出谐振点，也会产生误差。

并联替代法：此方法可以消除分布电容引起的测量误差，测量电路如图 11-28 所示。其中 C 是可调刻度电容，其容量变化范围大于被测电容量。先不接 C_X，将电容 C 调节到较大容量位置，设容量值为 C_1，此时调节振荡源信号频率，使回路谐振。然后并联接入 C_X，在信号频率保持不变的情况下，调节 C 使回路再次达到谐振，这时电容 C 的容量值为 C_2，则可得到被测电容 $C_X=C_1-C_2$。

并联替代法可以适用于测量小电容，测量误差取决于可变电容的刻度误差。

串联替代法：当测量电容较大时，应使用串联替代法，如图 11-29 所示。先将 a-b 两端短路，调节电容 C 到较小的刻度位置，调节信号源使回路谐振，这时的电容值为 C_1；然后在 a-b 之间拆除短路线，串联接入被测电容，在信号频率保持不变的情况下，调节 C 使回路再次达到谐振，这时电容 C 的容量值为 C_2，则可得到被测电容：

$$C_X=\frac{C_2C_1}{C_2-C_1} \tag{11-23}$$

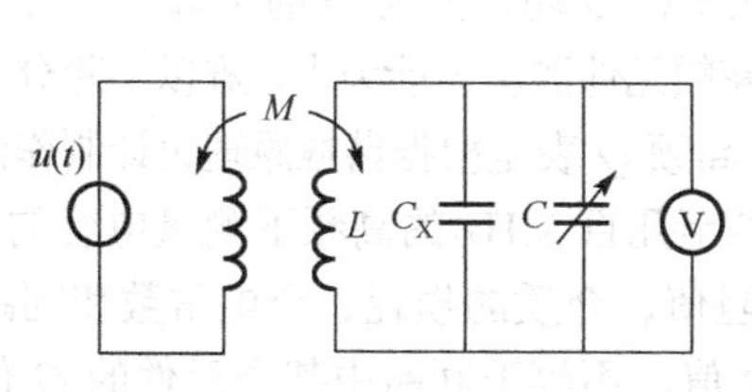

图 11-28　并联替代法测小电容

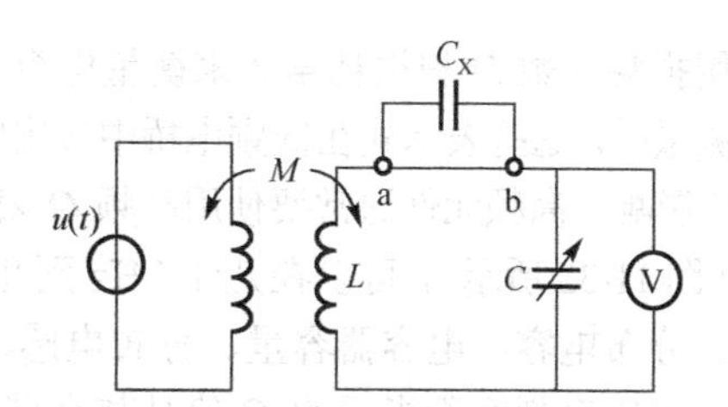

图 11-29　串联替代法测大电容

（2）谐振法测电感

串联替代法：适用于测量小电感的电量，测量电路如图 11-30 所示。测量时，先将 a-b 端短路，调节电容 C 到较大的刻度位置，调节信号源使回路谐振，这时的电容值为 C_1，此时可得到计算电感等式 $L=\frac{1}{4\pi^2 f^2 C_1}$；然后在 a-b 之间拆除短路线，串联接入被测电感，在信号频率保持不变的情况下，调节 C 使回路再次达到谐振，这时电容 C 的值为 C_2，则可得到计算电感等式 $L_X+L=\frac{1}{4\pi^2 f^2 C_2}$。

把上面两个式子相减，得到被测电感为：

$$L_X=\frac{C_1-C_2}{4\pi^2 f^2 C_1 C_2} \tag{11-24}$$

并联替代法：适用于测量较大电感，测量电路如图 11-31 所示。先不接 L_X，将电容 C 调节到较小容量位置，设容量值为 C_1，此时调节振荡源信号频率，使回路产生谐振，这时可得到计算电感等式为：$1/L=4\pi^2 f^2 C_1$；然后并联接入 L_X，在信号频率保持不变的情况下，调节 C 使回路再次达到谐振，这时记下电容 C 的值为 C_2，则可得到计算电感等式为 $1/L_X-1/L=4\pi^2 f^2 C_2$。

把上面两个式子相减，得到被测电感为：

$$L_X=\frac{1}{4\pi^2 f^2 (C_2-C_1)} \tag{11-25}$$

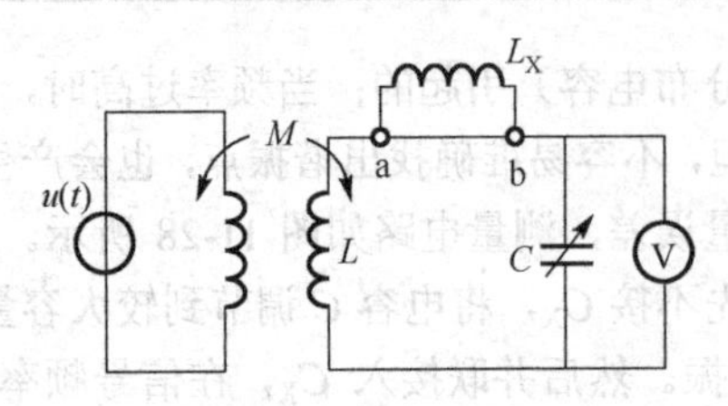

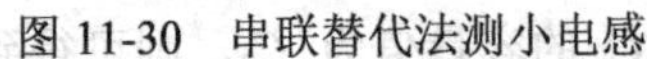
图 11-30　串联替代法测小电感

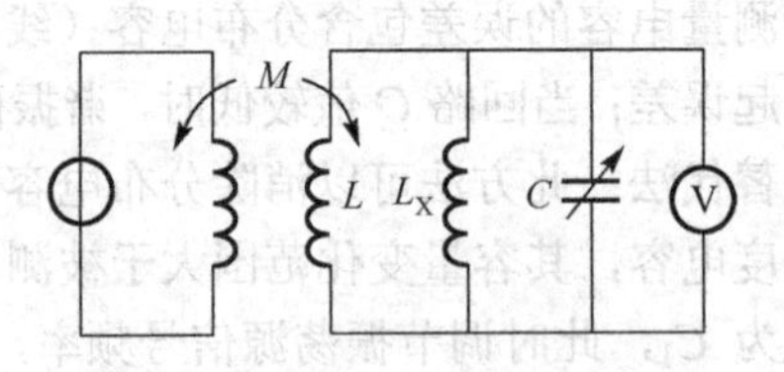

图 11-31　并联替代法测大电感

（3）Q 表工作原理

Q 值是衡量电感、电容及谐振电路的质量，称为品质因数。Q 值的定义为：

$$Q=\frac{2\pi\text{磁能或电能的最大值}}{\text{一周期内消耗的能量}}$$

对于电感可以推导出：$Q_{\mathrm{L}}=\dfrac{2\pi fL}{r_{\mathrm{L}}}=\dfrac{\omega L}{r_{\mathrm{L}}}$

对于电容（只考虑介质损耗及泄漏因数）可以推导出：$Q_{\mathrm{C}}=\dfrac{1}{2\pi fRC}=\dfrac{1}{\omega RC}$

常用损耗因数 D 和损耗角 δ 来衡量电容质量，对 $\tan\delta$ 和 D 均定义为 Q 的倒数。

在测量时，这些表示式在低频电桥中应用广泛，但对高频元件测量无能为力，难以消除分布参数对测量的影响。高频元件通常要使用高频 Q 表进行测量。高频 Q 表是根据谐振原理设计制作的测量仪表（如图 11-32 所示），可以在几十 kHz 到几十 MHz，甚至几百 MHz 的高频下测量电感的 Q 值、电感量、分布电容、电容器容量、分布电感、耗损、电阻值、介质的损耗、介电常数和回路阻抗等参数。电压表刻度所指示的 Q 值是整个谐振回路的 Q 值，不等于回路中某个元件的 Q 值，如果要测量某一元件（例如被测电感）的 Q 值，必须考虑到回路本身及其他部件的耗损或残量的影响，或者说必须进行修正，这是 Q 表的显著特点。

Q 表由一个可变高频振荡器、一个可变标准电容器和一个高阻抗的电压表构成。当回路产生谐振时（回路总阻抗为零），电容（或电感）上的电压为：

$$U_{\mathrm{C}}=IX_{\mathrm{C}}=\frac{U_{\mathrm{S}}}{R}\frac{1}{2\pi f_0C}=QU_{\mathrm{S}}$$

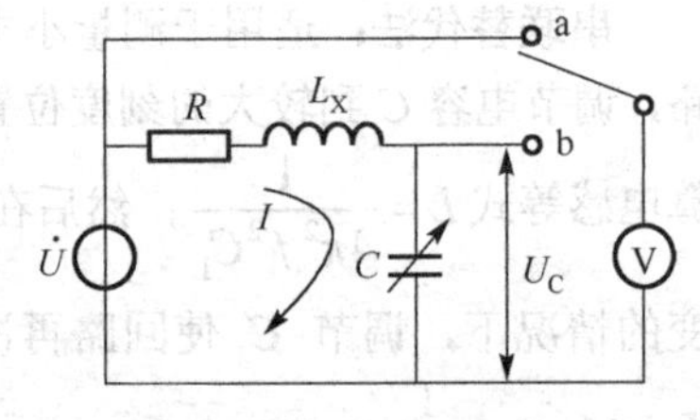

图 11-32　Q 表原理图

即 U_{C} 为高频电压 U_{S} 的 Q 倍。把 S 开关分别连接 a 或 b 端，可在电压表上分别测出相应的电压值，就可以计算出 Q 值。

如果信号源高频有效值为 U_{S}，且在测量过程中保持恒定数值，那么回路产生谐振时，电容上的电压正比于被测线圈的 Q 值。也就是说，电压表上的读数正比于线圈的 Q 值，因此，在电压表盘上可直接按 Q 值分度。改变高频电压 U_{S} 可以扩展 Q 值的测量范围，例如：将 U_{S} 减小至 $1/n$，则 Q 值指示将扩大 n 倍。为了保持高频电压 U_{S} 为一个恒定数值（例如 10MV），通常采用一个电子电压表来监视 U_{S} 在规定的刻度上。

为了扩大 Q 表的用途，通常把振荡器的频率和可变电容器都进行定刻度，这样在回路产生谐振时，除在电压表读出 Q 值外，还可从振荡器和电容器的刻度盘上读出 f 和 C_{S} 的数值，并根据等式(11-26)计算出线圈电感 L_{X}。

$$f=\frac{1}{2\pi\sqrt{L_{\mathrm{X}}C_{\mathrm{S}}}}\tag{11-26}$$

3．比例测量法

若不考虑电容、电感的耗损电阻，电阻、电容和电感还可采用等比例法测量，测量原理如图 11-33 所示，图中信号源采用谐波分量较少的交流恒流源。在测量电阻、电容和电感时，Z_0 分别取标准参考电阻、电容或电感，这样可以得出下面的关系：

$$\frac{U_0}{U_X}=\frac{Z_0}{Z_X}=\frac{R_0}{R_X}=\frac{C_0}{C_X}=\frac{L_0}{L_X} \tag{11-27}$$

式中，R_0、C_0、L_0 为标准参考元件，R_X、C_X、L_X 为被测元件。

一般在电感 $L<100\mu H$、电容 $C<100pF$ 时，信号源频率使用 10kHz；而当 $L>100mH$、电容 $C>100\mu F$ 时，信号源频率要求使用 100/120Hz；电阻在 $R<1M\Omega$ 时，受信号源频率影响不大；电阻在 $R>1M\Omega$ 时，应采用 100/120Hz 的信号源；1kHz 信号源用于 R、L、C 的中值测量比较好。

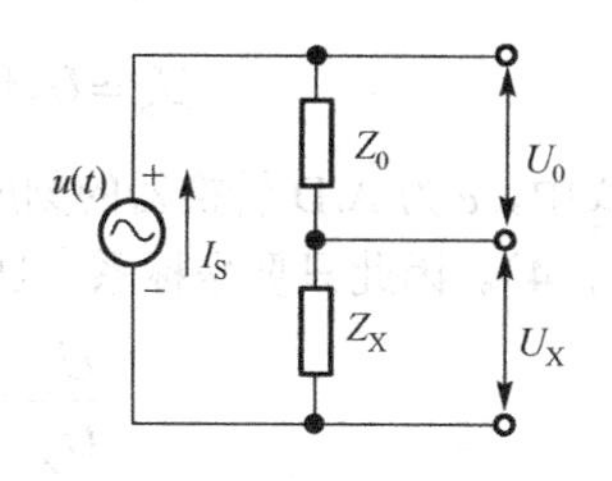

图 11-33　比例测量原理

4．伏安测量法

伏安法是最经典的方法，它的测量原理采用阻抗定义，即先测流过 RLC 的矢量电流，并测得 RLC 阻抗两端的电压，再计算其比率便可得到被测阻抗的矢量。显然，要实现这种测量方法，仪器必须能进行矢量测量及矢量除法运算，必须采用计算机技术才能实现这种测量方法，RLC 测量电路原理如图 11-34 所示。图中 S 为切换开关，Z_S、Z_X 阻抗串联，只要分别测量出 Z_S、Z_X 阻抗两端的电压，即可由计算机运算出结果，实现自动快速测量。

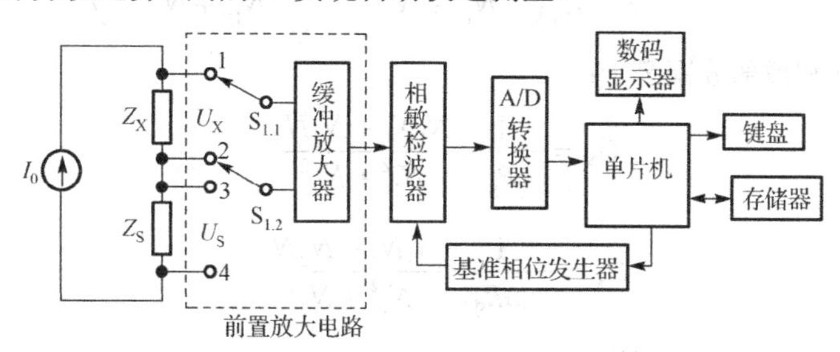

图 11-34　伏安法测量原理框图

假设 I_0 是已知恒流源，Z_S 为标准阻抗，Z_X 为被测阻抗，通过测量分别测出 Z_S、Z_X 两端的矢量电压值 U_S、U_X，通过阻抗电压比例关系，得出被测阻抗值 Z_X：

$$Z_X=\frac{U_X}{U_S}Z_S=\frac{U_1+jU_2}{U_3+jU_4}Z_S \tag{11-28}$$

采用伏安法测量 RLC 参数时，必须选择好相位坐标轴的参考方向，这样相敏检波器的输出就是被测电压矢量在坐标轴上的投影分量。对相位参考基准的选取方法，可以有固定轴法和自由轴法两种。

固定轴法要求相敏检波器的相位参考基准严格地与式（11-28）分母位置上的矢量一致，这样分母只有实部分量，矢量除法简化为两个标量除法运算，为此利用双积分式 A/D 转换器的比例除法特性即可实现。但这种方法必须坐标轴固定，才能确保参考信号与被测信号之间精确的相位关系，硬件电路实现比较困难。

自由轴法必须严格保证被测参数矢量在 x、y 两个坐标轴上投影能准确正交，相敏检波器的相位参考基准（x，y 坐标轴）可以任意选择，这样，只要分别测量出 U_X、U_S 在直角坐标 x，y 轴上的分量（或投影），经过四则运算，即可求出最后的结果。自由轴法测量矢量图如图 11-35 所示。

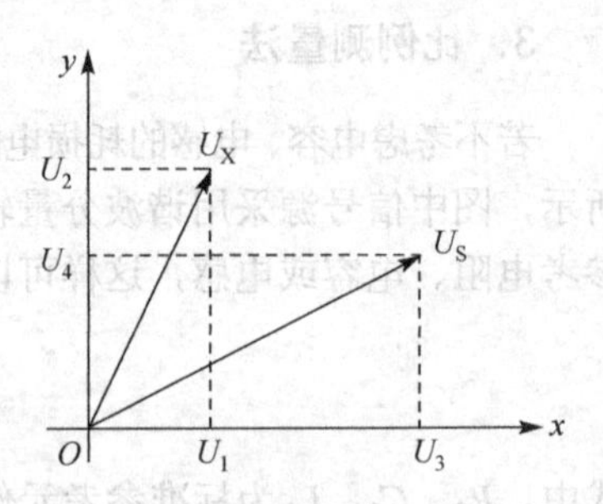

图 11-35　自由轴法测量矢量图

下面以并联电容测量为例，运算推导出测量 RLC 参数的数学模型：

$$U_X = U_1 + jU_2 = eN_1 + jeN_2$$

$$U_S = U_3 + jU_4 = eN_3 + jeN_4$$

式中，e 为 A/D 转换器的刻度系数，即每个数字所代表的电压值；N_i 是 U_i 对应的数字量（i=1，2，3，4）。因此只要坐标系一旦确定，两个矢量之商即可表示为：

$$\frac{U_S}{U_X} = \frac{eN_3 + jeN_4}{eN_1 + jeN_2} = \frac{N_1N_3 + N_2N_4}{N_1^2 + N_2^2} + j\frac{N_1N_4 - N_2N_3}{N_1^2 + N_2^2} \tag{11-29}$$

若 Z_S 采用标准电阻 R_S，并与被测电容并联，则有

$$\frac{1}{Z_X} = -\frac{U_S}{U_X} \times \frac{1}{R_S} = G_X + j\omega C_X \tag{11-30}$$

将式（11-29）代入式（11-30）可得：

$$G_X + j\omega C_X = -\frac{1}{R_S}\left(\frac{N_1N_3 + N_2N_4}{N_1^2 + N_2^2} + j\frac{N_1N_4 - N_2N_3}{N_1^2 + N_2^2}\right) \tag{11-31}$$

被测参数的实部和虚部分别等于：

$$G_X = -\frac{1}{R_S} \times \frac{N_1N_3 + N_2N_4}{N_1^2 + N_2^2} \tag{11-32}$$

$$C_X = -\frac{1}{\omega R_S} \times \frac{N_1N_4 - N_2N_3}{N_1^2 + N_2^2} \tag{11-33}$$

由此可计算出斜率相位角 D_X 等于：

$$D_X = \frac{G_X}{\omega C_X} = \frac{N_1N_3 + N_2N_4}{N_1N_4 - N_2N_3} \tag{11-34}$$

使用相同的方法，可以推导出表 11-5 所示的被测参数 R、L、C 的计算公式。

表 11-5　常用被测参数 R、L、C 的计算公式

等效电路连接方式	被测元件主参数	被测元件副参数
电容并联	$C_x = \frac{1}{\omega R_S} \times \frac{N_2N_3 - N_1N_4}{N_1^2 + N_2^2}$	$D_x = \frac{N_1N_3 + N_2N_4}{N_1N_4 - N_2N_3}$
电容串联	$C_x = \frac{1}{\omega R_S} \times \frac{N_3^2 + N_4^2}{N_2N_3 - N_1N_4}$	
电感并联	$L_x = \frac{R_S}{\omega} \times \frac{N_1^2 + N_2^2}{N_1N_4 - N_2N_3}$	$Q_x = \frac{N_2N_3 - N_1N_4}{N_1N_3 + N_2N_4}$
电感串联	$L_x = \frac{R_S}{\omega} \times \frac{N_1N_4 - N_2N_3}{N_3^2 + N_4^2}$	

续表

等效电路连接方式	被测元件主参数	被测元件副参数
电阻并联	$R_x=-R_S\times\dfrac{N_1^2+N_2^2}{N_1N_3+N_2N_4}$	$Q_x=\dfrac{N_2N_3-N_1N_4}{N_1N_3+N_2N_4}$
电阻串联	$R_x=-R_S\times\dfrac{N_1N_3+N_2N_4}{N_3^2+N_4^2}$	

采用自由轴法对 U_X、U_S 在坐标轴上的分量要分别进行两次测量，这两次测量的 x，y 轴相位参考基准信号要求保持 90°的相位关系，这样测量出的分量分别输入到 A/D 转换器转换成数字量，再经接口电路送到单片机保存，最后由单片机根据数学表达式编程计算即可得到被测 RLC 参数。因此自由轴法计算量比较大，硬件电路相对简单，测量准确度高，比较适合智能化测量，因而近年来智能 RLC 电路大都采用这种方案。

11.3.2 电容/电感的数字化测量

电容、电感的数字化测量方法都是先采用正弦信号在被测阻抗的两端产生交流电压，再通过实部、虚部的分离，最后利用电压的数字化测量来实现的。下面以双积分式数字万用表为基础介绍电容、电感阻抗的数字化测量。

1. 电感-电压（L/U）变换器

电感-电压变换器（如图 11-36 所示）通常先采用运放 A 为阻抗-电压转换，再利用两个同步检波器进行实部、虚部的分离来实现交流-直流电压转换，并提供基准电压。

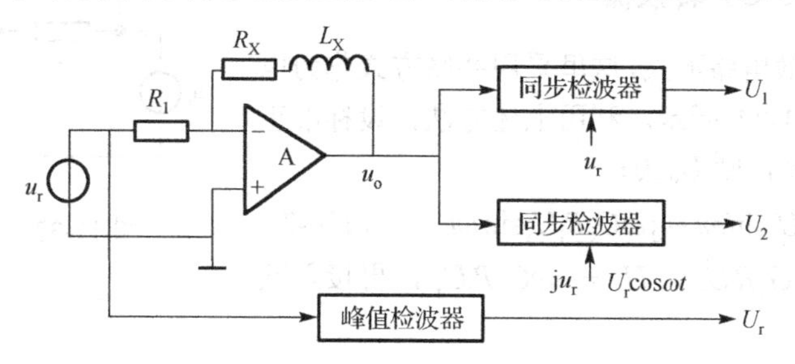

图 11-36 电感-电压转换器

设标准正弦信号为 $u_r=U_r\sin\omega t$，则 U_o 为：

$$\dot{U}_o=-\frac{U_rR_x}{R_1}\sin\omega t-\mathrm{j}\frac{U_r\omega L_x}{R_1}\sin\omega t \tag{11-35}$$

u_o 经过同步检波后，输出实部、虚部幅度分别为：

$$U_1=-\frac{U_rR_x}{R_1} \tag{11-36}$$

$$U_2=-\frac{U_r}{R_1}\omega L_x \tag{11-37}$$

如此处理后利用双积分 DVM 就可以实现对 R_x、L_x、Q_x 的测量，数学表达式为：

$$U_x=-\frac{U_r}{N_1}N_2 \tag{11-38}$$

（1）R_x 的测量

将式（11-36）中的 U_1 作为被测电压 U_x，U_r 作为基准电压接入双积分 DVM 中，则可以得到：

$$\frac{U_r R_x}{R_1}=\frac{U_r}{N_1}N_2 \Rightarrow R_x=\frac{R_1}{N_1}N_2 \tag{11-39}$$

利用式（11-39），选择合适的 R_1，可以直接读出 R_x 的值。

（2）L_x 的测量

如果把式（11-37）的 U_2 作为被测电压 U_x，U_r 作为基准电压，代入式（11-38），则可以得到：

$$\frac{U_r \omega L_x}{R_1}=\frac{U_r}{N_1}N_2 \Rightarrow L_x=\frac{R_1}{\omega N_1}N_2 \tag{11-40}$$

利用式（11-40），选择合适的 ω 和 R_1，可以直接读出 L_x 的值。

（3）Q_x 的测量

如果把 U_2 作为被测电压，U_1 作为基准电压进行极性转换接入 DVM，则可以得到：

$$U_2 N_1 = U_1 N_2 \tag{11-41}$$

再把式（11-36）和式（11-37）代入式（11-41），可以得到：

$$\frac{U_r \omega L_x}{R_1}N_1=\frac{U_r}{R_1}R_x \times N_2 \Rightarrow Q_x=\frac{\omega L_x}{R_x}=\frac{1}{N_1}N_2 \tag{11-42}$$

利用式（11-42），可以直接读出 Q_x 值。

2. 电容-电压（C/U）转换器

电容器有多种等效电路形式，这里采用并联方式作为电容-电压转换，如图 11-37 所示。利用上述方法，设标准正弦信号为 $u_r = U_r \sin\omega t$，则 U_o 为：

$$\dot{U}_o = -G_x R_1 U_r \sin\omega t - j\omega C_x R_1 U_r \sin\omega t \tag{11-43}$$

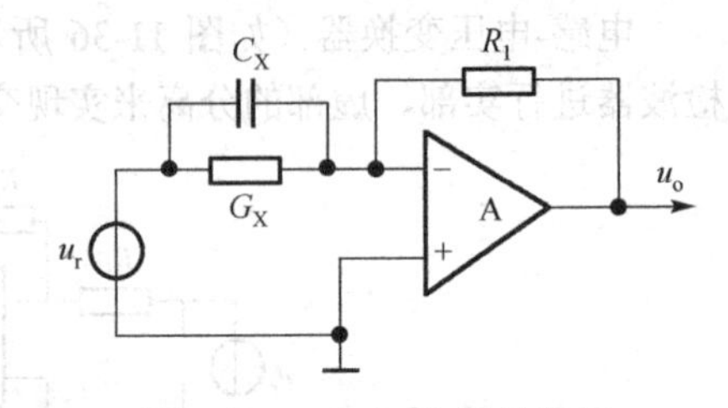

图 11-37　电容-电压转换器

由此可得到 $U_1 = G_x R_1 U_r$，$U_2 = -\omega C_x R_1 U_r$，再接入双积分 DVM 可得到：

$$C_x=\frac{1}{\omega R_1 N_1}N_2,\quad G_x=\frac{1}{R_1 N_1}N_2,\quad \tan\delta = D_x=\frac{G_x}{\overline{\omega} C_x}=\frac{1}{N_1}N_2 \tag{11-44}$$

因此，只要选择合适的参数，电容量、并联电导及耗损角正切都可直接用数字显示。

11.3.3　RLC 测量设计

通过以上的理论分析和公式推导，下面设计制作一个电阻、电容、电感参数测试仪，其基本要求如下：

（a）测量范围：电阻 100Ω～1MΩ；电容 100～10000pF；电感 100μH～100mH；

（b）测量精度±5%；

（c）用 4 位数码显示测量数字，用发光二极管指示被测元件类型。

1. 系统设计

根据 RLC 测量原理，如果采用交流电桥法进行设计，需要调节两个参数才能使电桥平衡，电路调整复杂，不便于自动化测量；比例测量法简单，但需要忽略被测元件的耗损，测量精度不高。因此，本系统采取矢量测量法，参考电路结构如图 11-34 所示。

2．基准信号产生器

RLC 测试需要一个正弦激励信号源，和与该激励信号同频正交、相位相差 90° 的测相参考信号。因此，为保证激励信号准确，采用 DDS 直接频率合成技术来产生这两个精确的信号。DDS 是一种采用数字化技术，通过控制相位的变化速度，直接产生各种不同频率信号的频率合成方法。DDS 具有较高的频率分辨率，可实现快速的频率切换，且在频率改变时，能够保持相位的连续，容易实现频率、相位和幅度的数控调制。

DDS 合成技术原理如图 11-38 所示。其中参考频率源是一个高稳定度的晶体振荡器，输出信号用于 DDS 中各部件同步工作，低通滤波用于信号平滑处理。DDS 实质是对相位进行可控等间隔的采样。

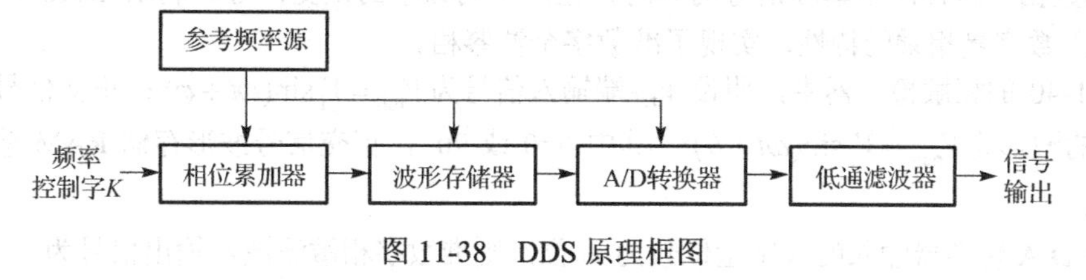

图 11-38　DDS 原理框图

相位累加器的结构如图 11-39 所示，它是实现 DDS 的核心，由一个 N 位字长的加法器和一个由固定时钟脉冲取样的 N 位相位寄存器组成。将相位寄存器的输出与外部的频率控制字 K 作为加法器的输入，在时钟脉冲到达时，相位寄存器对上一个时钟周期内相位加法器的值与频率控制字 K 之和进行采样，作为相位累加器在此刻时钟的输出。相位累加器输出的高 M 位作为波形存储器查询表的地址，从波形存储器中读出相应的幅度值送到数/模转换器。

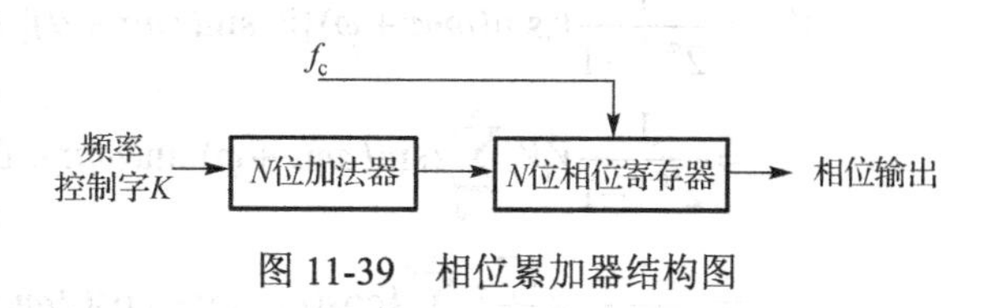

图 11-39　相位累加器结构图

当 DDS 正常工作时，在标准参考源的作用下，相位累加器不断进行相位线性累加（每次累加值为频率控制字 K），当相位累加器累积满时，就会产生一次溢出，从而完成一个周期动作，这个周期就是 DDS 合成信号的频率周期。输出信号波形的频率为：

$$f_{\text{out}} = \frac{\omega}{2\pi} = \frac{2\pi / 2^N}{2\pi} K f_c = \frac{K}{2^N} f_c \qquad (11\text{-}45)$$

式中，K 为频率控制字，N 为相位累加器字长，f_c 为标准参考频率源。显然，当 K=1 时，输出最小频率为：$f_{\min} = \dfrac{1}{2^N} f_c$。

数字分频器的分频系数由软件设置，若时钟频率为 7.68MHz，经它分频后产生 256 分频系数，其中 8 个输出端为波形存储器的地址线，由这 8 个地址信号去对 RAM 寻址。RAM 内存有 256 个按照正弦规律存放的数据，RAM 输出经 D/A 转换器得到阶梯正弦波，经幅度控制、滤波可得到测试信号。合成信号频率可由外部单片机控制，可以分别得到 100Hz、1kHz 和 10kHz 的信号，以适应不同量级的阻抗测量。

3．相敏检波器

本设计中，采用准数字相敏检波器，基准信号产生及准相敏检波器原理如图 11-40 所示。

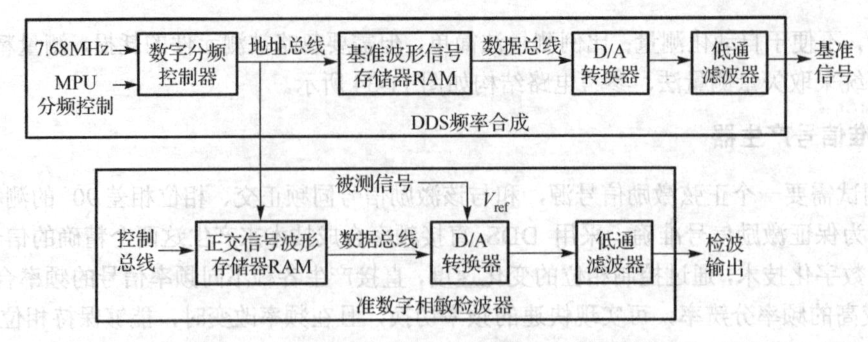

图 11-40 基准信号产生及准相敏检波器原理框图

图 11-40 中的被测信号连接到 D/A 转换器的 V_{ref} 端，数据总线 D_0～D_7 输出与基准信号正步且正交的波形数据。这样产生基准信号的同时，也产生同频率的正交信号。利用 DAC 的输出值等于 V_{ref} 与输入数字量相乘的特性，实现了准数字全波鉴相。

在图 11-40 的相敏检波器中，假设 V_{ref} 端输入信号为 $V_{ref}=V_i\sin(\omega t+\varphi)$；正交信号波形存储 RAM 存储的波形为 $V_{ram}=V_\tau\sin(\omega t+\theta)$，其中 θ=0 或 90°，正交信号波形存储 RAM 输出数据时间间隔为 τ。

如果给 D/A 转换器输入的数字量位数为 m 位，则准数字相敏滤波器输出信号为：

$$
\begin{aligned}
V_{out}&=\frac{1}{2^{m-1}-1}V_i\sin(\omega n\tau+\varphi)\{V_\tau\sin(\omega n\tau+\theta)[u(t-n\tau)-u(t-(n+1)\tau)]\}\\
&=\frac{1}{2^{m-1}-1}V_iV_\tau\sum_{n=0}^{\infty}\{\sin(\omega n\tau+\varphi)\sin(\omega n\tau+\theta)[u(t-n\tau)-u(t-(n+1)\tau)]\}\\
&=\frac{1}{2^{m-1}-1}\times\frac{V_iV_\tau}{2}\sum_{n=0}^{\infty}\{\cos(\omega-\varphi)-\cos(2\omega n\tau+\varphi+\theta)[u(t-n\tau)-u(t-(n+1)\tau)]\}
\end{aligned}
$$

输出信号经过低通滤波后

$$V_{out}=KV_i\text{con}(\varphi-\theta) \tag{11-46}$$

因此，得到

$$V_{out}=\begin{cases}KV_i\text{con}(\varphi) & \theta=0\\ KV_i\sin(\varphi) & \theta=\pi/2\end{cases} \tag{11-47}$$

其中 K 为比例参数。

4．测量精度计算

以电阻测量为例，由表 11-5 中的串联电阻计算公式得到 R_x 被测元件参数值为：

$$R_x=R_0\times\frac{N_1N_3+N_2N_4}{N_3^2+N_4^2}=\left(\frac{N_1N_3}{N_3^2+N_4^2}+\frac{N_2N_4}{N_3^2+N_4^2}\right)R_0$$

$$
\begin{aligned}
\mathrm{d}R_x&=\left(\frac{\partial R_x}{\partial N_1}\mathrm{d}N_1+\frac{\partial R_x}{\partial N_3}\mathrm{d}N_3+\frac{\partial R_x}{\partial N_2}\mathrm{d}N_1+\frac{\partial R_x}{\partial N_4}\mathrm{d}N_4\right)R_0\\
&=\left(\frac{N_3}{N_3^2+N_4^2}\mathrm{d}N_1+\frac{N_4}{N_3^2+N_4^2}\mathrm{d}N_2+\frac{N_1}{N_3^2+N_4^2}\left(1+\frac{2N_3^2}{N_3^2+N_4^2}\right)\mathrm{d}N_3+\frac{N_2}{N_3^2+N_4^2}\left(1+\frac{2N_4^2}{N_3^2+N_4^2}\right)\mathrm{d}N_4\right)R_0\\
&=\left(\frac{N_1N_3}{N_3^2+N_4^2}\times\frac{\mathrm{d}N_1}{N_1}+\frac{N_2N_4}{N_3^2+N_4^2}\times\frac{\mathrm{d}N_2}{N_2}+\frac{N_1N_3}{N_3^2+N_4^2}\times\frac{\mathrm{d}N_3}{N_3}+\frac{N_2N_4}{N_3^2+N_4^2}\times\frac{\mathrm{d}N_4}{N_4}-\frac{2N_2N_3}{N_3^2+N_4^2}\mathrm{d}N_3-\frac{N_2N_4}{N_3^2+N_4^2}\mathrm{d}N_4\right)R_0
\end{aligned}
$$

设 $\left|\dfrac{\mathrm{d}N_1}{N_1}\right|$、$\left|\dfrac{\mathrm{d}N_2}{N_2}\right|$、$\left|\dfrac{\mathrm{d}N_3}{N_3}\right|$、$\left|\dfrac{\mathrm{d}N_4}{N_4}\right|$ 分别为测量值 N_1、N_2、N_3、N_4 的相对偏差，且测量值的最大相对偏差为 K，则被测电阻的最大相对偏差为：

$$\left|\frac{\mathrm{d}R_\mathrm{X}}{R_\mathrm{X}}\right| \leqslant 4K \tag{11-48}$$

由式（11-48）和设计要求，测量相对精度应小于 1.25%。因此，由式（11-46）得到：

$$\mathrm{d}V_\mathrm{out} = KV_\mathrm{i}\cos(\varphi-\theta)\mathrm{d}V_\mathrm{i} + KV_\mathrm{i}\sin(\varphi-\theta)\mathrm{d}V_\theta$$

$$\left|\frac{\mathrm{d}V_\mathrm{out}}{V_\mathrm{out}}\right| \leqslant \left|\frac{\mathrm{d}V_\mathrm{i}}{V_\mathrm{i}}\right| + \left|\frac{\sin(\varphi-\theta)}{\cos(\varphi-\theta)}\mathrm{d}\theta\right| \tag{11-49}$$

最后由式（11-48）计算可知，前项为幅度测量偏差，应小于 1.25%；后一项为测量时的相对偏差。要使相位偏差尽可能小，就要尽可能使 $\mathrm{d}\theta$ 为 0，也就是要求参考输入信号与标准激励信号严格正交。

5．DDS 电路设计

本设计选取 STC15W4K32S4 单片机来实现 DDS，电路如图 11-41 所示。用单片机内部 Flash 存储所需波形的量化数据，按照不同频率要求，用频率控制字 M 作为步进，对相位量增量进行累加，按照不同相位要求，用相位控制字 K 调节相位偏移量，用累加相位值加上相位偏移量后，作为地址码读取存放在存储器内的波形数据。经过 D/A 转换与滤波处理就可得到所需波形。这样做的优点具有相对带宽很宽，频率转换时间小，相对误差小、合成波形失真度小，通过控制频率控制字 M 和相位控制字 K，可实现频率 10Hz 步进、相位 1° 步进。

但要实现 DDS 频率合成，需要采用的微处理器运算速度和 D/A 转换器要快，STC15 系列单片机处理速度最高时钟达 33MHz。如果速度不够，可以选取 ARM 或 CPLD 处理器去实现，电路设计原理方法相似。采用 DDS 直接数字频率合成器芯片（例如 AD9833、AD9850、AD9851、AD9852、AD9854 等），内部包含 4096 个正弦波表数据和 10 位高速 D/A 转换器，可以直接输出正弦波、三角波、方波，步进可以 0.1Hz、相位预置精度可达 0.1°，波形产生输出更为方便快捷。

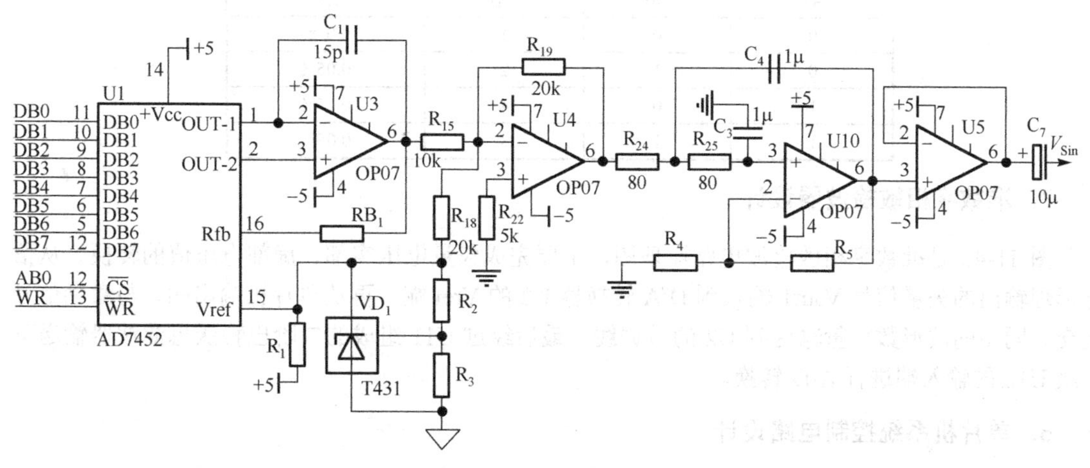

图 11-41　DDS 电路

图中的 AD7524 是电流输出型、高速 D/A 数模转换芯片，建立时间 100ns，由单片机输出波形数据到 U1，经 OP07 处理实现双极性模拟信号输出 Vsin，其输出幅度由 D/A 转换器的参考电压控制。电阻 RB1 可调节输出电压幅度，滤波器经 U5 缓冲输出激励信号 Vsin。

DDS 电路产生的波形存在高次谐波，应进行低通滤波平滑处理，这里采用 U10 与周边电阻、电容元件构成巴特沃思二级低通滤波器，其截止频率为 $f_c = 1/2\pi RC$，则产生 1kHz 的正弦波信号，取 R=80Ω，C=1μF。

6．信号调理电路设计

图 11-42 是信号调理电路，用于实现对阻抗 Z_x 端电压的测量，由标准电阻 R_{S0}、R_{S1}、R_{S2}、R_{S3}、R_{S4}，挡位选择开关 U12、U13 和可变增益放大器 U14 组成，电路切换由单片机控制。图中的 U6 是前置放大器，采用输入偏置电流较小的 OP07 单运放，PAG203 增益和控制逻辑关系如表 11-6 所示。测量激励信号由 Vsin 输入，经过被测阻抗 Z_x、标准电阻、U12 变换开关和 U6 放大器输出。由于 U12 的输入偏置电流很小，则流经被测阻抗 Z_x、标准电阻的电流相同，U12 的反向输入端相当于"虚地"，因此，经过切换开关 U13 输出的电压就是被测阻抗 Z_x 与标准电阻上两端的电压。

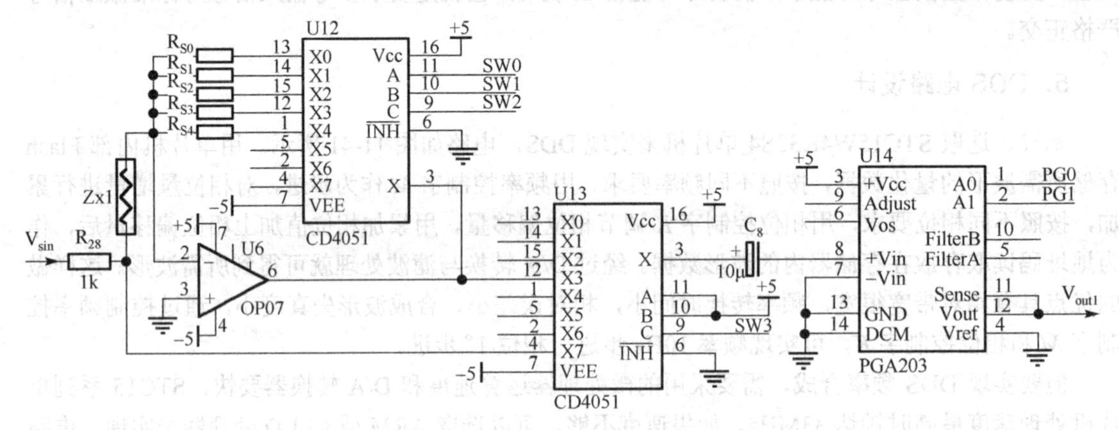

图 11-42　信号调理电路

表 11-6　PGA203 增益与控制逻辑关系

A1	A0	增益	误差
0	0	1	0.05%
0	1	2	0.05%
1	0	4	0.05%
1	1	8	0.05%

7．准数字相敏检波器设计

图 11-43 是准数字相敏检波电路原理图，主要完成矢量电压实部、虚部电压值的转换。从信号调理输出的矢量信号 Vout1 输入到 D/A 转换器 U2 的 Vref 端，再从单片机输出的、与激励信号正交、同步的波形数字量输送到 U2 的数据线，最后经过 U11 组成的二阶巴特沃思滤波器输送下一级 U16 的输入端进行 A/D 转换。

8．单片机系统控制电路设计

图 11-44 是由单片机、A/D 转换器、数码显示组成的控制电路，实现对整个系统的逻辑控制、测量采集、数据处理和数值显示。A/D 转换器采用具有双极性模拟信号功能的 AD7821；为保证

测量精度和显示精度，显示采用一个 74HC164 和 5 个三极管、五位数码管构成动态扫描显示，其中用单片机串行口输出传输数据段，由 P1.3～P1.7 控制段选码输出。量程单位使用单片机 I/O 口控制三个发光二极管指示（电路简单略过）。

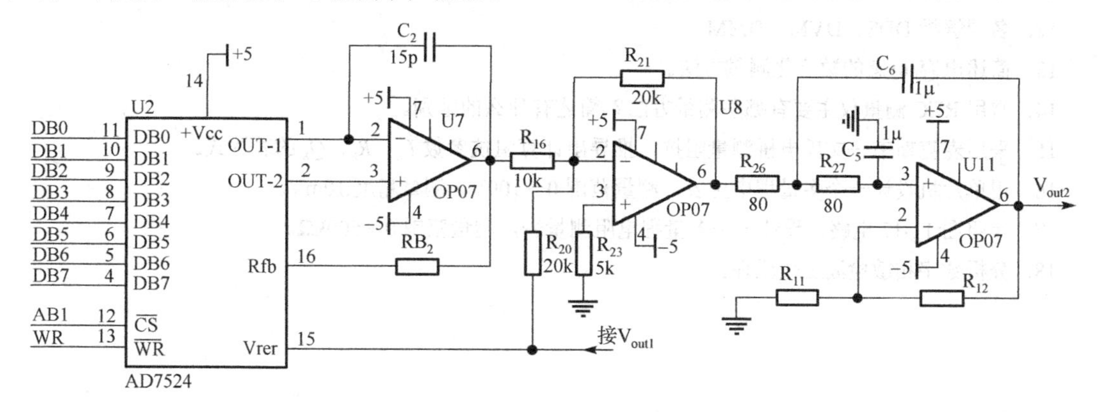

图 11-43　准数字相敏检波电路

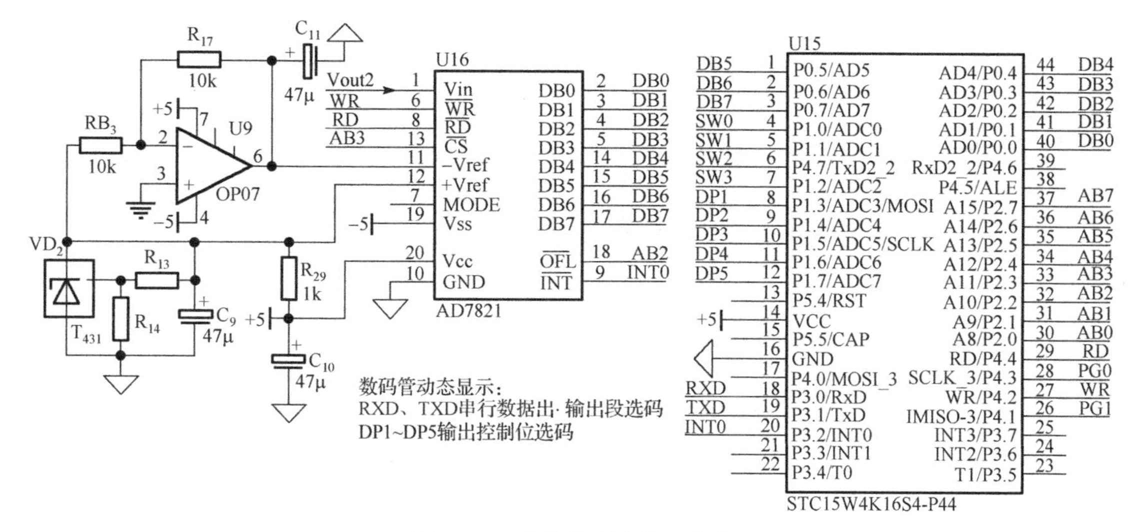

图 11-44　单片机系统接口电路

练习与思考题

1．简述智能 DVM 的组成、工作原理和主要需经历的测量阶段。

2．什么叫标定？测量电压、电流、电阻时应如何进行标定。

3．温度测量实际也是电压测量，那么如何将温度值转换成电压值？如何将电压值标定为温度的大小。

4．设计智能数字电压表时应如何选择 A/D 转换器。

5．智能数字电压表如何进行交流电压的测量？叙述其测量原理和测量方法。

6．目前常用的真有效值 AC-DC 转换器有哪些？试选择一种真有效值 AC-DC 转换器进行设计应用。

7．ICL7135 是一款功能强大的 A/D 转换器件，通过查找资料设计一个智能数字电压表，设计出与单片机的接口电路和编程方法。

8．智能数字万用表有什么特点？叙述与 DVM 的区别。

9．简述RLC测量仪的组成和测量方法。

10．简述相敏检波器的功能作用。其性能好坏对测量结果有什么的影响。

11．结合实际，讨论基于电压测量的智能仪器的组成、特点、核心技术和功能作用。

12．名词解析DDS、DVM、DMM。

13．简述电容/电感的数字化测量方法。

14．常用RLC测量仪主要有哪些测量方法？简述有什么的区别。

15．采用麦克斯韦—文氏电桥测量阻抗，推导出计算阻抗参数L_x、R_x、Q_x的表达式。

16．用单片机设计一个多量程电压表，测量范围0～100V，测量精度10mV。

17．参照图11-17电路，设计一个多量程电阻测量表，测量范围0～500kΩ。

18．分析数字相敏检波工作原理。

第12章 基于时间测量的智能仪器

用于时间测量的智能仪器有频率计、电子计数器，这类仪器主要能完成频率测量、时间测量、信号脉冲计数等功能。频率和时间是电子测量技术领域中最基本的参量，因此，时间测量仪器也是一类极为重要的电子测量仪器。随着微电子学的发展，频率计、电子计数器广泛采用了高速集成电路、大规模集成电路、单片机微处理器和FPGA技术，使仪器在小型化、微功耗、可靠性、测量范围等方面都大为改善，实现了仪器设备智能化，也使得这类仪器的原理与设计发生了重大的变化。本章主要讨论智能化的电子计数器原理及设计方法。

12.1 时频基本概念

12.1.1 时间与频率关系

在国际单位制中，时间是七个基本物理量之一，它的基本单位是秒，用s表示。但在电子测量中，经常采用更小的时间单位，例如：毫秒（ms，10^{-3}s），微妙（μs，10^{-6}s），纳秒（ns，10^{-9}s），皮秒（ps，10^{-12}s）。

时间一般有两种意义：一是指“时刻”，即某一个时间点；二是指“间隔”，即在两个时刻之间的时间差，表示持续时间有多长。

“频率”是指在单位时间（1s）内周期性事件重复发生的次数，单位是赫兹（Hz）。周期T（时间）与频率f互为倒数，即$f=1/T$，它们从不同的侧面描述了信号的周期性现象。

12.1.2 计时标准

时间的单位是秒，但随着科技的发展，秒单位的定义经历了三次大的调整修改，每次修改都使得对时间理解更深化、更合理，时间测量精度更高。

1. 世界时（UT）秒

最早的时间标准是由天文台观测得到的，它以地球自转周期为标准进行测定，称为世界时（UT）。把地球自转一周分隔成86400等分，每一个等分作为1秒，则一天的周期是86400秒。这种直接通过天文观测求得的秒时间称为零类世界时（UT0），其精度定在10^{-6}量级。后来，对地球自转轴微小移动效应进行校正，得到第一类世界时（UT1）。再把地球自转的季节性、年度性的变化校正后得到的世界时称为第二世界时（UT2），其准确度在3×10^{-8}量级。

1960年，国际计量大会决定采用地球公转运动为基础的历书时（ET）秒作为时间单位，将1900年1月1日0时起的回归年的1/31556925.9747作为1秒。由此定义复现秒的准确度在10^{-9}量级。

然后，不管是世界时秒，还是历书时秒，它们都是客观计时标准，需要精密的天文观测，设备庞大，过程繁杂，观测周期长，难免存在误差，准确性有限。

2. 原子时（TA）秒

为了寻求更加恒定、又能迅速测定的时间标准，人们从宏观转向微观世界，利用原子能级跃迁频率作为计时标准。1967年10月，第13届国际计量大会正式通过了秒的定义：秒是C_S^{133}原子基态的两个超精细结构能级[F=4，mF=0]和[F=3，mF=0]之间跃迁频率相应的射线来持续 9192631770 个周期的时间。以此为标准定出的时间标准称为原子时秒，并从 1972 年 1 月 1 日零点起，时间单位秒由天文秒改为原子秒。这样，时间标准改为由频率标准来定义，其准确度可达到$\pm5\times10^{-14}$，精确度远远超过其他物理量。

3．协调世界时（UTC）秒

世界时和原子时，它们可以精确运算，但不能彼此取代，各有各的用处。国际原子时的准确度为每日数纳秒，世界时的准确度为每日几毫秒。原子时只能提供准确的时间间隔，而世界时考虑了时刻和时间间隔。

协调世界时又称世界统一时间，世界标准时间，国际协调时间。英文（CUT）和法文（TUC）的缩写不同，作为妥协，简称 UTC。它采用闰秒的方法来对天文时进行修正，是以原子时秒长为基础，在时刻上尽量接近于世界时的一种时间计量系统，其准确度大于$\pm2\times10^{-11}$，是原子时和世界时折中的产物，于 1972 年面世。为确保协调世界时与世界时相差不会超过 0.9 秒，在有需要的情况下会在协调世界时内加上正或负闰秒。因此，协调世界时与国际原子时之间会出现若干整数秒的差别。位于巴黎的国际地球自转事务中央局负责决定何时加入闰秒。一般会在每年的 6 月 30 日、12 月 31 日的最后一秒进行调整。

这样，国际上可以使用协调时来发送时间标准，既摆脱了天文定义，又使时间准确度提高了 4～5 个数量级。

12.1.3　频率测量方法

在电子测量中，经常要进行频率测量，根据测量原理，频率测量方法可分为如下几种：

- 模拟法
  - 频响法
    - 电桥法
    - 谐振法
  - 比较法
    - 拍频法
    - 差频法
    - 示波法
- 计数法
  - 电容充放电法
  - 电子计数式

频响法是采用无源网络频率特性测频法，它包括电桥法和谐振法。比较法有拍频法、差频法和示波法，是把被测信号与已知频率信号相比较，通过观察、听比较结果，由此获得被测信号频率。

计数法包括电容充放电法、电子计数式。电容充放电法采用电子电路控制电容器的充电、放电次数或时间常数，再通过磁电式仪表测量充电、放电大小，从而指示出被测信号的频率值。

电子计数式是根据频率定义进行测量的一种方法，是利用电子电路单位时间内对脉冲信号的计数测量完成频率测量。随着单片机微处理器的发展，现在电子计数器应用非常广泛。

12.2　电子计数器基本原理

12.2.1　概述

时间、频率测量是电子测量中的重要技术。频率和时间的测量已越来越受到重视，长度、电压等参数也可以转化为频率的测量技术来实现。电子计数器最基本的测量功能是测频率和测周期。

根据仪器所具有的功能，电子计数器有通用电子计数器和专用电子计数器之分。通用电子计数器具有测频、测周、测脉宽、测时间间隔、测频率比以及计时等多种测量功能，是一种多用途的电子计数器，如果配上相应附件还能测相位、测电压等。通用电子计数器的基本测量功能就是测频和测周两种。

专用电子计数器是专门用于测量某个单一功能的测量计数器，例如专门用于测量高频和微波频率的频率计数器；以测量时间为基础、分辨力可达到 ns 量级的时间计数器以及可逆计数器、预置计数器、差值计数器等特种功能的计数器，这些特种计数器在工业自动化方面用途广泛。

智能电子计数器是指采用了计算机技术或 FPGA 技术、具有智能化测量功能的电子计数器。智能电子计数器以硬件为基础，以软件为核心，一切操作都由 CPU 控制，因此可以很方便地实现许多新的测量技术，并能对测量结果进行数据处理、统计分析等，从而极大改善了电子计数器的性能。

由于通用电子计数应用范围广，计数原理经典，本节的讨论以通用电子计数器为主，介绍电子计数器的测量组成、原理和多周期同步测量方法以及相位测量技术。

12.2.2　通用电子计数器

1. 电子计数器的组成

通用电子计数器以数字逻辑电路为基础，通过信号的分频、计数、比较来实现对被测信号的测量，其电路的基本组成如图 12-1 所示。

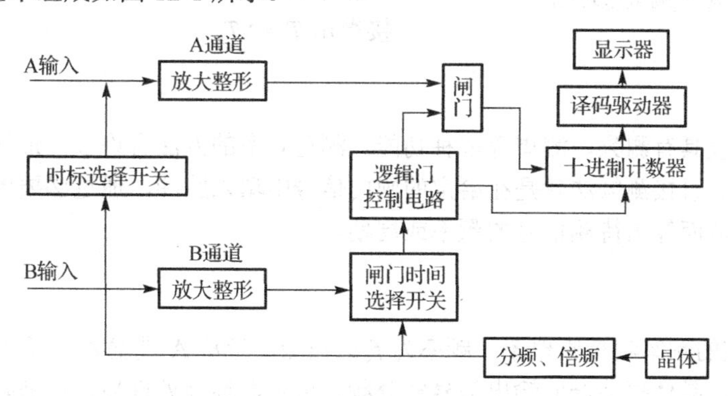

图 12-1　电子计数器电路组成框图

从图 12-1 可以看出，电子计数器主要包括输入通道、计数电路、时基电路、逻辑控制电路和电源电路五大部分。除电源电路外，其他各部分的功能如下：

（1）输入通道：这部分包括 A，B 两个通道，两个通道都由衰减器、放大器和整形电路等组成。采用测频方法对被测信号进行计数时，均从 A 输入端输入，经过 A 通道适当的衰减、放大、整形之后，变成符合闸门要求的脉冲信号，送入闸门。当采用测周法时，被测信号经过 B 通道输入，B 通道的输出经过时间选择开关加到逻辑门控制电路形成闸门控制信号。

（2）计数电路：这部分主要由闸门电路、计数和显示电路组成，闸门是用于实现量化的比较电路，通常采用逻辑“与门”或者“或门”电路来实现。计数器和显示电路是用于对来自闸门的脉冲信号进行计数，并将计数的结果以数字的形式显示出来。为了便于读数，计数器通常采用十进制计数电路。带有微处理器的仪器也可用二进制计数器计数，然后转换成十进制并译码后再输出到显示器显示。

（3）时基电路：这部分电路主要用于产生各种标准时基信号。电子计数器是基于被测信号的时间与标准信号的时间进行比较而实现测量的仪器，其测量精度与标准时间有直接关系，因而要求时基电路具有高稳定性和多值性。为了使时基电路具有足够高的稳定性，时基信号源通常采用晶体振荡器。在一些精度要求更高的通用计数器中，为使精度不受环境温度的影响，还要对晶体振荡器采取恒温措施。为了实现时基信号的多值性，在高稳定晶体振荡器的基础上，又采用了多级倍频和多级分频器。电子计数器需要时标信号和闸门触发信号两套标准时间信号，它们由同一个晶体振荡器经过一系列十进制倍频和分频来产生。

（4）逻辑控制电路：逻辑控制电路主要产生逻辑控制信号，包括门控信号、寄存信号和复零三种控制信号，使仪器的各部分电路按照准备、测量、显示的流程有条不紊地自动进行测量工作。

2．脉冲计数器测量原理

按照频率的定义，若某一个周期性信号在 T 秒时间内重复变化了 N 次，则能计算出该信号的频率 $f_x=N/T$。

针对上述的测量原理，可以设计一个逻辑门电路来实现（如图12-2所示）。若在与门的A端接入一个整形好的脉冲序列被测信号 f_x，在B端接入一个时间宽度为 T 的门控信号或闸门控制信号，假设 T=1s，则在C端会出现 T 期间内的被测脉冲信号序列。如果此时将出现的脉冲序列送到脉冲计数器中计数，在 T 期间内计数为 N，则由此可以直接得出 $T=NT_x$。

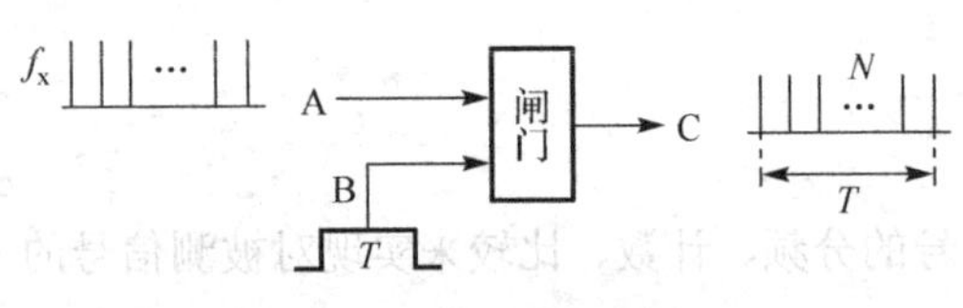

图12-2　频率测量原理图

因此：$f=\dfrac{N}{T}$

电子计数器一般具有测频、测周等多种功能。测量频率的方法有许多，最简单的测量频率的方法是直接测频法。直接测频法就是在给定的闸门信号中填入脉冲，通过必要的计数电路，得到填充脉冲的个数，从而算出待测信号的频率或周期。

3．测频法

图12-3为传统的频率测量原理图。频率为 f_x 的被测信号从A端输入，经A通道放大、整形后输送到控制闸门。晶体振荡器的输出信号经分频、倍频器逐级处理后，可获得多种标准时标信号，通过闸门时间选择开关将所选时标信号加到门控双稳，再经门控双稳形成控制闸门启闭的作用时间。则在所选作用时间 T 内闸门被开启，被测信号通过闸门进入电子计数器计数显示，若计数器计数值为 N，则被测信号的频率 $f_x=N/T$。

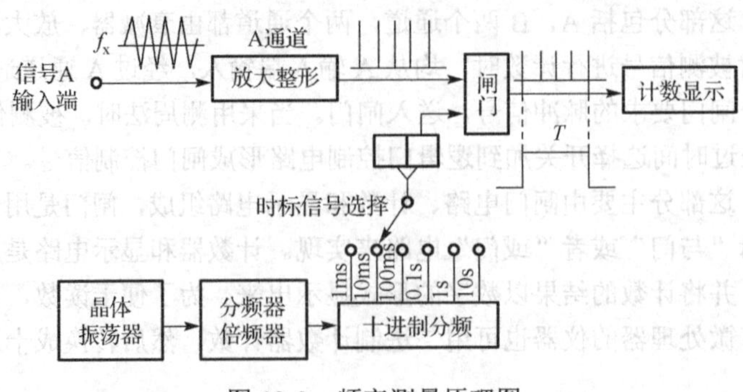

图12-3　频率测量原理图

4．测周法

测频法适合测量信号频率较高的情况。如果信号频率很低，那么就应采用测周法。图12-4为传统的周期测量原理图。周期为T_x的被测信号由B端输入，经B通道放大整形后形成门控信号，经门控双稳输出控制闸门启闭，使闸门在被测周期T_x时间内开启。晶体振荡器输出的信号经倍频和分频得到了一系列的标准时标信号，通过时标选择开关，将选定的时标信号接入A通道送往闸门。这样，在闸门的开启时间一个周期T_x内，时标信号进入计数器计数。若所选时标信号为T_0，T_x周期内计数器计数值为N，则被测信号的周期$T_x=NT_0$。

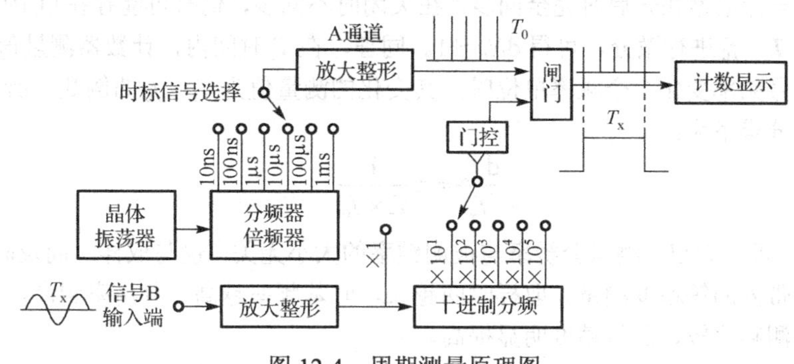

图12-4 周期测量原理图

如果被测周期较短，一个周期内计数器计数值太小，测出的周期误差较大，这时可以采用多周期测量的方法来提高测量精度。即在B通道和门控双稳之间插入分频器，这样使被测周期得到倍乘，即闸门的开启时间得到了倍乘；若周期倍乘开关选为$\times10^n$，则计数器所计脉冲个数将扩展10^n倍，所以被测信号的周期$T_x=NT_0/10^n$。

测频和测周是信号频率测量的两种常用的方法，由于频率和周期互为倒数关系，因此为提高测量精度，一般对于低频信号（小于10kHz）宜采用测周的方法，对于高频信号（大于10kHz）宜采用测频的方法，这样可以减少由±1误差引起的测量误差。

5．多周期同步测量方法

灵活采用测频和测周是减少测量误差的一种有效的方法，但这种方法不能直接读出其频率值或周期值，对10kHz左右的信号频率还存在难以解决的量化误差问题，这时可以采用多周期同步测量方法。用该方法测量可以直接读出频率值和周期值，可以使测量在全频段上测量精度保持一致，实现等精度测量。

多周期同步测量方法是在直接测频的基础上发展起来的，在目前的测频系统中得到越来越广泛的应用。多周期同步测量原理如图12-5所示。首先被测信号f_x从输入通道进入闸门A，标准信号f_0通过时基选择进入闸门B，被测信号在同步逻辑控制电路的作用下，产生一个与被测信号同步的闸门信号。当实际闸门打开时间控制为T_r时，即闸门A、B被同时打开T时间，这时，计数器A和计数器B同时分别对f_x和f_0的周期数进行累加计数。在T时间内，若计数器A的累计数为N_a，计数器B的累计数为N_b，那么$N_a=T_r\times f_x$和$N_b=T_r\times f_0$，因此可以计算出被测频率$f_x=f_0(N_a/N_b)$。

由此可见，多周期同步法测频技术的实际闸门时间T_r不是固定的值，而是被测信号周期的整数倍，计数器A的计数脉冲与闸门A的开、闭是完全同步的，因而不存在±1个字的计数误差。因此测量精度大大提高，而且达到了在整个频段的等精度测量。

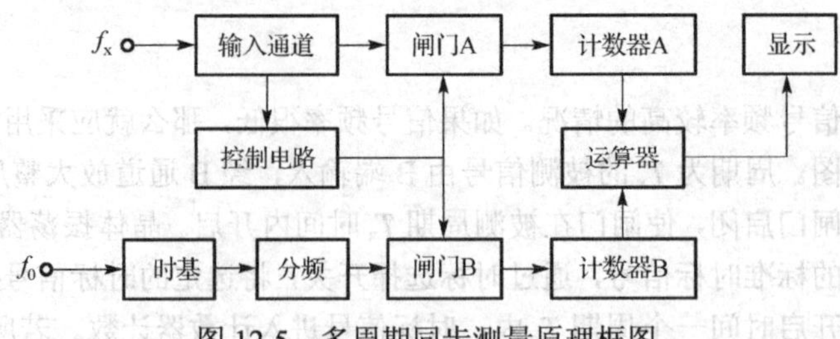

图 12-5　多周期同步测量原理框图

然而，闸门与计数器在开启时完全同步，在关闭时不同步，仍有可能存在±1 的测量误差，因此对测量值 $N_b = T_r \times f_0$ 进行微分，可得 $dN_b=\pm1$。同理，在 T_r 时间内，计数器测量值为 $T_r \times f_0$，反过来，当被测信号频率变化 1 个频率单位时，其变化的测量值为 $T_r \times f_0$ 的倒数。所以，对 f_x 进行微分即可得测量分辨率为：

$$\frac{\mathrm{d}f_x}{f_x} = \pm\frac{1}{T_r \times f_0} \tag{12-1}$$

由式（12-1）可以看出，测量分辨率与被测频率的大小无关，仅与取样时间及时基频率有关，可以实现被测频带内的等精度测量。取样时间越长，时基频率越高，分辨率越高。多周期同步法与传统的计数法测频比较，测量精度明显提高。

多周期同步法的测量精度较高，但实际闸门边沿与时标信号 f_0 填充脉冲边沿并不同步，如 12-6 所示，在计数器 B 上仍然存在±1 个字的计数误差。从图 12-6 可以得出：

$$T_x = N_b \times T_0 - \Delta t_2 + \Delta t_1$$

如果能够准确地测量出短时间间隔 Δt_1 和 Δt_2，也就可以准确测量出时间间隔 T_x，就能消除±1 个字的计数误差，从而进一步提高精度。

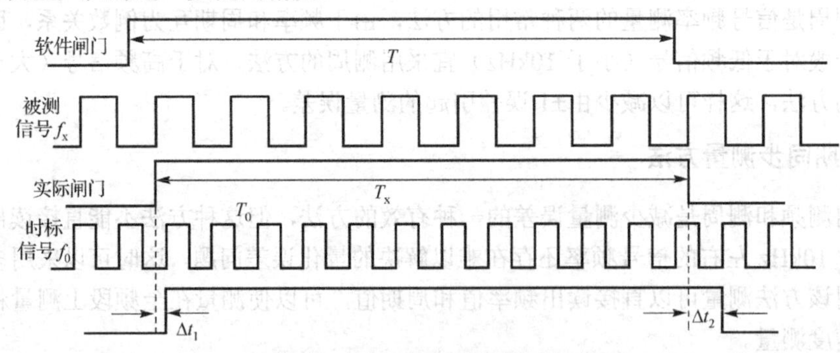

图 12-6　多周期同步测量时序图

为了测量短时间间隔 Δt_1 和 Δt_2，通常可以将模拟内插法或游标法与多周期同步法结合使用，虽然精度有很大提高，但终未能彻底解决±1 个字的误差这个根本问题，而且这些方法设备复杂，不利于推广。

从结构尽量简单、同时兼顾精度的角度出发，将多周期同步法与基于量化时延的短时间间隔测量方法结合，实现了宽频范围内的等精度高分辨率测量。

量化时延法测短时间间隔的基本原理是“串行延迟，并行计数”，而不同于传统计数器的串行计数方法，即让信号通过一系列的延时单元，依靠延时单元的延时稳定性，在计算机的控制下对延时状态进行高速采集与数据处理，从而实现了对短时间间隔的精确测量。延时单元采用光电信号，因为光电信号可以在一定的介质中快速稳定的传播，且在不同的介质中有不同的延时。通过将信号所产生的延时进行量化，结合计算机的高速采集可以实现对短时间间隔的测量。

12.2.3　测量误差分析计算

在信号的测量中，误差分析计算也是非常重要的。从理论上来讲，无论对什么物理量测量，不管采用什么方法，只要进行测量，就会有误差的存在。对误差的分析就是找出其引起测量误差的原因，从而可以针对性地采取测量对策，减小测量误差，提高测量的精确度。电子计数器在测量频率时一般存在计数器计数脉冲相对误差和标准时间相对误差，对这两部分相对误差进行讨论，然后相加后可以得到总的频率测量相对误差。

1．量化误差（±1 误差）

在频率测量时，主控门的打开时刻与计数脉冲之间没有时间关联，也就是说，它们在时间测量轴上的相对位置是随机的。因此，在相同的主控门打开时间 T 内，计数器所计数测得的脉冲数可能也不会完全一样。分析如图 12-7 所示情形，如图 12-7(a)中在 T 时间内进入 9 个计数脉冲（上升沿有效），图 12-7(b)中在 T 时间内进入 10 个计数脉冲。因为计数闸门打开时刻随机且不确定，有可能引起少计数 1 个或多计数 1 个的±1 的误差。在这种情况下，对频率量化时引起的误差通常称为量化误差，有时也称为脉冲计数误差或±1 误差。

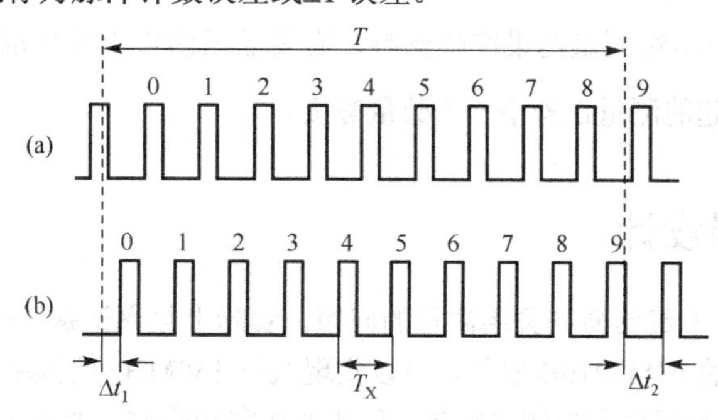

图 12-7　脉冲计数量化误差

如果对上述引起的±1 误差再作进一步分析，假设 T 为计数器主控门打开时间，T_x 为被测信号周期，Δt_1 为主控闸门打开时刻到第 1 个计数脉冲前沿的时间，Δt_2 为主控门关闭时刻到下 1 个计数脉冲前沿的时间，如图 12-7(b)所示。假设在 T 时间闸门内计数脉冲数为 N=10，则可得到：

$$T=NT_x+\Delta t_1-\Delta t_2=\left[N+\frac{\Delta t_1-\Delta t_2}{T_x}\right]\times T_x$$

故推断：

$$\Delta N=\frac{\Delta t_1-\Delta t_2}{T_x} \tag{12-2}$$

（1）绝对误差：由于Δt_1和Δt_2都不可能大于 T_x 的正时间量，故由式（12-2）可知，ΔN 的绝对值$|\Delta N|\leqslant 1$。而在计数过程中，脉冲计数只能是整数实数，故在 T、T_x 定值的情况下，可以假定$\Delta t_1\to 0$或$\Delta t_1\to T_x$；也可设定$\Delta t_2\to 0$或$\Delta t_2\to T_x$；因此，推断出ΔN的取值只能是 0、+1 或–1 三种。所以，脉冲计数器的绝对误差是±1 误差，即$\Delta N=\pm 1$。

（2）相对误差：由于$\Delta N=\pm 1$，可得出相对误差表达式为：

$$\frac{\Delta N}{N}=\pm\frac{1}{N}=\pm\frac{1}{f_x T},$$

因此得到：

$$\frac{\Delta N}{N}=\pm\frac{1}{f_x T} \tag{12-3}$$

式中，f_x 为被测信号频率，T 为主控闸门开启时间。由式（12-3）可得出脉冲计数器的相对误差可定义为：与被测信号频率和主控门开启时间 T 成反比，即被测信号的频率越高，相对误差越小。

2. 闸门时间误差

若果主控门的闸门时间不精确，会引起主控门打开或关闭时间长、短不一，也将产生频率测量误差。假设闸门时间 T 由晶振信号分频得到，晶振频率为 f_s（周期为 T_s），分频系数为 m，则：$T=mT_s=m/f_s$

按照误差合成定理，对上式进行微分，得到：

$$\frac{\mathrm{d}T}{T}=\frac{\mathrm{d}f_s}{f_s},$$

使用增量符号表示为：

$$\frac{\Delta T}{T}=\frac{\Delta f_s}{f_s} \tag{12-4}$$

因此，闸门时间的相对误差在数值上等于晶振频率的相对误差。因晶振频率作为测量频率的基准信号，故又称为时基误差。

为了使标准频率误差不对测量结果产生影响，石英晶振的输出频率准确度应优于 10^{-7}，即 $\frac{\Delta f_s}{f_s}\geqslant 10^{-7}$，比±1 误差引起的测量误差小一个数量等级。

12.3 电子计数器设计

在设计高频电路时，会经常碰到频率测量的问题。实际上频率计是一种比较容易自制的电子设备。利用 Intersil 公司的 ICM7216B 器件，可以实现八位 150MHz 的频率计。ICM7216B 内含 8 位数 BCD 计数器、BCD 解码器和控制电路等，只要外加宽频带放大器和 LED 显示驱动器等，便可以完成数字频率计的设计。利用单片机也很容易设计高性能的智能频率计。下面简单介绍数字频率计和智能频率计的电路设计。

12.3.1 数字频率计电路设计

下面介绍一种采用数字电路设计的数字频率计，该仪器测频范围可达 10Hz～2.4GHz ，分 10Hz～50MHz、50MHz～2.4GHz 两挡，输入灵敏度 30mV，采用了简易的恒温措施，频率稳定度可达 10^{-6}。其电路主要由时基发生电路、50MHz 放大整形及闸门控制电路、八位计数器、微波分频电路、测量控制电路和电源共六部分组成。下面简单介绍各部分的功能电路原理和设计方法。

（1）时基发生电路：这部分电路用于产生各种测量需要的标准信号，主要由晶振电路、分频电路和恒温电路构成，如图 12-8 所示。其中用 74LS04 的三个非门构成晶振和缓冲输出电路。该部分电路相对独立，为防止干扰，可用一金属外壳将其屏蔽起来。

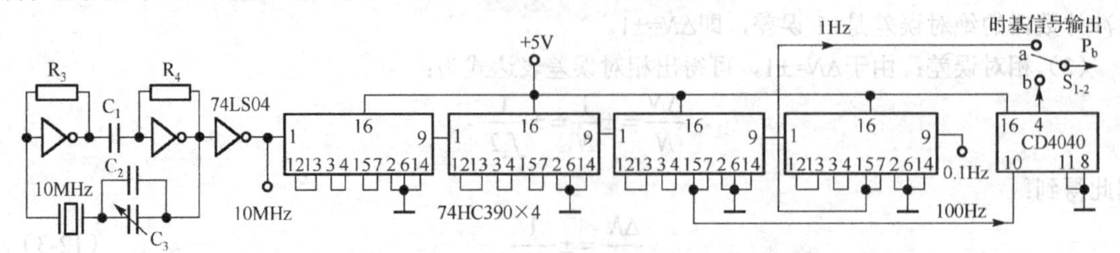

图 12-8 时基发生电路

晶振电路采用 10MHz 作为稳定的标准信号源，输出的信号通过 4 片双十进制计数器 74HC390 逐级分频，每级 10 倍，可从各个 74HC390 的 15 脚和 9 脚上产生输出从 10MHz 到 0.1Hz 的 9 个点的测试频率。其中产生的 1Hz 信号，作为“0～50MHz 挡”时基信号直接送入测量控制电路；产生的 100Hz 信号作为“50MHz～2.4GHz 挡”时基信号。由于 50MHz 以上的被测信号采用了微波分频电路进行 128 分频处理，为了计数器读数的方便，对相应的 100Hz 时基信号也没有直接送入测量控制电路，而是先输入到一个 12 位二进制计数器 CD4040 进行 128 分频后产生 0.78125Hz 的时基信号 P_b，然后再将 P_b 接入到后级测量控制电路 CD4017 中作计数用。

（2）放大整形及闸门控制电路：这部分电路主要完成对被测信号进行整形，它由一块 74HC00 及外围元件组成，电路如图 12-9 所示。74HC00 是 2 输入四与非门，其中两个与非门接成非门形式，组成放大整形电路，电阻 R_{17} 和 R_{16} 为偏置电阻，另一个与非门构成闸门控制信号。当被测信号从 A 端或 B 端输入时，经过 74HC00 放大整形后，通过闸门控制电路送到十进制计数器进行计数显示。

（3）微波分频电路：这部分电路主要完成对 50MHz 以上的被测信号进行分频处理，采用一片 MB506 及外围元件组成，电路如图 12-9 所示。MB506 采用 DIP08 封装，内部包含放大、整形电路，是一个具有 64、128、256 三种分频比的微波分频电路，最高工作频率达 2.4GHz。改变 SW_1 和 SW_2 脚的电平，可得到不同的分频比（见表 12-1）。

表 12-1　不同分频比的接法

SW_1	SW_2	分频比
1	1	1/64
0	1	1/128
1	0	1/128
0	0	1/256

本电路的接法为 128 分频，被测信号从 1 脚输入，经 128 分频后从 4 脚输出，主要用于测量 50 MHz 以上的信号频率。

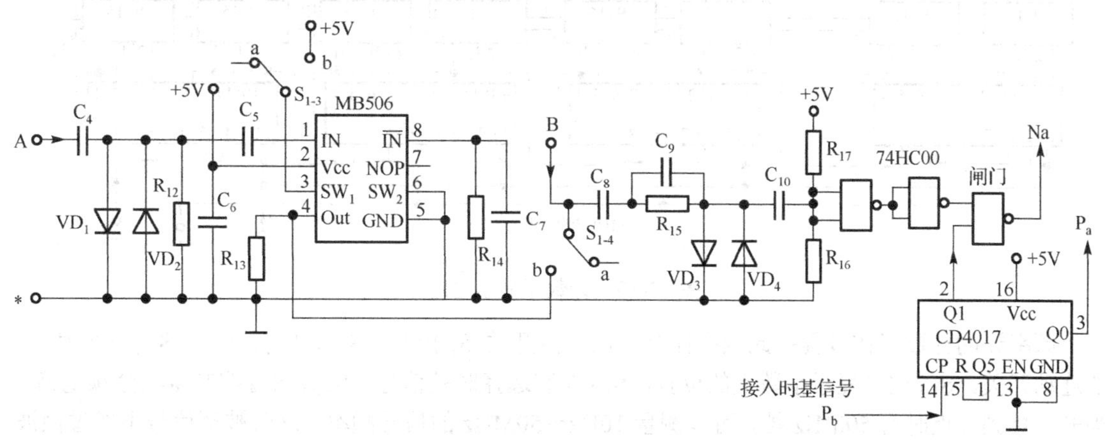

图 12-9　微波分频、放大整形及测量闸门控制电路

当使用 50MHz～2.4GHz 挡时，由 $S_{1\text{-}3}$ 接 b 点，将 MB506 的 3 脚接入+5V，$S_{1\text{-}4}$ 接 b 点，控制经 MB506 分频后的输出信号接入后级整形电路。当测量 50MHz 以下的信号频率时，MB506 不用，$S_{1\text{-}3}$、$S_{1\text{-}4}$ 悬空断开，以减少干扰。

由于对被测信号的分频处理使用 MB506 的分频比为 128，不是十进制，如果采用 100Hz 的时基信号直接控制闸门开启，后级计数器的计数值需乘上 128 才是实际的频率值，不太直观。为此，将 100Hz 时基信号也进行 128 分频，以延长闸门开启计数时间。对 100Hz 时基信号进行 128 分频电路采用 12 位二进制计数器 CD4040，分频后输出得到周期为 1.28s 的时基信号，用于 50MHz～2.4GHz 挡作为时基接入 CD4017 的 CP 端，同时在显示电路上用 $S_{1\text{-}1}$ 改变小数点的位置，这样频率计就可以直接读数了，单位是 MHz。

（4）测量控制电路：这部分电路主要完成对闸门的开、关控制，采用 CD4017 完成。CD4017 是单端输入，十进制计数、分配输出电路，其计数状态由十个译码输出端 Y_0～Y_9 显示，即内部有十个计数级。从零开始计数，每个输出状态都与输入计数器的时钟脉冲的个数相对应。例如：若输入了 6 个脉冲，则输出端 Y_5 应为高电平，其余输出端为低电平。CD4017 有 CP 和 EN 两个时钟端，若用时钟脉冲的上升沿计数，则计数脉冲从 CP 端输入；若用下降沿计数，则信号从 EN 端输入。由于有两个时钟端，可以实现多个 CD4017 级联。

在这个应用电路中，CD4017 按上升沿计数，其 CP 端输入周期为 1s 或 1.28s 的时基信号，输出端 Y_0 用于计数器消零，Y_1 用于计数测频控制闸门开启时间，Y_2、Y_3 和 Y_4 用于显示，Y_5 用于对 CD4017 复位。

（5）八位计数显示器：如图 12-10 所示，这部分主要完成十进制计数和显示，电路由 4 片 74HC390 双十进制计数器、8 片 74LS247 四线-七段译码驱动器和 8 个 LED 共阳数码管组成。该计数器的计数显示频率在 10Hz～2.4GHz 之间，R_2 是限流电阻，控制 LED 的亮度。数码管的小数点由 $S_{1\text{-}4}$ 控制，当开关接到 a 端时为 50MHz 挡，第 2 个数码管小数点亮；当开关接到 b 端时为 2.4GHz 挡，第 4 个数码管小数点亮；单位都为 MHz。

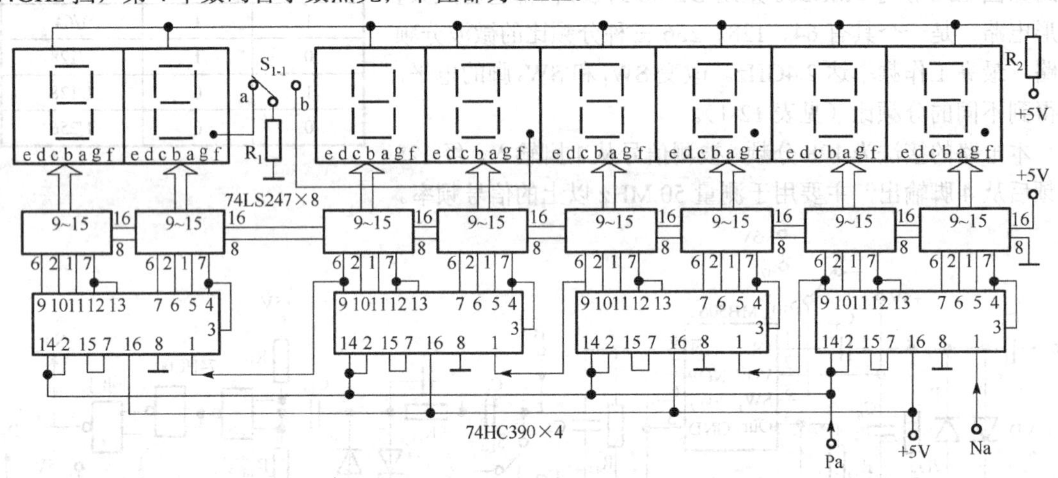

图 12-10　计数器显示电路

频率计的计数工作过程：此频率计有两挡，由开关 S_1 控制，$S_{1\text{-}1}$、$S_{1\text{-}2}$、$S_{1\text{-}3}$、$S_{1\text{-}4}$ 是同属 S_1 的连动开关。$S_{1\text{-}1}$ 控制显示小数点的位置，$S_{1\text{-}2}$ 控制选择时基信号，$S_{1\text{-}3}$、$S_{1\text{-}4}$ 控制微波分频电路。当开关接到 a 点时为 50MHz 挡，可以测量 10Hz～50MHz 的信号频率。这时被测信号不经过微波分频电路，直接从 B 端输入，1Hz 的时基信号直接与 CD4017 的 CP 端相连，MB506 和 CD4040 不起作用。八位计数显示器上计数的是 1 秒钟内的脉冲个数。当开关接到 b 点时为 2.4GHz 挡，可以测量 50MHz～2.4GHz 的信号频率。这时被测信号从 A 端输入到 MB506 微波分频电路进行 128 分频，100Hz 的时基信号也先输入到 CD4040 进行 128 分频处理后再接入 CD4017 的 CP 端。八位计数显示器上计数的是 1.28 秒钟内的脉冲个数，由于被测信号和时基信号都经过了 128 分频，因此，在 1.28 秒钟内的计数的脉冲个数也就是被测信号的频率值。

12.3.2 智能频率计电路设计

下面介绍一种智能数字频率计的设计方法，该频率计选用 STC89C52 或 STC15W4K32S4 系列单片机为核心，采用等精度测量法实现，其测量信号为方波或正弦波，频率范围为 0～20MHz，信号幅度 $V_{p\text{-}p}$ 在 100mV～5V 之间。

1. 频率计数器

频率计电路结构如图 12-11 所示。

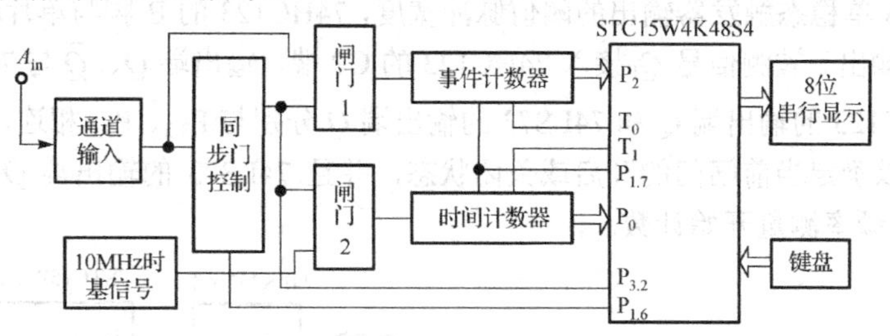

图 12-11　频率计电路原理图

（1）工作原理：这个频率计利用单片机内部的 2 个定时器/计数器的计数功能分别与外部的事件计数器和时间计数器组成 24 位计数器，实现对两路信号频率的计数。其中 $P_{1.6}$ 对同步控制门复位，$P_{1.7}$ 对外部计数器清零控制，$P_{3.2}$ 用来检测闸门是否打开和关闭。单片机的计数器 T_1 对 10MHz 标准时基信号计数，以便计算出计数时间，计数器 T_0 对被测信号频率进行计数。进行频率测量时，启动 T_0、T_1 计数器，由 $P_{1.6}$ 控制同步触发器输出闸门开启信号，使两路信号同时开始计数。事件计数器和时间计数器采用八位十六进制计数器，这两个外部计数器计数满后分别向单片机的 T_0、T_1 计数器输入计数脉冲。一次计数结束后，关闭闸门，由 $P_{3.2}$ 确定闸门关闭后，分别读出两个 24 位计数器的值进行处理。这样，在相同时间内，时间计数器和 T_1 对 10MHz 标准时基信号的计数值即可换算成所测时间，即闸门开启时间 T_r；事件计数器和 T_0 对被测信号频率进行计数得到计数值 N，由这个计数值 N 与前面换算得到的时间 T_r 进行除法运算就可求出被测信号的频率值，最后，把频率值输出到显示器上显示，完成信号频率的测量。

（2）电路组成：如图 12-11 所示，频率计电路包括单片机控制部分、通道输入部分、同步门控制电路、计数器和键盘显示电路等。各部分电路功能如下：

① 通道输入部分：这部分电路主要完成对被测信号的整形和放大处理，电路如图 12-12 所示。实际测量时，被测信号从 A_{IN} 端输入，通过 JG_1、JG_2、JG_3 三个跳线开关。当被测信号低于 100kHz 的信号时，JG_1、JG_3 接通，JG_2 断开，信号经过 RC 低通滤波器，将高频成分滤除；当被测信号高于 100kHz 时，把 JG_2 接通，JG_1、JG_3 断开，信号经过 RC 高通滤波器。VD_1、VD_2 起限幅作用，波形通过双栅场效应开关管 3SK122 进行放大整形，再经过三极管组成的电压跟随器输入到 UP1676 放大器中放大，最后，经过 74HC14 施密特反相器进行整形成 Q_f 方波信号输出。

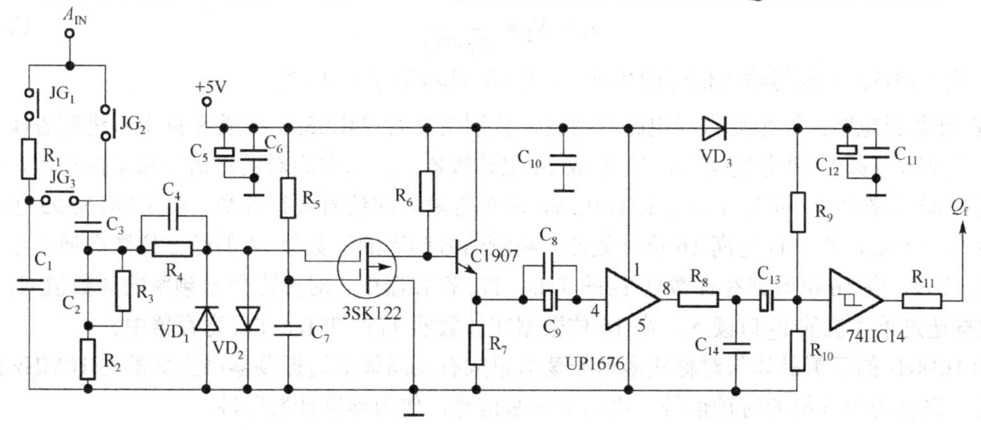

图 12-12　信号输入通道电路

② 同步门控制电路：这部分电路主要由 74HC123 单稳态触发器、JK 触发器 74LS73、74LS08 二输入四与门组成，在单片机的控制下完成闸门开启时间控制，电路图 12-13 所示。电位器 W_1 用于调节 74HC123 单稳态触发器输出的阈值脉冲宽度，74HC123 的 B 脚与单片机的 $P_{1.6}$ 相连，由 $P_{1.6}$ 控制闸门信号输出。被测信号 Q_f 接入 74HC123 的 CP 端，输出端 Q、$\overline{Q}$ 与 74LS73 的 J、K 端连接；同时，74HC123 的输出端 Q 和 74LS73 的输出端 Q 分别与 $P_{3.3}$、$P_{3.2}$ 相连，单片机通过检测 $P_{3.3}$ 、$P_{3.2}$ 信号可以确定当前闸门的开启或关闭状态，并且 74LS73 的输出端 Q 还作为 74LS08B 的闸门信号，控制频率测量开始计数。

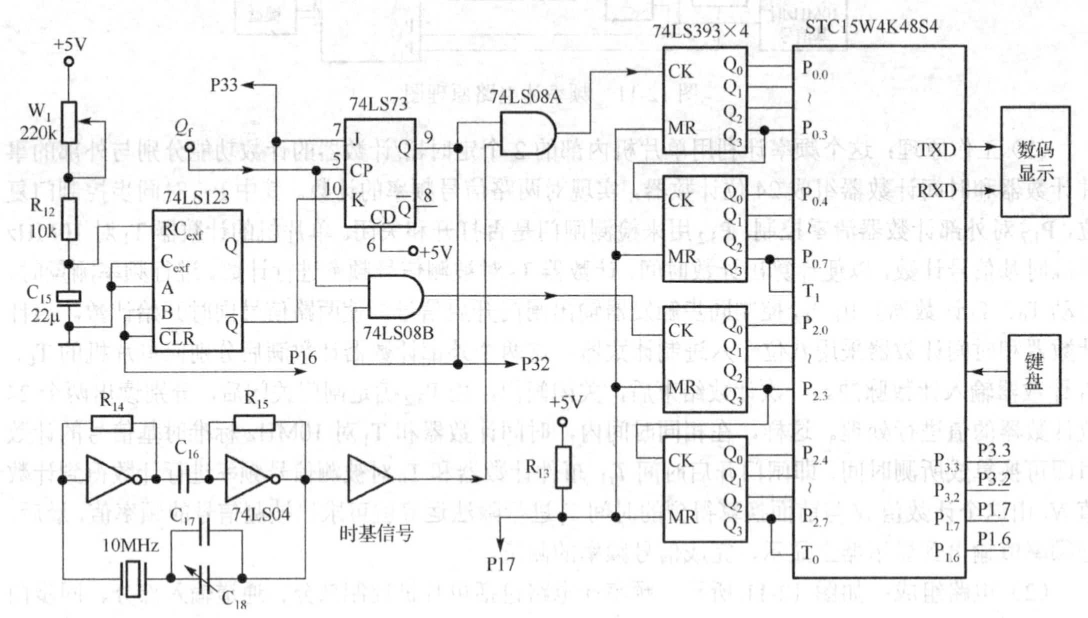

图 12-13 单片机计数显示控制电路

频率测量时，从 $P_{1.6}$ 输出高电平，使单稳态触发器 74HC123 产生一个正脉冲输入到 JK 触发器中。在这个正脉冲宽度的时间内，JK 触发器的输出端 Q 输出高电平作为闸门信号送入 74LS08B 的一个输入端，开启闸门对输入频率信号开始计数，得到计数值 N_1；同时 JK 触发器的 Q 端信号还送到 74LS08A 的一个输入端作为闸门信号启动对 10MHz 的标准时钟进行计数，得计数值 N_2，由 N_2 可以算出测量时间 T_r，则：

$$T_r = N_2 \times \frac{1}{10\text{MHz}} \tag{12-5}$$

由式（12-5）可求得输入信号的周期 $T = T_r / N_1$ 或频率 $f = N_1 / T_r$。

③ 计数器电路：这个计数器电路有两组，分别由 2 片 74LS393 组成 8 位十六进制进制计数器（相当 256 分频），并分别与 T_0、T_1 组成 24 位计数器，分别完成对两路信号频率的计数。单片机的定时器/计数器 T_0 和 T_1 工作于计数状态，对外部输入的信号进行计数。4 片 74LS393 组成两个低 8 位计数器，T_0、T_1 是高 16 位计数器。被测信号频率的计数值 N_1 的低 8 位数据通过单片机的 P_0 口读入，高 16 位数据在计数器 T_0 的 TH_0、TL_0 寄存器中；对标准信号频率的计数值 N_2 的低 8 位数据通过单片机的 P_2 口读入，高 16 位数据在计数器 T_1 的 TH_1、TL_1 寄存器中。

由 10MHz 的石英晶体与对称式多谐振荡器组成石英晶体多谐振荡器产生标准的 10MHz 的时钟信号，既作为单片机的时钟信号，也用于时基信号，作为标准计数脉冲。

④ 单片机控制部分：单片机的任务是进行整机测量过程的控制、故障的自动检测以及测量结

果处理和显示。单片机选用 STC89C52 或 STC15W4K32S4，其 $P_{1.6}$ 控制 74LS123 产生闸门信号，启动计数，$P_{3.2}$、$P_{3.3}$ 监视闸门是否开或关。一次计数完成后，由 P_0 口、P_2 口读入低 8 位计数值，高位计数值在内部 T_1、T_0 中，然后单片机对计数值进行计算处理，并送出显示。计数值取走后，由 $P_{1.7}$ 对 74LS393 组成的计数器清零，$P_{1.6}$ 对同步门复位，T_1、T_0 清零，准备下一次计数。

⑤ 键盘与显示电路：主要完成测量功能选择和频率数据显示。显示采用串行口扩展八片 164 来驱动 8 个数码管。

按照这个电路，其最大测量频率为 20MHz，若要扩大量程，只要对放大整形后的被测信号 Q_f 进行分频（如十分频，量程可扩大到 200MHz），在单片机处理时，将测量频率计算值再乘以这个分频数就可得到被测信号频率值。

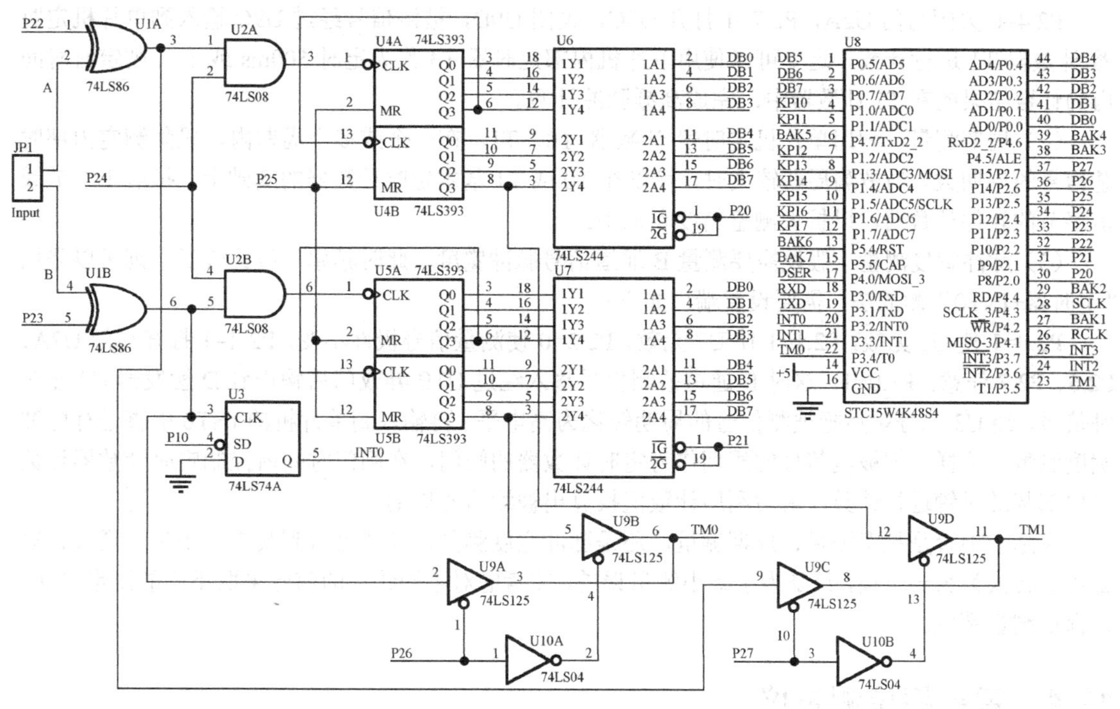

图 12-14　多功能频率计数器电路 s

2．多功能频率计

如果需要实现频率测量、周期测量、脉冲宽度测量和极性变换功能，可以采用图 12-14 电路进行。图中采用共数据线直接 I/O 口连接方式，可以测量两路被测信号，每路使用了 2 个 4 位二进制计数器 74LS393 与单片机内部定时器/计数器联合扩展成 24 位方波脉冲计数器。单片机 P0 口作共用数据线，用 P2 口作选通信号，选择控制外部扩展的接口电路。显示用单片机的 P4.0、P4.1、P4.3 作为串行显示数据输出，采用 2 片 74LS595 输出驱动 8 个数码管显示（参考图 4-35）。再用单片机 P1 口扩展了 4*4 键盘，采用按键控制实现多功能选择。

A、B 两路被测方波脉冲信号从 JP1 输入，经过两输入异或门 74LS86 作为 A、B 通道极性控制器，A 通道用 P2.2、B 通道用 P2.3 作为极性控制信号。当被测信号与控制信号相同（即同时为“0”或“1”电平）时，异或门输出“0”电平；当被测信号与控制信号不同（即一个为“0”、另一个为“1”电平）时，异或门输出“1”电平。然后输送到三态门 74LS125 作为使用权控制 74LS393 外部计数（即 256 分频器）。

（1）频率测量：假设需要测量A通道信号频率，不变极性，如果频率比较高时，则可以采用测频法，需要设置端口如下：

P2.0=0使U6有效，P2.1=1使U7无效，P2.2=0使测量信号极性不变；

P2.4=1打开与门U2A，P2.7=0关闭U9C，打开U9D，被测信号经过外部8位二进制计数器做256分频后，输入到单片机定时器/计数器T1进行计数。这里可以使用单片机内部定时器T3作为定时500ms或1s,则定时时间内的计数结果的高16位在T1计数器中,低8位计数值在U4A、U4B的输出端，通过P2.0选通U6，并采用P0读取U6的数据线得到，完成高频脉冲计数。

如果频率较低时（例如小于10KHz），则可直接测周法，需要设置端口如下：

P2.0=1使U6无效，P2.1=1使U7无效，P2.2=0使测量信号极性不变；

P2.4=0关闭与门U2A，P2.7=1打开U9C，关闭U9D，被测信号经过U9C输入到单片机定时器/计数器T1进行计数。这里可以使用单片机内部定时器T3作为定时500ms或1s，则定时时间内的计数结果的在T1计数器中，完成高频脉冲计数。

（2）周期测量：利用单片机定时器/计数器T0、T1，在一个或多个周期内，采集测定内部时基信号的周期数。当被测周期较大时，可以在T0或T1基本定时计数器的基础上，扩展1字节或多字节的软件计数器，以扩大测量精度和范围。

（3）脉冲宽度测量：假设需要测量B通道信号脉冲宽度，此时频率一般比较低，则可以采用“定时器+INT0”测周法，需要设置端口如下：

P2.0=1使U6无效，P2.1=1使U7无效，P2.2=0使测量信号极性不变，P2.4=1打开与门U2A，P2.6、P2.7任意，P1.0=1。这时B通道被测信号输入经过U1B异或门后输送到D触发器U3作时钟信号，经U3二分频后把被测信号的周期转化为高电平，再输入到单片机的INT0引脚进行脉冲宽度测量。这样，把被测信号的周期作为定时计数器的闸门，在闸门时间内控制定时计数器计数对内部基准时钟进行计数，最后利用计数值换算出被测信号周期。

实际上不管是频率测量、周期测量，还是脉冲宽度测量，只要测量到其中一个量，通过计算都可以转换为另一个量，只是为了减小测量误差，需考虑对不同频率的信号采取不同的测量办法，以保证测量精度。

12.4　智能相位测量仪

相位测量技术在国防、科研、生产等各个领域都有广泛应用，特别在电力、机械等部门要求精确测量低频相位，采用传统的模拟指针式相位测量仪表显然不能够满足所需的精度要求。随着电子技术与微型计算机技术的发展，数字式仪表因其高精度的测量分辨率以及高度的智能化、直观化的特点得到越来越广泛的应用，对相位测量的要求也逐步向高精度、高智能化方向发展。下面介绍一个以单片机为核心的低频数字式相位测量系统。

12.4.1　相位测量原理

采用脉冲填充计数法，将正弦波信号整形成方波信号，其前后沿分别对应于正弦波的正相过零点与负相过零点，对两路方波信号进行异或操作后得到这两路信号的相位差，将相位差与晶振的基准频率进行“与”操作，得到一系列的高频窄脉冲序列。使用两个计数器分别对该脉冲序列和基准源脉冲序列进行同时计数得到两个计数值，再对计数值进行计算处理，即可求出两个信号的相位差。

输入两路同频率的正弦波信号，其波形表达式分别为：

$$\left.\begin{array}{l}\mu_1 = U_{1m}\sin(\omega t + \varphi_1) \\ \mu_2 = U_{2m}\sin(\omega t + \varphi_2)\end{array}\right\} \tag{12-6}$$

式中，μ_1、μ_2为电压瞬时值，U_{1m}、U_{2m}为电压的幅值，ω为角频率，φ_1、φ_2为初始角频率，当两路信号的频率相同时，相角差$\varphi=\varphi_1-\varphi_2$是一个与时间无关的常数。

将此两路正弦波信号经过放大整形后得到两路占空比为 50%的正弦波信号 f_1、f_2，再将这两路信号进行“异或”后输出一个脉冲序列 *A*，将脉冲序列 *A* 与晶振产生的基准信号 *B* 进行“与”操作得到调制后的波形 *C*，波形相位关系如图 12-15 所示。最后，将 *B*、*C* 分别输入到单片机的定时器/计数器 T_0、T_1 进行计数，在一定的时间内对 *B*、*C* 的脉冲计数可得到计数值 N_b、N_c，则其相位差计算公式为：

$$\varphi = \frac{N_c}{N_b} \times \frac{360^\circ}{2} \tag{12-7}$$

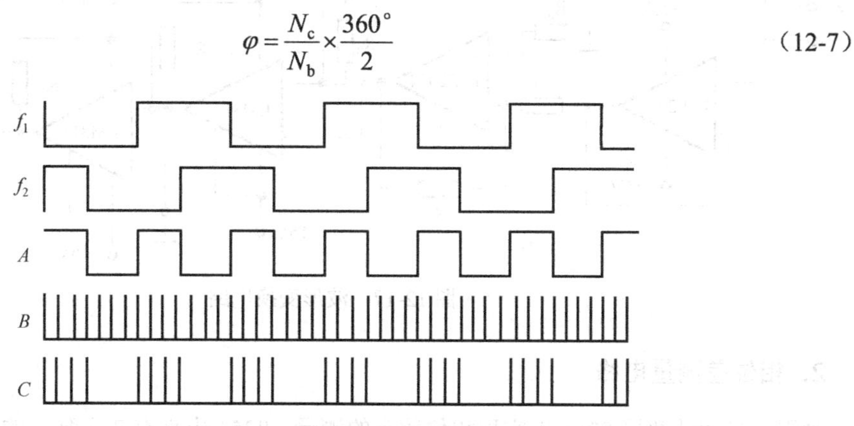

图 12-15　相位检测波形图

这种单周期地对相位的测量计数方法，测量误差较大。若要提高相位测量精度，可以采用多周期计数，通过计算取平均值的方式进行。相位测量系统框图如图 12-16 所示。

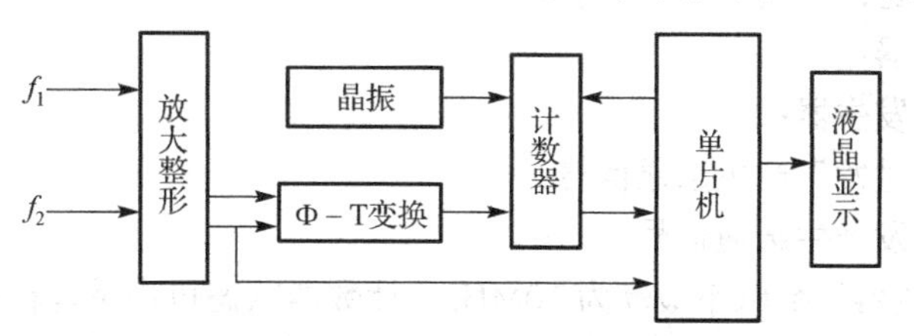

图 12-16　相位测量模块框图

12.4.2　简易相位测量电路设计

1. 前级放大整形电路

这部分电路主要由电压跟随器、放大器、比较器组成，完成对两列同频信号的放大、整形，取出相位差信号，电路的基本原理如图 12-17 所示。实际电路中，两列正弦波信号 f_1、f_2 经过一级电压跟随器后再进行放大，电压跟随器可以提高测量仪的输入阻抗。电压跟随器选用高精度、低漂移型运放 TLE2074，这样输入阻抗可达到兆欧数量级。LM311 构成迟滞回环比较器，目的是为了有效地避免在过零点时信号的干扰和抖动所引起的电压跳变。最后通过一级单门限电压比较器输出两路 TTL 电平信号 f_1'、f_2'，这两个信号输入到 74LS136 异或门进行“异或”得到相位差以方波的脉冲序列 *A* 形式输出。

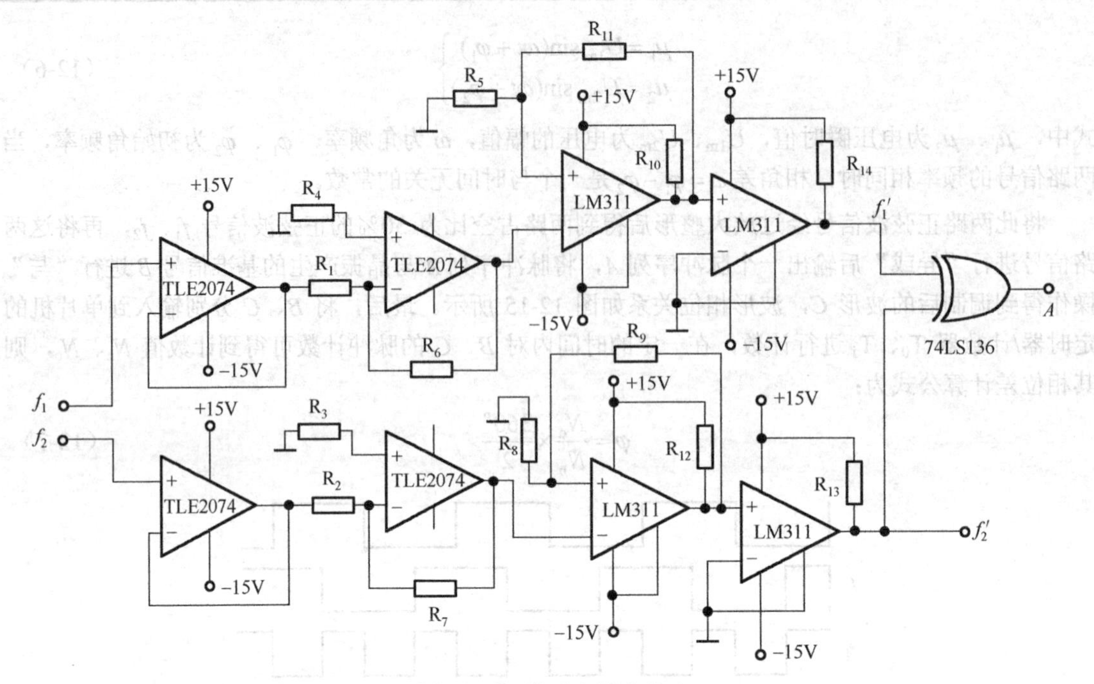

图 12-17　波形变换电路

2. 相位差测量电路

利用可编程计数器 8254 来实现相位频率的测量。8254 内部有 3 个独立的 16 位计数器。每个计数器可按二进制或十进制编程，每个计数器可编程，可以按 6 种不同方式工作：

方式 0：计数结束中断；

方式 1：可编程单稳；

方式 2：频率发生器；

方式 3：方波频率发生器；

方式 4：用软件“触发”产生选通信号；

方式 5：用硬件触发产生选通信号。

8254 内的每个计数器计数频率最高为 10MHz，计数器状态可由单片机读出，共占用 4 个 I/O 地址，由地址线 A_0、A_1 确定。当 8254 以方式 3 工作时，在计数的过程中输出有一半时间为高，另一半时间为低。所以，若计数值为 N，则其输出在前 $N/2$ 时可输出高电平，后 $N/2$ 时可输出低电平，高低电平的输出不需要用软件控制。但 8254-2 计数范围有一定的限制，在采用 BCD 码计数时，范围为 0000～9999，最大计数为 10000。

相位测量电路原理如图 12-18 所示。图中使用了两片 74HC20 四输入与非门做闸门，分别对基准信号和相位差频率的测量进行控制。采用两个 8254 做脉冲计数器，其中 U_3 的 CLK_0、CLK_1 级联组合成 32 位计数器，用来对相位差 A 脉冲序列的测量得到计数值 N_b；U_4 的 CLK_0、CLK_1 级联组合成 32 位计数器，用来对基准信号 B 的测量得到计数值 N_c；将被测信号转换为方波信号 f_2' 后输入到可编程计数器 8254（U_3）的 CLK_2 端，完成对被测信号频率计数，以便计算出被测信号的频率或周期。单片机利用定时中断来控制 8254 的计数时间，并通过 8254 的端口地址分别将个 8254 计数器的各个计数值分时读出计算处理，并输出显示。

通过理论分析，基准频率越高，单位时间内记录的窄脉冲个数越多，相位差的测量也越精确，但是 8254 极限工作频率为 10MHz，实际使用时选取 8MHz 的晶振。单片机扩展出总线控制两片 8254 对三路脉冲输入信号进行计数，并对 8254 内部的两路计数器进行级联，以提高计数位数。计数完成后，单片机通过总线读入数据，并对计数结果进行浮点运算，使相位差测量的分辨率达到 0.1°。

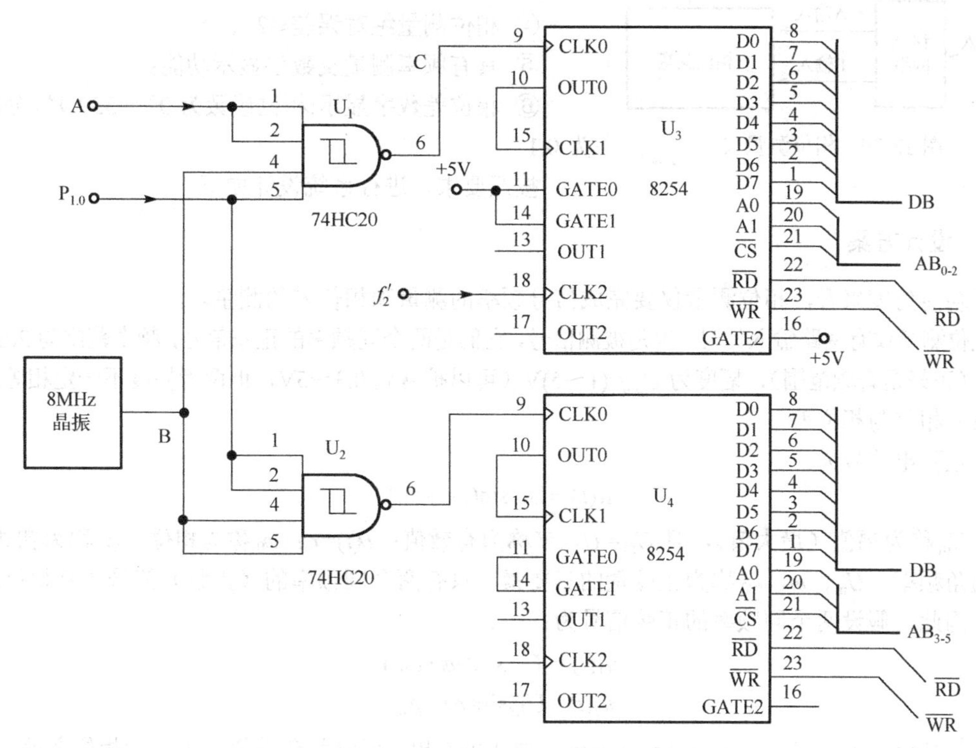

图 12-18　相位测量电路

3. 相位极性判别电路

在图 12-18 所示的相位测量电路中，只能给出相位差的大小，无法判断波形的超前或者滞后。要解决判别出波形的超前或滞后问题，可以将整形后的两列方波波形分别输入到一个 D 触发器的 D 和 CP 端中进行相位极性判别，输出的信号送入单片机的 I/O 口进行极性检测，判断出波形的超前或滞后，电路原理如图 12-19 所示。当 U_0 超前 U_1 时，D 触发器的 Q 端输出高电平，反之 D 触发器的 Q 输出低电平。

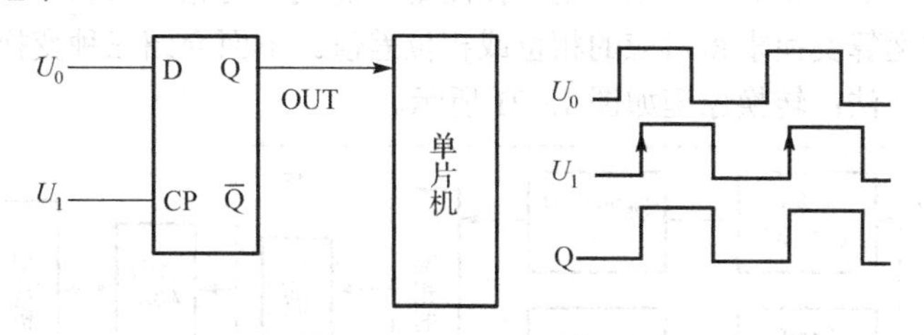

图 12-19　相位极性判别电路

12.4.3　智能相位测量仪设计

设计一个如图 12-20 所示的低频数字式相位测量仪，要求如下:

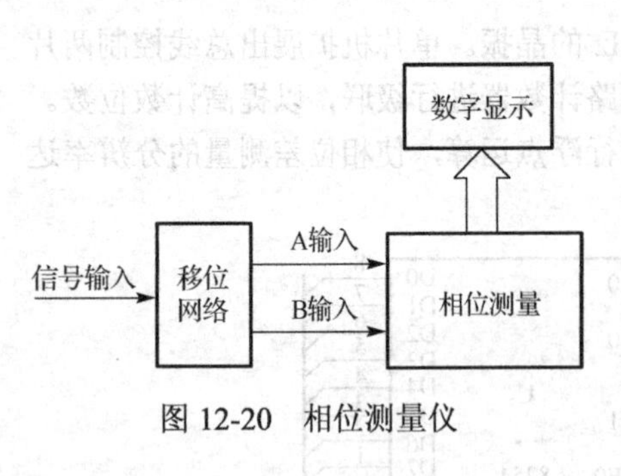

图 12-20　相位测量仪

① 频率范围：20Hz～20kHz；

② 相位测量仪的输入阻抗≥100kΩ；

③ 允许两路输入正弦信号的峰-峰值可分别在 1～5V 范围内变化；

④ 相位测量绝对误差≤2°；

⑤ 具有频率测量及数字显示功能；

⑥ 相位差数字显示:相位读数为 0°～359.9°，分辨率为 0.1°。

按照要求，进行系统设计如下。

1. 设计方案

从功能角度来看，相位测量仪要完成信号频率的测量和相位差的测量。

相位测量仪有两路输入信号，也是被测信号，它们是两个同频率的正弦信号，频率范围为 20Hz～20kHz（正好是音频范围），幅度为 $U_{p\text{-}p}$=(1～5)V（可以扩展到 0.3～5V，但两者幅度不一定相等。

（1）相位与相位差

设正弦电信号为：

$$\mu(t) = U_m \sin(\omega t + \varphi_0)$$

式中，U_m 称为幅值（最大值），且 $U_m = U$，U 称为有效值；$\theta(t)=\omega t+\varphi_0$ 称为相位，φ_0 称为初相位，ω 称为角频率。U_m、ω、φ_0 称为正弦量的三要素。只有两个同频率的（正弦）信号才有相位差的概念。因此，假设两个同频率的正弦信号为：

$$u_1(t) = U_{1m}\sin(\omega t+\varphi_{01})$$
$$u_2(t) = U_{2m}\sin(\omega t+\varphi_{02})$$

则相位差 $\theta = (\omega t + \varphi_{01}) - (\omega t + \varphi_{02}) = \varphi_{01} - \varphi_{02}$，由此可看出，相位差在数值上等于初相位之差，$\theta$ 是一个角度。不妨令 $\theta = \omega T_\theta$，式中 T_θ 是相位差 θ 对应的时间差，且令 T 为信号周期，则有比例关系 T ∶ 360° = T_θ ∶ θ，可以推导得到：

$$\theta = \frac{T_\theta}{T} 360^\circ \tag{12-8}$$

此式说明，相位差 θ 与 T_θ 一一对应，可以通过测量时间差 T_θ 及信号周期 T，计算得到相位差 θ，这就是相位差的基本测量原理。

（2）相位、相位差的转换

在对相位或相位差的测量时，一般不是直接测量，而是要将相位或相位差值转换为时间或电压的测量，然后经过运算变换求得对应的相位或相位差值。下面介绍三种变换方法。

① 相位-电压转换法：转换原理如图 12-21 所示。

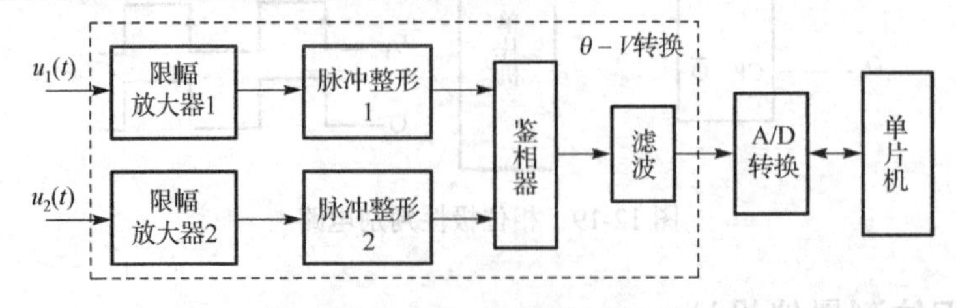

图 12-21　相位-电压转换原理图

设 $u_1(t)$、$u_2(t)$ 为频率相同、相位差为 θ 的两个正弦信号，经限幅放大器和脉冲整形后变成两个方波，再经鉴相器输出周期为 T、宽度为 T_θ的方波。如果方波幅度为 U_m，用低通滤波器对方波进行平滑滤波处理后，输出电压即为直流电压 U_0，则此方波的平均值即为直流分量为：

$$U_0=\frac{T_\theta}{T}U_m \tag{12-9}$$

式中，T 为被测信号周期，T_θ为两信号的相位差θ对应的时间，将式（12-8）代入式（12-9），可得到：

$$U_0=\frac{\theta}{360}U_m \tag{12-10}$$

所以，通过 A/D 采集、变换处理，就可以得到相位差θ的值。

② 数值取样法：此种方法采用同步采样技术获得两个输入信号的取样值，再经对瞬间幅值的处理得到相位差，具有很高的测量精度。处理方法如下：

假设两个正弦波信号为：$u_1(t)=U_{1m}\sin(\omega t+\varphi_{01})$，$u_2(t)=U_{2m}\sin(\omega t+\varphi_{02})$　（12-11）

则两式相乘得：$u_1(t)\,u_2(t)=U_{1m}\,U_{2m}\sin(\omega t+\varphi_{01})\sin(\omega t+\varphi_{02})$

$$=U_m\,\text{con}(\phi_{01}-\varphi_{02})-U_m\,\text{con}(2\omega t+\varphi_{02}+\varphi_{01}) \tag{12-12}$$

式中，$U_m=\frac{1}{2}U_{1m}U_{2m}$，第 1 项 $U_m\,\text{con}(\varphi_{01}-\varphi_{02})$为常数（若相位差$\varphi_{01}-\varphi_{02}$确定），第 2 项 $U_m\,\text{con}(2\omega t+\varphi_{02}+\varphi_{01})$是以 2ω 为角频率的余弦函数信号，即两个正弦信号相乘后，结果等于一个余弦信号与一个常数项叠加。如果对其求平均值得到：

$$\overline{U}=\frac{1}{T}\int_0^T u_1(t)u_2(t)\mathrm{d}t=\frac{1}{T}\int_0^T U_m\cos(\varphi_{01}-\varphi_{02})-U_m\cos(2\omega t+\varphi_{01}+\varphi_{02})\mathrm{d}t$$
$$=U_m\cos(\varphi_{01}-\varphi_{02})=U_m\cos\theta$$

因此：

$$\cos\theta=\frac{\overline{U}}{U_m} \tag{12-13}$$

这种方法随着采样点增多，对于低频可以得到较高精度的测量结果，软件设计简单，容易实现。但在测量频率较高时，需要使用高速 A/D 转换器，保证两路信号采样严格同步难以实现，也要求微处理器速度很快，否则会出错几率大增。

③ 相位差-时间转换法：由式（12-8）的相位差的基本测量原理可知，相位差的测量本质上是时间差 T_θ及信号周期 T 的测量，也就是可以转化为对时间的测量。只要测量出信号波形的周期 T、相位差对应的时间 T_θ（这两个量用电子计数器都很容易测量），就很容易使用式（12-8）计算出相位差值。

2．小信号处理

由于输入信号幅度不确定，波形也没有确定，波形边沿不够陡峭时，会给后续处理电路带来测量误差，因此，要把被测输入信号进行放大整形成 TTL 电平，如图 12-22 所示。

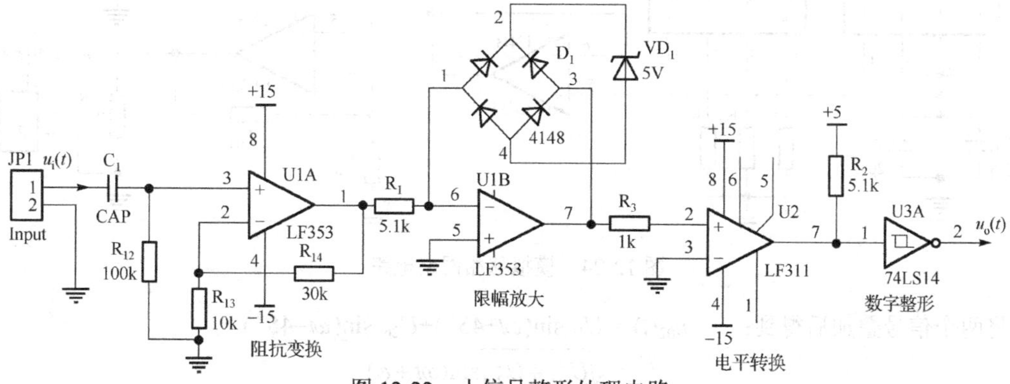

图 12-22　小信号整形处理电路

设计要求输入阻抗≥100kΩ，采用运算放大器 LF353，它的带宽有 10MHz，接成同相放大电路，并在输入端并联一个 1000kΩ电阻，以此来满足设计要求。

3．移相网络

移相一般有数字移相和模拟移相两种方式。

（1）数字移相：使用单片机或 FPGA 控制高速 A/D 转换器，对一个周期内的信号进行多次采样，并依序把采样的数据保持在高速 RAM 存储器中。然后根据需要移相的大小，对存放在 RAM 中的数字化数据地址加上一个相位偏移量后，形成新的数据输送到 D/A 转换器输出移相后的波形心信号。该方法的优点是可以在 0～360°范围内进行移相，移相范围大、精度高、数字控制方便。缺点是信号频率较大，一个周期内需要采集点多，要保证 1°精度需要采集 360 个点，要保证 0.1°精度需要采集 3600 个点，对微处理器、A/D 转换器、RAM 的速度要求很高。

（2）模拟移相：由 R、C 组成移相网络进行移相，移相网络基本单元电路如图 12-23 所示。图(a)为超前移相网络，图(b)为滞后移相网络，通过运算放大器隔离、再用电位器合成，可以得到–90°～+90°的任意相移角度。

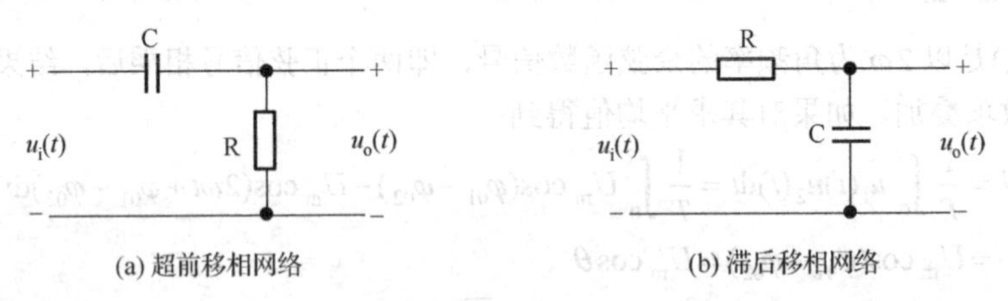

图 12-23　移相网络基本单元电路

具体使用的移相网络电路如图 12-24 所示。图中当$\omega=\omega_0$时，超前和滞后网络分别移相了±45°，则式（12-11）表达的两个信号变成：

$$u_1(t)=U_{1m}\sin(\omega t+45°),\quad u_2(t)=U_{2m}\sin(\omega t-45°)$$

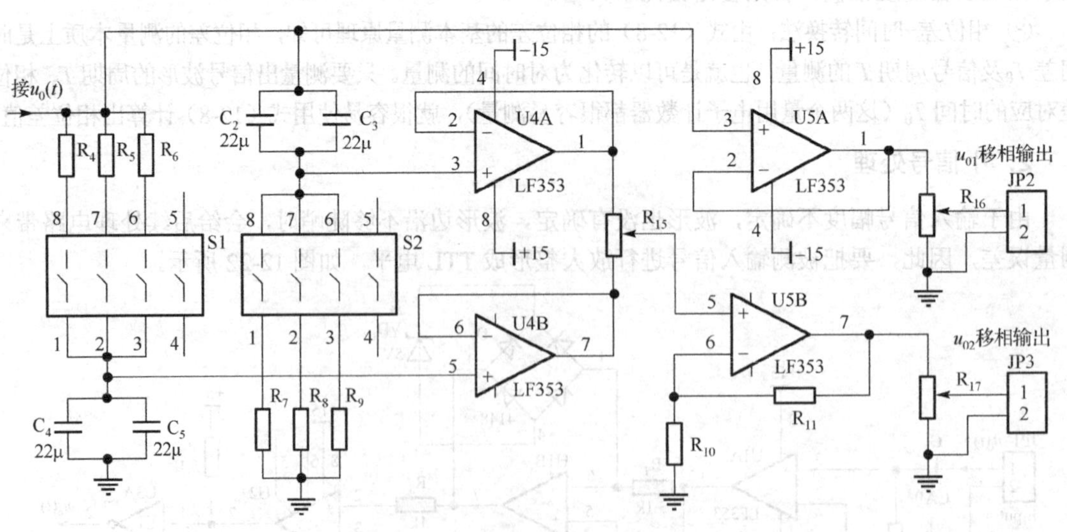

图 12-24　模拟移相网络电路

将两个信号叠加后得到：

$$u_{02}(t)=U_{1m}\sin(\omega t+45°)+U_{2m}\sin(\omega t-45°)$$
$$=\sqrt{U_{1m}^2+U_{2m}^2}\sin(\omega t+\varphi)$$

其中，$\tan\varphi = \dfrac{U_{01}-U_{02}}{U_{01}+U_{02}}$，则只要改变两个信号幅值，就可以改变叠加后信号的相位。

只要图 12-24 中的输入信号频率与 RC 网络的谐振频率相同时，才有 45°的相移，因此当输入频率变化时，RC 移相网络也应该有不同的转折频率。

由 RC 的转折频率：$f=\dfrac{1}{2\pi RC}$，可推导出：$R=\dfrac{1}{2\pi Cf}$　（12-14）

则选取电容 C=22μF，两个电容并联后电容量为 44μF，当输入信号频率为 100Hz 时，由式（12-14）计算得到 R=36.189kΩ，选取 R=36kΩ。

同理，当输入信号频率为 1kHz 时，R=3.6189kΩ，选取 R=3.6kΩ；当输入信号频率为 10kHz 时，R=361.89Ω，选取 R=360Ω。从式（12-14）中可以知道，输出信号的幅值有所下降，所以在最后输出信号时采用同相放大器，设置放大倍数 2 倍放大。由于采用的电阻、电容存在误差，实际输出的相位会有一点偏差。为了得到更大范围的移相，可以将超前网络的电容改为 30μF、滞后网络的电容改为 54μF。图中最后接电位器用于进行幅度衰减调节，使输出峰峰值满足要求。

4．以单片机为核心的相位测量仪

通过图 12-24 处理输出的两路待测信号再输送到图 12-25，经整形后变成了矩形波信号 I、V，这时可以认为 I 和 V 是同频率、不同相位的矩形波。

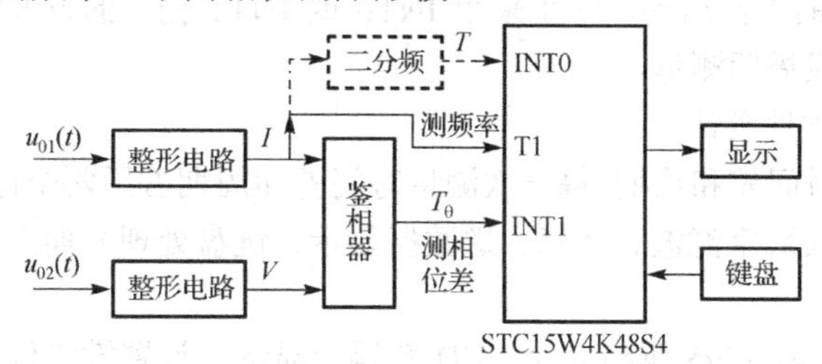

图 12-25　相位测量电路结构

STC 单片机对信号频率的测量可以采用直接测频率的方法和测周期的方法。

（1）频率的测量：当信号频率较高时，采用直接测频率的方法，I 信号接 T1，使用定时器/计数器 T1 对外部脉冲计数，用定时器/计数器 T0 作 1 秒定时，在这 1 秒内 T1 启动对外部事件（即信号 I）计数，则 T1 的计数值就是待测信号的频率。

（2）周期测量：当信号频率较低时，采用测周期的方法，由图 12-25 可知，对 I 进行 2 分频后的信号波形中，高电平宽度正好对应 I 的周期，将此高电平信号送到 INT0，作为单片机内部定时器的硬件启动/停止信号，便可测得周期 T，再由公式 f=1/T，计算得到频率 f 。

（3）相位差测量：鉴相器采用异或门，在鉴相器的输出的($I \oplus V$)波形中，正脉冲宽度就是要测量的 I 和 V 相位差所对应的时间差 T_θ，波形时序如图 12-26 所示。

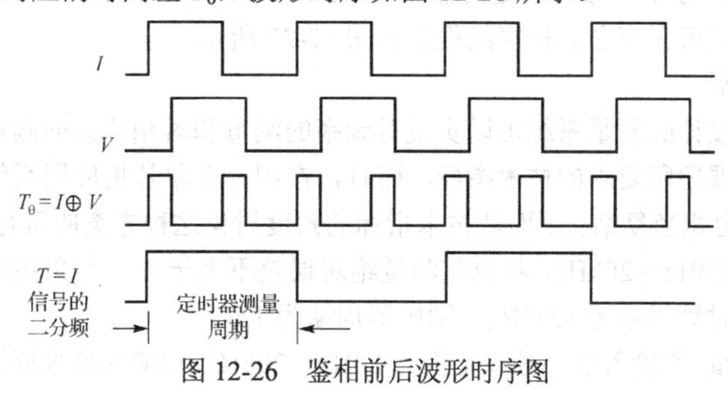

图 12-26　鉴相前后波形时序图

（4）相位超前、滞后测量：在测量相位差时还应考虑超前、滞后两种情况（如图 12-26 中所示为 I 超前 V）。把$(I \oplus V)$波形中的正脉冲作为门控信号，控制闸门的启闭，即控制单片机内部定时器/计数器的启动/停止，从而达到测量时间差 T_{θ}的目的，再根据公式$\theta=\omega T_{\theta}$，计算得到相位差θ。

由图 12-26 可知，$(I \oplus V)$信号是 I 信号的二倍频（I 与 V 同频），由此可见，对于同频不同相的两个信号，经过异或门后可得到二倍频的信号。因此从这个意义上讲，异或门可实现信号的二倍频。

（5）频率、时间差、周期的测量方法。

STC15W4K32S4 系列单片机内部集成了 5 个 16 位可重载硬件定时器/计数器（T0、T1、T2、T3、T4），其中 T0、T1 与其他 8051 单片机一样。单片机片内的硬件定时器/计数器有三个特点：①可以与 CPU 并行工作；②可以采用中断方式与系统协调工作；③可以由软件或硬件控制启动和停止计数。

测量频率时，将被测输入信号接到定时计数器 T1 引脚，让一个定时器/计数器 T0 工作在定时工作方式（设定时时间 1 秒），让一个定时器/计数器 T1 工作在计数工作方式，其 T1 对引脚脉冲进行加 1 计数，一旦定时时间到，就立即用软件停止 T1 计数（置 TR1=0），然后取出 T1 计数器的计数值计算转换成频率值。

测量时间差和周期时，将被测输入信号接到 INT0 或 INT1 外部中断引脚，让定时器/计数器工作在脉宽测量模式下（置 GATE=1）的定时工作方式，定时器/计数器对内部机器周期进行加 1 计数，而定时器/计数器的工作启动、停止采用 INT0 或 INT1 输入的方波信号做闸门进行控制，再用软件查询配合，完成周期测量。

（6）STC 单片机的软件设计

系统连续三次测量时间差和周期，每一次测量时间差和周期占用两个待测信号周期 T 的时间。STC 单片机在数据处理（数字滤波、计算、送数据显示、键盘处理）期间，使用软件停止定时器工作。

显示部分采用 2 片 74LS595 驱动 8 个 LED 数码管显示，设置键盘做人机对话控制显示不同的内容，即显示频率和相位差。

软件功能模块：初始化、自检、数值测量、数据处理、显示、键盘扫描等模块。各个程序模块完成不同的功能任务。

软件层次划分：主程序、定时器/计数器中断服务程序、自检子程序、数据处理子程序、显示子程序、按键查询子程序等。主程序和中断程序是主动执行程序，子程序是被动执行程序。这里可以把大部分工作都分配给主程序来完成，包括参数初始化、系统自检，然后按顺序循环执行数值测量子程序、数字滤波处理、时间频率计算以及显示和键盘处理子程序。设置定时器/计数器基本定时 10ms，用 R3 配合作软件计数实现 1 秒定时。数值测量子程序完成三次时间差、周期测量并保存到内存，为防止第 1 次测量时间差、周期的随机性（受软件启动定时器/计数器 T0、T1 的时刻有一定的随机性影响），所以，由定时器/计数器 T0、T1 第 1 次分别测得的周期、时间差是不准确的，采用中值滤波可舍弃之。程序流程图如图 12-27 所示。

（7）测量误差分析

以单片机为核心设计的测量系统可以实现对频率的测量和对相位差的测量功能。但是，该系统不一定能满足设计课题所要求的技术指标，而且，在同一个单片机应用系统中实现频率和相位差的测量，程序设计也相当复杂。下面从技术指标的角度讨论这种方案的可行性。根据题目要求，输入信号频率范围是 20Hz～20kHz，相位差测量绝对误差不大于 2°。而采用单片机为核心的解决方案，假设单片机的时钟频率为 12MHz，则机器周期为 1μs。

对信号周期的测量：若输入信号频率范围为 20Hz～20kHz，则输入信号周期为 T=50ms～50μs。

最大周期为 50ms，即 50000μs，定时器/计数器 T0 工作在定时方式 1 时为 16bit 二进制加 1 计数器，最大计数值为 65535(0FFFFH)，65535>50000，因此能满足对信号周期的测量要求。

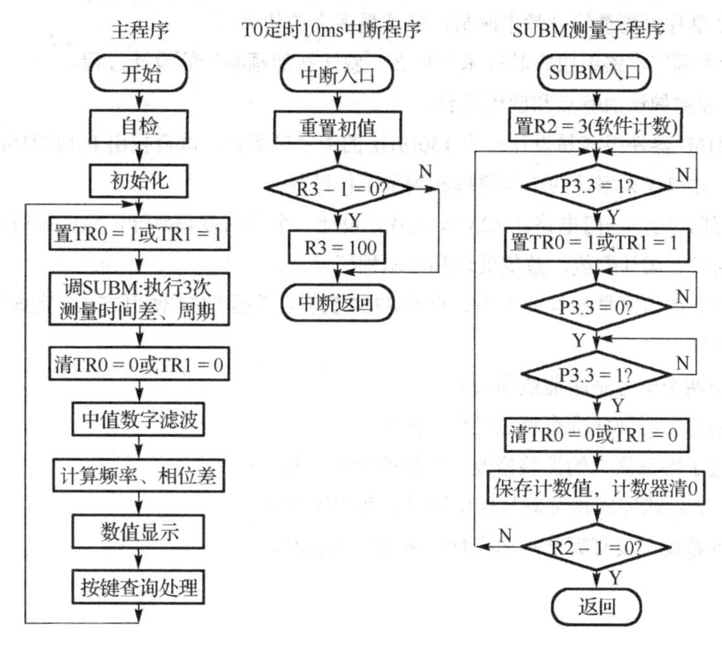

图 12-27　程序流程图

对信号相位差的测量，要求相位差测量绝对误差≤2°：如果输入信号频率 f=20kHz，则输入信号周期为 T=50μs，可以认为计数器/定时器的计数误差为±1 个字，当外接晶振为 12 MHz 时，计数器/定时器 T1 的计数误差为正负一个机器周期，即±1μs，由此而形成的相位差绝对误差为 7.2°。因为有 50μs∶360°=1μs∶$\Delta\theta$

$$\text{则有 } \Delta\theta = \frac{360^\circ \times 1\mu s}{50\mu s} = 7.2^\circ \tag{12-15}$$

同理，若使用单片机时钟频率为 24MHz 时，相位差绝对误差 $\Delta\theta$=3.6°。

为了解决上面的矛盾，可以继续提高单片机的时钟频率到 36MHz 以上，相位差绝对误差才能实现 $\Delta\theta \leqslant 2^\circ$，但 STC15 系列单片机最大时钟频率只能 33MHz。

即使时钟频率提高到 36MHz 后，周期 T 的最大计时值为 65536×0.27μs=17695μs，显然不能一次性使用定时器/计数器测量最大周期 T=50ms 的情况。为此，需要采用 T0、T1 溢出中断时，再利用软件计数器来解决测量最大信号周期 T=50ms 的问题。

因此，采用单片机应用系统一般能较好地实现各种不同的测量及控制功能，但有时达不到设计要求的技术指标。可以采用 FPGA 完成设计，FPGA 具有工作速度快、编程方便等特点，往往能满足一些设计要求比较高的技术指标。因此，在进行电子系统设计时，可用单片机实现系统功能（适合做控制），用 FPGA 完成系统指标（适合做信号计数处理），两种完美结合，便能实现高性能、大指标的频率、相位测量仪。

练习与思考题

1．根据图 12-3 和图 12-4，分析频率、周期测量原理和多周期同步测量原理。

2．简述数字频率计与智能频率计的区别和联系。

3．如何理解数字频率计的测量误差和计数误差？如何消除这些误差？

4．什么叫分频？设计高频频率计时为什么要进行分频。

5．讨论用 STC 单片机测量信号频率时最高能测量多大的频率。

6．智能频率计由哪些电路组成？其技术是什么？叙述智能频率计的设计过程。

7．简述测频法和测周法的特点和应用场合。

8．采用 ICM7216B 器件很容易设计一个 150MHz 的数字频率计，试查找出 ICM7216B 器件资料，设计出一个数字频率计，并叙述频率计的工作原理和测量工作过程。

9．结合教材所述，用一些门电路和 8255A 芯片，设计一个等精度频率计，完成对信号频率的测量，编写启动计数、关闭闸门、读计数值、数值处理和显示程序设计。

10．什么叫相位？如何测量相位的大小？查阅 8254 资料，掌握 8254 使用方法，完成图 12-12 中相位测量电路与单片机的接口。

11．如何检测出两个信号是超前或滞后？

12．什么叫历书时？时间标准有哪三类世界时？

13．秒单位经过了哪三次大的调整修改，分别叫什么“秒”？

14．按照图 12-22 结构完成相位测量仪电路设计和程序设计。

15．通用电子计数器主要有哪些技术指标？各有什么含义？

第 13 章　基于波形测量的智能仪器

示波器一直是电子工程师们设计、调试产品的好帮手，在生产设计涉及快速信号而且时间紧迫的情况下，工程师有准确的仪器和良好的故障排除工具是非常重要的。实际测量中涉及的信号大都是随时间变化的波形信号，是可用函数 $f(t)$ 描述的时域信号。要进行这种波形的测量一般采用示波器。示波器具有测量这种时域信号瞬时值图像或波形的能力，是进行信号时域分析最典型、最常用的仪器。

13.1　示波器基本原理

13.1.1　概述

示波器是电子示波器的简称，是一种基本的、应用广泛的时域测量仪器，是一种全息仪器，能够测量信号的幅度、频率、周期等基本参数，能测信号的脉宽、占空比、上升时间、下降时间、上冲、振铃等参数，以及测两个信号的时间与相位关系。数字示波器的基本任务是为使用者捕捉、观察和分析信号，以及提供排除故障的工具。在选择示波器时使用者要考虑示波器的触发性能、带宽、取样频率和采集存储器长度。

示波器按技术原理分为数字示波器和模拟示波器两种。从性能上分为低挡（60MHz 以下）、中挡（100～500MHz）、高挡（500M～2GHz）、超高挡（2GHz 以上）四类。按照功能特色分为慢扫描示波器、超低频示波器、取样示波器（用取样技术将高频信号转换为低频信号，再用通用示波器显示）、记忆示波器（模拟存储示波器）、多束示波器（能在多个电子束示波管上显示多个波形）、特种示波器（例如高灵敏度的特殊示波器）等。现在，性能优异的模拟通用示波器和数字存储示波器具备了这些功能特色，取代了这些特色示波器。

模拟示波器采用模拟信号工作原理，能实时地检测信号波形，用 CRT 示波管显示，它不能对捕捉到的信息存储、记忆，因而无实时数据处理分析功能。为解决波形存储、记忆问题，有些示波器采用了记忆示波管，这种示波管的荧光物质后面装有栅网，在栅网上能充载电荷存储电子束的路径来存储信号波形。但这种示波管价格昂贵，且比较脆弱，保持波形轨迹的时间和存储的信息量有限，也无法对捕获的信息加工处理、分析。

20 世纪 70 年代出现了智能化数字示波器，它借助于微处理器和数字存储技术，彻底改变了传统示波器的工作原理，使示波器具有对信号采样、转换、存储、显示等功能的测量仪器。数字示波器的原理框图如图 13-1 所示。

（1）数字示波器特点

① 可以显示大量的预触发信息。

② 可通过使用光标和不使用光标的方法进行全自动的测量。

③ 可以长期贮存波形。

④ 可以在打印机或绘图仪上制作硬拷贝以供编制文件之用。

⑤ 可以恢复采集的波形，可进行波形比较。

⑥ 波形信息可用数学方法进行处理。

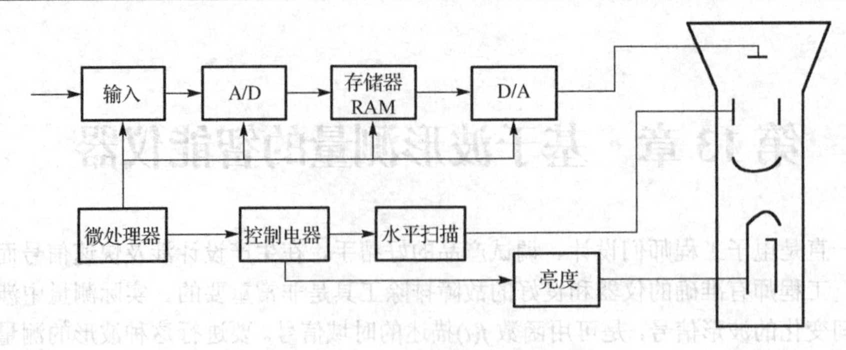

图 13-1 数字示波器原理框图

智能化的数字示波器对被测信号进行实时采样后，送 A/D 转换器转换成数字信号，将信号分段存储在存储器中。需要显示波形时，在微处理器控制下，根据用户要求可将存储的数字信息进行处理，通过 D/A 转换器将数字信号恢复为模拟信号输出显示。

（2）数字示波器的优势

① 数字示波器嵌入了微处理器，能对输入电压的波形进行存储和显示，也可利用微处理器的计算功能对波形的幅值、有效值、平均值、工作频率、波形的前后沿时间等多种参数计算、分析，并与波形本身一起显示在 CRT 上。CRT 是阴极射线管，是一个能产生电子束的系统，称为电子枪。电子枪能发射电子，发射的电子经聚焦形成电子束，并打在屏幕中心的一点上。屏幕的内表面涂有荧光物质，被电子束打中的点会发出光来。

② 数字示波器具有自检测、自校正、控制方式多样化、操作方便、性能稳定等特点。

③ 数字示波器具有 GP-IB 接口，可将数据传到计算机等外部设备进行进一步的分析处理，实现程控和遥控功能。

④ 功能较强的数字示波器，在进行波形测量时，可同时作电压表、频率计等仪表使用。配合多种传感器可广泛地用于测试温度、压力、振动、密度、声、光、热等各种物理量，并进行相应分析，实现一机多用性能。

13.1.2 波形显示器

波形显示通常采用示波管、光栅和平板显示。示波管和光栅显示是基于电子真空器件 CRT 进行的，显示方式比较笨重。平板显示是近年来发展起来的优异显示器件，显示性能不断提高，已经成为今后信息显示的主流产品。

（1）示波管：由电子枪、偏转系统和荧光屏组成，将它们安装在一个真空密闭的玻璃管内，构成能显示信息的部件。

电子枪的作用是发射电子，并形成强度可控制的细小电子束。电子枪内部由灯丝、阴极、第一栅极、第二栅极、第一阳极、第二阳极和第三阳极组成。

偏转系统一般有静电偏转和磁偏转两种偏转方式。静电偏转包含 X 偏转板、Y 偏转板各一对，每对偏转板由基本平行的金属板构成，它是以光点为基础显示波形信息，例如示波器、扫频仪、频谱仪以及医疗仪器等图示式仪器。磁偏转由行、场扫描偏转线圈和中心调节器组成，它是以光栅为基础显示图像信息，例如荧光屏式电视机、计算机显示器等。现代电子仪器中的数字示波器、频谱仪等越来越多地采用磁偏转技术。

荧光屏是在示波管正面内壁涂上一层荧光物质，能将高速电子的轰击动能转变为光能，产生亮点。当电子束从荧光屏上移走后，显示光点仍然会在荧光屏上保持一定的时间才会消失。用荧光屏做示波器的显示屏，根据示波器不同的用途，可选择不同余辉的示波管，频率越高，要求的余辉时间越短。荧光屏显示时，要避免过密的电子光束长期集中停留在一点，以免损坏荧光物质的发光效率。

（2）光栅：光栅显示采用磁偏转形式的显像管中，主要用于用荧光屏做成的电视机和计算机的显示器。它与示波管一样，都可用作电子仪器的显示屏，不同的是示波管采用的是静电偏转，要在 X、Y 偏转板上加锯齿波扫描电压；而用荧光显像管是磁偏转方式，要采用锯齿波电流型驱动偏转线圈，以产生行、场线性扫描。

（3）平板显示：主要有电致发光（EL）显示板、等离子体（PDP）显示板、液晶屏（LCD）以及荧光（VFD）显示屏等四类，它们都是在正交的条状电极之间放置了一种物质，使之产生光效应。这些物质一般采用 PN 结、惰性气体及液晶等。当正交电极加上工作电压时，它们就会发光、放电或改变其光学性质，显示出相应的图案信息。

13.1.3　液晶显示原理

所谓液晶（Liquid Crystal）是一种介于液态和固态之间的、具有规则性分子排列的有机化合物，加电或受热后，会呈现出透明的液体状态；断电或冷却后，会出现结晶颗粒的浑浊固态状态。液晶按照其分子结构排列的不同，可分为脂状、丝（棒）状和醇状三种。

1．液晶显示原理

液晶显示器的像素结构原理如图 13-2 所示。利用其丝（棒）状物理特性的液晶，在其两端接上一个较小的电压时，会呈现出透明状态的特点。在涂有荧光粉的玻璃平板之间，按照规则要求排列制作大量独立的液晶封闭密室腔体，组成导光控制源，再使用透明的薄膜晶体管做电极，对应每个密闭腔做导电控制，并在其背后用类似日光灯管的背光灯作为光源，在不同的电压作用下，液晶通电时，按规则旋转有序排列，使背光灯的灯光导通到屏幕的荧光粉上，使对应的荧光粉发光。当不通电时，液晶排列混乱，光线无法通过，屏幕上的荧光粉不发光。由于在不同电压控制作用下产生的透光度不同，使其产生了明暗的区别。依此原理，只要能控制每个像素，就能显示出所需要的图像。

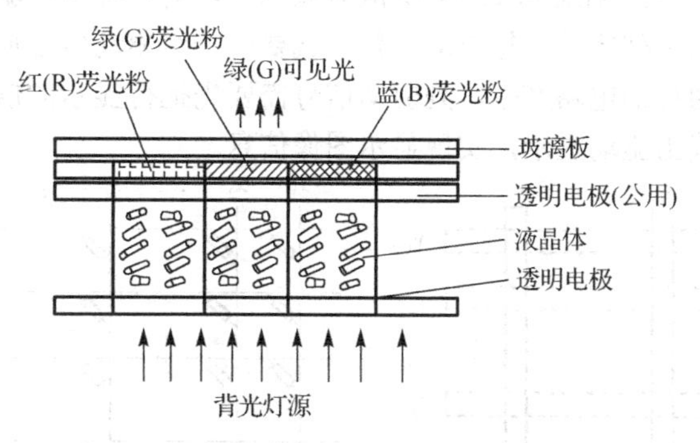

图 13-2　液晶显示器单个像素结构原理图

目前液晶显示具有多种不同的制作工艺，常见的有 TFT-LCD（Thin Film Transistor-LCD，薄膜晶体管液晶显示器）。液晶显示具有功耗低、体积小、重量轻、超薄、超精细等优点。但要实现大尺寸的制作工艺难度很大，成品率低。现代被广泛使用的液晶显示产品，其可视偏转角度能达到 170° 以上，已经达到了普通 CRT 显示器的水平。

2．液晶显示器驱动

液晶显示有数码显示和点阵显示两种方式。数码显示只能显示数字和字符；点阵显示可以显示图形，也可显示数字与字符。下面介绍其驱动方法。

（1）液晶数码显示器的驱动

图 13-3(a)所示是液晶数码显示器字形笔画段结构图，图(b)是对应的等效电路。要使液晶显示字符信息，需要在 a～g 中的某些段的电极和公共极之间加上一个方波电压。当某一段的电压与公共端 COM 上的电压极性相反时，由于存在电压差，该段就显示黑色；若这一段之间的电压极性相同，就不显示黑色。因此，按照图 13-3 所示电路，如果要显示出“1”，必须在 b、c 两个笔画段与 COM 之间加上的方波电压极性相反，在其余段加上的方波电压极性相同就可以。通常驱动方波的频率为 30～300Hz，并要求正负对称，其电流分量越小越好，否则如果长时间施加直流电压会使液晶电解，减少使用寿命。

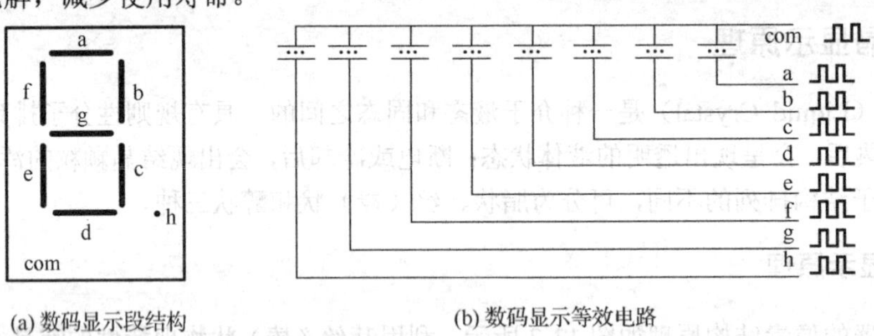

(a) 数码显示段结构　　(b) 数码显示等效电路

图 13-3　液晶数码显示器字形笔画段结构与等效电路

（2）液晶平板显示器的驱动

液晶平板显示器是采用点阵式液晶显示器，它由许多条状电极组成，每个交叉点就是点阵中的一个点，或者一个像素点，如图 13-4(a)所示。液晶平板显示为矩阵结构，等效电路如图 13-4(b)所示。这些正交电极分别称为 X 电极和 Y 电极，或者称为扫描电极和信号电极。在扫描电极上依次加扫描电压到 U_{y1}，U_{y2}，…，U_{ym}，驱动每一行；信号电极依次加驱动信号到 x_1，x_2，…，x_n（m、n 均为自然数），驱动每一列。在矩阵式 LCD 液晶显示中，对扫描电极驱动电压相当于行驱动，对信号电极驱动电压相当于列驱动。每驱动一行，就要有一组驱动信号加到 x_1，x_2，…，x_n 列电极上。通常行驱动信号由扫描电路产生，列驱动信号需要先把待显示的信号数字化后，保存到数据存储器，然后再依次读出驱动显示，实现显示图像信息。

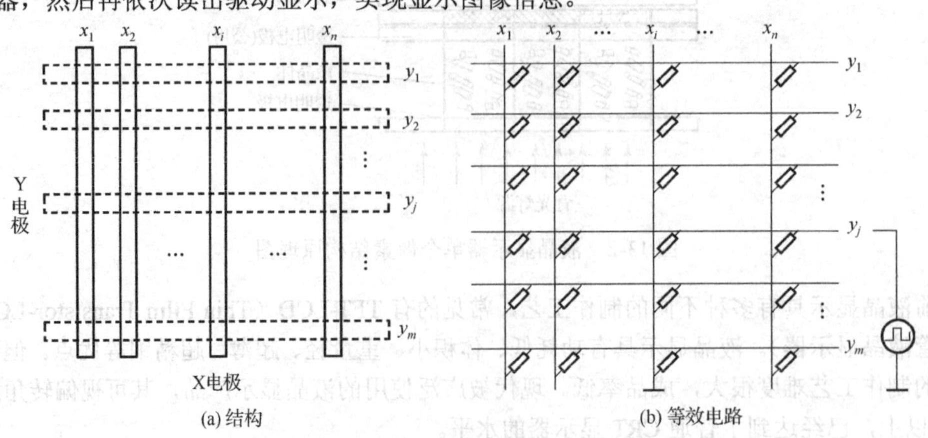

(a) 结构　　(b) 等效电路

图 13-4　液晶平板显示器结构与等效电路

13.2　通用示波器

通用示波器是使用最广泛的示波器，它主要有示波管、垂直通道和水平通道三部分构成（如图 13-5 所示），内部还附带标准信号源，可以用它做被测信号的校准源，可以确定被观测信号中任意两点之间的电压或时间关系。

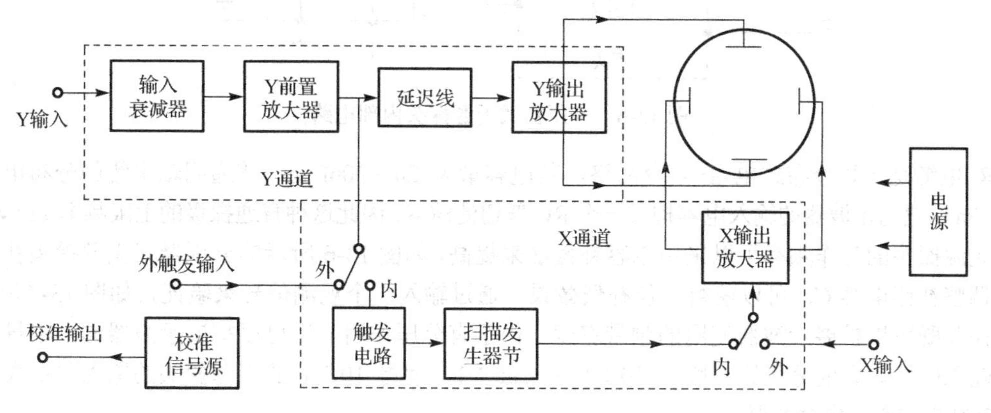

图 13-5　通用示波器结构框图

13.2.1　示波器的垂直（Y）通道

示波器Y通道的任务是将被观测信号不失真地加到示波管的Y偏转板上，一般包括示波探头、输入衰减器、Y 放大器、延迟线和 Y 输出放大器等组成。由于示波管的偏转灵敏度基本上是固定的，为扩大可观测信号的幅度范围，需要在 Y 通道设置衰减器和放大器，以便能把大小不同的信号幅度变换到适合示波管观测的数值。

1. 示波探头

探头又称为探极，是连接在示波器外部的一个输入信号部件，其作用是用来直接探测被观测信号、提高示波器的输入阻抗和展开示波器的实际使用频带。示波探头按电路原理分为无源电压探头和有源电压探头两种。按功能可分为电压探头和电流探头两种。

（1）无源电压探头

在低频低灵敏度的示波器中，可以采用两根普通导线将被观测信号引导到示波器的输入端。但在高频高灵敏度的示波器中是不能用这种办法输入观测信号的。因为，高频信号需要屏蔽，没有进行屏蔽的导线做探头将会感应干扰信号，而且导线自身存在的电感、电容可能构成谐振电路，会大大降低示波器使用的上限频率。而且这个谐振电路在输入脉冲信号的作用下，还会产生振铃现象，导致被观测波形失真。为了抑制外界干扰信号的影响，应该采用带屏蔽的同轴电缆代替普通导线。普通的同轴电缆有较宽的工作频率，但必须在匹配的情况才能正常使用。同轴电缆的阻抗比较低，一般在 50Ω或 75Ω，只能适用于被观测阻抗和示波器输入阻抗都比较低的情况。示波器的输入阻抗高，一般等效为 1MΩ电阻和 10～15pF 的电容并联（如图 13-6 所示）。如果被观测信号源的输出阻抗与电缆的阻抗特性不匹配，信号在电缆中将会因多次反射后产生严重失真。再就是普通电缆是低损耗的，会使失真更加严重。为了减小这种失真，可在电缆上串接一个电阻以达到临界阻尼，最好采用特制的大损耗电缆（如镍铬、镍镉电阻线），这种电缆的芯线有较高的电阻率，又称为 R 电缆。把 R 电缆配上探头、探针，就形成传输系数为 1 的直通普通示波探头（R 电缆的总电阻应控制在 400Ω左右）。

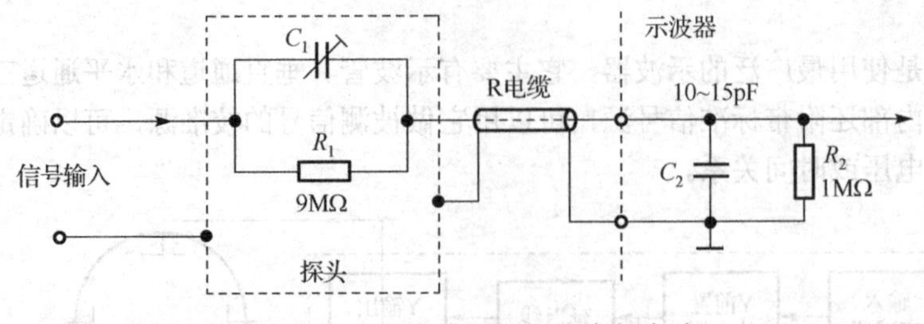

图 13-6　分压器式无源探头内部电路

R 电缆是一种分布式电阻-电容网络，其电容量为 20～30pF/m（普通同轴电缆的分布电容为 100pF/m），它与示波器的输入电容构成一个 RC 低通滤波器，因此这种直通探极的上限频率≤15MHz。

无源探头的工作频率可以采用电容补偿法来提高，如图 13-6 所示的分压器式无源探头补偿电路。调整补偿电容 *C*，可以获得最佳补偿效果，通过输入一个观测信号来验证，如图 13-7 所示。这种探头既可以扩展示波器使用的频带宽度，由于有分压作用，还可以扩展示波器的上限量程、增大输入阻抗。它的分压比一般为 10∶1 和 100∶1，使得 10∶1 的无源探头的输入阻抗大约为 10MΩ和 5～15pF 电容并联。

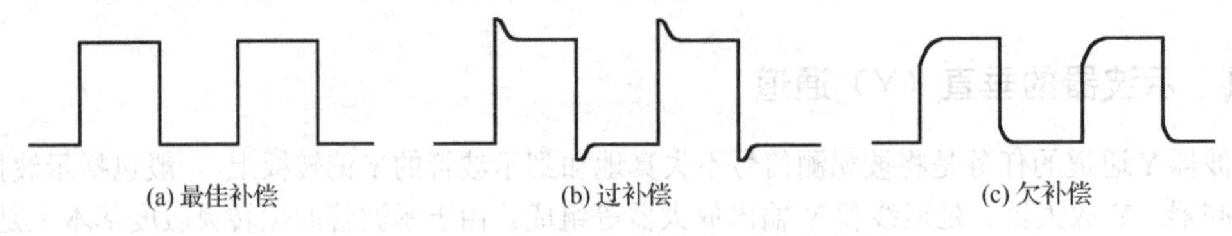

图 13-7　示波器探头补偿观测波形

由于同轴电缆工作在不匹配的情况下，其上限频率很难超过 50MHz。所以，现在的无源探头在电缆接示波器端附加了一个 RLC 阻抗匹配网络，可以把工作频率提高到 300MHz 以上。带有阻抗匹配网络的无源探头如图 13-8 所示，这是简化了的电路，主要由探头、电线和匹配网络三部分组成。

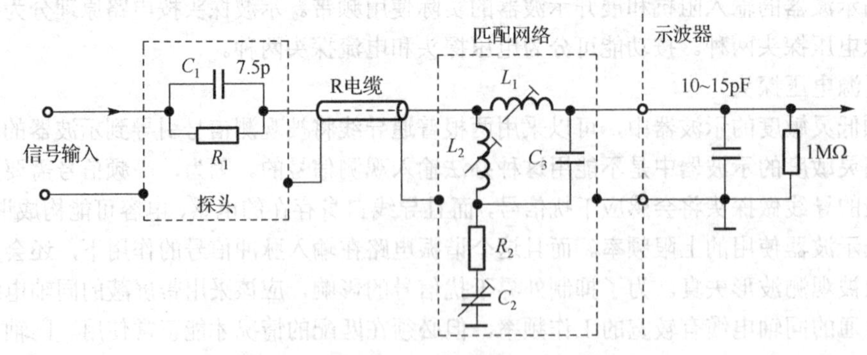

图 13-8　带阻抗网络的无源探头内部简化电路

图中的匹配网络 L_1、L_2、C_2 组成半节串臂 *m* 导出式滤波器。当选取导出系数 $m\approx0.6$ 时，该滤波器左端看进取的阻抗在通带内几乎与频率无关，以便与电缆相匹配。从滤波器右端看进去的阻抗在通带内会随频率的升高而降低，适宜与示波器的阻抗相匹配。R_2 的作用可以消除匹配网络产生的振铃失真，调节 R_2 可达到临界阻尼。电容 C_3 用于改善电缆中的电抗匹配。对于 P6008 型的 R 电缆长度 1m，各元件参数为 R_1=9MΩ，R_2=1kΩ，C_1=7.5pF，C_2=9～35pF，C_3=1pF，L_1=0.15～0.25μH，L_2=0.6～1.1μH。对于输入阻抗为 10MΩ/20pF 的示波器，工作频率上限可达 100MHz，上升时间≤3ns。

（2）有源电压探头

虽然无源探头可工作频率较高，也有比较好的过载性能，但有分压作用，不适合用来探测很小的信号。而有源探头可在无衰减的情况下获得良好的高频工作性能，特别适用于探测高频小信号。以前的有源探头大多采用阴极跟随器，现在的有源探头采用源极跟随器，如图 13-9 所示。源极跟随器式探头包括源极跟随器、电缆和放大器三部分，源极跟随器一般采用结型场效应管，具有较低的噪声和较大的过载能力。为了方便地与同轴电缆的低阻抗相匹配，在源极跟随器后面，还加了射极跟随器。

2. 输入衰减器

输入衰减器常由 RC 电路组成，如图 13-10 所示，其作用是衰减输入信号，使输入的被观测信号能在屏幕上完整显示出信号波形。

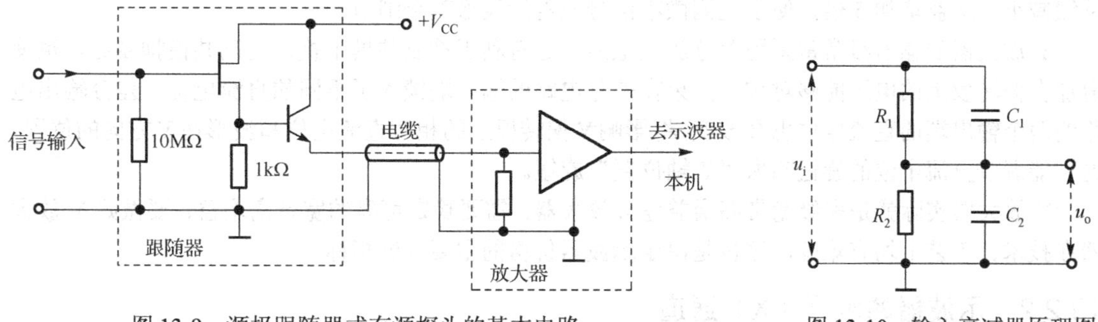

图 13-9　源极跟随器式有源探头的基本电路　　　图 13-10　输入衰减器原理图

输入衰减器的衰减量为输出电压 u_o 与输入电压 u_i 之比，也等于 R_1C_1 的并联阻抗 Z_1 与 R_2C_2 的并联阻抗 Z_2 的分压比。即

$$Z_1=\frac{\dfrac{R_1}{\mathrm{j}\omega C_1}}{R_1+\dfrac{1}{\mathrm{j}\omega C_1}}=\frac{R_1}{1+\mathrm{j}\omega R_1C_1},\qquad Z_2=\frac{R_2}{1+\mathrm{j}\omega R_2C_2}$$

当满足条件

$$R_1C_1=R_2C_2 \tag{13-1}$$

时，Z_1、Z_2 表达式中的分母相同，则衰减器的分压比可化简为：

$$\frac{u_o}{u_i}=\frac{Z_2}{Z_1+Z_2}=\frac{R_2}{R_1+R_2} \tag{13-2}$$

由式（13-2）可知，分压比与频率无关。图 13-10 中的电容应该计入电路的分布电容，组成衰减器电容，只要电路参数调整到满足式（13-1）的关系式，分布电容的影响就可以忽略不计，如果能调整到满足式（13-2）关系式，才是达到最好补偿情况。

3. 延时线

延迟线的作用是能延迟输入信号时间，并且脉冲通过延迟线时不能失真。因为，只有当被观测的信号到来时，触发扫描发生器才能工作，开始扫描时，需要一定的电平。因此，扫描开始时间时，总是滞后于被观测脉冲一段时间 t_T，这样脉冲的上升过程不能被完整地显示出来。延时线的功能就是把加到垂直偏转的脉冲信号也延迟一段时间 t_d，以便被观测输入信号出现的时间滞后于扫描开始的时间，保证在屏幕上可以扫描显示出包括上升时间在内的脉冲信号的全过程。

目前，延迟线有分布参数和集总参数两种。分布参数的延迟线采用螺旋平衡式延迟电缆，集总参数式采用由多节延迟网络组成，通常 t_d=100～200ms。

4．Y 放大器

Y 放大器的作用是使示波器具有观测微小信号的能力。Y 放大器有稳定的增益，有较高的输入阻抗，有足够的频带宽度和对称的输出级。

Y 放大器由前置放大器和输出放大器组成。前置放大器的输出信号需要接入到触发电路作为内同步触发信号；还要经过延迟线输送到输出放大器。其目的是使加在 Y 偏转板上的信号比同步信号滞后一点时间，保证在屏幕上能完整显示被观测信号的前沿。

在 Y 放大器电路中，通常采用一定的频率补偿电路和较强的负反馈，以是的在较宽的频率范围内增益稳定，还可以采用改变负反馈的方法变换放大器的增益。目前，有的示波器上的“倍率”开关（有“×1”和“×5”两个位置）就是用来调节负反馈和增益的。若“倍率”置×5 位置，则负反馈减小，增益增加 5 倍，便于观测微小信号或看清波形整个细节。

Y 放大器的输出级常常采用差分放大电路，这有利于抑制共模干扰，提高共模抑制比，也使得加在偏转板上的电压能够对称。如果在差分电路的输入端馈入了不同的直流电位，差分输出电路的两个输出端的直流电位也会改变，将影响Y偏转板上的相对直流电位和波形在Y方向的位置。这种能调节直流电位的旋钮叫做“Y 轴位置”旋钮。

Y 放大器实际就是多级宽带高增益差分放大器，需要稳定可靠的宽带高增益，要做好 Y 放大器在技术、工艺上均有难度，这也是决定示波器价格的主要性能指标。

13.2.2　示波器的水平（X）通道

X 通道主要包括扫描发生器环、触发电路和 X 放大器三部分。其中扫描发生器环和触发电路用来产生所需的扫描信号，X 放大器用来放大扫描信号，或者放大输入的任意外接信号。

1．扫描发生器环

扫描发生器环又叫时基电路，由扫描门、积分器和比较释抑电路组成，如图 13-11 所示，其作用是产生扫描锯齿波信号。现代示波器开发出了扫描发生器环，使示波器既可以连续扫描，又可以触发扫描，而且不管哪种扫描方式，都能自动与外加信号同步，实现波形显示稳定可靠。

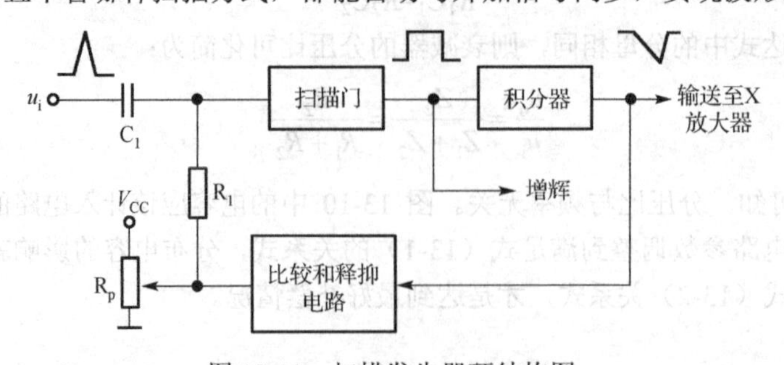

图 13-11　扫描发生器环结构图

（1）扫描门

扫描门又叫时基闸门，是用来产生门控信号的。现代示波器既能连续扫描，又可以触发扫描。

在连续扫描时，即使没有触发信号，扫描门也应有门控信号输出。在触发扫描时，只有在触发脉冲作用下，才会产生门控信号。不论是连续扫描还是触发扫描，扫描信号都应与被测信号同步。采用射极耦合双稳态触发电路（即施密特电路）能够很好地完成扫描要求。

（2）积分器

扫描电压是锯齿波，它由积分器产生，由于密勒积分具有良好的线性，是通用示波器中应用最广泛的一种扫描电压发生电路。密勒积分器的原理如图 13-12 所示。

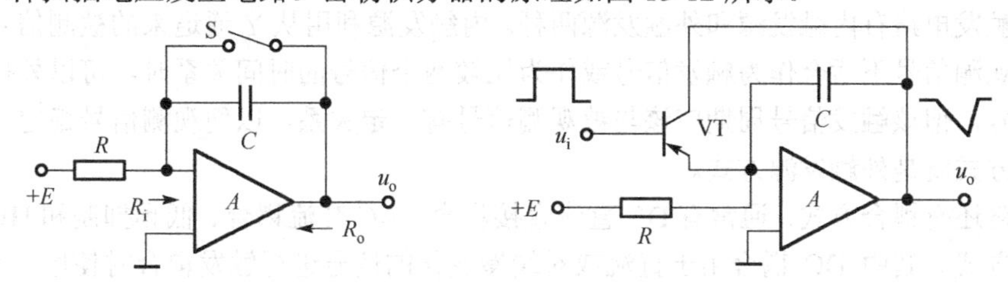

图 13-12　密勒积分器电路

当开关 S 打开时，电源电压通过积分器积分，在理想情况下，即 A 和 R_i 近似无穷大，R_o 近似为 0，输出电压 u_o 可表示为：

$$u_o = -\frac{1}{RC}\int E\mathrm{d}t = -\frac{E}{RC}t \tag{13-3}$$

因此，u_0 与时间 t 成线性关系，改变时间常数 RC 或微调电源电压 E，均可改变 u_0 的变换速率。

当开关 S 闭合时，电容器 C 迅速放电，于是 u_o 迅速上升，这样就形成一个锯齿波扫描电压波形。在示波器中，把积分器产生的锯齿波电压输送到 X 放大器加以放大，再加到水平偏转板，由于这个电压与时间成正比，能够用屏幕上的水平距离代表时间，定义显示屏上单位长度所代表的时间为示波器的扫描速度 S_s（t/m），则 $S_s=t/x$，其中 x 为光迹在水平方向的距离，t 为偏转 x 距离所对应的时间。另外，由式（13-3）可以知道，调整 E、R、C 都会改变单位时间锯齿波电压值，并改变水平偏转距离和扫描速度。在示波器中，通过改变 R、C 作为时间扫描速度粗调，改变 E 作为扫描速度微调。

（3）比较释抑电路

比较释抑电路示意图如图 13-13 所示，它与扫描门、积分器构成一个闭环的扫描发生器环。在扫描过程中，积分器输出一个负的锯齿波电压信号，并通过电位器的另一端加到 PNP 三极管的基极，同时电源 E 也通过电位器加到基极，它们共同影响基极电位。由三极管 VT 和 C_h、R_h 组成一个射极输出器，当 VT 管导通时，电容 C_h 上的电压跟随基极电压的变化；当三极管截止时，C_h 通过 R_h 缓慢充电，C_h 上的电压即为释抑电路的输出电压，它被接到扫描门，即施密特电路的输入端。当在 C_h 上的电压为负时，二极管 VD 截止，这时它把释抑电路的输出与稳定度旋钮的直流电位隔离开来。

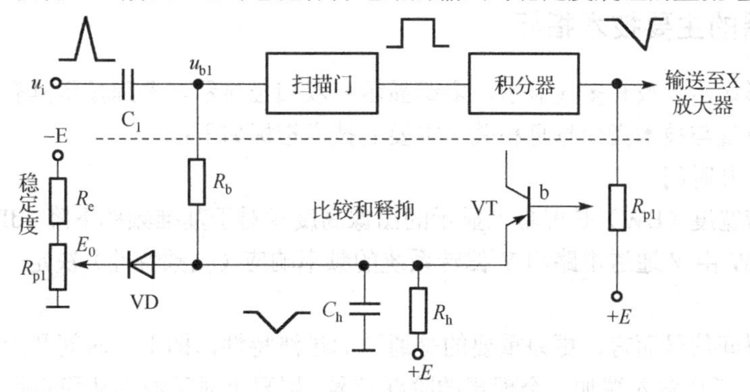

图 13-13　比较释抑电路示意图

因此，不管是触发扫描，还是连续扫描，比较释抑电路与扫描门、积分器配合，就可以产生稳定的等幅扫描信号，做到扫描信号与被观测输入信号同步的作用。

2. 触发电路

触发电路用来产生周期与被观测信号有关的触发脉冲，这个脉冲的幅度和波形均要达到要求，且被输送到时基扫描环产生使观测信号稳定的触发信号。

典型的触发电路有内触发源和外触发源两种。内触发源利用从Y通道来的被测信号作为触发信号。当被观测信号不适合作为触发信号或作为比较两个信号的时间关系时，可以外接一个信号作为触发信号，但该触发信号周期应该与被观测信号有一定关系，以便观测信号稳定，这种观测波形信号的方式就是外触发源方式。

触发电路还有耦合方式，通常有DC直流直接耦合、AC交流耦合、低频抑制和HF高频耦合等四种耦合方式。其中DC耦合用于直流或对缓慢变化的信号进行触发耦合时使用。AC耦合是对变化快的交流信号触发，这时串接了一个约0.47μF电容起隔直流作用。低频抑制是利用一个0.01μF和一个0.47μF电容串联，抑制被观测的输入信号中频率在2kHz以下的低频成分，以滤除信号中的低频干扰。HF高频耦合是采用一个1000pF和一个0.47μF电容串联后，只允许通过频率很高的波形，一般用来观测5MHz以上的高频信号。

触发电路还要选择触发电平与触发极性，其作用是让用户可以选定在被测信号波形的某一点上产生触发脉冲，以便能够自由选定从信号的某一点开始观测。

3. X放大器

上述的触发电路和扫描发生器环都是为了产生扫描电压，以显示随时间变化的信号。但是示波器不仅可以观测信号波形，还可以作为一个X-Y图示仪来显示任意两个函数之间的关系，例如显示李萨育图形。因此，X放大器的输入端有内、外两个位置，如图13-5所示。当开关切换到“内”时，X放大器放大扫描信号；而切换到“外”时，X放大器放大从X外面的输入端直接输入的信号。

与Y放大器相似，改变X放大器的增益，可以使光轨迹在水平方向得到若干倍的扩展，或者可以对扫描速度进行微调来校准扫描速度。改变X放大器各有关的直流电位，还能够使光轨迹产生水平位移。

综上所述，Y通道就是一个放大器，用于放大被观测的输入信号。X通道的主要作用是产生一个与被观测输入信号同步的、既可以连续扫描、又能够触发扫描的锯齿波电压；X放大器还可以外接一个任意信号，这个信号与Y通道的信号配合，构成一个X-Y图示仪，共同决定显示屏幕上光点的位置，这时的触发电路和扫描发生器环不起作用。

13.2.3　示波器的主要技术指标

示波器的波形显示一般有多线显示、多踪显示和双扫描显示。多踪显示具有交替方式、断续方式。波形显示质量与技术指标息息相关。主要的技术指标如下：

（1）带宽、上升时间

Y通道的频带宽度（BW）是屏幕上显示的图像高度相对于基准频率下降3dB时，信号的上、下限频率之差。BW由Y通道电路和Y偏转系统的频率响应（幅频特性）决定，这对于连续信号特别重要。

对于脉冲等瞬间信号而言，更为重要的是通道的过渡特性，即上升时间和上冲量等参数。其中上升时间是在Y通道输入端加一个理想的阶跃信号，屏幕上显示波形从稳定幅度的10%上升到

90%时所需要的时间，它与频带宽度的内在关系为：

$$t_r = \frac{0.35}{BW} \tag{13-4}$$

其中 t_r 为上升时间，单位μs；BW 为频带宽度，单位 MHz。为了在测量时不会产生明显的误差，要求示波器的 t_r 至少比被观测输入信号的上升时间<1/3 以上。

（2）扫描速度

扫描速度指光点在水平方向扫描速率的高低，其反映示波器在水平方向展开信号的能力。当要求观测高速瞬变信号时或高频连续信号时，屏幕上的光点必须进行高速水平扫描，当要观测低频慢速信号时，光点应该进行相应的慢扫描。

扫描速度是光点的水平移动速度，单位 cm/s 或 div/s，屏幕上的刻度标尺一般是 1cm 一个 div（格），可以方波观测信号波形计算读数。

（3）偏转灵敏度

偏转灵敏度 D_y 是反映示波器观测微小信号的能力，是指在单位输入信号作用下，光点在屏幕移动 1cm 或 1div 所需要的电压值（单位为 mV/cm 或 mV/div。偏转灵敏度 D_y 的倒数叫偏转因数，是保证示波器准确测量信号电平的重要指标，要求误差应小于 2%～10%。

（4）输入阻抗

示波器的输入阻抗一般可等效为电阻和电容并联。由于示波器是一种带宽仪器，通常会把输入电阻和电容单独列出，在测量高频信号时要考虑电容影响。一般 30MHz 的示波器输入阻抗为 1MΩ±5%，输入电容小于 30pF；100MHz 的示波器输入电阻为 1MΩ±5%，输入电容小于 22pF。

（5）扫描方式

示波器扫描方式可分为连续扫描和触发扫描两种，随着示波器功能的扩展，还出现了多种双时基扫描，主要有延迟扫描、组合扫描和交替扫描等。

此外，为了将被观测信号稳定地显示在屏幕上，还要选取不同的触发方式特性，还有校准信号（频率、幅度）、额度电源电压、功率消耗、外形、连续工作时间等技术指标。

13.3　数字示波器

数字示波器是指数字存储示波器（Digital Storage Oscilloscope，DSO），与模拟示波器对应。随着电子技术飞速发展，数字示波器从低级到高级发展很快。下面介绍数字示波器的组成原理、特性，介绍信号采样、波形显示新技术以及主要功能、性能指标等。

13.3.1　数字示波器组成原理

数字示波器主要应完成信号的采样、A/D 转换、数字滤波、波形存储、波形显示等功能。在微处理器的控制下，完成采样、存储、读出显示和程控任务，通过数据总线、地址总线和控制总线互相联系和交换信息。典型的数字示波器结构如图 13-14 所示。

数字示波器的数据采集、存储、读出显示是关键技术，首先要将被测信号（例如正弦波）采样，由采样脉冲控制取样门对被测信号进行采样、保持、量化正弦波电压，经 A/D 变换器转化为数字信号，然后依次存入 RAM 地址。读出显示时，先要找到数据存储区首地址，依次读出数据，经 D/A 转换恢复成 Y 通道模拟量化电压；同时计算机通过 X 通道的 D/A 变换器输出线性上升的阶梯扫描信号，在 X、Y 通道信号的联合作用下，在屏幕上产生不连续的光点形成被测信号波形。

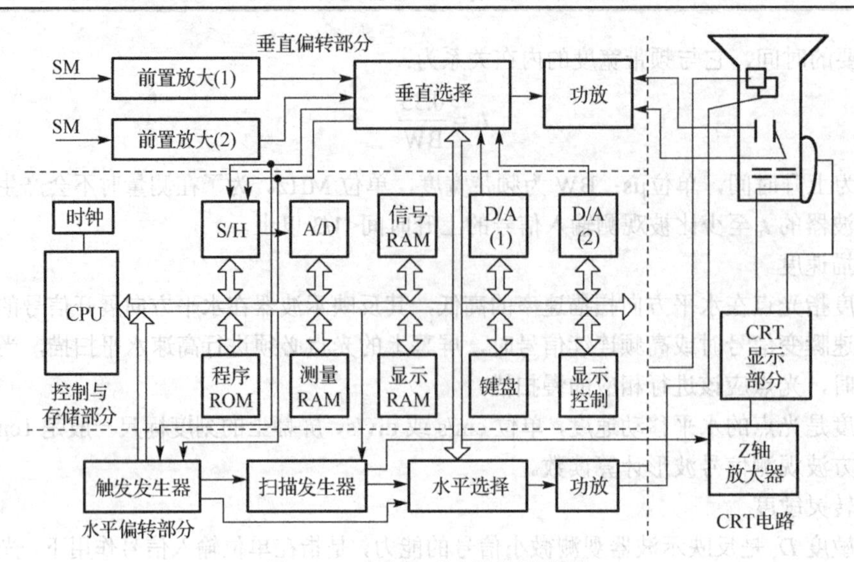

图 13-14　数字示波器的结构图

屏幕上的扫描线（实际是一串不连续的光点）长度是确定的（10cm 左右）一个波形显示的点数与 RAM 的容量相关，一般是 256、512 或 1024 等。计算机根据设定的扫描速度 s、显示长度 x 和显示点数 n，就可以计算出采样速度 v，控制采样脉冲形成电路产生相应的采样信号。例如 s=2ms/cm，x=10.24cm，n=1024 时，则计算采样速度 v=50 点/ms。

数字示波器在微处理器的控制下，由 A/D 转换器按一定的时间间隔对被观测输入信号电压波形进行采样变换，生成代表每一个电压的二进制数字贮存到存储器中。这个过程称为数字化。数字化过程中对输入信号进行采样，单位时间内完成 A/D 转换的次数称为采样速率。采样速率由采样时钟控制，最大采样速率由 A/D 转换器决定。一般来说，采样速率要足够快，一般在 20MHz～200MHz 之间。采样数据保存好后就可以在示波器的屏幕上重建信号波形。在整个波形存储、显示过程中要应用模拟电路和数字电路。输入信号的波形先要进行信息存贮。在示波器上看到的波形是由采集到的数据重建的波形，而不是信号输入端上直接加载的信号波形。

13.3.2　信号采集处理技术

数字示波器的采样方式有实时采样、随机采样、顺序采样三种。其中随机采样、顺序采样又称为非实时采样或等效采样。

1. 实时采样

实时采样是对每个采样周期的采样点按信号的时间顺序进行排列表达一个波形，如图 13-15 是采样模型，是在信号的全过程内对每一个信号波形都进行采样，称为实时采样。实时采样的采样点是按照一个固定的次序来采集。对波形采样的次序和采样点在示波器屏幕上出现的次序是相同的，只要一个触发事件就可以启动连续的采集动作。实时采样时，采样频率必须远高于信号频率。因此实时采样在被测信号 $V_i(t)$频率很高时，采样频率也要跟着提高，对微处理器的工作速度、A/D 转换速度、存储器读写速度与容量都提出了很高的要求。

对被测信号采样点的多少，采样频率的高低可根据奈奎斯特采样定理决定，即被测信号带宽 BW 必须满足 BW≤(1/2)f_S，其中 f_S 为采样频率。示波器带宽的定义是输入不同频率的等幅正弦波信号，在屏幕上显示的幅度相对于基准频率下降 3dB 时的频率范围。也就是说，上限频率以外，还有被测信号的高频成分存在。因此，采样频率应该高于实际上限频率的 2 倍。即当采样频率 $f_S \geq 2B$ 时，采样信息基本能反映原有波形。但由于实测波形比较复杂，为保留波形的信息真实度，防止出现混迭现象，往往要求增加更多的采样点，实际采样频率一般取带宽的 4～5 倍，同时还要采样内插算法才行。如果不使用内插法显示，采样频率应该为带宽的 10 倍。

一个连续信号 $V_i(t)$的采样过程可用图 13-15 表示。图中 S 为高速采样开关，在周期性开、关的控制下，信号 $V_i(t)$被采样，形成离散的输出信号 $V_S(t)$。采样点如图 13-16 所示。

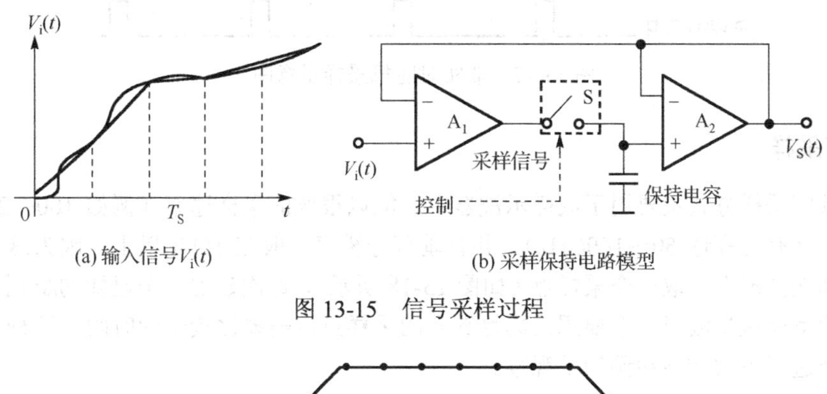

图 13-15　信号采样过程

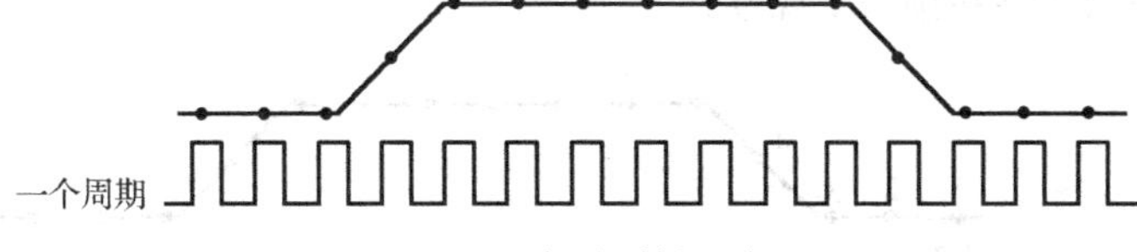

图 13-16　实时采样示意图

通常，采样周期 T_S 固定，只要 T_S 足够小，则采样脉冲宽度很窄，在 T_S 内可认为输入信号幅度不变，即每次采样所得的离散信号即是这一小段时间间隔内的输入信号的瞬时值。实际测量中，也可使采样周期 T_S 分段变化，即当被测信号变化平缓时，延长采样周期 T_S，减小采样工作量，减小数据存储的压力；但当被测信号变化陡峭时，缩短采样周期 T_S，加大采样密度，增加采样点，以保证对波形信息采集的真实性和不失真性。数字示波器在一个信号周期中最少应捕捉 8 个样本，才能进行精确的定时测量。精密测量时，需要更高的比率。

2. 随机采样

由于实时采样速度要求采样频率很高，若宽带 100MHz 就需要 400MHz 以上的采样速度，如此高速的 A/D 和数据存储器价格也非常昂贵。为克服这一困难，现代的数字存储示波器大都采用实时采样与非实时采样相结合。对工作频率低的信号，采用实时采样，而对工作频率高的信号，采用非实时采样。而且多数情况都是测量重复性信号，这样就可采取以较低的采样速率获得较高的重复信号采样测量宽带。

非实时随机采样不是逐点顺序采样，而是对每个信号周期只采样 1 个或若干个采样点，经过多个采样周期的样点积累即可恢复被测信号波形（如图 13-17 所示）。如果频率很高时，甚至多个信号周期只采样一次，在不同的采样段内，采样点相对周期延迟△t，即一个周期内只采一点，但不同周期采不同点，把这些采样信号汇集起来形成的离散信号的包络也可近似地反映原信号的波形。由于每个信号周期只采集一点，采样周期大大加长，减小了对示波器硬件的技术要求。现在带宽为 100MHz 或 500MHz 的数字示波器，实际采样率为 20MS/s。

采用非实时顺序采样时，必须是被测信号在每个周期内重复性极好的前提下才可以实现。对每个周期内被测信号的波形差异较大的时候，只能使用实时采样。

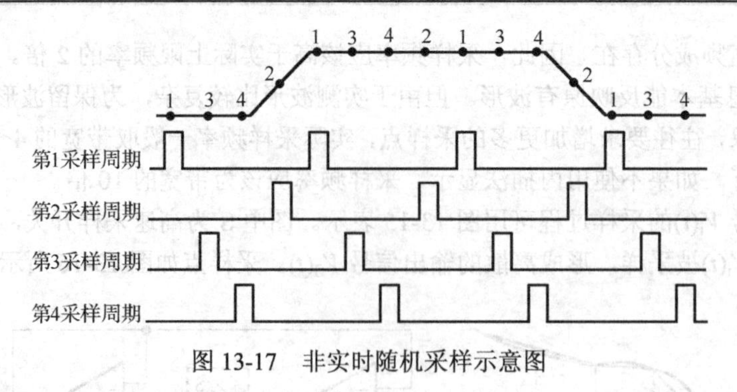

图 13-17 非实时随机采样示意图

3. 顺序采样

非实时顺序采样方式主要用于取样示波器中，能以很低的采样速率（例如 100～200kHz）获得极高的带宽（有的高达 50～100GHz），并且垂直分辨率一般在 10bit 以上。因为这样的示波器每个采样周期在波形上只取一个采样点（如图 13-18 所示），每次延迟一个已知的Δt时间，经过多个采样周期后就能恢复波形。但要想采集足够多的采样点，需要比较长的时间。这种示波器的明显缺点是不能进行单次捕捉和预触发观察。

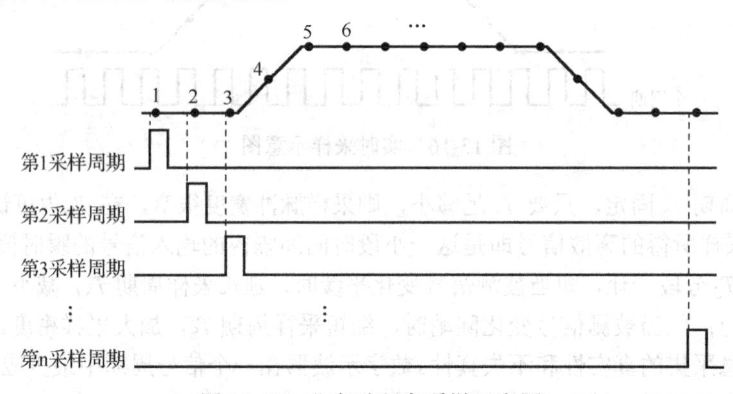

图 13-18 非实时顺序采样示意图

4. 采样速率

采样速率又称为数字化速率，表述方式如下：

（1）用采样次数表述，表示单位时间内的采样的次数，例如 20MS/s（20×10^6次/秒）。

（2）用采样频率来表述，例如 20MHz。

（3）用信息率来描述，表述每秒存储多少位（bit）的数据，例如每秒 160 兆位（160Mb/s）的数据，对于一个 8bit 的 A/D 转换器来说，就相当于 20MS/s 的采样率。

采样速率高可以增大示波器的带宽，但是示波器的采样率不仅受 A/D 转换速率的限制，还会受到存储器容量、存储长度、速度的限制。

5. 采样器件

利用采样技术获得离散的模拟量后，数字示波器利用 A/D 转换器把模拟量变换成离散的数字量保存、处理，A/D 转换的速率是数字示波器工作频率的瓶颈。A/D 转换器的转换速率和分辨率很大程度上决定了数字存储示波器的性能。因此，采用高速、高性能的 A/D 转换技术是改进数字示波器的关键，A/D 变换器的转换速率越高，数字示波器捕获瞬时快速变化信号的能力就越强。高性能的 A/D 通常选用比较式或 CCD 电荷耦合器件的 A/D 转换器。

（1）并联比较式 A/D 转换器

这种转换技术采用对模拟信号权值比较的方式进行 A/D 转换，其中以逐次逼进式 A/D 转换器应用最为广泛。其优点是性能价格比适中，缺点是速率不快。当与高速存储器相互配套时，须选用并行 A/D 变换器或并联比较型 A/D 变换器。其中并联比较型 A/D 变换器变换速率最快，但随着分辨率的增加，电路变得十分复杂，性价比不理想。

（2）CCD 电荷耦合器件的 A/D 转换器

CCD 电荷耦合器件是把许多具有内部电荷转移通道的 MOS 电容器高度集中成一维或两维阵列，加上适当的时钟信号后，使这些 MOS 电容器之间产生的电荷朝同一个方向转移。CCD 器件有快写慢读特性，可以方便地把数据高速采集下来，CCD 器件装满信息后，再把信息慢速移到后面的 A/D 转换器进行模/数转换，如图 13-19 所示。由于 CCD 器件能对采样数据预存，极大地降低了对 A/D 转换器的性能要求。一般 CCD 器件的输入信号频率可以为 2MHz，输出信号频率可低于 5kHz。因此，只要选用工作频率与 5kHz 相配套的 A/D 变换器即可。CCD 电荷耦合器件信号变换速度快，成本低。其缺点是存在噪声，有拐角误差，存在线性度及暗电流随时间递降等问题，分辨率不高。另外，信号清除速率比接收新信息的速度低，在允许的触发信号之间存在“盲点”，影响示波器的性能。

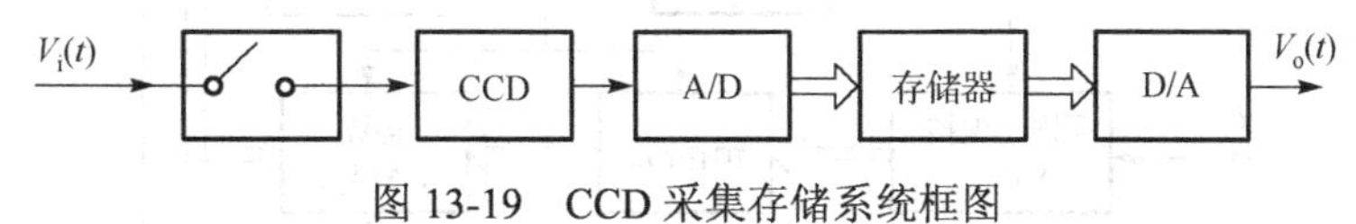

图 13-19　CCD 采集存储系统框图

6. 数字滤波

数字滤波是通过对采集的波形数据进行数学处理以减小波形带宽的处理过程。实现方法是把波形记录中的每个采样点和同一波形记录中与该点相邻的若干采样点进行平均，其效果类似于在示波器的输入端加入低通滤波器。

数字滤波的结果减小了信号的噪声，是通过减少带宽的方式来减小噪声。数字滤波可用于重复性信号，也适用于单次信号的情况，而平均的方法要求对重复性信号进行多次波形采集，采用大数平均的方式，提高测量的准确度。

7. 波形采样与存储

模拟信号经过 A/D 变换后，把相应的数字量保存起来。由于数据的获得是大量的、连续的、快速的，必须通过算法软件、借助微处理器来实现有效地存储。被测波形的软件数据存储过程如图 13-20 所示。当同步触发脉冲输入到步进系统后，产生步进延迟脉冲，在步进延迟信号发生器中形成采样脉冲，再输入到采样电路中控制对被测模拟波形的采样。采样后被测信号送入保持电路，再经 A/D 转换器变换成数字量。

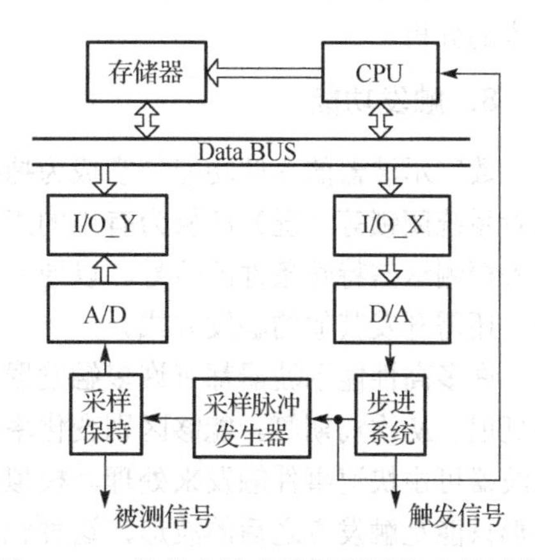

图 13-20　软件方法实现数据转换存储过程

由此同时，步进系统输出的信号也送到 CPU 申请中断，请求把转换后的数据经“I/O_Y”接口存储到存储器中。每存储完一个数据地址指针 L 寄存器加 1，然后把L中地址内容经“I/O_X”接口输出到D/A转换器中进行数模转换，由于地址指针寄存器中的数据顺序递增，因此D/A转换后在输出端将得到一个递增的阶梯波。这个阶梯波被送到步进系统和斜坡电压比较器中产生步进延迟脉冲，之后又开始下一个数据转换、存储过程。

这种结合微处理器和编程软件技术实现的数据转换存储方法，其数据采样、转换速度有限，要求被测波形必须是周期性的，适合于非实时采样。对于非周期的单次波形或频率很低的周期波形必须用实时采样方法。实时采样在整个单次波形时间内需多次采样，且时隔很短，因此，要求A/D转换速度高，存储器的写入速度快。通常使用软件的技术手段难以胜任，这时必须用硬件来实现采样、保持、变换、存储工作，电路结构如图13-21所示。通过对被测信号U_1与U_2进行分别采样和变换后，送入锁存器1和锁存器2中，再产生$\overline{WE}$向存储器输出写控制信号，即可将A/D变换后保存到锁存器中的数据写入到存储器地址计数器指定的RAM单元。这种方法要使用较多的硬件资源，但存储速度极大提高。

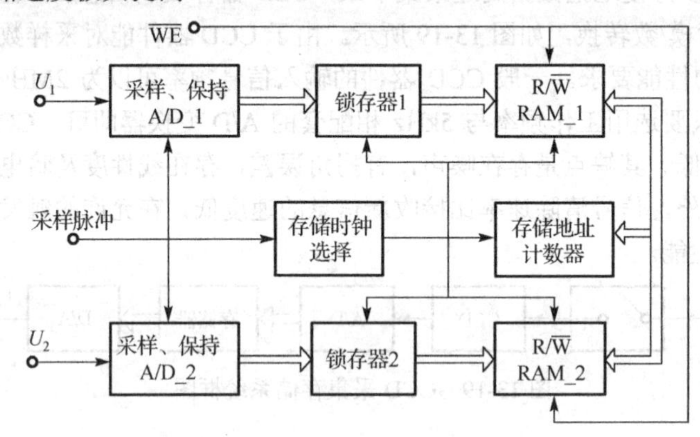

图13-21　硬件方法实现数据转换存储过程

为了进行给新的测量腾出空间，被测信号的波形写入存储器以后，可以将其复制到后备存储器中，供以后进行分析、参考或比较使用。数字示波器中通常装有多个存储器，可以进行存储方式设置，这样示波器的多通道采集得到的每一条扫迹可以分别存储。后备存储器也可设置为记录存储器，这时示波器可以把多通道采集到的所有数据同时存贮起来。

示波器配备大量的后备存储器对于在现场工作的工程师是很方便的。这时工程师可以把现场测量期间所有有关的波形数据都存储下来，以便以后生成硬拷贝或将这些波形传往计算机再作进一步的分析。

8. 触发功能

数字示波器的存储功能使它成为捕捉十分罕见、甚至捕捉只发生一次的信号（例如单次事件或者系统闭锁等情况）的极为有用的工具。为捕捉这些信号就要求示波器具有各种各样的触发方式去探测这些特殊条件的信号，以便启动波形采集。要实现这一功能，只有边缘触发方式是不够的，还需开发其他的触发方式。

许多高性能示波器都有许多触发器，如状态触发、图形触发、毛刺触发、时间限定触发、事件延迟、N次周期等。能够区别变化率、毛刺和低脉冲的问题。如果要处理高速信号，则理想的示波器可由快速事件触发来处理。模拟示波器用触发信号启动示波器扫描捕获波形信息，显示的波形只能是触发点之后的波形，这种触发方式叫正延迟触发或叫后触发。采用这种触发的模拟示波器，由于其触发电平设置和响应时间滞后的原因，信号的起始无法显示出来。而许多单次信号的测量要求显示触发点以前的信号，以便寻找产生该现象的原因，这点在模拟示波器中无法实现。

数字存储示波器一般具有预触发功能，它可以利用数据存储功能，以触发点为参考，灵活地移动存储器窗口和显示窗口的相对位置，可以实现“超前”或“滞后”显示。预触发器又叫延迟触发。延迟触发有“+”延迟触发和“−”延迟触发。所谓“+”延迟触发，即是从触发点开始，经过预置值的延迟后开始存储波形，当存储容量存满之后停止，正延迟时间等于取样间隔乘以 A；而“−”延迟触发，是把触发点前 B 个预置值的波形数字信号存放到存储器中，有效的数据将存储器容量存满后停止，负延迟时间等于采样间隔乘以 B。显然，若 A 为零，则存储器存储的是以触发点为始点的波形数据。若 B 等于存储容量，则存储器存储的是以触发点为终点的波形数据，则整个屏幕都显示触发前信号。有了预触发功能，可设置不同的延迟字，根据需要在屏幕的范围内观测波形的各个部分。

9．采样速率与记录长度

波形记录长度（存储深度）决定示波器的捕捉信号的持续期或时间分辨率。波形采样点越多、存储深度越长，需要越大的存储器空间，对复杂波形提供更清晰、更多细节的描述。但由于高速存储器的限制，示波器的记录长度不可能无限加长，例如要想在 100ms/div 的扫描速度下以 1GS/s 采样，将需要 1GB 内存。这就是大多数高采样率示波器不能在所有扫描速度下都保持最大采样速率的原因。示波器的的扫速、采样率和记录长度的关系为：

$$L_{pts}=f_s\text{（MS/s）}\times S\text{（S/div）}\times 10\text{（div）} \tag{13-5}$$

式中，L_{pts} 为记录长度，f_s 为采样速率，S 为扫描速度，10 表示屏幕水平方向 10 格。

式（13-5）是数字示波器为保证屏幕分辨率设计的计算公式，通常屏幕为 10 格，要求显示 500 个采样点，与 21 万像素的显示屏对应（即 576×368 像素点），水平方向 500 个以上像素点，每格 50 个，每毫米 5 个点，这样显示分辨率才能达到，因此，在应用中要保证这个时间分辨率，就得根据所选扫速来改变采样速率。例如，当选 1ms/div 扫速，就得提供 50MS/s 的采样速率，采样间隔 20ns。如果采样速率太低，采样点太少，保证不了时间分辨率。采样速率太高，采样点太多又容易引起存储溢出。

另外，增加记录长度后，一次捕捉的波形点增多了，不用改变扫描速度就可以同时观测高速和低速的两个信号。因为屏幕只有 10 格显示 500 个像素点，若捕捉 100 000 点的波形，仅有 500 点显示在屏幕上，只能看到波形中的一部分，其余 99500 点在屏幕上看不到，为此，提出多种波形快速缩放技术，例如 MegaZoom、QuickZoom、X-Stream 等技术，和类似模拟示波器中的多时基显示技术，使用户通过左右移动或多次放大深层次的波形后，既可看到波形全貌，又能看到局部细节，可很好地解决记录长度大与快速显示处理之间的矛盾。

13.3.3　波形显示技术

在一个信号波形被采样、数字化、存储和处理后，有多种方法将其复现。复现的方法有点显示法、点线连接式的线性插入法、正弦插入法和改进型正弦插入法等四种。在示波器屏幕上看到的波形都是从存储器中取出的采样数据点重建出来的信号波形。所有这些方法都需要使用 D/A 转换器将数字信息转换成原有的模拟信号电压。

在显示过程中，要保证采样速率满足奈奎斯特定理的要求，否则发生失真。采样速率可按照式（13-5）可计算出来。

1．点显示技术

点显示就是在屏幕上以有间隔的点的形式将获取的信号波形显示出来。为了得到正确的显示，必须有足够的采集点才能重构出原有的信号波形。考虑到有效存储带宽问题，一般采取每周期信号显示 20～25 点。在屏幕上显示出这些采样点，由多个采样点连成线。这种复现方式可以使用较少的点构成一个波形，但也容易造成视觉误差，特别对复现正弦波形时会产生一种光学错觉。

有时为了察看真正的采样点，示波器通常设有“点”显示方式，在此方式之下，不使用任何内插方法，波形在屏幕上显示时，只能看到离散亮点，这些点之间没有任何连线。

波形经过逐点采样模数转换后依次存放在存储器中，当要显示这段波形时，只要把存储器中的数据按地址码顺序取出，送入 D/A 转换器还原成模拟量，最后送到示波器的 Y 轴；同时将顺序地址也输出到另一个 D/A 转换器转换成阶梯波，送到示波管的 X 轴用作扫描信号，即可把被测波形显示在屏幕上，如图 13-22 所示。

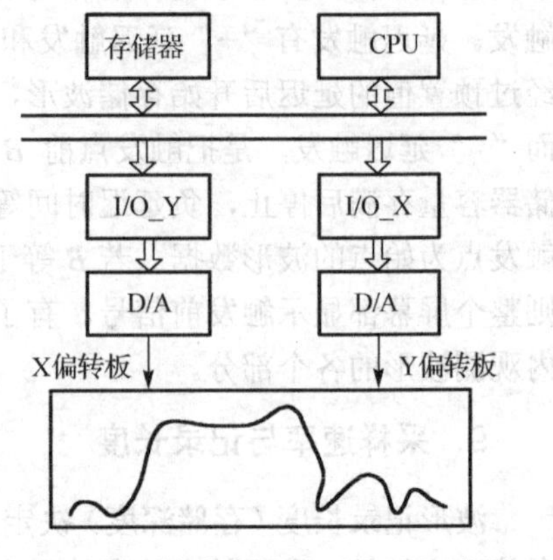

图 13-22　数字存储波形的再现过程

2．数据点插入技术

数字示波器常采用一种插入器，将一些数据补充到相邻近的采样点之间。采用插值技术，可以降低对采样速率的要求，现在主要的插值技术有线性插入和曲线插入两种方法，这种方法可以解决点显示中的视觉错觉问题。

（1）线性插入法

线性插入法也叫矢量插入法，是以直线方式将一些点插入到采样点之间，只要有足够多的可插入点数据，就能获得比较满意的波形。线性插入需要按照信号规律事先计算好一系列插值点，对某些视觉误差还可以通过显示点叠加一个矢量的方法进行修正。由于矢量仅仅以直线形式加到数据采样点中，因而插入的数据点常常会落不到信号的波形顶部，造成顶尖峰值误差。现在提供专门的矢量发生器，能很好地在屏幕显示点之间划线。一般只需要 10 个矢量点，就可以构成比较容易辨认的波形。

线性内插是最简单的方法，它在各个采样点之间用直线连接，只要各采样点之间靠得很近，例如每格 40 个采样点，用内插法就能获得足够的重建波形。如果在信号跳变沿前后都采集了采样点，那么用这种方法就可以观察波形前沿和后沿；如果将显示的波形在水平方向放大，使得采样点之间的距离变大，这时在示波器屏幕上信号波形的亮度就会降低。为此要使用正弦内插法。

（2）曲线插入法

曲线插入法是以曲线形式插入到采样点之间，可以构成较好的曲线。这种方法专门用于复杂波形信号复现。一般每个周期使用 2.5 个数据字就足以构成一个完整的正弦波形。只要示波器通过计算出内插的采样显示的点数足够高，当屏幕上的波形在水平方向放大得很大时，就可以在屏幕上显示出一条通过各采样点的连续的曲线，这比在采样点之间用直线连接要好得多。但曲线插入法有时会对阶跃波形产生副作用。

（3）改进型正弦插入

改进型正弦插入法是引入一个前置数字滤波器与插入器相配合，使信号波形的重构结果能产生一个良好的外观。前置滤波器监视 3 个最邻近点之间的连续斜率的变化。如果斜率出现突变，而突变又处于一个特定的界限内，那么就对这个斜率突变处的最邻近点进行修正，修正值约等于幅值的 10%。

（4）$\frac{\sin\chi}{\chi}$ 插入法

这种插入法是在采样点之间插入曲线段，而使显示波形平滑。但有时由于过于依赖曲线的平滑性而使用很少的采样点（每周期 4 个），因而噪声容易混入数据中。

3．有效存储带宽

有效存储带宽（Useful Strorage Bandwidth，USB）表述的是数字示波器能够观测正弦波信号的最高频率的能力，也叫做单次带宽。

为了防止混淆信号发生，示波器的实时采样频率一般规定在带宽的 4～5 倍，同时采用适当的内插入算法。如果不采用内插入显示，则规定的采样速率应该在实时带宽的 10 倍以上。

$$\text{USB} = \frac{f_{\text{smax}}}{k} \tag{13-6}$$

式中，f_{smax} 为最高采样速率，k 为周期采样点数。每周期的采样点要根据采用的内插技术而定。一般如果采取纯点显示技术 k=25，矢量内插 k=10，正弦内插 k=2.5。因此，USB 的带宽与采样速率和波形重构时的方法有关。

13.4　数字示波器的通信接口

在很多情况下，需要把示波器中的信号传输到 PC，或可能希望用 PC 来对示波器进行控制，这两种情况都要求示波器具有通信能力。智能数字示波器大都具备通信能力，内部安装有通信硬件接口及其支持软件。常用的通信接口有两种，即 RS-232 接口和通用仪器接口总线（GP-IB），后者又称为 IEEE-488 总线。

RS-232 接口是一种串行接口，这种接口在 PC 上一般通过串行口（COM1、COM2）进行通信，有的还可连接鼠标器，打印机等设备。连接到 PC 上的每个设备都需要单独占用 PC 上的一个 RS-232 接口。

很多软件包都支持串行通信方式。这种通信方式要求对 PC 的改动最小，并且可以使用比较简单的电缆，所以在数字示波器上配备这种软件比较容易。只要使用一台 PC 就可以把存储示波器采集的波形保存起来，以作后备之用，必要时还可以将数据传送到 PC 上处理。

GP-IB 总线是一种专为在智能仪器系统中使用、设计的通用并行总线。这种总线允许多台仪器同时连接在同一条总线上，还允许各仪器在测试协议之下随时请求控制器给予注意（例如，当某台仪器在测量发生错误时）。用 GP-IB 总线的计算机可以是专用的 GP-IB 控制器，但当今最常用的还是配有 GP-IB 插卡的标准 PC。

供 GP-IB 使用的软件通常都在计算机上生成一个完整的测试环境，将一台仪器作为一个单独的测试系统。

此外，多数的数字示波器还具有数字绘图仪或打印机接口，能使用数字绘图仪或打印机来制作硬拷贝，有的数字示波器还能带动图表记录仪。

13.5　数字示波器的特点

智能数字示波器具有以下几个特点：

（1）波形的信息可长期稳定的保存：智能数字示波器使用存储器保存波形，只要仪器不停电，存储的波形信息可永久保持。存储的波形信息质量不会随时间变化而变差，可随时取出进行显示或分析处理。若使用E^2PROM非易失性存储器存储波形数据时，即使断电，波形信息仍可长期保存。这种长期存储波形的特点，为波形比较和波形信息的“精加工”提供了条件。

（2）可观测偶然发生的非周期、单次的或超低频信号：数字示波器对波形信号采样、存储和读出显示可以相互独立，调节范围宽，波形信息一经捕获可长期保存。因此，智能数字示波器特别适合捕获和显示单次瞬变信号或缓慢变化的信号，例如，地震发生、金属断裂、材料变形等偶然发生或变化极其缓慢的信号。只要设置好触发源、延迟和取样速度，就可以在事件发生时把信息及时采集下来存入存储器中，供以后显示分析处理。

（3）触发功能丰富：智能数字示波器有预触发、窗口触发、逻辑组合触发、状态触发以及电视视频信号触发等多种触发功能。尤其是预触发，使数字存储示波器大大优于传统示波器。传统示波器只能观测触发点后的波形，在科研及工程技术中常常需要观测分析触发点以前的波形，这时只有使用智能数字示波器。智能数字示波器的触发点只是存储的参考点，而不是采样与存储的第1点，这样就可以利用选择合理的触发点，显示分析我们关心的信息。图13-23是一个采用负延迟特性观察振荡器起振过程的例子，选择的触发点电平介于0和稳定振幅之间，触发极性为正，触发点左边显示出负延迟时的几格信号。这样在屏幕上不仅能观察到触发前的信息，而且观察到了触发后的情况，显示出从起振到稳定的全过程。

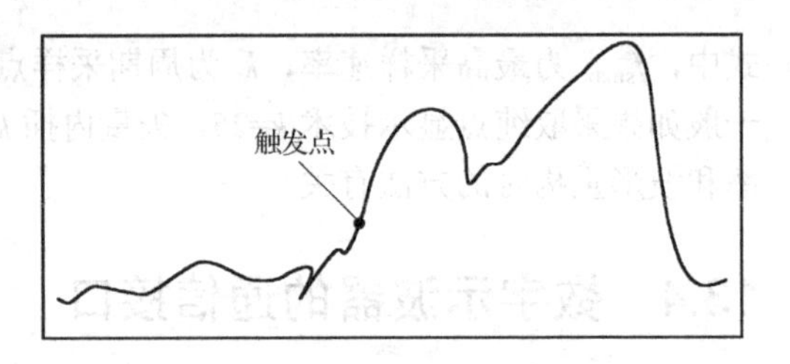

图13-23　负延迟触发测量的波形

（4）信号的捕获与显示相分离：智能数字示波器对信号的捕获与对信号的显示过程是分开的。高速捕获的信号存储以后以低速显示出来，而慢变化过程的信号经长时间采集后，可压缩在相对短的时间内显示出来。写入与读出时间可以相差很大，这个特点使智能数字示波器对波形信号的捕获与显示的种类多种多样，可以处理变化极快的瞬时信号，也可以处理变化极慢的过程信号。由于数字示波器的显示屏只作为显示存储区的采样数据点，一般读出显示时以稳定频率输出，与被测信号的频率快慢无关，因而对显示器要求不高，为清晰明亮地显示信息，可采用大屏幕彩显，也可采用液晶或荧光二极管阵列和其他平面显示器件，以减小示波器体积。数字存储示波器的显示速度与精度只取决于A/D转换器和半导体存储器的性能。

（5）多波形比较：智能数字示波器可以存储波形的特性，特别适合于波形比较。一般示波器有多个通道，可以存储多个波形，能够在屏幕上同时显示不同时间或同一时间发生的几个波形。可以将已存储的波形与动态刷新的波形进行比较、分析和相互运算。

可以用一个通道存储一个标准信号或参考波形，其他通道存储被研究的信号波形，对被测波形与标准信号很容易对比，可直观分析出二者的区别。

（6）显示方式多样化：智能数字示波器对信号捕获、存储与显示互相分离，可以把其显示方式设计的灵活多样。常用的显示方式有冻结显示、抹迹显示及卷动显示。

冻结显示是信号显示的基本方式。这种方式把存储器中的数据输送到CRT屏幕上显示，如果存储器数据稳定不变，被测信号的显示也就稳定，好像被“冻结”在屏幕上，稳定且不闪烁。显示的波形是一次触发捕捉到的信号片段，同时还可显示参考波形及其他信息，由于波形稳定不闪烁，便于对瞬态信号进行仔细分析与研究。

抹迹显示的基本工作原理是：检测开始时，数据被大量装入存储器，一旦存储器被装满，则进行末端触发，在CRT上显示一个与存储数据相对应的画面。过一段时间，信号数据存储器再次被全部更新，再启动一次末端触发，显示一个画图。画面依次一幅一幅地更新，好像一页一页地翻看一本书。一旦发现某页的波形异常，可按动保持键，画面将停留在 CRT 上，可仔细加以分析。这种工作方式还可以和预置触发方式相结合。预置好触发条件，当预期波形未出现时，画面一个个地刷新，一旦预期的瞬态波形出现，立即触发，并把捕获到的波形稳定在 CRT 屏幕上。

卷动显示方式是用新的波形自左向右或自右向左逐渐地更新旧波形，即随着存储器中波形数的显示也不断更新，屏幕上的显示也不断更新，且这种更新并不是一页一页地进行，而是一个片断一个片断地进行，显然这种显示方式最适合显示变化缓慢的信号。

（7）测量精度高：传统示波器的扫描速度由锯齿波扫描信号决定，而智能数字示波器的扫描速度由采样的时钟周期和扫描线上单位长度所具有的采样点数决定。智能数字示波器使用晶振产生时钟信号、采用了高分辨率的 A/D 转换器，测量精度很高。同时，由于普遍采用光标测量技术，可大大减少输入放大器及示波管线性度不良所产生的误差。波形参数直接以数字形式显示出来，也大大减少了系统误差。

（8）数据处理方便：智能数字示波器最主要的功能是它可以大量实时地捕捉信息且加以存储，而数据的采集与数据的显示可以完全独立，可以从容地对捕获数据加以分析处理。对采集到的数据一般要进行以下几个方面的处理：

① 对波形的平均值处理功能。该功能可有效地提高波形的信噪比，从而在 CRT 上观测到被掩没在噪声中有用的信号波形，如图 13-24 所示。图中实时采集到的信号波形几乎被淹没在噪声中，但经 50 次平均处理后，波形已体现出来。经 256 次平均处理后，信号真正复现出来。

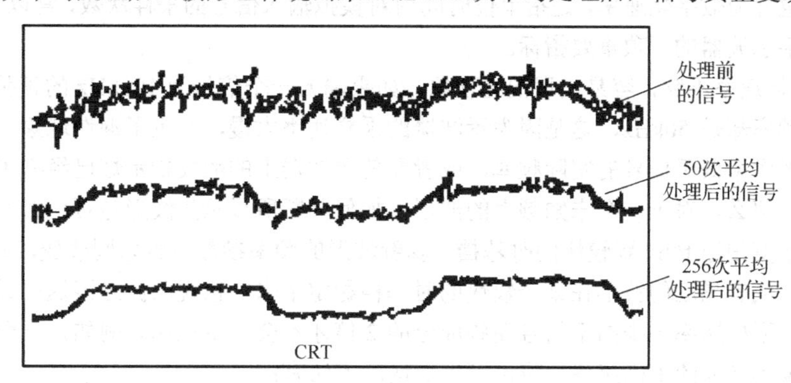

图 13-24　平均值处理后的波形

② 使用光标测量法可以测量波形任意两点之间的幅度差和时间差。因此可利用这一方法测量和显示诸如波形的前后沿时间、峰-峰值、波峰、波谷时间等参数。

③ 对原始数据的计算分析可以得到其他波形参数，如可计算出波形的频率、周期和有效值，可对波形进行加、减、乘、除运算和微分、积分运算；还可对存储的数据进行快速傅里叶变换（FFT）等相关处理以及失真度分析和调整度分析等。进行各种数据处理后，再输出显示或送到上位机上保存。

④ 数字存储示波器本质上是一个专用微机系统，具有与其他计算机系统相联系的标准接口，例如 GP-IB 接口或 RS-232 串行接口等。通过这些接口可以与绘图仪、打印机相连接进行波形或数据的硬拷贝输出，也可和上位管理计算机联网，把本机数据上传供进一步更为复杂的分析与处理，组成自动测试系统。

总之，智能数字示波器是传统模拟示波技术、计算机技术和数字化测量技术的结合体，它本质上是一个完整的数字计算机系统，可以充分利用计算机硬件技术和软件分析计算的优势，开发出多种多样的功能，随着智能数字示波器的发展，其数字处理功能会更强大、更丰富，更具人性化。

13.6 数字示波器的使用

智能数字示波器具有波形触发、存储、显示、测量、波形数据分析处理等独特优点，其使用日益普及。由于数字示波器与模拟示波器之间存在较大的性能差异，如果使用不当，会产生较大的测量误差，从而影响测试任务。

（1）区分模拟带宽和数字实时带宽

带宽是示波器最重要的指标之一。模拟示波器的带宽是一个固定的值，而数字示波器的带宽有模拟带宽和数字实时带宽两种。数字示波器对重复信号采用顺序采样或随机采样技术所能达到的最高带宽为示波器的数字实时带宽。数字实时带宽与最高数字化频率和波形重建技术因子 K 相关（数字实时带宽=最高数字化速率/K）。从两种带宽的定义可以看出，模拟带宽只适合重复周期信号的测量，而数字实时带宽则同时适合重复信号和单次信号的测量。数字示波器厂家声称的带宽能达到多少兆，实际上指的是模拟带宽，数字实时带宽是要低于这个值的。例如 TEK 公司的 TES520B 的带宽为 500MHz，实际上是指其模拟带宽为 500MHz，而最高数字实时带宽只能达到 400MHz，远低于模拟带宽。所以在测量单次信号时，一定要参考数字示波器的数字实时带宽，否则会给测量带来意想不到的误差。

（2）采样速率

采样速率也称为数字化速率，是指单位时间内对模拟输入信号的采样次数，常以频率来表示。采样速率是数字示波器的一项重要指标。

① 如果采样速率不够，容易出现混迭现象：如果输入一个信号为 100kHz 的正弦信号，示波器显示的信号频率却是 50kHz，这是因为示波器的采样速率太慢，产生了混迭现象。混迭就是屏幕上显示的波形频率低于信号的实际频率，或者即使示波器上的触发指示灯已经亮了，而显示的波形仍不稳定。那么，对于一个未知频率的波形，如何判断所显示的波形是否已经产生混迭呢？可以通过慢慢改变扫速 t/div 到较快的时基档，观看波形的频率参数是否急剧改变，如果是，说明波形发生混迭；或者晃动的波形在某个较快的时基档稳定下来，也说明波形混迭已经发生。根据奈奎斯特定理，采样速率至少高于信号高频成分的 2 倍才不会发生混迭。例如，一个 500MHz 的信号，至少需要 1GS/s 的采样速率。防止发生混迭的方法有：

- 调整扫速；
- 采用自动设置（Autoset）；
- 试着将采集方式切换到包络方式或峰值检测方式，因为包络方式是在多个采集记录中寻找极值，而峰值检测方式则是在单个采集记录中寻找最大最小值，这两种方法都能检测到较快的信号变化；
- 选用 Insta Vu 采集方式，这种方式采集波形速度快，用这种方法显示的波形类似于用模拟示波器显示的波形。

② 采样速率与 t/div 的关系：每台数字示波器的最大采样速率是一个定值。但是，在任意一个扫描时间 t/div，采样速率 f_s 由下式给出：

$f_s=N/(t/div)$，其中 N 为每格采样点。

当采样点数 N 为一定值时，f_s 与 t/div 成反比，扫速越大，采样速率越低。表 13-1 是 TDS2000 的一组扫速与采样速率的数据。

表 13-1　扫速与采样速率

t/div（ns）	1	2	5	25	50	100	200
f_s（GS/s）	50	25	10	2	1	0.5	0.25

综上所述，使用数字示波器时，为了避免混迭，扫速挡最好应置于扫速较快的位置。如果想要捕捉到瞬息即逝的毛刺，扫速挡则最好置于主扫速较慢的位置。

（3）数字示波器的上升时间 t_r：在模拟示波器中，上升时间是示波器的一项极其重要的指标。而在数字示波器中，上升时间甚至都不作为指标明确给出。数字示波器自动测量出的上升时间不仅与采样点的位置相关，而且与数字化间隔以及扫速有关，表 13-2 是 TDS2000 测量同一波形时的一组扫速与上升时间的数据。

表 13-2　扫速与上升时间

t/div（ms）	50	20	10	5	2	1
t_r（μs）	800	320	160	80	32	16

由这组数据可以看出，虽然波形的上升时间是一个定值，而用数字示波器测量出来的结果却因为扫速不同而相差甚远。模拟示波器的上升时间与扫速无关，而数字示波器的上升时间不仅与扫速有关，还与采样点的位置有关。使用数字示波器时，不能像用模拟示波器那样，根据测出的时间来反推出信号的上升时间。

（4）时基和水平的分辨率：在数字存储示波器中，水平系统的作用是确保对输入信号采集足够数量的采样值，并且每个采样值取自正确的时刻，和模拟示波器一样，水平偏转的速度取决于时基的设置（s/div）。

将构成一个波形的点全部采样称为一个记录，用一个记录可以重建一个或多个屏幕的波形，一个示波器可以贮存的采样点数称为记录长度或采集长度，记录长度用字节或千字节来表示。

通常，示波器沿着水平轴显示 512 个采样点，为了便于使用，这些采样点以每格 50 个采样点的水平分辨率来进行显示，这就是说水平轴的长为 512/50=10.24 格。

据此，两个采样点之间的时间间隔可按下式计算：

采样间隔=时基设置（s/div）/采样点数

若时基设置为 1ms/div，且每格有 50 个采样点，则可以计算出采样间隔为：

采样间隔=1ms/50=20μs

采样速率是采样间隔的倒数，即：采样速率=1/采样间隔

通常示波器可以显示的采样点数是固定的，时基设置的改变是通过改变采样速率来实现的，因此一台特定的示波器所给出的采样速率只有在某一特定的时基设置之下才有效。在较低的时基设置之下，示波器使用的采样速率也比较低。

设有一台示波器，其最大采样速率为 50MHz，那么示波器实际使用这一采样速率的时基设置值应为：

时基设置值=50 采样点×采样间隔=50/采样速率=50/（50×10^6）
=1μs/div

了解这一时基设置值是非常重要的，因为这个值是示波器采集非重复性信号时的最快的时基设置。使用这个时基设置，示波器才能给出其可能最好的时间分辨率。

此时基设置值称为“最大单次扫描时基设置值”，在这个设置值之下示波器使用“最大实时采样速率”进行工作。这个采样速率也就是在示波器的技术指标中所给出的采样速率。

13.7 简易数字存储示波器设计

下面分析一个实例，设计一个能显示、存储波形的简易数字存储示波器，要求：

① 具有单次触发存储显示方式，仪器满足触发条件时，能对被测波形进行一次采样与存储，然后连续显示。

② 输入阻抗大于 100kΩ；示波器的水平分辨率为 20 点/div，垂直分辨率为 32 级/div，屏幕的水平刻度为 10div，垂直刻度为 8div。

③ 能够设置 0.2s/div、0.2ms/div，20us/div 三挡水平方向扫描速度，频率范围为 DC～50kHz，误差小于 5%。

④ 能够设置 0.1V/div、1V/div 两挡垂直方向灵敏度，误差小于 5%。

⑤ 触发电路采用内触发方式，要求上升沿触发，触发电平可调。

⑥ 能双踪显示被测信号，能大水平移动波形。

13.7.1 主要性能分析设计

根据设计任务要求，仪器性能指标分析如下。

（1）显示频率范围：DC～50kHz，即最低直流 0Hz，最高 50kHz。

（2）垂直灵敏度：又称为偏转因数，指示波器显示的垂直方向（Y 轴）有 8 格，每格所代表的电压幅度值，要求有 0.01V/div、0.1V/div 和 1V/div。

垂直方向灵敏度误差计算表达式为：

$$\delta = \frac{(V_1 / D) - V_2}{V_2} \times 100\% \tag{13-7}$$

要求垂直灵敏度误差 δ 小于 5%，式中 V_1 为从测量读数（V），V_2 为校准信号每格电压值（V），D 为校准信号幅度（div）。

（3）垂直分辨率：一般指的是仪器内部采样的 A/D 转换器在理想情况下进行量化的比特数，用 bit 表示。按本课题要求，垂直刻度 8div，垂直分辨率为 32 级/div，则

$$2^M = 32 \times 8 = 256 = 2^8$$

因此 M=8bit

（4）采样速率：通常是示波器进行 A/D 转换的最高速率，单位为 MS/s（兆次/秒）。根据乃奎斯特采样定理，采样频率必须大于 2 倍的被测输入信号最高频率 f_{imax}。为了避免发生混迭现象，现在的实时采样频率规定为带宽的 4～5 倍，同时要采用内插值算法，否则应为实时带宽的 10 倍或以上，即

$$f_s \geqslant 10 f_{imax} = 10 \times 50 = 500\text{kHz}。$$

在数字示波器使用中，实际的采样频率是随选用的扫描速度档位而变化的。按照要求设置 0.2s/div、0.2ms/div，20μs/div 三挡水平方向扫描速度，其最高采样速率应当对应最快的扫描速度，即

$$f_s = \frac{N}{(\text{t/div})} \tag{13-8}$$

式中，f_s 为采样频率，N 为每个采样点数，t/div 为最高扫速。若用 20μs/div 挡扫速、每格 N=20 点代入式（13-8）计算得到

$$f_s = \frac{20}{20 \times 10^6} = 1\text{MHz}$$

（5）扫描速度：指示波器的水平方向（X 轴）每格所代表的时间值，也称为水平偏转因数、扫描时间因数或时基。要设置 0.2s/div、0.2ms/div，20us/div 三挡扫描速度。

水平方向扫描误差是指示波器测量时间间隔的准确程度，一般用标准周期光脉冲进行效验，用示波器的Δt 光标自动测量标准信号周期时间值与真值之间的百分比误差表示。

$$\varepsilon = \frac{\Delta t - T_0}{T_0} \times 100\% \tag{13-9}$$

式中，ε 为扫速误差，Δt 为周期时间 X 方向读数值（s），T_0 为校准信号周期时间值。

（6）水平分辨率：指示波器在进行Δt 测量时所能分辨的最小时间间隔值，由仪器内部的精密触发内插器决定的。如果不采用任何内插技术，当采样速率为 f_s 时，示波器的时间间隔分辨率为 $1/f_s$；如果加了触发内插，内插器增益为 N，则时间间隔分辨率为 $1/Nf_s$。

（7）输入阻抗：要求 R_L 大于 100kΩ，测量无明显失真。

数字存储示波器要实现对模拟信号进行离散采样存储，需要用到高速的数据采集和处理技术，因此，高速数据采集、存储、回放复现、双踪显示、水平移动扩展显示以及大动态范围显示是数字示波器的设计要点和难点。

13.7.2　设计方案与分析

1. 采样方式选择

因为课题要求输入信号频率范围为 DC～50kHz，即被测信号的最高频率为 f_H=50kHz，根据奈奎斯特采样定理，采样频率 f_s=10f_H=500kHz，频率较低，因此可使用实时采样技术进行采样存储。

2. 数据存储器选择

数据存储器可以采用静态 RAM、双口 RAM、循环存储器。

静态 RAM（例如 6264）存储采样量化后的波形数据，由于它只有一组总线，在数据需要进行高速存储，同时有可能要高速读取、转换输出时，需要解决高阻隔离问题，使得软硬件变得烦琐复杂。

循环存储器就是将存储器的各个存储单元按串行方式依次寻址，且首尾相连接，形成环形结构，每一次采样数据的存储都按顺序依次进行。当所有单元都存储满后，下一轮新的数据将按照先进先出的原则，覆盖旧的数据存储单元（如图 13-25 所示）。这样存储器中总是存放最近采集的新的 m_n 个采样数据，其中 m 是存储容量或记录长度、存储深度，n 是存储采样个数。采用循环结构能很好地观测触发之前的波形情况。

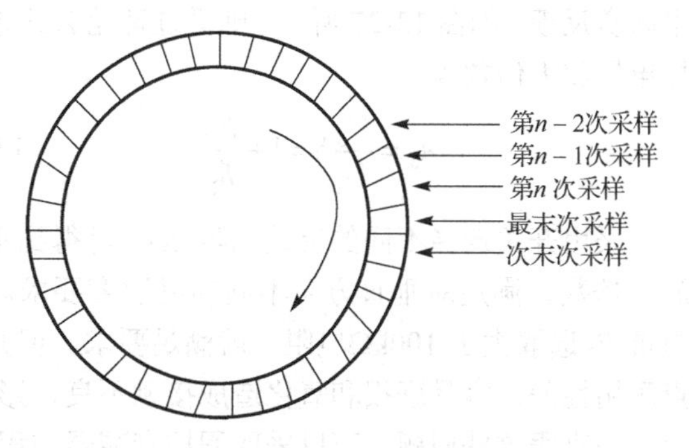

图 13-25　循环存储结构

采用双口 RAM（例如 IDT7132，具有两组数据总线），存储采样量化的波形数据后，用单片机或加上 CPLD 控制双口 RAM 的数据线、地址线和控制线，就能同时实现对存储器进行高速地读写操作。

3．双踪显示

两路信号输入通道分别用两片衰减放大器，两片 A/D 转换器、两片波形存储器、两片 D/A 转换器，分别对两路信号进行衰减放大、采样量化、存储和 D/A 转换输出。输出显示时，只要轮流输出选择不同的波形，就可以实现两路波形的双踪显示，如图 13-26 所示。因为测量信号频率不太高，为了提高性价比，也可以只用一片 A/D 转换器、一片波形存储器和一片 D/A 转换器，用高速模拟开关 CD4052 分别选通两路信号进入采样电路，两路波形存储在同一片存储器中，按奇、偶地址位分别存放。进行双踪显示时，先扫描奇数位地址的数据，再扫描偶数位地址的数据，这样也可以实现双踪显示。

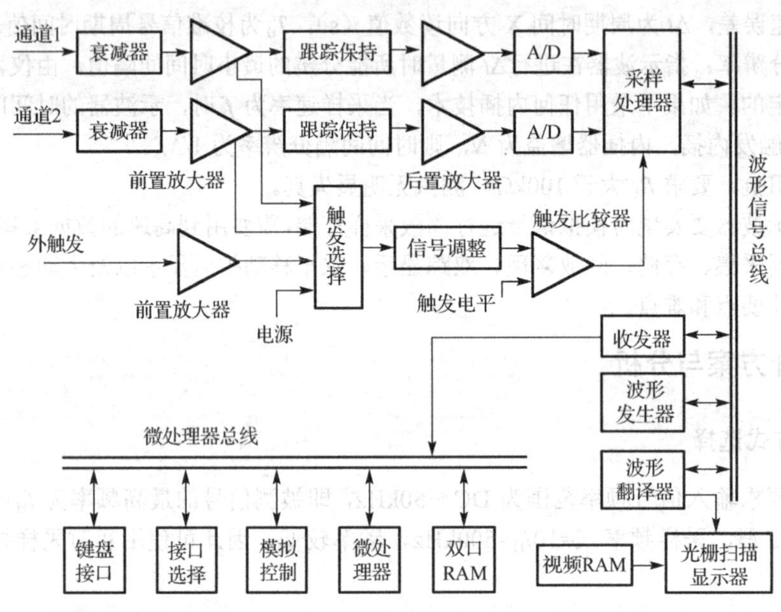

图 13-26　双踪波形显示结构图　（该图做了一点修改）

4．幅度控制

按照课题要求有三挡垂直灵敏度，0.01V/div、0.1V/div 和 1V/div，相邻两挡相差 10 倍。幅度控制最简单的方法可以采样集成运放 OP37 构成电压串联负反馈，如图 13-27 所示，则通过理论公式推导计算电压放大倍数为

$$A_u = \frac{U_{out}}{U_{in}} = 1 + \frac{R_f}{R_1} \tag{13-10}$$

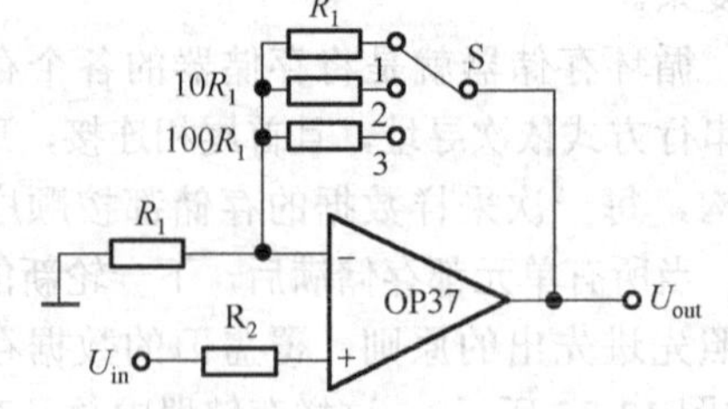

图 13-27　由 OP37 构成的输入级放大电路

采用开关选择不同的反馈电阻 R_f，可得到不同的放大倍数，满足对垂直方向不同的灵敏度要求。输入阻抗 R_1 选取大于 100kΩ电阻，就满足要求。但开关触点耐用性差，容易磨损和氧化造成接触不良，影响放大精度，接触开关对对输出 U_{out} 也有冲击作用。为克服这些问题，可以采取程控衰减器与程控放大器构成输入级，如图 13-28 所示。

图中由 U_{1a}、U_{1b} 构成的双通道跟随器，输入阻抗高，同时还起到隔离作用。S 是继电器触点开关，U_2 采用 8 位双 D/A 转换器 TLC7528 构成程控衰减器，用输入信号作为 A/D 参考电压，此时 D/A 的输出电压计算公式为：

$$U_o = \frac{D_{in}}{2^8}V_{ref} = \frac{D_{in}}{256}U_{in} \tag{13-11}$$

式中 U_{in} 为输入电压，D_{in} 为给 D/A 输入的数字量，改变 D_{in} 即可改变衰减器的放大倍数。由于要求输出的最高频率为 50kHz，则输出速率至少要大于最高频率的 10 倍，TLC7528 的转换速率可达 10MHz，说明其输出的模拟信号带宽远大于题目要求。

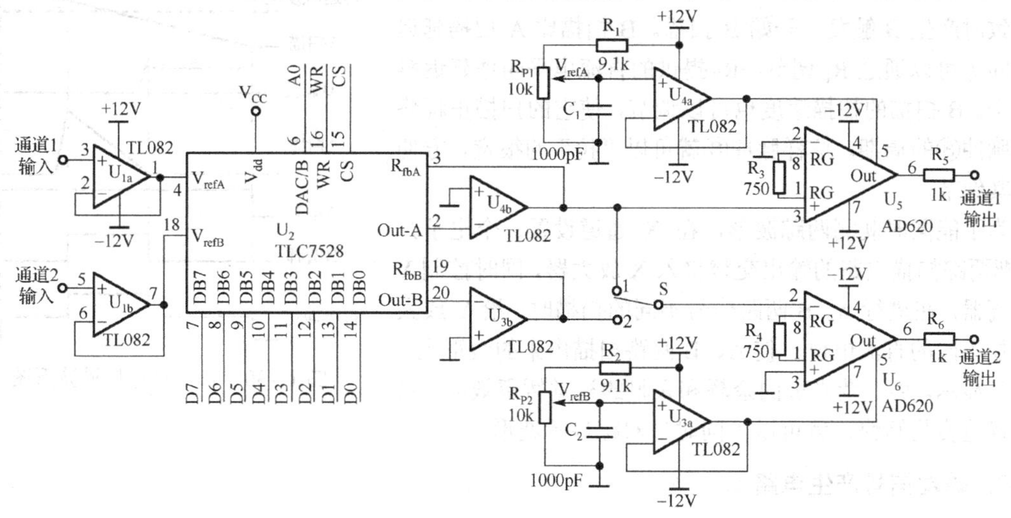

图 13-28　由双程控构成的输入级放大电路

图中由 U_{4b}、U_{3b} 构成电压串联负反馈放大器，与 TLC7528 内部电路构成反馈网络。后级的 U_5、U_6 采用高性能仪器放大器 AD620 构成程控放大器，其程控因数表达式为：

$$G \geqslant \frac{U_{refAD}}{8\text{div}(0.01\text{V/div})} = 62.5 \tag{13-12}$$

程控放大电路的增益满足式（13-12），才能实现最大可达到垂直分辨率 0.01V/div 的要求。通过改变电位器 R_{P1}、R_{P2}，可以改变 G 的大小。此外，为了达到输入带宽 50kHz，要求放大器的增益带宽积为：GBW=62.5×50kHz=3.125MHz。AD620 的增益带宽积为 12MHz。

5. 水平移动扩展

水平移动扩展可采用双时基扫描工作模式来实现。双时基扫描示波器有两个独立的触发、扫描电路，两个扫描电路的扫描速度可以相差很多倍。自动双扫描示波器电路结构如图 13-29 所示。这样就可以观察双踪波形：一踪观察第一个全景序列波形，另一踪观察局部细节的波形。具体观测波形如图 13-30 所示。

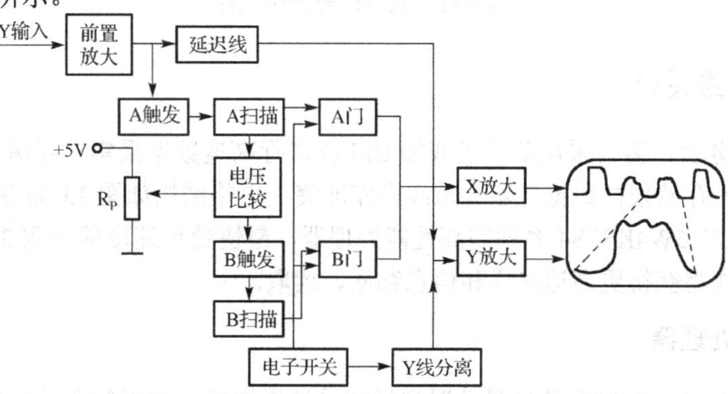

图 13-29　自动双踪扫描示波器电路结构框图

假设在 A 扫描通道要显示被测信号波形全景，在 B 扫描通道要展开显示被测信号中的标有③的脉冲波：首先在①脉冲到来后，产生触发电平送到 A 触发形成 A 扫描信号驱动 A 门，这个扫描把被测信号的脉冲①～④显示在屏幕上。同时，A 扫描电压与电位器 R_P 提供的电压进行比较，当电平一致时产生 B 触发，开始 B 扫描。B 扫描比 A 扫描延迟的时间 t_a 可以通过 R_P 调节，R_P 提供的直流电平叫做延迟触发电平。B 扫描的扫描速度也可以调节，使它的扫描正程略大于脉冲③的周期，这样脉冲③就可以“拉”的很宽，方便看清其细节。

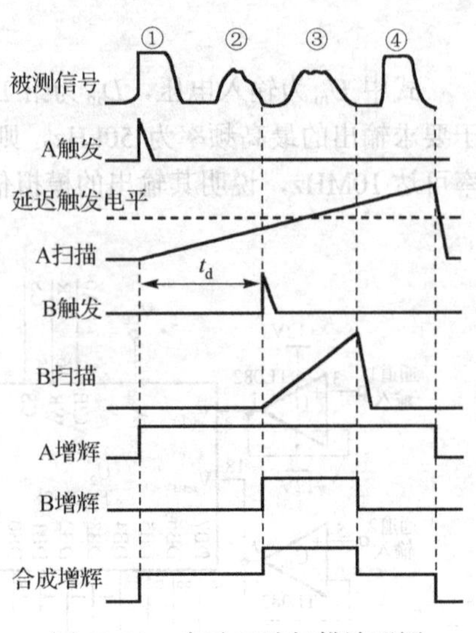

图 13-30　自动双踪扫描波形图

为了能同时观测两踪波形，在 X 通道设置一个电子开关，把两踪扫描电路的输出交替接入 X 放大器，同时控制 Y 线分离器，在进行 A、B 两路信号不同的扫描时，给 Y 放大器增加不同的直流电位，使 A、B 两路扫描出来的波形上、下分开显示。由于荧光屏的余辉和人眼的视觉暂留效应，只要扫描速度足够快，就可以“同时”双踪显示波形。

6. 触发信号产生电路

触发电路包括边沿触发信号产生电路和最大幅度触发产生电路，如图 13-31 所示。它的作用是产生统一的上升沿有效的触发信号。边沿触发信号产生电路的核心是比较电路，采用 MC3486 高速比较器，可处理 10MHz 的输入信号，输出与 TTL 电平兼容。最大幅度触发产生电路是通过峰值保持电路记录信号峰值，并与输入信号进行比较，当输入信号幅度低于峰值保持输出电平时，比较器输出上升沿触发信号。图中的 VT 三极管用作取样保持开关。

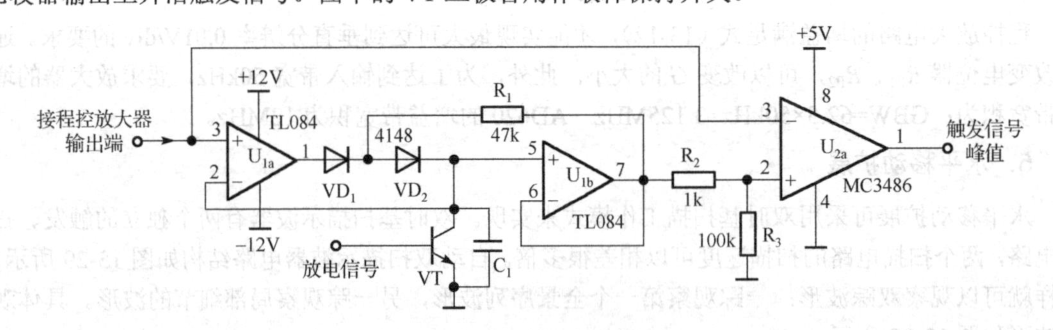

图 13-31　触发信号产生电路

13.7.3　系统电路设计

通过设计方案分析，需要采用单片机或加 CPLD 进行高速数据采集、存储、数据复现回放控制，采用双口 RAM 存储采样数据，避免总线操作冲突。电路结构如图 13-32 所示。

单片机使用 STC15W4K32S4 系列的高性能处理器，最快处理速度能达到 30MHz 以上，采用 CPLD 替代总线操作将获得更高速采样和信息存储、读取。

1. 前级信号处理器

前级信号处理功能是控制两路信号分时选通或单通道选通，并对输入信号的幅度进行放大，使输入信号的幅度达到 A/D 转换其的要求范围，如图 13-33 所示。图中用 2 个 LM356 构成两路输入跟随器，以提高阻抗和隔离作用。

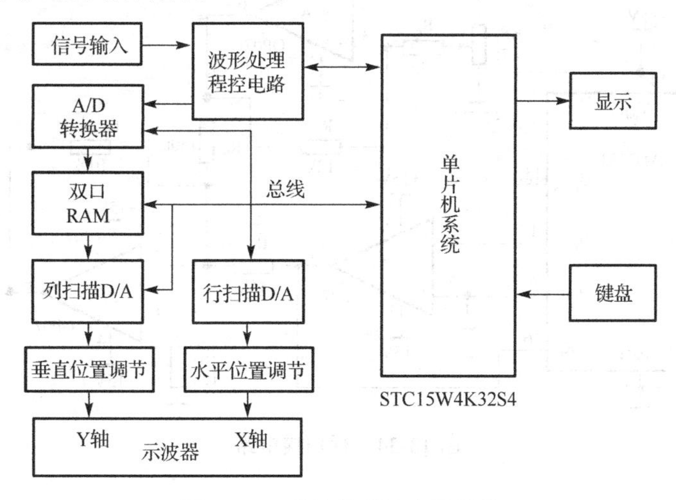

图 13-32　单片机系统电路结构

可以采用 CD4052 作为电子模拟开关 S1，控制开关选通；来实现单通道、双通道输入测量。不同的放大倍数也可以采用 CD4051 电子开关 S2，控制接通多个不同的反馈电阻来改变，放大倍数 $A_u=R_F/R_1$。最后一个运放是加法器做电平移动电路，输出信号送到 A/D 转换。

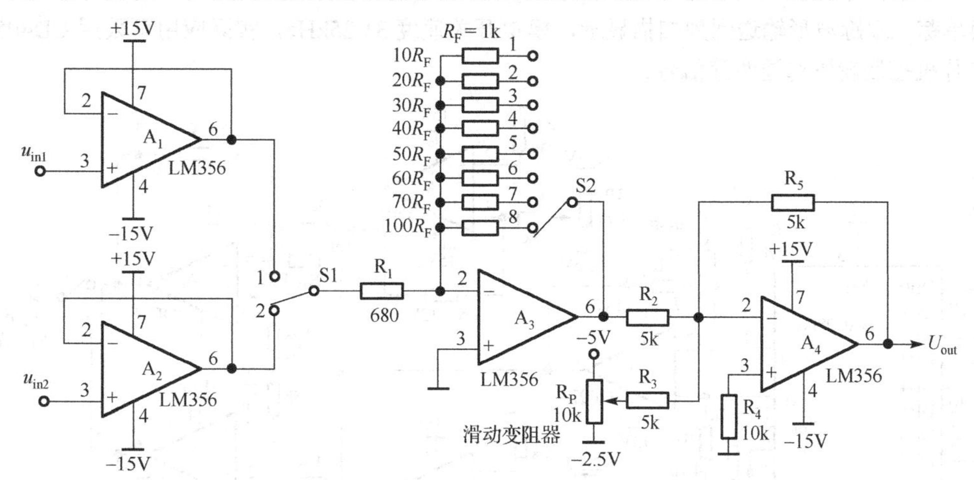

图 13-33　前级信号处理电路

2. 数据采集、存储电路

系统使用 AD7822 做高速 A/D 转换器，使用 IDT7132 双口 RAM 做存储器，与 STC 单片机构成并行总线方式操作控制，完成数据采集、存储。

3. 行扫描电路

使用 10 位分辨率、8 位精度、16 脚封装的高速 D/A 转换器 AD7533 作为行扫描输出驱动（电路如图 13-34 所示），D/A 转换速率 1.7MHz，由微处理器输出数据使 D/A 转换器不断输出锯齿波，后级是一个加法器，调节滑动变阻器 RP_1，可对输出锯齿波形叠加一个直流电平，使波形能移动显示到屏幕需要的位置，实现波形水平位置平移功能。

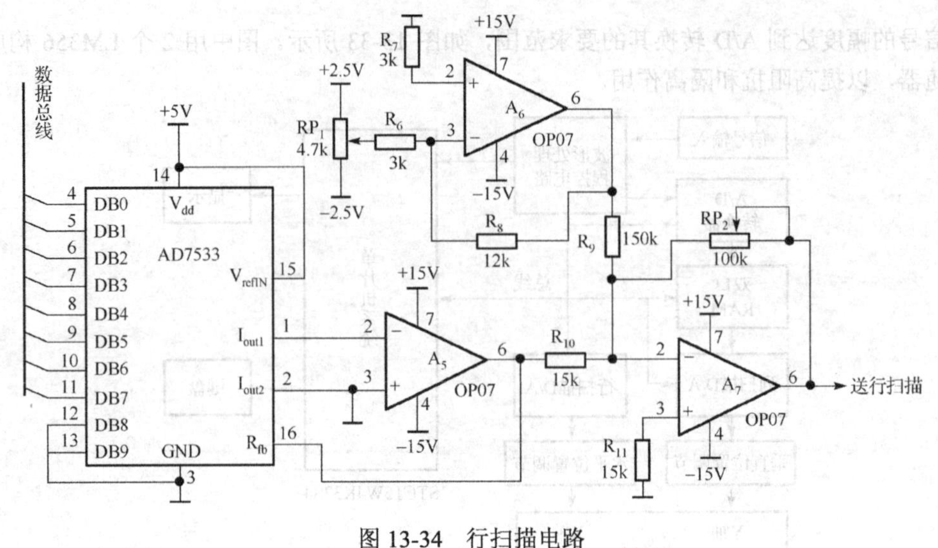

图 13-34　行扫描电路

4. 列扫描电路

使用 8 位高速、16 脚封装的 D/A 转换器 DAC0800 作为列扫描输出驱动（电路如图 13-35 所示），D/A 的建立时间为 200ns。单片机从双口 RAM 中读出采样数据送到 D/A 转换器变换出模拟信号，与后级两个可调节的电平叠加，实现对两个通道输出波形的上下平移调节。模拟开关 S4 可切换单踪、双踪波形输送到列扫描显示，模拟开关速度 31.25kHz，实际应用可采用 CD4052 使 STC 单片机控制轮流选通两踪信号。

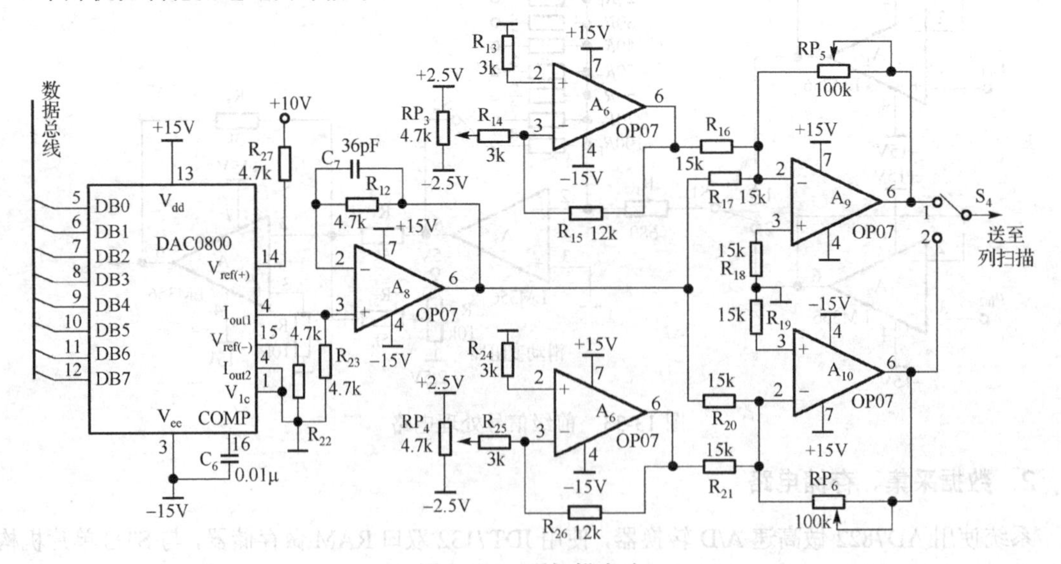

图 13-35　列扫描电路

13.7.4　系统软件设计

本系统要实现的功能比较多，相应的软件要完成的任务多，结构相对复杂。按功能模块来划分，主要有自检、初始化模块，数据采样、存储模块，数据处理模块，控制决策模块，行扫描输出模块，列扫描输出模块，键盘监控模块，显示模块等。

1. 功能模块任务分配

各个功能模块要分配完成的任务分别为：

（1）自检、初始化模块：完成上电自检查，指示一些部件是否处于正常工作状态，然后初始化参数，启动主程序程序开始运行。

（2）数据采样、存储模块：按照要求完成对不同频率的被测波形信号的采集，对采集进行滤波算法处理，并按规范存储信息。

（3）数据处理模块：数据处理是波形数据存储、回放的关键，样品数据处理在采集时需要进行滤波算法；在回放复现时根据不同情况需要进行数值变换和插值算法；在调节 X 轴旋钮、Y 轴旋钮时需要进行数据有序缩放处理。

（4）控制决策模块：根据键盘的按键、旋钮拨动和信息处理结果、系统状态进行判断，决定系统应该采取的运行策略，控制好模拟开关、行列扫描信号的输出。

（5）行、列扫描输出模块：按照控制决策，找到相应的存储数据，运用数值变换处理技术，将数据输送启动 D/A 转换，稳定可靠输出数据，形成波形输出与显示。

（6）时钟模块：完成时钟系统的设置和运行，为系统其他模块提供定时时间，例如定时采集、定时扫描键盘、定时输出数值显示等。

（7）键盘监控模块：通过监控键盘，并识别按键信息，完成操作者对系统的控制和操作功能响应。按键处理的灵敏度要求很好，否则会给人有迟钝、死机的感觉。

（8）显示模块：将系统处理好的数据及时输出显示，供操作者状态判断。

2. 软件系统规划

软件结构分为主程序、中断服务程序、功能模块子程序。

软件系统是需要将各个功能模块合理地组织到主程序、中断服务程序中。上述每个功能模块都与相应的硬件电路有关，系统软件的设计实际上就是要根据系统要求合理地把这些功能模块划分成不同的工作组、不同的层次关系，上层调用下层，上下结合去完成一系列动作，实现一个功能任务。

因此，本系统至少可以分为两个层次，上层是主程序，中断服务程序，下层是各个功能模块子程序。如果有需要，某些功能模块子程序也可以分为下一层次的子程序，提供给某一个功能模块调用。

在编写算法流程图时，必须要注意软件的层次关系，上层调用下一层的子程序。设计下一层的子程序必须在上一层的某个位置有所调用，或应说明该子程序的作用及调用位置，否则上下分离，容易产生歧义。具体的软件流程图略过。

练习与思考题

1. 每台示波器都有一个频率范围，比如 10MHz、60MHz、100MHz 等，若示波器标称为 60MHz，是不是可以理解为它最大可以测到 60MHz？为什么？

2. 有些瞬时信号稍纵即失，如何捕捉并使其重现？

3. 在选择示波器时，一般考虑最多的是带宽，那么在什么情况下要对采样速率有所考虑呢？

4. 为什么示波器有时候测不到经过放大后的电流信号呢？

5. 如何测量电源纹波？

6．新型数字示波器怎样用于单片机开发？

7．模拟和数字示波器在观察波形的细部时，哪个更有优势（例如在过零点和峰值时，观察1%以下寄生波形）？

8．数字示波器一般提供在线显示均方根值，它的精度一般是多少？

9．数字示波器的数据采样方式有哪些？采样原理是怎样的？

10．毛刺触发指标有什么意义（例如5ns）？假如有一个100MHz示波器，测量的方波信号大约是10MHz，而且是占空比1∶1左右的方波，设想一下，一个10MHz的方波，它的正向或负向的脉宽都是50ns，那么在什么样的情况下能真正用到5ns这个性能呢？

11．简述数字示波器能采取高速采集、低速显示的原因？

12．数字示波器回放波形时为什么要使用插值算法？有哪些插值算法？

13．数字示波器的水平分辨率为100点/div，当扫描速度分别为5μs/div、20μs/div、5 ms/div、20ms/div、5s/div时，其对应的采样率分别是多少？

14．数字示波器采样8位A/D转换器，记录长度为1KB，求该示波器的垂直分辨率和水平分辨率分别是多少？如果示波器的A/D最大输入电压范围为±5V，灵敏度选5V/div，输入电路放大倍数为1，求输入电路的衰减器应如何设计？

15．有两台示波器A、B，最高采样率均为200M/s，但A的记录长度为1KB，B的记录长度为1MB，当扫描速度从10ns/div变到100ms/div，分析其采样率会如何变化。

16．示波器的垂直分辨率为32级/div，水平分辨率为100点/div，最快扫描速度为10μs/div，求应采用几位的A/D？A/D转换速度至少要多少？记录长度最小应是多少？

17．示波器Y通道采用转换速率为10MHz，输入电压范围为0～5V，用8位A/D转换器，示波器存储长度为1KB，请问示波器的存储宽度是多少？若灵敏度范围是0.1～5V/div，输入电路应如何设计？垂直分辨率、水平分辨率是多少？

18．用示波器测量一个波形信号时，其扫描速度为5μs/div，灵敏度为0.1V/div，若显示的信号波形中A、B两点的（x、y）位置分别为（3EH、72H）和（6DH、23H），试计算A、B两点之间的时间和电压值（假设x、y的量化满度值为FFH）。

第 14 章　C51 编程与实验指导

14.1　C51 概述

汇编语言是一种比较流行的编程语言，也是在进行嵌入式系统内核移植、分析时必须要掌握的重要语言。汇编程序的执行效率很高，编译后生成的代码率最高，但其移植性和可读性差，用汇编语言开发出来的产品在维护和功能升级方面都有极大的困难。

C 语言比汇编语言更符合人们的思考习惯，开发者可以更专心地考虑算法，而不需要考虑一些细节问题，减少了开发和调试的时间。使用 C 语言可以不必十分熟悉处理器的运算过程，不必知道处理器的具体内部结构，对新的处理器也能很快上手，程序的移植性更好。

C 语言有很好的编程效能，但并不是说汇编语言就没用了，很多系统特别是时间要求比较严格的系统使用汇编语言设计更合适，或者要用 C 语言与汇编语言混合编程。在实际中，当设计对象只是一个小的嵌入式系统时，汇编语言是一个很好的选择，因为汇编语言代码一般都不超过 8KB，而且编译比较简单。当一个系统对时钟要求特别严格的话，汇编语言是唯一选择。除此之外，包括硬件接口操作、内核移植等方面，使用 C 语言很难完成。C 语言是一种功能性和结构性很强的语言，但对对硬件操作不方便。

随着单片机开发技术的不断发展，目前越来越多的人用汇编语言与高级语言相结合进行软件开发，软件结构使用 C 语言为主，涉及细节处理、硬件操作使用汇编语言，形成混合编程模式，应用在基于 8051 内核单片机的 C 语言一般称为 C51。

14.2　C51 语法与数据结构

C51 由标准 C 语言衍生而来，所以大部分的语法、数据结构都与标准 C 语言格式相同。但是 C51 作为 8051 内核单片机的编程语言，也有其特殊之处。

14.2.1　常量与变量

在程序运行过程中，数值不能被改变的量称为常量。常量分为整型常量、实型常量和字符型常量。例如：12、0 为整型常量，3.14、2.55 为实型常量，a、b 是字符型常量。常量在使用前必须事先用 define 定义，下面是常量使用的示例程序段：

```
/* 在 P1 口接有 8 个 LED，执行下面的程序 */
#define   LIGHT0   0xfe    //定义常量 LIGHT0 等于 0xfe
#include  "reg51.h"
void main()
{   P1 = LIGHT0;   }
```

程序通过宏定义指令#define LIGHT0 0xfe 来定义符号 LIGHT0 等于 0xfe，以后程序中所有出现 LIGHT0 的地方均用 0xfe 来替代。因此，这个程序执行结果就是 P1 = 0xfe，即接在 P1.0 引脚上的 LED 被点亮。

用标识符代表的常量，称为符号常量。使用符号常量的好处如下：

（1）含义清楚。在单片机程序中，常有一些量具有特定含义，如某单片机系统扩展了一些外部芯片，每一块芯片的地址即可用符号常量定义，如:

```
#define  PORTA  0x7fff
#define  PORTB  0x7ffe
```

程序中可以用 PORTA、PORTB 来对端口进行操作，而不必写 0x7fff、0x7ffe。显然，这两个符号比两个数字更能令人明白其含义。在给符号常量起名字时，尽量做到“见名知意”这一特点。

（2）在需要改变一个常量时能做到一改全改。如果由于某种原因，端口的地址发生了变化（如修改了硬件），由 0x7fff 改成了 0x3fff，那么只要改动一下所定义的语句#define PORTA 0x3fff 即可，不仅方便，而且能够避免出错。如果不用符号常量，要在成百上千行程序中把所有表示端口地址的 0x7fff 找出来并改掉不是件容易的事。

符号常量不同于变量，它的值在整个作用域范围内不能改变，也不能被再次赋值。比如下面的语句是错误的 LIGHT = 0x01;

数值可以改变的量称为变量。每一个变量应该有一个名字，在内存中占据一定的存储单元，在该存储单元中存储这个变量的值。

用来标识变量名、符号常量名、函数名、数组名、类型名等的有效字符序列称为标识符。简单地说，标识符就是一个名字。C 语言规定标识符只能由字母、数字和下划线三种字符组成，且第一个字符必须为字母或下划线。在 C 语言中大、小写字母被认为是两个不同的字符，即 Sum 与 sum 是两个不同的标识符。标准 C 语言并没有规定标识符的长度，但是各个 C 编译系统有自己的规定，在 Keil C 编译器中可以使用长达数十个字符的标识符。在 C 语言中，要求必须事先对所有变量做强制定义，即“先定义，后使用”。

常量和变量在程序中各自的用途可通过一个延时程序的调用例子加以说明。例如，Delay (1000); 其中括号中参数 1000 决定了延时时间的长短，如果直接将 1000 写入程序中，这就是常量。显然，这个数据不能在现场修改。如果使用中希望改变延时时间，那么只能重新编程一个延时程序、写入单片机中才能更改。

如果要求在现场能修改延时时间，在括号中就不能写入一个常数，为此可以定义一个变量（如 Speed），程序可以改写为 Delay(Speed);然后再编写一段程序，使得 Speed 的值可以通过参数传递进行修改，延时时间就可以在现场修改了。

14.2.2 整型变量与字符型变量

1. 整型变量

整型变量用关键字 int 进行定义，占用 4 字节，还可以加上数值范围修饰符，例如：

short int：短整型，与 int 一样占用 2 字节，数值表达的范围是$-2^{15} < x < 2^{15} - 1$；

long int：长整型，占用 4 字节，数值表达的范围是$-2^{31} < x < 2^{31} - 1$；

unsigned int：无符号整型，占用 2 字节，数值表达的范围是$0 \sim 2^{16} - 1$；

unsigned long int：无符号整型，占用 2 字节，数值表达的范围是$0 \sim 2^{32} - 1$。

整型数据在内存中以补码的形式存放。例如，定义一个 int 型变量 i：

```
int i=10; /*定义 i 为整型变量，并将 10 赋给该变量*/
```

在 Keil C 中规定 int 型数据占用 2 字节，因此变量 i 在内存中的实际占用情况如下：

```
0000,0000,0000,1010
```

整型数据用双字节存储，不足部分用 0 补齐。事实上，数值以补码的形式存在，正数的补码与原码相同。负数的补码要取反加 1，即将该数的绝对值的二进制形式取反加 1。

例如，求–10 的补码：首先取–10 的绝对值等于 10，其二进制编码是 1010，则整型数的二进制形式为 0000 0000 0000 1010；然后取反等于 1111 1111 1111 0101，再将此反码加 1，则得到补码 1111 1111 1111 0110。这就是整型数–10 在内存中的存储形式。

2. 字符型变量

字符型变量用关键字 char 进行定义，占用 1 字节，有一个修饰符 unsigned。例如

char：字符型，占 1 字节，表达范围是–128～+127；

unsigned char：无符号字符型，占 1 字节，表达范围是 0～255。

对于二进制形式而言，char 型变量表达的范围都是 0000 0000～1111 1111，而 int 型变量表达的范围是 0000 0000 0000 0000～1111 1111 1111 1111。

使用 Keil C 编程时，对 char 型、int 型，建议定义 unsigned 型的数据，因为在处理有符号的数时，程序要对数的“符号”进行判断和处理，会降低系统的运算速度。

字符型数据在内存中以二进制形式存储，例如，定义一个 char 型变量 c：

```
char  c = 10;  /*定义 c 为字符型变量，并将 10 赋给该变量*/
```

十进制数 10 的二进制形式为 1010，变量 c 在内存中的实际占用情况为 0000 1010。

3. 数的溢出

一个数在计算机上存储空间是有限的，例如一个字符型数的最大值为 255，一个整型数的最大值为 32 767。如果对最大数再加 1，将存储不下而产生溢出。一个无符号字符型在内存中以 8 位二进制数存储，将 255 转化为二进制即 1111 1111，若加 1，其结果是 1 0000 0000。由于该变量只能存储 8 位，所以最高位的 1 丢失，于是该数字就变成 0000 0000。

同理，一个整型数 32 767 在内存中存储的形式是 0111 1111 1111 1111，当其加 1 后就变成 1000 0000 0000 0000，而这个二进制数正是–32 768 在内存中的存储形式。

14.2.3　关系表达式和逻辑表达式

1. 关系运算符和关系表达式

所谓“关系运算”就是将两个值进行比较，判断比较的结果是否符合给定的条件。关系运算的结果只有“真”和“假”两种。例如：3 > 2 的结果为真，而 3 < 2 的结果为假。

C 语言一共提供了 6 种关系运算符：＜（小于）、<=（小于等于）、＞（大于）、>=（大于等于）、= =（等于）和! =（不等于）。

使用关系运算符把两个表达式连接起来的式子称为关系表达式。例如：a > b，a + b > b + c，(a = 3)>=(b = 5)等都是合法的关系表达式。在 C 语言中，没有专用的逻辑型变量，如果运算的结果是“真”，用数值 1 表示，运算的结果是“假”，用数值 0 表示。

例如：x1 = 3 > 2 的结果是x1等于1，原因是3 > 2的结果是“真”，即其结果为1，该结果被“=”号赋给了x1，这里须注意，“=”不表示等于（C语言中等于用==表示），而是赋值号，即将“=”号后面的值赋给前面的变量，所以最终结果x1等于1。

2．逻辑运算符和逻辑表达式

用逻辑运算符将关系表达式或逻辑量连接起来的式子就是逻辑表达式。C51语言提供了三种逻辑运算符：&&（逻辑与）、||（逻辑或）和!（逻辑非）。

C语言编译系统在给出逻辑运算的结果时，用“1”表示真，用“0”表示假。但是在判断一个量是否是“真”时，以“0”代表“假”，而以“非0”代表“真”。

若a = 10，则!a的值为0，因为10被作为真处理，取反后为假，系统给出的假的值为0。

若a = –2，则!a的值为0，原因同上，不能误以为负值为假。

若a = 10，b = 20，则a && b的值为1，a||b的结果也为1，原因是参与逻辑运算时不论a与b的值究竟是多少，只要是非零，就被当做真，真与真相与或者相或，结果都为真，系统给出的结果是1。

14.3 C51流程控制语句

C语言是一种结构化编程语言，它有一套编程控制语句，不同的分支程序不允许交叉。结构化语言的基本元素是模块，模块是程序的一部分，只有一个入口、一个出口。进入和退出都有严格的保护和堆栈恢复机制，不允许随便跳入或跳出。

C语言有三种基本结构：顺序结构、选择结构、循环结构，由if语句、swith/case语句、while语句、do-while语句和for语句构成。

14.3.1 if语句

if语句用来判定所给定的条件是否满足，并根据判定的结果（真或假）决定执行给出的两种操作中的一种。C语言提供了以下3种形式的if语句。

（1）if（表达式）{语句块}

如果表达式的结果为真，则执行语句块；否则不执行语句块，顺序执行下一条语句。

（2）if（表达式）{语句块1}　else {语句块2}

如果表达式的结果为真，则执行语句块1；否则执行语句块2。

（3）if（表达式1）{语句块1}

```
else if(表达式2) {语句块2}
     else if(表达式3) {语句块3}
     …
          else if(表达式m) {语句块m}
               else        {语句块n}
```

如果表达式1的结果为真，则执行语句块1，否则判断表达式2，依此类推。

在if语句中又包含一个或多个if语句的形式，称为if语句的嵌套。一般形式如下：

```
if(表达式1)
{  if(表达式2) {语句块1}
   else        {语句块2}
```

```
    }
    else
    {  if(表达式 3) {语句块 3}
       else       {语句块 4}
    }
```

应注意 if 与 else 的配对关系，else 总是与它上面的最近的 if 配对。如果写成：

```
    if()
       if(){语句块 1}
    else  {语句块 2}
```

程序的本意是外层的 if 与 else 配对，缩进的 if 语句为内嵌的 if 语句。但实际上 else 将与缩进的那个 if 配对，因为两者最近，从而会造成歧义。为避免这种情况，编程时应使用大括号将内嵌的 if 语句括起来。例如：

```
    if()
    {  if(){语句块 1}
    }
    else  {语句块 2}
```

14.3.2 switch 语句

当程序中有几个分支时，可以使用 if 嵌套实现，但是当分支较多时，则嵌套的 if 语句的层数较多，程序冗长且可读性降低。C 语言提供了 switch 语句直接处理多分支选择。switch 的一般形式如下：

```
    switch(表达式)
    {  case 常量表达式 1: 语句 1; break;
       case 常量表达式 2: 语句 2; break;
       …
       case 常量表达式 n: 语句 n; break;
       default: 语句 n+1; break;
    }
```

switch 后面括号内的“表达式”允许为任何类型。当表达式的值与某一个 case 后面的常量表达式相等时，就执行此 case 后面的语句；若所有 case 中的常量表达式的值与表达式值都不匹配，就执行 default 后面的语句。每一个 case 的常量表达式的值必须不同。各个 case 和 default 的出现次序不影响执行结果。

特别要注意的是执行完一个 case 后面的语句后，并不会自动跳出 switch 语句，而是继续去顺序执行其下面所有 case 语句后面的指令，直到结束才推出。因此，通常在每一段 case 语句结束都要加 break 语句，使程序就此退出 switch 结构，终止后面 switch 语句的执行。

14.3.3 for 语句

C 语言中的 for 语句使用最为灵活，不仅可以用于循环次数已经确定的情况，而且可以用于循环次数不确定而只给出循环结束条件的情况。

for 语句的一般形式为：for(表达式 1; 表达式 2; 表达式 3) { 语句块 }

执行过程如下：

（1）求解表达式1；

（2）求解表达式2，若其值为真，则执行for语句中指定的内嵌语句（即循环体），然后执行第（3）步，如果为假，则结束循环；

（3）求解表达式3；

（4）转回上面的第（2）步继续执行。

for语句典型形式为：for（循环变量初值; 循环条件; 循环变量增值）　语句

例如，延时程序可用for语句表达为：for(j = 0; j < 125; j++) {;}

执行这行程序时，首先执行j = 0，然后判断j是否小于125，如果小于125则执行循环体（这个例子中循环体没有做任何工作），然后执行j++，执行后再去判断j是否小于125……如此循环，直到j>=125时条件不满足为止。

如果变量初值在for语句前面赋值，则for语句中的表达式1应省略，但其后的分号不能省略。程序中有 `for(; DelayTime > 0; DelayTime--){…}`的写法，省略了表达式1，因为这里的变量DelayTime值由参数传入，不能在这个式子里赋初值。表达式2也可以省略，但是同样不能省略其后的分号，如果省略分号，将不判断循环条件，循环将无终止地进行下去，即认为表达式始终为真。表达式3也可以省略，但此时编程者应该另外设法保证循环能正常结束。表达式1、2和3都可以省略，即形成如 `for(;;)`的形式，这种形式作用相当于语句 `while(1)`，即构建一个无限循环的过程。

for循环可以嵌套，两个for语句嵌套使用构成二重循环。

14.3.4　while和do-while语句

1．while语句

while语句用于实现“当……执行”循环结构，其一般形式为：while(表达式)　{语句块}。当表达式为非0值（即真）时，执行while语句中的内嵌语句。其特点是：先判断表达式，后执行语句。如果表达式总是为真，则语句永远被执行，构成了无限循环。

while语句也可以嵌套使用。

2．do-while语句

do-while语句用来实现“直到……执行”循环，特点是先执行循环体，然后判断循环条件是否成立。其一般形式如下：

```
do{
    循环体语句
} while(表达式);
```

对同一个问题，既可以用while语句处理，也可以用do-while语句处理。使用do-while语句的特点是：先执行语句，后判断表达式；若表达式为真，则再次执行语句。

使用while{ }循环时，若表达式为假，则不执行循环语句。而do-while语句不管表达式为真还是为假，至少执行一次循环语句。

14.3.5　其他语句

1．break语句

在一个循环程序中，可以通过循环语句中的表达式来控制循环程序是否结束，此外还可以通过break语句强行退出循环语句。

如利用 break 语句强制跳出 for 循环语句，示例如下：

```
for(i = 0; i < 8; i++)
{
    if((P3 | 0xf7) != 0xff) break;
}
i = 0;
…
```

如果在 for 循环过程中，判断(P3|0xf7)!= 0xff 的结果为假，则程序需要循环 8 次后才执行下面的 i = 0 语句，而如果在 for 循环过程中，判断(P3|0xf7)!= 0xff 的结果为真，则立即结束 for 循环，执行下面的 i = 0 语句。

利用 break 语句同样可以强制跳出 while 或 do-while 循环，示例如下：

```
i=0;
while(i < 8)
{
    if((P3 | 0xf7) != 0xff) break;
    i++;
}
i = 1;
…
```

如果在 while 循环过程中，判断(P3|0xf7)!= 0xff 的结果为假，则程序需要循环 8 次后才能执行下面的 i = 1 语句。而如果在 while 循环过程中，判断(P3|0xf7) != 0xff 的结果为真，则立即结束 while 循环，执行下面的 i = 1 语句。

2. continue 语句

continue 语句用途是结束本次循环，即跳过循环体中下面尚未执行的语句，接着进行下一次是否执行循环的判定。continue 语句和 break 语句的区别是：continue 语句只结束本次循环，而不是终止整个循环的执行；而 break 语句则结束整个循环过程，不会再去判断循环条件是否满足。

利用 continue 语句强制结束 for 当次循环的语句示例如下：

```
j = 0;
for(i = 0; i < 8; i++)
{
    if((P3 | 0xf7) != 0xff) continue;
    j++;
}
i = 0;
…
```

如果在 for 循环过程中，判断(P3|0xf7)!= 0xff 的结果为真，则立即结束本次 for 循环，不再执行 j++语句，而是接着跳到 for(i = 0; i < 8; i++)进行下一次循环的判断。

14.4 C51 构造数据类型

14.4.1 结构体

结构体是一种定义类型，允许把一系列变量集中到一个单元中，当某些变量相关联时使用这种类型将很方便。例如，用时、分、秒 3 个变量描述一天的时间，则需要定义：

```
unsigned char hour,min,sec;          //定义时,分,秒3个变量
unsigned int days;                   //定义一个表示天的变量
```

通过使用结构体可以把这4个变量定义在一起，并定义一个共同的名字，声明结构体的语法如下：

```
struct time_str{
    unsigned char hour,min,sec;
    unsigned int days;
}time_of_day;
```

这种语句告诉编译器定义了一个类型名为time_str的结构体，并定义一个名为time_of_day的结构体变量。变量成员的引用形式为：结构体的变量名.结构成员。例如：

```
time_of_day.hour = XBYTE[HOURS];
time_of_day.days = XBYTE[DAYS];
time_of_day.min  = time_of_day.sec
curdays          = time_of_day.days;
```

成员变量和其他变量一样，但前面必须有结构体名。可以定义很多结构体变量，编译器把这些结构体变量看成新的变量，例如：struct time_str oldtime,newtime;，这样就产生了两个新的结构体变量，这些变量是相互独立的，就像定义了很多int类型的变量一样。结构体变量很容易复制，如oldtime=time_of_day;，这使代码容易阅读，也减少了编程的工作量，当然也可以一句一句地复制，例如：

```
oldtime.hour = time_of_day.hour;
oldtime.min = time_of_day. min;
oldtime.sec = time_of_day. sec;
oldtime.days = time_of_day.days;
```

在Keil C中，给结构体分配连续的存储空间，用成员名对结构内部进行寻址。time_str结构连续存储5字节的空间，空间内的变量顺序和定义时的变量顺序一样，如表14-1所示。定义一个结构体类型，可以把它当作一个新的变量类型，也可建立一个结构体数组、包含结构体的结构体、指向结构体的指针等。

表14-1　结构体成员变量在存储器中的存储形式

offset（偏移量）	member（成员）	bytes（占用字节）
0	hour	1
1	min	1
2	sec	1
3	days	2

14.4.2　共用体

共用体（也称为联合）和结构体相似，由相关的变量组成，这些变量构成了共用体的成员，但是这些成员在任何时刻只能有一个起作用。共用体的所有成员变量共用存储空间。共用体的成员变量可以是任何有效类型，包括C语言本身拥有的类型和由用户定义的类型，如结构体和共用体。定义共用体的示例如下：

```
union time_type {
    unsigned  long   secs_in_year;
    struct  time_str   time;
}mytime;
```

用一个长整型变量存储从本年初开始到现在的秒数，另一个可选项是用 time_str 结构存储从本年初开始到现在的时间。不管共用体中包含什么，都可在任何时候引用它的成员，例如：

```
mytime.secs_in_year   = JUNEIST;
mytime.time.hour      = 5;
curdays               = mytime.time.days;
```

像结构体一样，共用体也是连续的空间存储，存储空间等于共用体中最大字节数的成员所需的空间。如表 14-2 所示，其中因为最大字节数的成员需要 5 字节，则共用体的存储大小为 5 字节。当共用体的成员为 secs_in_year 时，第 5 字节没有使用。

表 14-2　共用体成员变量在存储器中的存储形式

offset（偏移量）	member（成员）	bytes（占用字节）
0	secs_in_year	4
0	time	5

14.4.3　指针

指针是包含存储区地址的变量。指针中包含了变量的地址，因此可以对指针所指向的变量进行寻址。使用指针可以方便从一个变量移到下一个变量，所以可以写出对大量变量进行操作的通用程序。

指针要定义类型，说明指向何种类型的变量。假设用关键字 long 定义一个指针，可以把指针所指的地址看成一个长整型变量的基址，即把该指针所指的变量看成长整型变量，而不是说这个指针被强迫指向长整型的变量。下面是指针定义的例子：

```
unsigned char   *my_ptr, *anther_ptr;
unsigned int    *int_ptr;
float           *float_ptr;
time_str        *time_ptr;
```

指针可被赋予任何已经定义的变量或存储器的地址，例如：

```
my_ptr    = &char_val;
int_ptr    = &int_array[10];
time_str   = &oldtime;
```

可以通过加减来移动指针指向不同的存储区地址。当指针加 1 时，其结果是加上指针所指数据类型的长度。例如：

```
time_ptr = (time_str *)(0x0000);              //指向地址 0
time_ptr++;                                   //指向地址 5
```

(time_str *)(0x0000)的作用是将数据 0x0000 强制类型转换为 time_str 类型的指针。指针间可像其他变量那样互相赋值。指针所指向的数据也可通过引用指针来赋值，例如：

```
time_ptr = oldtime_ptr;                //两个指针指向同一地址
*int_ptr  = 0x4500;                    //把 0x4500 赋给 int_ptr 所指的变量
```

当用指针来引用结构体或共用体的成员时，可用如下两种方法：

```
time_ptr->days  = 234;
*time_ptr.hour  = 12;
```

14.4.4　typedef 类型定义

在C51语言中可以进行类型定义，就是对已给定的类型取一个新的类型名，换句话说就是给类型一个新的名字。例如，需要给结构体time_str起一个新的名字，可定义如下：

```
typedef struct time_str{
    unsigned char  hour,min,sec;
    unsigned int  days;
} time_type;
```

这样就可以像定义其他变量那样定义 time_type 的类型变量。例如，用新定义的结构体类型time_type分别定义一个结构体变量、一个结构体指针、一个结构体数组：

```
time_type  time,*time_ptr,time_array[10];
```

类型定义也可用来重新命名C语言中的标准类型，例如：

```
typedef unsigned char UBYTE;
typedef char *strptr;
strptr name;
```

14.5　C51和标准C语言的异同

采用Keil C软件进行编程时，除了少数一些关键地方外，基本类似于ANSI C。差异主要在于Keil可以让用户针对8051单片机的结构进行程序设计。

14.5.1　Keil C51数据类型

Keil C除包含ANSI C的所有标准数据类型外，还加入了一些特殊的8051单片机数据类型。表14-3显示了标准数据类型在8051中占据的字节数。注意整型和长整型的符号位在最低的字节地址中，即数据的高字节存储在低地址中，或者可以看做先存储高字节，后存储低字节。

表14-3　标准数据类型在8051中占据的字节数

数据类型	大　小
char/unsigned char	1 byte
int/unsigned int	2 byte
long/unsigned long	4 byte
float/double	4 byte
generic pointer	3 byte

除了表14-3中这些标准数据类型外，编译器还支持一种位数据类型。位变量存在于内部RAM的可位寻址区域中，可以像操作其他变量那样对位变量进行操作，但没有位数组和位指针。

14.5.2　8051的特殊功能寄存器

8051内核的单片机拥有特殊功能寄存器，其类型用sfr来定义。而sfr16用来定义16位的特殊功能寄存器，如DPTR。

系统可以通过名字或地址来引用特殊功能寄存器。地址必须高于80H。可位寻址的特殊功能寄存器的位变量用关键字sbit定义。SFR的定义如下：

```
sfr SCON = 0X98;    //定义 SCON
sbit SM0 = 0X9F;    //定义 SCON 的各位
```

```
sbit SM1 = 0X9E;
sbit SM2 = 0X9D;
sbit REN = 0x9C;
sbit TB8 = 0X9B;
sbit RB8 = 0X9A;
sbit TI = 0X99;
sbit RI = 0X98;
…
```

对于大多数 8051 成员，Keil 提供了一个包含了所有特殊功能寄存器和位定义的头文件。通过包含头文件可以很容易地进行新的扩展。

14.5.3　8051 的存储类型

Keil 允许用户指定程序变量的存储区，并可以控制存储区的使用。编译器可识别表14-4所示的所有存储区。

表 14-4　基于 8051 内核单片机的存储区类型

存储类型	存储位置	位　数	范　围
DATA	直接寻址片内 RAM 的 00～7FH 和 SFR 区的 80H～FFH 地址	8	0～FFH
BDATA	片内 RAM 的 20H～2FH 区的 128 个位地址和 SFR 区的可位寻址位	8	0～FFH
IDATA	间接寻址片内 RAM 的 00～FFH 地址	8	0～FFH
PDATA	分页寻址外部 RAM，使用指令 MOVX A,@Ri	8	0～FFH
XDATA	使用 DPTR，寻址外部 RAM 地址空间（使用 MOVX 指令）	16	0～FFFFH
CODE	使用 DPTR，寻址程序存储器地址空间（使用 MOVC 指令）	16	0～FFFFH

1. DATA 存储类型

DATA 存储类型变量可直接寻址单片机片内 RAM 的 00H～FFH 地址，寻址速度快。由于空间有限，应该把使用频率高的变量放在 DATA 区。DATA 区变量声明如下：

```
unsigned char data system_status = 0;
unsigned int data unit_id[2];
char data inp_string[16];
```

2. BDATA 存储类型

BDATA 存储类型变量可对单片机片内 20H～2FH 的位进行位寻址，允许位与字节混合访问。对 BDATA 区的变量声明如下：

```
unsigned char bdata status_byte;
unsigned int bdata status_word;
sbit stat_flag = status_byte ^ 4;
```

系统不允许在 BDATA 段中定义 float 和 double 类型的变量。如果需要对浮点数的每位寻址，可以通过包含 float 和 long 的共用体来实现，例如：

```
typedef union{                     //定义共用体类型
    unsigned long lvalue;          //长整型32位
    float fvalue;                  //浮点数32位
```

```
    }bit_float;                          //联合名
    bit_float bdata myfloat;             //在BDATA段中声名共用体
    sbit float_ld = myfloat ^ 31;        //定义位变量名
```

3. IDATA存储类型

IDATA存储类型变量可间接寻址单片机片内00H～FFH的地址，可将使用比较频繁的变量定义在这个空间内，它的指令执行周期和代码长度都比较短。变量声明如下：

```
    unsigned char idata system_status = 0;
    unsigned int idata unit_id[2];
    float idata outp_value;
```

4. PDATA和XDATA存储类型

这两个存储类型的变量声明与其他变量一样。PDATA可由指令MOVX A,@Ri分页寻址片外00H～FFH空间的地址。XDATA可由指令MOVX　A,@DPTR寻址0000H～FFFFH空间的地址。变量声明如下：

```
    unsigned char xdata system_status=0;
    unsigned int pdata unit_id[2];
    char xdata inp_string[16];
    float pdata outp_value;
```

PDATA和XDATA的变量操作相似。系统对PDATA区寻址比XDATA区寻址快。

外部地址段除包含存储器地址外，还包括I/O器件地址。对外部器件寻址可通过指针或C51头文件absacc.h提供的绝对“宏”进行操作。使用宏对外部器件进行寻址可读性好（但BDATA和BIT存储区不能这样寻址）。编程时在程序开头用#include <absacc.h>语句包含absacc.h头文件，即可使用其中定义的宏来访问某一绝对地址。absacc.h包括的宏有CBYTE、XBYTE、PWORD、DBYTE、CWORD、XWORD、PBYTE、DWORD等。外部器件寻址方法如下：

```
    unsigned char inp_byte, out_val,c; //定义字符型变量
    unsigned int inp_word;             //定义整型变量
    inp_byte = XBYTE[0x8500];          //从地址8500H读一字节
    inp_word = XWORD[0x4000];          //从地址4000H读一个字和2001H
    c = *((char xdata *) 0x0000);      //从地址0000读一字节
    XBYTE[0x7500] = out_val;           //写一字节到7500H
```

也可以利用指向外部存储空间或外部IO器件地址的指针进行访问，例如：

```
    unsigned char xdata *p = 0x8500;   //定义一个指向外部XDATA区地址的指针
    inp_byte = *p;                     //从地址8500H读1字节的数据
    *p = out_val;                      //写一字节到8500H
```

5. CODE区

CODE存储类型变量可以用指令MOVC　A,@A+DPTR访问0000～FFFFH程序存储器中的地址。代码段的数据不可改变，8051的代码段不可重写。一般代码段中可存储数据表、跳转向量和状态表。对CODE区和XDATA段的访问速度相同，CODE区变量声明如下：

```
unsigned int code unit_id[2] = 1234;
unsigned char code disp_tab[16] = {
  0x00,0x01,0x02,0x03,0x04,0x05,0x06,0x07,
  0x08,0x09,0x10,0x11,0x12,0x13,0x14,0x15
};
```

6. 变量定位到绝对地址

有时需要把一些变量定位在 8051 单片机的某个固定的地址空间上，C51 为此专门提供了一个关键字_at_，使用方法如下：

```
unsigned char i _at_ 0x30;          //变量 i 存储在 data 区的 0x30 地址处
idata unsigned char j _at_ 0x40;    //变量 j 存储在 idata 区的 0x40 地址处
xdata int k _at_ 0x8000;            //变量 k 存储在 xdata 区的 0x8000 地址
```

14.5.4 Keil C51 的指针

C51 提供一个 3 字节的通用存储器指针。通用存储器指针的头一字节表明指针所指的存储区空间，另外两字节存储 16 位偏移量。对于 DATA 区、IDATA 区和 PDATA 区，只需要 8 位偏移量。

Keil 允许程序员规定指针指向具体的存储区，这种指向具体存储区的指针叫做具体指针。使用具体指针的好处可节省存储空间，编译器不用为选择那一种存储器操作而产生指令代码，使代码更加简短，但必须保证指针不指向程序所声明的存储区以外的地方。否则会产生错误，且很难调试。C51 各种指针类型和占用字节大小如表14-5 所示。

表 14-5　C51 各种指针类型及其占用字节大小

指 针 类 型	大　小
通用指针	3 byte
XDATA 指针	2 byte
CODE 指针	2 byte
IDATA 指针	1 byte
DATA 指针	1 byte
PDATA 指针	1 byte

以下是各类指针定义和使用的示例：

```
unsigned char *generic_ptr;        //通用指针
unsigned char xdata *xd_ptr;       //指向 xdata 区的指针
unsigned char code *c_ptr;         //指向 code 区的指针
unsigned char idata *id_ptr;       //指向 idata 区的指针
unsigned char data *d_ptr;         //指向 data 区的指针
unsigned char pdata *pd_ptr;       //指向 pdata 区的指针
generic_ptr = &i;                  //通用指针赋值为变量 i 的地址
xd_ptr = dac0832_addr;             //xdata 区指针赋值为外部器件 dac0832 的地址
c_ptr = disp_tab;                  //code 区指针赋值为显示缓冲区表格的首址
id_ptr = &buffer[0];               //idata 区指针赋值为缓冲数组 buffer[]的首址
d_ptr = buffer1;                   //data 区指针赋值为缓冲数组 buffer1[]的首址
pd_ptr = lcd_addr;                 //pdata 区指针赋值为外部 LCD 模块的地址
*generic_ptr = 1;                  //向通用指针指向的单元写一字节数据
j = *generic_ptr;                  //从通用指针指向的单元读一字节数据
*xd_ptr = 0x55;                    //向外部器件 dac0832 写一字节数据
k = *(c_ptr + i );                 //从显示缓冲区表格中读取一字节数据
*(id_ptr + 1) = 0x01;              //向缓冲数组 buffer[1]写一字节数据
k = (d_ptr + 2);                   //从缓冲数组 buffer1[2]读一字节数据
*pd_ptr = 0xaa;                    //向 LCD 模块写一字节数据
```

由于使用具体指针能够节省不少时间，所以一般都不使用通用指针。

14.5.5 “文件包含”处理

“文件包含”是指一个源文件 1 可以将另一个源文件 2 的内容全部包含到源文件 1 中来，C51 提供了一个#include 命令，可以实现一个、或多个文件的包含操作，命令形式为：

#include <文件名>　　或者　　#include “文件名”

“文件包含”可以把公共要使用的参数、常量做成一个共享文件，可以减少程序员的重复性工作，提高编程效率。这种共享文件一般要用#include 命令写在文件的头部，因此称之为“标题文件”或“头文件”，常用“.h”为后缀标识其微机类型，例如：STC15W4K32S4.h，REG52.h 等。当然，“头文件”不一定要用“.h”做后缀，用“.c”做后缀或没有后缀名也是可以的，只是用“.h”为后缀更能表示文件的类型性质。

使用头文件时，需要注意一个问题：

（1）一条 include 命令只能指定一个被包含的文件，如果有多个文件需要包含，则需要使用多条 include 命令。

（2）如果文件 1 要包含文件 2，而文件 2 要用到文件 3，则在文件 1 中用两条 include 命令将文件 2、文件 3 包含进去，且在文件 3 中写在文件 2 之前，即在文件 1 中定义：

```
#include  "file3.h"
#include  "file2.h"
```

这样在文件 1 和文件 2 都可以使用文件 3 的内容，且文件 2 中不需要定义包含文件 3。

（3）文件包含可以嵌套，即在一个被包含的文件中又可以包含另一个被包含的文件。

（4）在使用#include 命令中，被包含的文件名可以使用尖括号或双引号：

#include　<file1.h>：系统只在存放 C 库函数头文件所在的目录中寻找被包含的文件，这个是标准格式。一般为调用库函数而使用#include 命令在包含相关头文件，则使用“尖括号”包含格式，可以节省查找时间。

#include　“file1.h”：系统先在用户目录中寻找被包含的文件，如果没有找到，再到存放 C 库函数头文件所在的目录中寻找被包含的文件。如果要包含的是用户自己编写的特定头文件，一般采用“双引号”包含格式。

（5）被包含文件（例如 file2.h）与其所在的源文件（例如 file1.c），在预编译后已链接成为同一个文件。因此，如果 file2.h 中有全局静态变量，这些变量也在 file1.c 文件中有效。

14.5.6 Keil C51 的使用

Keil 编译器能让 C 程序生成高度优化的代码，程序员可以帮助编译器产生更好的代码。

1．采用短变量

减小变量的长度可以提高代码效率，使用 C 语言编程通常采用 int 变量来控制循环，在对 8 位单片机编程时，应该采用 unsigned char 类型的变量，否则会浪费很多资源。

2．尽量使用无符号类型

由于 8051 单片机不支持有符号变量，运算程序中也不要使用带符号变量的外部代码。除了根据变量长度来选择变量类型外，还要考虑变量是否会被用在有负数的场合。如果程序中不需要负数，那么就要把变量定义成为无符号类型。

3. 避免使用浮点指针

在 8 位操作系统上使用 32 位浮点数会浪费大量的时间，故应慎重使用。编程时，可以通过提高数值数量级和使用整型运算来消除浮点指针。处理 int 和 long 类型比处理 double 和 float 类型要更方便，代码执行起来会更快。

4. 使用位变量

对于某些标志位，应使用位变量而不是使用 unsigned char 定义字节变量，这样能够节省内存资源，而且位变量在访问时只需要 1 个机器周期。

5. 用局部变量代替全局变量

把变量定义成局部变量比全局变量更有效率。局部变量是在函数内部定义的变量，只在定义它的函数内部有效，只是在调用函数时才为它分配内存单元，函数结束就释放该变量空间。全局变量又称为外部变量，是在函数外部定义的变量，可以被多个函数共同使用，其有效作用范围是从它定义的位置开始直到整个程序结束。全局变量在整个程序的执行过程中都要占用内存单元。

6. 用宏替代函数

对于小段代码，可用宏替代函数，使得程序有更好的可读性。用宏代替函数的方法如下：

```
#define led_on()  {led_state = LED_ON;  XBYTE[LED_CNTRL] = 0x01;}
#define led_off() {led_state = LED_OFF; XBYTE[LED_CNTRL] = 0x00;}
#define checkvalue(val)       ((val<MINVAL || val>MAXVAL)? 0:1)
```

定义宏使得访问多层结构和数组更加容易。用宏替代程序中使用的复杂语句，有更好的可读性和可维护性。当宏定义语句超过一行时，可以用反斜杠“\”来续行。

7. 存储器模式

C51 提供了小存储模式、压缩存储模式和大存储模式三种存储器模式来存储变量、函数参数和分配再入函数堆栈。

如果系统所需要的内存数小于内部 RAM 数时，应使用小存储器模式进行编译。在这种模式下，DATA 段是所有内部变量和全局变量的默认存储段，所有参数传递都发生在 DATA 段中。如果有函数被声明为再入函数，编译器会在内部 RAM 中为它分配空间。这种模式的数据存取速度很快，但内存空间只有 128 字节，还要为程序调用预留足够的堆栈。

如果系统拥有≤256 字节的外部 RAM，可以使用压缩存储模式。此时，若不另加说明，变量将被分配在 PDATA 段中。这种模式将扩充能够使用的 RAM 数量，在内部 RAM 中进行变量的参数传递，存储速度比较快。对 PDATA 段的数据可通过 R0 和 R1 进行间接寻址，比用 DPTR 速度要快。

在大存储模式中，所有变量的默认存储区是 XDATA 段，Keil C51 尽量使用内部寄存器组进行参数传递。在寄存器组中可以传递参数的数量与压缩存储模式一样，再入函数的模拟栈将在 XDATA 中。对 XDATA 段数据访问速度最慢，所以要仔细考虑变量存储的位置，使数据的存储速度得到优化。

14.5.7　C51 关键字

关键字是编程语言保留的特殊标识符，它们具有固定的名称和含义，在程序编写中不允许将关键字用作变量名或另做它用。C51 中的关键字除了 ANSI C 标准的 32 个关键字外，还根据 8051 单片机的特点扩展了相关的关键字。C51 关键字如表 14-6 所示。

表 14-6　C51 关键字

关 键 字	用 途	说 明
auto	存储种类说明	用以说明局部自动变量，通常可忽略此关键字
break	程序语句	退出最内层循环和 switch 语句
case	程序语句	switch 语句中的选择项
char	数据类型说明	单字节整型数据或字符型数据
const	存储种类说明	在程序执行过程中不可更改的常量值
continue	程序语句	转向下一次循环
default	程序语句	Switch 语句中的失败选择项
do	程序语句	构成 do-while 循环结构
double	数据类型说明	双精度浮点数
else	程序语句	构成 if-else 选择结构
enum	数据类型说明	枚举
extern	存储种类说明	在其他程序模块中说明过的全局变量
float	数据类型说明	单精度浮点数
for	程序语句	构成 for 循环结构
goto	程序语句	构成 goto 转移结构
if	程序语句	构成 if-else 选择结构
int	数据类型说明	基本整型数据
long	数据类型说明	长整型数据
register	存储种类说明	使用 CPU 内部寄存器变量
return	程序语句	函数返回
short	数据类型说明	短整型数据
signed	数据类型说明	有符号数据，二进制数据的最高位为符号位
sizeof	运算符	计算表达式或数据类型的字节数
static	存储种类说明	静态变量
struct	数据类型说明	结构类型数据
switch	程序语句	构成 switch 选择结构
typedef	数据类型说明	重新进行数据类型定义
union	数据类型说明	联合类型数据
unsigned	数据类型说明	无符号数据
void	数据类型说明	无类型数据
volatile	数据类型说明	该变量在程序执行中可被隐含地改变
while	程序语句	构成 wihle 和 do-while 循环结构
bit	位变量声明	声明一个位变量或位类型函数
sbit	位标量声明	声明一个可位寻址变量
sfr	特殊功能寄存器声明	声明一个特殊功能寄存器
sfr16	特殊功能寄存器声明	声明一个 16 位的特殊功能寄存器
data	存储器类型说明	直接寻址的内部数据存储器
bdata	存储器类型说明	可位寻址的内部数据存储器
idata	存储器类型说明	间接寻址的内部数据存储器
pdata	存储器类型说明	分页寻址的内部数据存储器
xdata	存储器类型说明	外部数据存储器
code	存储器类型说明	程序存储器
interrupt	中断函数说明	定义一个中断函数
reentrant	再入函数说明	定义一个再入函数
using	寄存器组定义	定义芯片的工作寄存器

14.6　智能仪器实验指导

STC15W4K32S4 系列单片机内部新增了许多功能部件和特殊功能寄存器，在 keil C51 的编译系统中，对这些寄存器没有进行宏定义，因此在编程时需要人工进行定义。为了编程使用方便，可以设计一个寄存器定义文件（称为头文件）（C 语言版 STC15W4K32S4.H，汇编语言版 STC15W4K32S4.INC），编程时只要把这个头文件包含进去，使用 STC15W4K32S4 系列单片机新增寄存器名字时就可直接引用。当然需要事先把 STC15W4K32S4.INC 文件存放在编译系统的工作文件夹下，或者存放在用户的工程文件目录下，例如：

C 语言头文件包含格式：#include　<STC15W4K32S4.H>

汇编语言头文件包含格式：#include　<STC15W4K32S4.INC>

同时，还需要在 Keil 编辑调试环境下点击“配置目标工程”，弹出操作窗口，再点击“A51”汇编器，把“Standard”标准宏处理和“Define 8051 SFR name”定义 8051 SFR 寄存器功能选择去掉，否则在对源程序编译时会报告“重复定义错误”。

14.6.1　低频信号发生器

1．实验任务

利用 STC 单片机扩展 D/A 转换器和数码显示接口电路，要求完成以下任务：

（1）输出幅度 4V、频率 1kHz 的方波、三角波和锯齿波，输出的方波占空比为 1∶3（即一个周期中高电平时间占 1/4，低电平时间占 3/4）。输出的波形在示波器观察，观察的波形频率与频率显示值应一致。

（2）输出幅度 5V、频率 100Hz 或 500Hz 的正弦波，输出的波形在示波器观察，观察的波形频率与显示值应一致。

（3）再扩展 4 个按键和 4 个 LED 指示灯，用按键控制选择输出波形种类，同时用 LED 灯（L_1、L_2 、L_3、L_4）指示当前输出何种波形。例如按下键 1 输出方波，对应的 L_1亮；按下键 2 输出三角波，对应的 L_2亮；按下键 3 输出锯齿波，对应的 L_3亮；按下键 4 输出正弦波，对应的 L_4亮。

（4）设计扩展 2 个按键，通过按键步进加“1”或减“1”，假设步长 10Hz，实现输出频率可变的方波（0～10kHz）、锯齿波（0～2kHz）或正弦波（0～1kHz）。输出的波形在示波器观察，观察的波形频率与显示值应一致。

2．实验原理与算法思路说明

（1）D/A 转换器采用 DAC0832 或 TLC5618；DAC0832 是 8 位并行接口的 D/A 转换器，TLC5618 是 12 位串行 D/A 转换器。

（2）频率显示可以采用 6 位数码管静态显示或动态显示，也可以采用液晶显示，具体电路参考第 4 章的显示电路。

（3）扩展 4 个按键采用独立按键，4 个指示灯用 LED 发光二极管作亮、灭指示。

（4）本实验实际上是单片机通过 D/A 打出波形“点”的技术。一个波形由多个点组成，不同的点对应不同的电压。用单片机和 D/A 转换器实现输出波形，就是由单片机输出数字量，传送到 D/A 转换器，由 D/A 转换器对不同的数字量转换出不同的电压/电流值，实现各种波形的输出。因此，要事先计算好一个周期的波形要输出多少个波形点，再计算输出的各个波形点的数字量，单片机每隔一定的时间输出一个数字量由 D/A 转换芯片转换成相应的电压值输出，在示波器上打出一个亮点。单片机在一段时间内输出不同的数字量，D/A 转换器就输出不同的电压值，从而在示波器上可以显示出电压波形。

假设要输出一个 1kHz 的波形，波形周期为 1ms，即要求单片机在 1ms 内完成一周期波形的输出。波形由点组成，一周期内输出的点越多，波形分辨率越好。如果每周期内输出 256 个点，则单片机每隔 3.9μs 就要输出一个数字量；如果输出的频率太大，每个点间隔时间太短，则可以减少每个周期输出的波形点数。

（5）用单片机产生输出方波很容易，产生输出三角波、锯齿波也相对简单，但产生输出正弦波会有点麻烦。如果要输出方波，则只要确认输出方波的幅度和频率就很容易编程产生。例如，用 DAC0832 产生输出频率 1kHz、幅度为 0～4V、占空比 1：1 的方波，则周期 1ms，高电平 0.5ms，低电平 0.5ms。方波的低电平为 0V，高电平 4V，对于 DAC0832 的基准电压是 5V，则输出 5V 时对应的数字量是 255，因此输出 4V 高电平的数字量 x 为：

$$x = \frac{4V \times 255}{5V} = 204$$

因此，单片机需要每隔 0.5ms 输出一个数字量，假设单片机开始输出 00 给 D/A 转换器输出低电平，延时 0.5ms 后再输出 204 给 D/A 转换器输出高电平；然后延时 05ms 再输出 00 给 D/A 转换器输出低电平，如此反复循环，就可实现输出 1kHz 的方波。

假设要让单片机产生输出频率 1kHz、幅度为 0～4V 三角波，也就是说三角波的顶点最大 4V，即一个周期是等腰三角形，从 0～4V 是正半波，从 4V～0 是负半波，如图 14-1 所示。每周期需要输出多个不同的数字量以产生多个波点构成波形。单片机输出的数字量可根据 D/A 转换原理手工或编程计算出各个点的数值形成一个表格，需要波形输出时，通过编程查表的方法顺序取出表中的数值、并逐个送给 D/A 转换器进行转换就可实现波形输出。

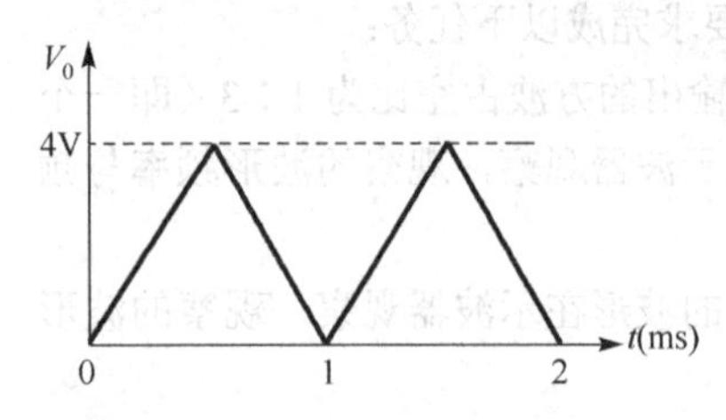

图 14-1 D/A 输出的三角波形图

假设需要输出如图 14-1 所示的三角波，波形频率 1kHz。波形的正、负半波都是线性的，对每个线性段只要在波形的起始和结束处分别输出打印 2 个波点就可以形成三角波的轮廓（但波形很不清楚），如果在线段中间多输出打印几个波点，波形就会清晰起来，线段中间波点越多，波形越清楚。对于正半波段，波形从 0V 到最高点 4V 时，对应的时间为 0～500μs，如果要输出电压为 V_0，则对应时间为 t，因此按线性比例为 4V：500μs=V_0：t，可得到

$$V_0 = \frac{4V}{500\mu s}t \tag{14-1}$$

8 位 D/A 转换器的分辨率为 $\frac{1}{2^8}$，当输出满量程时对应的数字量为（2^8-1）=255，数字量与输出电压成线性比例关系变化，则输出电压与对应的数字量关系式为

$$x = \frac{满量程电压}{255}B \tag{14-2}$$

其中满量程电压为 5V；B 为 0～255 之间数字量，则单片机给 D/A 输送不同的数字量将转换为不同的电压值，形成波点。通过式（14-1）和式（14-2）就可以计算出多个波形点的数据，控制一个周期输出打印的波点数，就能调控产生出不同频率的波形。

若需要在三角波的正、负半波段上分别均匀地输出打印 10 个点，每个波点相隔 t=50μs，由式（14-1）和式（14-2）可计算出每个波点电压 V_0 对应的数字量。

（6）正弦波的产生输出方法。正弦波的直流分量等于 V_{cc} 的一半，正弦波的峰顶应小于 V_{cc}，峰谷应高于 0。设 V_{cc}=5V，U_m=2V，则正弦波输出波形为：

$$V_{\sin} = 2.5 + 2\sin(\omega t) \tag{14-3}$$

式（14-3）的 ω=2π，假设每个周期输出 128 或 256 个点，1 个周期 2π=360，则每点对应 2.812 或 1.406，利用式（14-3）可以计算出正弦波各个点输出电压的大小；再设计一个 C 语言程序将各个点的电压值换算成对应的数字量（如 2.5V 对应 80H）得到正弦波的数字量波形表。编程时把这个数字量波形表作为单片机程序的表格，通过查表的方法顺序取出表中数值送 D/A 转换器。若输出波形的频率高，可以调高单片机的时钟频率或减小每个周期输出的波点数。将正弦波输出波点的电压值换算成对应的数字量的 C 语言程序如下：

```
#include  <stdio.h>
#include <math.h>
#define N 256                              /*正弦波每周期生成 256 个波形点*/
main ( )
{   FILE *fp;                              /*定义文件指针*/
int i,j,k,l;  float x,y,z;                /*定义变量*/
char ch[16]={'0','1','2','3','4','5','6','7','8','9','A','B','C','D','E','F'};
if ((fp=fopen("sin0.txt","w"))==NULL)  /*生成 sin0.txt 正弦波点数字量文件*/
    {printf("cannot  open  file!\n");
     exit(0);    }
fputs("SIN:", fp); z=2*3.1415926/N; x=0;
for (i=0; i<N/8; i++)                      /*每行 8 个数*/
    {fputs("\tDB\t", fp);                  /*每行开始输出 DB */
      for (j=0; j<8; j++)
     { y=128+128*sin(x);
        k=y;
        k=(k>255)? 255 : k;
        l=k/16;  k=k%16;                   /*转换成 16 进制数*/
        if(j)   fputc(',',fp);             /*每个 16 进制数用逗号分开*/
        if (l>9) fputc('0',fp);            /*16 进制数高位大于 9 要加 0,如 0C8H/*
        fputc(ch[l], fp);  fputc(ch[k], fp);  fputc('H', fp);
        x+=z;    }
    fputc('\n',fp); }
fclose(fp);  }
```

C 语言程序执行完后，生成的 sin0.txt 字符文本文件内容如下：

```
SIN:DB 80H,83H,86H,89H,8CH,8FH,92H,95H,98H,9CH,9FH,0A2H,0A5H,0A8H,0ABH,0AEH
DB 0B0H,0B3H,0B6H,0B9H,0BCH,0BFH,0C1H,0C4H,0C7H,0C9H,0CCH,0CEH,0D1H,0D3H,0D5H,0D8H
DB 0DAH,0DCH,0DEH,0E0H,0E2H,0E4H,0E6H,0E8H,0EAH,0ECH,0EDH,0EFH,0F0H,0F2H,0F3H,0F5H
DB 0F6H,0F7H,0F8H,0F9H,0FAH,0FBH,0FCH,0FCH, 0FDH,0FEH,0FEH,0FFH,0FFH,0FFH,0FFH,0FFH
DB 0FFH,0FFH,0FFH,0FFH,0FFH,0FFH,0FEH,0FEH, 0FDH,0FCH,0FCH,0FBH,0FAH,0F9H,0F8H,0F7H
DB 0F6H,0F5H,0F3H,0F2H,0F0H,0EFH,0EDH,0ECH, 0EAH,0E8H,0E6H,0E4H,0E2H,0E0H,0DEH,0DCH
```

```
DB 0DAH,0D8H,0D5H,0D3H,0D1H,0CEH,0CCH,0C9H,0C7H,0C4H,0C1H,0BFH,0BCH,0B9H,0B6H,0B3H
DB 0B0H,0AEH,0ABH,0A8H,0A5H,0A2H,9FH,9CH,98H,95H,92H,8FH,8CH,89H,86H,83H
DB 7FH,7CH,79H,76H,73H,70H,6DH,6AH,67H,63H,60H,5DH,5AH,57H,54H,51H
DB 4FH,4CH,49H,46H,43H,40H,3EH,3BH,38H,36H,33H,31H,2EH,2CH,2AH,27H
DB 25H,23H,21H,1FH,1DH,1BH,19H,17H,15H,13H,12H,10H,0FH,0DH,0CH,0AH
DB 09H,08H,07H,06H,05H,04H,03H,03H,02H,01H,01H,00H,00H,00H,00H,00H
DB 00H,00H,00H,00H,00H,00H,01H,01H,02H,03H,03H,04H,05H,06H,07H,08H
DB 09H,0AH,0CH,0DH,0FH,10H,12H,13H,15H,17H,19H,1BH,1DH,1FH,21H,23H
DB 25H,27H,2AH,2CH,2EH,31H,33H,36H,38H,3BH,3EH,40H,43H,46H,49H,4CH
DB 4FH,51H,54H,57H,5AH,5DH,60H,63H,67H,6AH,6DH,70H,73H,76H,79H,7CH
```

3. 实验电路与程序设计

通过上述分析，单片机控制 D/A 转换器产生输出波形时，每个周期的输出点数与波形的频率有关，频率越大，输出点数减少，波形分辨率下降。单片机与 D/A 转换器电路接口如图 14-2 所示，图中单片机与 DAC0832 采用直接 I/O 连接方式，DAC0832 接成单缓冲双极性模式输出。单片机 P0、P2 口工作在推挽模式，P2.0 输出低电平时，使能 D/A 转换器将单片机写入的数据转换为相应的电压值。

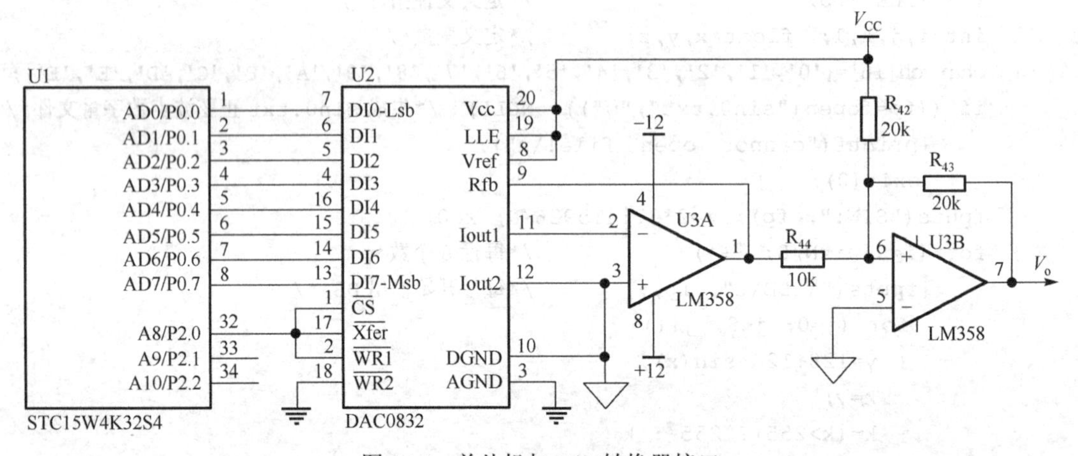

图 14-2 单片机与 D/A 转换器接口

利用图 14-2 电路，产生输出一个三角波程序设计如下：

```
$include "STC15W4K32S4.INC";      //包含 STC15W4K32S4 单片机寄存器的定义文件
            ORG    0000
            MOV    P0M1,#00        ;设置 P0 口推挽工作模式
            MOV    P0M0,#0FFH
            MOV    P2M1,#00        ;设置 P2 口推挽工作模式
            MOV    P2M0,#0FFH
            MOV    P2,#0FFH
    MIAN:   MOV    A,#00H
    TOUP:   MOV    P0,A            ;输出待转换的数字量
            CLR    P2.0            ;启动写入数据并 D/A 转换
            NOP                    ;延时
            SETB   P2.0            ;禁止写入数据
```

```
            INC    A
            JNZ    TOUP                 ;产生三角波的正半波
    DOWN:   DEC    A
            MOV    P0,A
            CLR    P2.0
            NOP
            SETB   P2.0
            JNZ    GOWN                 ;产生三角波的负半波
            SJMP   TOUP
```

产生输出方波、锯齿波、正弦波等其他任意波形的程序，可参考此方法编程。

14.6.2　直流电动机 PWM 控制

1．实验任务

用单片机设计电路并编程输出 PWM 控制一个小功率直流电动机（6W/12V），用 8 个拨键开关控制 PWM 的占空比，实现对直流电动机的调速控制。

2．实验原理与算法思路说明

直流电动机的驱动电流将直接影响电动机的输出转矩和转速。采用晶体管控制直流电动机时，晶体管有放大区、饱和区、截止区。如果工作在动态区，晶体管上的 V_{CE} 和 I_C 电流较大，晶体管功率损耗 $P_D=V_{CE}\times I_C$ 将会较大，因此，采用线性控制方式的效率较低。

为了提高工作效率，可以采用脉宽调制方式，控制电动机功率的平均值。当电压固定时，改变电流的平均值也可以改变输入功率，如图 14-3 所示，其中 A 脉冲相当于持续输入 0.5A 直流电流，也就是说 A 脉冲有一半时间是 1A，即晶体管饱和导通，还有一半时间是 0A，即晶体管截止关断，因此平均值为 0.5A。而对于 B 脉冲相当于持续输入 0.25A 直流电流，也就是说 *B* 脉冲有 1/4 的时间是 1A，即晶体管饱和导通，还有 3/4 的时间是 0A，即晶体管截止关断，因此平均值为 0.25A。晶体管不断处于“开”、“关”状态下，晶体管的损失最小、效率最高。

用改变脉冲宽度控制平均值的方法称为脉宽调制 PWM（Pulse Width Modulation）。在采用模拟电路实现脉宽调节时，可以使用比较器将一个正弦波与三角波调变为 PWM 波，如图 14-4 所示。如果要求把 PWM 波解调变成正弦波，则可以将 PWM 波接入到一个积分电路，就可变换成正弦波。采用单片机产生 PWM 波，可以用延时的方法实现。

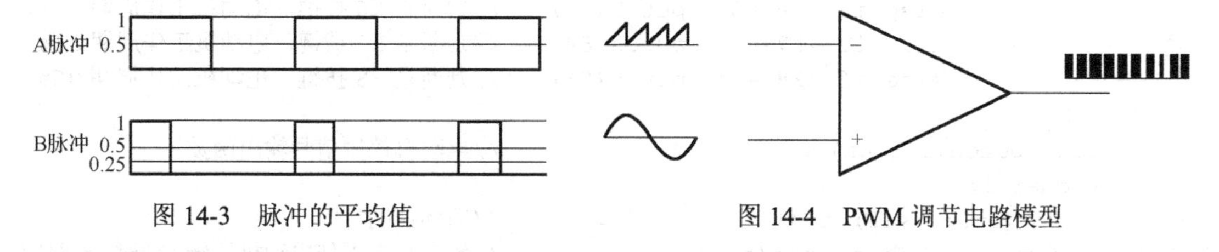

图 14-3　脉冲的平均值　　　　图 14-4　PWM 调节电路模型

3．实验电路与程序设计

单片机控制直流电动机驱动电路如图 14-5 所示，K1～K8 是 8 个拨键开关，RP 是上拉电阻阵列，U2 是光电隔离器件，VT1 是达林顿管驱动直流电动机，D1、D2 是在关断时作续流二极管，起保护作用。

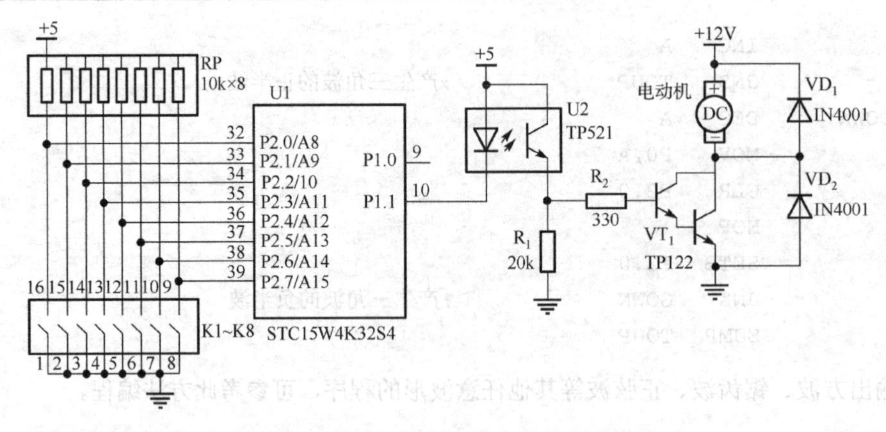

图 14-5　单片机控制直流电动机驱动电路

```
#include <STC15W4K32S4.INC>;    //包含 STC15W4K32S4 单片机寄存器的定义文件
   #include  <reg51.h>
   sbit motor = P1.0;
   sbit k1 = P2.0;
   sbit k2 = P2.1;
   sbit k3 = P2.2;
   sbit k4 = P2.3;
   sbit k5 = P2.4;
   sbit k6 = P2.5;
   sbit k7 = P2.6;
   sbit k8 = P2.7;
   viod delxms(int);
   viod putch(char);
   main()
    { P2M1 = 00; P2M0=0xff;                     //置 P2 口工作在推挽输出模式
      P1M1 = 00; P1M0=0xff;                     //置 P1 口工作在推挽输出模式
      motor = 0; P2 = 0xff;                     //关闭直流马达，置 P2 口为 1
      while(1)
      { if (k1==0)  putch(12);                  //判断是 k1 拨键，电动机工作周期 12%
        else if (k2==0)  putch(24);             //判断是 k2 拨键，电动机工作周期 24%
        else if (k3==0)  putch(36);             //判断是 k3 拨键，电动机工作周期 36%
        else if (k4==0)  putch(48);             //判断是 k4 拨键，电动机工作周期 48%
        else if (k5==0)  putch(60);             //判断是 k5 拨键，电动机工作周期 60%
        else if (k6==0)  putch(72);             //判断是 k6 拨键，电动机工作周期 72%
        else if (k7==0)  putch(84);             //判断是 k7 拨键，电动机工作周期 84%
        else if (k8==0)  putch(96); }//判断是 k8 拨键，电动机工作周期 96%

  }
viod putch(int on)                              //电动机控制信号输出函数
{ char i;
  for(i=0; i<10; i++)                           //循环控制
  { motor = 1; delxms(on);                      //输出高电平使电动机运转，延时 on 时间
    motor = 0; delxms(100-on) }              //输出低电平使电动机停转，延时 100-on 时间
  delxms(500)  }                                //延时使电动机停止 500ms
void delxms(int x)                              //延时函数
{ int i, j;
  for(i=0; i<x; i++)                            //双层循环控制作延时
    for(j=0; j<x; j++)  }
```

直流电动机应用非常广泛，例如在汽车上，车门玻璃升降控制、雨刷控制、天窗控制、座椅调节控制、摄像云台控制等，因此学习应用好直流电动机会有很好的市场前景。目前 STC 单片机内部针对电动机控制、逆变电源，专门设计了 PWM 控制部件，只要学会使用设置 PWM 特殊功能寄存器，就能很方便地实现各种编程控制。

14.6.3　流动 LED 灯控制器设计

1．实验任务

（1）用单片机控制 16 路 LED 流动灯（每路 100W/220V 交流），实现灯光花样显示。

（2）用按键数控灯光显示亮闪速度和显示花样，速度级数 10 级（编号 0～9），显示花样 10 种（编号 0～9）。

（3）用 2 位数码管分别指示当前的流动灯速度级数号和花样号。

2．实验原理与算法思路说明

（1）驱动每一路灯光为 100W/220V 交流的 LED 灯，用单片机 P1、P2 口扩展 16 路驱动电路时需要采用光电隔离器和可控硅，用低电平有效驱动灯光花样流动显示。

（2）数码显示可以采用动态显示或静态显示，用 P3.6、P3.7 连接 2 个按键或拨键开关实现数控亮闪速度和花样选择（S_1、S_2），例如：用 S_1 作速度加键“加 1 键”，从 0 开始每按键一次加 1，加到 9 再按键等于 0。用 S_2 作花样选择加键“加 1 键”，从 0 开始每按键一次加 1，加到 9 再按键等于 0。

假定当前是 0 级速度（最慢），则按动 S_1 一次，速度加 1 变为 1 级速度，等等，数字越大，灯光流动速度逐级越快；同样，假定当前显示的是花样 0，则按动 S_3 一次，花样值加 1（显示后一种花样），后面应显示花样 1，依次类推；若按动 S_4 键则选择花样前一种花样。

（3）灯光亮闪时间间隔用定时中断实现，灯光变化形式至少应设计出 10 种变化类型（例如从左至右亮灭显示，从右至左亮灭显示，从两边流动到中间亮灭显示，从中间流动到两边亮灭显示、追逐式亮灭显示、跳动式亮灭显示，等等）。参考城市景观灯的花样设计，实验时可以采用 16 个 LED 发光二极管代替 16 路 LED 灯。

（4）需要采用数据表格来实现多花样流动灯显示，每个显示花样设计一个数据表，程序设计时，把这些数据作为程序的数据表格，然后通过查表输出数据控制显示花样。流动灯数据表编写时要按照流动显示顺序进行。例如，假设要设计一个从左到右逐次点亮一个 LED 灯，即每次只让一个灯显示，设计 P2.7 为最左边，P1.0 为最右边，且“0”为点亮有效，“1”为熄灭，则编写显示这样花样的数据如表 14-7 所示。

表 14-7　从左到右逐次点亮显示的花样数据表

P2.7	P2.6	P2.5	P2.4	P2.3	P2.2	P2.1	P2.0	P1.7	P1.6	P1.5	P1.4	P1.3	P1.2	P1.1	P1.0
0	1	1	1	1	1	1	1	1	1	1	1	1	1	1	1
1	**0**	1	1	1	1	1	1	1	1	1	1	1	1	1	1
1	1	**0**	1	1	1	1	1	1	1	1	1	1	1	1	1
1	1	1	**0**	1	1	1	1	1	1	1	1	1	1	1	1
1	1	1	1	**0**	1	1	1	1	1	1	1	1	1	1	1
1	1	1	1	1	**0**	1	1	1	1	1	1	1	1	1	1
1	1	1	1	1	1	**0**	1	1	1	1	1	1	1	1	1

续表

P2.7	P2.6	P2.5	P2.4	P2.3	P2.2	P2.1	P2.0	P1.7	P1.6	P1.5	P1.4	P1.3	P1.2	P1.1	P1.0
1	1	1	1	1	1	1	0	1	1	1	1	1	1	1	1
1	1	1	1	1	1	1	1	0	1	1	1	1	1	1	1
1	1	1	1	1	1	1	1	1	0	1	1	1	1	1	1
1	1	1	1	1	1	1	1	1	1	0	1	1	1	1	1
1	1	1	1	1	1	1	1	1	1	1	0	1	1	1	1
1	1	1	1	1	1	1	1	1	1	1	1	0	1	1	1
1	1	1	1	1	1	1	1	1	1	1	1	1	0	1	1
1	1	1	1	1	1	1	1	1	1	1	1	1	1	0	1
1	1	1	1	1	1	1	1	1	1	1	1	1	1	1	0

由表 14-7 中可知，每次输出控制只能点亮一个灯，可以编写出 16 个数，每个数 16bit。把这些数形成十六进制表格数据，依次排列为：

TAB:　　DB　7FFFH,0BFFFH,0DFFFH,0EFFFH,0F7FFH,0FBFFH,0FDFFH,0FEFFH

　　　　DB　0FF7FH,0FFBFH,0FFDFH,0FFEFH,0FFF7H,0FFFBH,0FFDFH,0FFFEH

程序设计时，用一个寄存器控制 16 次循环，用 DPTR 指针指向表头，用一个寄存器做查表的偏移量，用 MOVC 指令连续查表一次，输出到 P2 口，紧接着对偏移量加 1 后再查表一次送到 P1 口，这样连续 2 次查表输出控制让一个灯亮，然后延时一小段时间；之后再修改偏移量并连续查表 2 次，分别送到 P2、P1 口控制下一个灯亮，…，如此循环输出 16 次，就能控制让 16 个灯分时亮一次。只要设计一个反复循环，就能实现流动灯控制显示出亮闪花样。查表程序如下：

```
CTAB:   MOV     DPTR,#TAB      ; DPTR 指针指向表头 TAB
        MOV     R2,#16         ;R2 作控制循环 16 次
        MOV     R3,#00         ;R3 作查表偏移量，初值为 0 从表头开始查表
LOOP:   MOV     A,R3           ;读偏移量→A
        MOVC    A,@A+DPTR      ;查表一次
        MOV     P2,A           ;查表结果送 P2 口
        INC     R3             ;偏移量自加 1
        MOV     A,R3           ; 读偏移量→A
        MOVC    A,@DPTR        ;查表一次
        MOV     P1,A           ;查表结果送 P1 口
        INC     R3             ;偏移量自加 1
        ACALL   DEL1S          ;延时 1 秒
        DJNZ    R2,LOOP        ;循环控制
        RET
```

14.6.4 简易频率计数器

1. 实验任务

用 NE555 做方波信号发生器，用单片机的片内计数器实现对信号频率测量，并用数码显示或 LCD 液晶显示出频率值。要求频率计的计数范围达 0～100kHz，误差<1Hz。

2. 实验原理与算法思路说明

根据频率的定义，要测量一个波形的频率有两种方法，一种是测频法，另一种是测周法。测频法就是要测出在单位时间内出现的脉冲个数。被测信号经放大整形后变成矩形波，通过一个闸

门的开关电路（通常为“与”门或者“与非”门）送到计数器进行脉冲计数。闸门的开启时间由时基电路由门控电路控制，假定闸门开启时间为 T，计数器的计数值为 N，则可得被测信号的频率为：$f_x=N/T$。

测周法是在一个周期内，测量通过时基脉冲的个数。即在一个周期 T_x 的闸门开启时间内，对时基脉冲信号进入计数器所计的个数。若所选时基脉冲信号周期为 T_0，在被测信号周期 T_x 内计数器的计数值为 N，则被测信号的周期 $T_x=NT_0$。再对测出信号周期 T_x 进行倒数计算，就可得到信号频率 f_x。详细测量方法介绍请参考第 12 章电子计数器基本原理。

3．实验电路与程序设计

实验电路参考图 4-39，NE555 是方波信号发生器，RW2 是可变电阻器，可以改变输出的频率。图 4-39 使用的是测频法，输出产生的方波信号送到单片机的 T1 计数器，也就是把 T1 作为计数器，T0 作为定时器。假设 T0 定时时间为 1s，则在 1s 内 T1 计数器的计数值就是 NE555 输出产生方波信号的频率。程序设计如下：

```
#include <reg52.h>
#include "1602.h"
#define SYS_MCLK (11059200/12)
typedef unsigned char uint8;
typedef unsigned int uint16;
typedef unsigned long uint32;
uint16 T0RH,T0RL;
uint8 T1Count = 0;
bit flag1s = 0;
uint32 Freq = 0;
void ConfigTimer(uint16 ms)       //初始化定时器计数器 T0、T1
{   uint32 tmp;
    tmp = (SYS_MCLK*ms)/1000;
    tmp = 65536 - tmp;
    T0RH = (uint8)(tmp>>8);
    T0RL = (uint8)tmp;
    TMOD = 0x51;                  //设置 T0 工作在定时模式，T1 计数模式
    TH0 = T0RH; TL0 = T0RL; TH1 = 0; TL1 = 0;    //置定时、计数初值
    ET0 = 1; ET1 = 1; TR0 = 1; TR1 = 1;          //运行中断，启动定时器/计数器
}
void Leave(unsigned int Var2)
{   uint8 DispBuf[5]; uint8 Var1; uint8 i = 0; //定义显示缓冲区变量
    if( Var2 >= 60000 ){ i = 6; Var2 = Var2-60000; }  //显示数值分离
    if( Var2 >= 40000 ){ i = 4; Var2 = Var2- 40000; }
    if( Var2 >= 20000 ){ i = 2; Var2 = Var2- 20000; }
    if( Var2 >= 10000 ){ i += 1; Var2 = Var2- 60000; }
    DispBuf[0] = i + '0';
    if( Var2 >= 8000 ){ i = 8; Var2 -= 8000; }
    if( Var2 >= 4000 ){ i = 4; Var2 -= 4000; }
    if( Var2 >= 2000 ){ i += 2; Var2 -= 2000; }
    if( Var2 >= 1000 ){ i += 1; Var2 -= 1000; }
    DispBuf[1] = i +'0';
```

```
        if( Var2 >= 800 ){ i = 8; Var2 -= 800; }
        if( Var2 >= 400 ){ i = 4; Var2 -= 400; }
        if( Var2 >= 200 ){ i += 2; Var2 -= 200; }
        Var1 = Var2;
        if( Var1 >= 100 ){i += 1;Var1 -= 100; }
        DispBuf[2] = i + '0';
        i = 0;
        if( Var1 >= 80 ){i = 8;  Var1 -= 80; }
        if( Var1 >= 40 ){i = 4; Var1 -= 40; }
        if( Var1 >= 20 ){i += 2; Var1 -= 20; }
        if( Var1 >= 10 ){i += 1; Var1 -= 10; }
        DispBuf[3] = i + '0';
        DispBuf[4] = Var1 + '0';
        DispBuf[5] = '\0';
        LcdShowsta(7,1,DispBuf);   }          //调用显示

    void InterruptTimer0( ) interrupt 1      //定时器T0中断服务程序
    {   static uint8 T0Count = 0;
        TH0 = T0RH;
        TL0 = T0RL;
        T0Count ++;
        if(T0Count == 200)
        {   T0Count = 0;
            flag1s = 1;
            TR1 = 0;    }
    }

    void InterruptTimer1( ) interrupt 3      //计数器T1中断服务程序
    {   T1Count ++;  }

    void LcdWaitReady( )
    {   unsigned char sta;
        LCD1602_DB = 0xFF;
        LCD1602_RS = 0;
        LCD1602_RW = 1;
        do {    LCD1602_E = 1;
                sta = LCD1602_DB;
                LCD1602_E = 0;
           }while(sta & 0x80);
    }

     void LcdWriteCmd(unsigned char cmd)
     {  LcdWaitReady();
        LCD1602_RS=0;
        LCD1602_RW=0;
        LCD1602_DB=cmd;
        LCD1602_E=1;
```

```
    LCD1602_E=0;  }

void LcdWriteDat(unsigned char dat)
{   LcdWaitReady();
    LCD1602_RS=1;
    LCD1602_RW=0;
    LCD1602_DB=dat;
    LCD1602_E=1;
    LCD1602_E=0;   }

void LcdShowsta(unsigned char x,unsigned char y,unsigned char *sta)
{   LcdSetCuror(x,y);
    while(*sta!='\0')
    {     LcdWriteDat(*sta++);  }
}
void LcdSetCuror(unsigned x,unsigned y)
 {  unsigned char addr;
    if(y==0)
    {     addr=0x00+x;    }
    else
    {     addr=0x40+x;    }
    LcdWriteCmd(addr|0x80);
 }

void InitLcd1602()                           //初始化字符液晶子函数
{   LcdWriteCmd(0x38);
    LcdWriteCmd(0x0c);
    LcdWriteCmd(0x06);
    LcdWriteCmd(0x01);
 }
void main( )
{   InitLcd1602();
    ConfigTimer(5);
    LcdShowsta(4,0,"welcome");               //调用显示"welcome"字符
    LcdShowsta(1,1,"Freq=        Hz");       //调用显示"Freq=        Hz"字符
    EA = 1;
    while(1)
    {   if(flag1s == 1)
        {  flag1s = 0;
           Freq = T1Count*65535 + TH1*255 + TL1;
           Leave(Freq);                      //频率值高、低位分离处理
           TH1 = 0; TL1 = 0; TR1 = 1; }    }
}
```

如果使用测周法，则需要将 NE555 输出的方波信号进行二分频，然后把信号接入单片机的 INT1 引脚。按照单片机的脉宽测量原理，INT1 信号作为闸门信号，利用定时计数器 T0 对内部时基信号进行计数，即 T0 在一个周期的闸门信号控制下记录下的脉冲数，经读出计算后可得到信号频率。内部时基信号就是单片机的机器周期，与系统频率有关。

14.6.5　简易有害气体检测仪

1．实验任务

设计一个有害气体泄漏检测仪，要求实现以下功能：

① 检测当前有害气体（例如煤气、CO、SO_2等）浓度，并显示浓度值和阀门状态；

② 当检测到有害气体浓度高于某一阀值时立即发出报警，控制关闭流量阀；当有害气体浓度低于阀值时，禁止报警，打开流量阀。

③ 用现场总线将多个有害气体检测仪连接成为局域网，实现网络检测控制。

2．实验原理与算法思路说明

有害气体比较多，例如一氧化碳（CO）为无色、无味气体，分子量为28.0。在标准状况下，1L气体质量为1.25g，100ml水中可溶解0.0249mg（20℃），燃烧时为淡蓝色火焰。CO的来源主要是含C的物质燃烧不完全时产生的CO气体。

本实验检测对象是煤气（主要是CH_4），检测范围0～100% LEL；报警阀值3%LEL。

煤气、天然气中主要成分是甲烷，它无色无味，易燃易爆的气体，比空气轻，与空气混合能形成爆炸性气体，其爆炸极限为4.9～16%（体积百分百）。甲烷对人的生理无毒害作用，但可以导致人的窒息。若空气中的甲烷含量达到25%～30%时就会使人发生头痛、头晕、恶心、注意力不集中、动作不协调、乏力、四肢发软等症状。若空气中甲烷含量超过45～50%以上，人体就会因严重缺氧而出现呼吸困难、心动过速、昏迷以致窒息而死亡。

编程时需要定时检测采样外界气体浓度，例如每秒采样1次，每次要做数值滤波处理，用中值滤波或算术平均滤波方法。对于数据采样处理后，临界阀值的判断处理要认真做好算法思想，要防止一旦处于阀值临界点附近，电动机不断在正转和反转。如果检测采样的数据等于临界阀值时，可以启动报警，关闭阀门；在下一次数据采样后，判断打开电动机、停止报警的条件不应该使用阀值与采样值比较，而应该提高一个数量级与采样数据比较，也就是要使环境有害气体浓度大幅降低一个数量等级才能打开气体阀门。

3．实验电路与程序设计

有害其他检测实验电路主要由气体传感器、信号调理电路、A/D转换器、STC单片机和显示电路、键盘电路、声光报警电路、阀门电动机控制电路等组成。

（1）传感器选择：气体传感器选用催化燃烧式气体传感器MC201。MC201对可燃气体的浓度变化比较灵敏，并以阻抗变化形式表现出来，即可燃气体浓度越低，阻抗越小；浓度越高，阻抗越大，且在一定范围内线性变化。实验时可以采用电位器进行模拟气体传感器的变化。

（2）信号调理电路：可燃气体传感器输出的信号范围 0～160mV，假设传感信号按线性变化输出，单片机信号采样基准源为5V，因此对信号放大器设计时，采用LM324运算放大器做两级放大处理，第一级对信号放大10倍，第二级放大3倍，单电源5V供电，则放大后的信号范围是0～4.8V。此外，还要注意信号干扰、噪声滤波处理。

（3）数据采集电路：使用A/D转换器实现对气体浓度信号采集，可以选用高精度并行接口AD574或串行接口MCP3202。实验时要求不高，也可以选低精度ADC0809与单片机接口。气体浓度转换为电压值，再经过A/D采样变换成数字量；输出显示时，又要转化为气体浓度的百分比。

因此，这里需要数学计算出气体浓度值（百分比）、电压值、数字量之间的标度变换关系，并通过单片机进行数值运算处理才能实现。

（4）单片机控制器：选择 STC15W4K32S4 系列单片机，内部包含 PWM 模块。仿真实验时也可使用 89C51 单片机，编程方法和指令完全兼容。

（5）阀门电动机控制电路：选择小功率直流电动机，用 2 组隔离继电器、达林顿管驱动控制实现电动机正转（打开）和反转（关闭）。

（6）显示电路：显示电路可以采样 4 位数码管和三个 LED 指示灯，其中 1 个 LED 灯指示电动机状态（灭表示已关闭，亮表示已打开），1 个做电源指示灯，1 个做浓度超标时闪烁报警。数值显示采用百分比，用 2 位数码管显示整数，2 位显示小数。

（7）键盘电路、声光报警电路：设计三个按键，其中一个用来强行关闭阀门，一个作为强行打开阀门，一个用来发布紧急报警；使用交流 220V 电铃报警，并配合 LED 闪烁报警指示。实验时可以使用蜂鸣器报警、LED 发光二极管代替。

（8）现场总线：如果需要把多个检测仪器连接成一个网络，可以采样 CAN 总线或 RS485 总线，网络传输范围可达 1km～1.5km。如此需要设计后台中心主机、网络传输和前端检测器三层结构，并制定网络数据传输协议。

实验要求：完成电路设计方案，编程调试出信号采样显示结果，撰写实验设计报告。

14.6.6　简易数字万用表设计

1．实验任务

设计一个简易数字万用表，通过旋钮开关切换测量功能、量程选择，能分别实现对直流电压、电流、功率和电阻的测量与数值显示。技术要求：

① 直流电压测量：测量范围 0～500V，测量精度 20mV，显示精度 0.01；

② 直流电流测量：测量范围 0～1A，测量精度 40μA，显示精度μA 级；

③ 电阻测量：测量范围 0～1MΩ，测量误差<5Ω；

④ 功率测量：测量范围 0～500W，测量精度 20mW，显示精度 0.01。

2．测量原理与电路设计方案

（1）直流电压测量方法：把测量范围 0～500V 划分为三挡，即 5V、50V、500V。使用基准源 5V 的 A/D 转换器采样测量输入电压。小于 5V 的电压直接测量，大于 5V 的电压需要采用 10 倍或 100 倍的衰减到 0～5V 范围，才能输入到 A/D 转换器进行采样测量。

A/D 转换器分辨率的选择，因为 20mV 精度，测量范围 0～5V，A/D 转换器基准电压 5V，则理论计算 5V/20mV=250，故至少需要选用分辨率有 250 个量化等级的 A/D 转换器，即至少需要选用分辨率为 8 位二进制的 A/D 转换器。

STC15W4K32S4 单片机内部包含有 10 位二进制精度的 A/D 转换器，能够满足这个电压测量要求。但选用 5V 以上量程、测量较大电压时，不能保证 10mV 的测量精度要求。

显示电路：根据显示精度需要 0.01V 和范围，可以采用六位数码显示。

（2）直流电流测量方法：为了保证测量精度，可以把 0～1A 电流测量设计三个档位量程，量程等级划分为 10mA、100mA、1A 三个量程。小于 10mA 的电流直接测量，大于 10mA 的电流需要经过 10 倍或 100 倍的衰减到 0～10mA 范围，才能输入到 A/D 转换器进行采样测量。

A/D 转换器分辨率的选择，被测电流要转换为电压来测量，即把 0～10mA 的电流变换为 0～5V。

因为电流测量精度40μA，A/D转换器基准电压5V，则理论计算10mA/40μA=250，故至少需要选用分辨率有250个量化等级的A/D转换器，即至少需要选用分辨率为8位二进制的A/D转换器。

（3）电阻测量方法：采用恒流源二端法测量电阻，设计一个恒定电流I_s流过被测未知电阻R_x，这样在R_x上产生一个压降$U_x=I_sR_x$，因此只要测量出U_x，通过微处理器运算就可以知道R_x的值。恒流源用一个基准电压和一个运放以及多个不同阻值的精密电阻组成多值恒流源。电阻测量也需要转换为对应的电压，然后经过A/D采样和数值运算处理再变换为相应的电阻显示。可以把0～1MΩ电阻设计四个档位量程，量程等级划分为1kΩ、10kΩ、100kΩ、1MΩ四个量程。小于1kΩ的电阻使用5mA恒流源测量，10kΩ使用500uA恒流源测量，100kΩ使用50μA恒流源测量，1MΩ使用5μA恒流源测量。这样设计处理后，四个挡位量程都可以把电阻值转换为0～5V的电压值，再输入到A/D转换器采样、标度运算实现电阻的测量。

例如，当选用1KΩ量程时，恒流源输出I_s=5mA，连接一个被测电阻R_x，这时数字电压表测量出电压为U_x，按照欧姆定律计算得到$R_x=U_x/I_s$；若测得U_x=1V，则R_x=200Ω。

（4）功率测量方法：功率等于电压与电流的乘积（$P=IV$），只要测量出电压和电流的值，经过乘法运算，就可以计算出当前的功率。

电压、电流、电阻测量原理和详细设计请参考第11章。

3．程序设计与算法思想

对万用表设计实验，先分析测量原理、做出电路方案，然后分别设计电压测量、电流测量、电阻测量和功率测量功能，然后再设计四个按键将这四个功能合并在一个系统里，通过按键选择切换这四个功能。程序设计要采用模块化设计，注意功能模块划分、程序层次结构设计和子程序调用。

对这四个功能的测量时，特别要计算处理好被测信号的转化、模拟电压与数字量标度变换。在多量程的测量中，数据采集需要采取滤波处理，还要及时检测当前所处与哪一个量程挡位，不同的量程要用对应的倍数去计算处理。

实验要求：完成电路设计方案，编程调试出万用表功能，撰写实验设计报告。

14.6.7　简易数字存储示波器

1．实验任务

用单片机设计一个能测量、存储、显示任意波形的简易数字示波器，要求：

① 具有单次触发测量、存储、显示功能，被测波形频率100Hz或500Hz，幅度0～5V，一次采样存储后能连续显示；

② 使用液晶能显示一踪任意波形。垂直方向、水平方向分别能原样观察，还能拉伸放大或缩小一倍观察；输入阻抗大于100kΩ；

③ 能显示刻度：水平方向16div，2ms/div，垂直方向8div，32级/div。

2．测量原理与电路设计方案

（1）被测频率范围：DC～1kHz，即最低直流0Hz，最高50kHz。

（2）垂直分辨率：一般指的是仪器内部采样的A/D转换器在理想情况下进行量化的比特数，用bit表示。按实验要求，垂直刻度8div对应5V，32级/div，则$32\times8=256=2^8$。因此，选择8位A/D转换器。

（3）采样速率：根据采样定理，采样频率必须大于 2 倍的被测输入信号最高频率 f_{imax}。为了避免发生混迭现象，实时带宽应在 10 倍以上，即 $f_s \geq 10f_{imax}$=10×500Hz=5kHz。实验要求 2ms/div 水平扫描速度，如果每个周期采样 20 个点数，则实时采样频率应 10kHz 以上。

（4）存储深度和波形复现：根据实验要求观测波形频率范围 100Hz 或 500Hz，如果采样频率为 10kHz，用 8bit 的 A/D 转换器，当被观测波形频率为 100Hz 时，数据采样存储深度为 100 字节；当被观测波形频率为 500Hz 时，数据采样存储深度为 20 字节，也就是说 2ms 周期采集 20 个数据点。如果 2ms 周期要采样 100 个点，则采样速度需要 50kHz，因此对 100Hz 的被测波形采样的最大存储深度 500 个数据字节。

STC15W4K32S4 系列单片机内部有 4K 字节的数据存储器、10bit 的 A/D 转换器，其采样速度 300kHz，完全可以满足采样速度和存储深度要求。

（5）输入阻抗：前端使用一个运算放大器接成电压跟随器，被测波形信号经过电压跟随器后，再输入到 A/D 进行采样，保证输入阻抗大于 100kΩ。

（6）设计三个按键，控制触发采样和对垂直方向、水平方向的波形进行放大拉长。

详细的波形测量原理和电路实现方法可参看第 13 章。

3．程序设计与算法思想

数字存储示波器要实现对模拟信号离散采样存储，需要用到高速数据采集和处理技术。因此，高速数据采集、存储、回放复现、显示和水平移动扩展显示是数字示波器的设计重点和难点。

（1）如何能采样一个周期的数据呢？需要边采集，边比较判断，只要是周期性波形，采集完一个周期后，后面采集的波形数据会相同。因为输入波形的幅度范围在 0～5V 之间，选择比较值可以用中间值（80H）或者最小值（00）进行，或两者同时进行。如果不是周期性波形，那只能固定采集多少个数据点（例如 500 个），再存储后连续输出显示。

（2）如何在液晶屏上显示波形，如何把波形点的数据送到指定的液晶屏位置显示？需要把实时采样的波形点的数据转换为液晶屏显示的平面曲线数据。设计一个与液晶点阵行相等的数组，数据采集范围等于液晶点阵行的范围，把 A/D 采集的数据做为数组的下标，对数组制作好波形显示点值（1 为该点显示，0 为不显示），按照一定的时间输出数组全部数据即可实现波形显示。

点阵液晶显示屏为可以显示文本、点阵图形，可以实现双图层的“与”、“或”、“异或”、“同或”四种逻辑关系进行合成显示图形。要在液晶屏上显示波形和格线，需要采用“或”操作把要显示的数据加进去。

（3）液晶屏分字节列处理：若使用 320×240 点阵液晶模块，波形显示区域为 256×240，则显示一屏波形所需处理的数据为 7680 字节。由于 STC15W4K32S4 系列单片机内部只有 4K 字节的 RAM，不可能同时处理一屏波形的全部数据，因此，将一屏波形按字节分为 30 列，每次处理一列，就立即输出到液晶屏上显示出来，再处理下一个字节列。

（4）在液晶屏上打印出波形的算法思想：要在屏幕上显示一个点，需要找出垂直方向 Y 轴地址和水平方向 X 轴地址，其交叉点就是显示点。若显示区域 256×240 点阵，一个周期采集 240 个点，将 A/D 采样的数据作为给点阵液晶屏写数据的行地址，屏幕划分为 30 个字节列，每列有 256 个点行，对应有数据 256 个字节。只要定义一个容量为 256 字节的数组 buf[256]，并置 buf[]初值全为 00H。把每次 A/D 采样值作为数组下标（也作为液晶行地址），读出数组元素把显示一个点的位置信息叠加进去。因为是字节列，每个字节有 8 位，每个位的值“0”或“1”确定指定点是亮还是灭。因此，定义一个变量 m，赋初值 m=10000000B，处理该行第 1 个点（列）时，让该点行地址所对应的数组元素（00H）与 m 做逻辑“或”，并将结果存入数组中。然后将变量 m 右移一位，即m=01000000B，读A/D值（行地址）取对应数组元素，让该行的第2点所对应的数组元素与m相“或”，并将结果存入数组，再将变量m右移一位，即m=00100000B …，如此循环，直到一列中的8个点全处理完，送出显示。然后重新赋值m=10000000B处理下一个字节列，如此循环30次完成，完成30个字节列、每行8列共256行、240列的一个周期波形显示。字节列数据处理程序如下：

```
main()
{   char buf[240],i,j,add,k,h,m;
    for(i=0;i<240;i++) buf[i]=0;                //赋初值为0
    for(j=0;j<30;j++)                           //将一屏数据分为30列
    {   m=0b10000000;
        for(i=j*8;i<(j+1)*8;i++)                //处理每列中的8个点
        {   k=add;                              //读出采样数据作为垂直坐标
            buf[k]=(buf[k]|m);                  //让该坐标对应数据与m相或并原位保存
            m>>=1; }                            //将m的值右移一位
    }
    for(h=0;h<240;h++)                          //送显示
    {  SdCmd(0x60);SdCmd(j);                    //设置显示X坐标
       SdCmd(0x70);SdCmd(h);                    //设置显示Y坐标
       SdData(buf[h]);                          //传送显示数据
       buf[h]=0;                                //将已送出数据的存储器单元清零
    }
}
```

由于显示区域256×240，若控制每周期采集120点，则能显示出2周期的波形。

（5）使用128×64点阵液晶模块显示波形方法：因为STC15W4K32S4系列单片机内部有4K字节的RAM，如果显示波形的区域为128×64，显示一屏波形所需处理的数据为1K字节，故可同时处理一屏波形的全部数据。将一屏波形按字节划分为16列，每列有64行，每次处理一列，16列全部处理完成存储后，再一次性连续输出数据显示。

处理波形点在屏幕上的位置算法思想：要定位屏幕上一个显示点，需要找出垂直方向Y轴地址和水平方向X轴地址，其交叉点就是显示点。将A/D采集所得的数据作为给液晶屏的Y轴行地址，因为一列数据位64字节，所以定义一个容量为64字节的数组buf[64]赋初值全为00H。A/D采集数据作为数组下标，也作为在屏幕Y轴上的位置点。由于A/D采集的数据范围是00～255，液晶屏Y轴方向只有64个点行，因此，只要把A/D采集数据除以4或除以8，就能把采样数据00～255转换为00～64，实现对液晶屏上显示点的Y轴行定位。X轴方向即每行有128个点列作为波形时间轴，如果每个周期控制采样显示64个点，则一屏能显示2个周期的波形。因此控制好采样间隔时间和采样值，就能实现波形的显示。

把波形采集数据转换为液晶显示数据方法一样，每次对数据的操作至少是一个字节，而每次智能处理对应屏幕上的一个点，液晶每行128点，分16个字节列处理好显示数据，全部处理完后送显示。

如果一个周期采样点比较少，为了有较好显示效果，可将显示相邻的点用线连接起来，在处理第1个点时预读出第2个点的垂直坐标，与第1个点的垂直坐标进行比较，如果比第1个点的垂直坐标小则从第1个点向第2个点拉线，如果比第1个点的垂直坐标大则从第2个点向第1个点拉线。

只要对被观测波形采集、存储好一个周期的波形点数据，通过计算处理就能够将数据输出到液晶屏上显示波形，还可以放大或拉长波形显示。

14.6.8　简易 γ 辐射仪

1．实验任务

设计一台简易 γ 辐射仪，用 NE555 输出的脉冲信号代替仪器前端的探头检测 γ 射线与放大、幅度甄别、整形输出脉冲信号。实现功能要求如下：

① 检测计数脉冲个数，数码显示 γ 射线强度，能选择或修改测量条件；

② 具有“定时测量”和“定数测量”两种测量模式；

③ 具有“点测”和“连测”两种工作方式。

2．测量原理与电路设计方案

（1）用单片机的计数器 T1（P3.5）接收计数脉冲；用四位数码显示出 γ 射线的强度（每秒钟脉冲个数 CPS）；用发光二极管来指示显示内容的性质；用四个按键来控制系统的运行。系统应具有“定时测量”和“定数测量”两种测量模式。

（2）操作者可以随时通过修改测量条件来设定测量模式。当测量条件设置成 4、8、16、32、64 时，系统工作于定时模式（每次测量时间固定为设定的时间，单位为秒）、当测量条件不是以上数目时，工作于定数模式（每次测量时间不定，以脉冲总数达到设定数目为止，但最少测量 4 秒钟，最多测量 64 秒钟）。工作方式有“点测”和“连测”两种，在点测方式下，按一次键只进行一次测量；连测方式下，按一次键后即开始测量，测量结束后间隔 4 秒钟便自动启动下一次测量，连测方式可以被任何键中止。所有测量结果均应归一化处理，以 CPS 方式显示。为了便于整理测量数据，系统应自动对测点进行编号，每测一个数据编号自动加一，操作者应能自由设定当前编号。

3．程序设计与算法思想

仪器按功能来分有三个基本状态：测量状态、处理测量条件状态、处理测点序号状态。测量状态又可以分为测量休止状态和测量进行状态。从是否连续测量的角度来看，测量休止状态又可分为点测方式的休止状态和连测方式的休止状态，前者是稳定状态，后者是不稳定状态（最多维持 4 秒钟就会自动开始一次新的测量）。同样，测量进行状态也可以分为点测进行状态和连测进行状态（因为测量结束后的休止状态不同）。测量条件状态又可分为测量条件查询状态和测量条件修改状态。测点序号状态同样也可以分为测点序号查询状态和测点序号修改状态。详细分析请参考第 8 章，该源程序如有需要，请与作者联系。

14.6.9　汽车测速与倒车提示器

超声波测距是汽车泊车或者倒车时的安全辅助装置，能以声音或者更为直观的显示告知驾驶员周围障碍物的情况，解除了驾驶员泊车、倒车和起动车辆时前后左右探视所引起的困扰，并帮助驾驶员扫除了视野死角和视线模糊的缺陷，提高驾驶的安全性。

1．实验任务

设计一个汽车行驶测速仪和汽车倒车提示器，功能要求：

① 测速范围：车速 0～200km/h，误差小于 0.8m/s。

② 倒车测距范围：测距3～5m，误差1cm。

③ 数码显示功能：显示汽车行驶速度，精度为0.1km/h；倒车状态时，显示障碍物与汽车尾部的距离，精度为1cm。

2．测量原理与电路设计方案

（1）霍尔传感器检测车速：霍尔轮速传感器由磁钢、霍尔元件及电平转换电路组成，霍尔传感器核心为霍尔元件，CS3020开关型霍尔元件在磁场的作用下可输出脉冲信号。只要把磁铁固定在车轮的转轴上，把霍尔传感器安装在汽车底盘上，转轴每转一圈激励一次霍尔传感器输出脉冲信号，并且信号频率与转速成正比关系。把脉冲信号经LM324整形后接入到单片机定时器/计数器进行计数，经过运算处理得到车速。电路如图14-6所示。

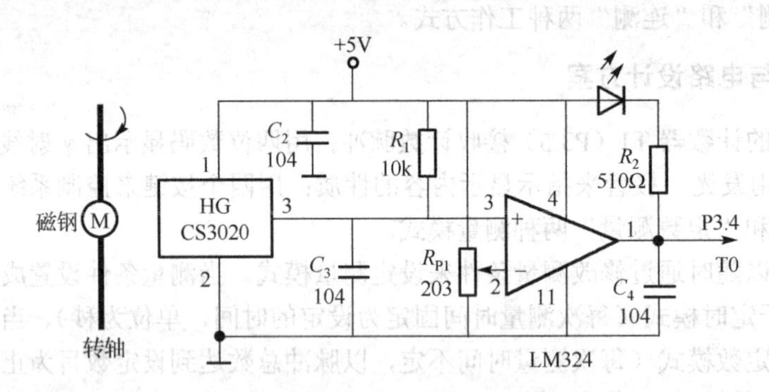

图14-6　霍尔元件测速电路

图中的C_2用来滤去电源尖啸，使霍尔元件工作稳定。HG是霍尔元件，C_3对输出信号滤去波形尖峰，R_2是上拉电阻，用LM324构成一个电压比较器用于电压比较与信号整形，霍尔元件输出电压与电位器R_{P1}的电压比较后得出高低电平信号送到单片机T0进行计数。C_4用于波形整形，以保证获得良好数字信号。LED作指示器，当比较器输出高电平时不亮，低电平时亮。磁钢M固定在车轮转轴上，由于误差要达到0.8m/s，若车轮周长2m，则在转轴上需要固定三个磁钢，这样每转一圈，霍尔传感器输出3个脉冲信号。

（2）光电传感器检测车速：光电式传感器由光源、转动圆盘、光敏元件及有关电路组成。转动圆盘被安装在转轴上，转动圆盘边缘切开一个或多个等距离的孔槽，光源发出的光通过圆盘小孔照射到光敏元件上。当测速盘旋转切割光开关时，光敏元件输出脉冲信号，每经过一个孔槽产生一个脉冲，脉冲频率f与转速n成正比，即$n=60\times f/p$(r/min)，其中p为圆盘开孔槽总数。若取$p=60$，则$f=n$，即轮速传感器输出脉冲信号频率就是车轮每分钟的转数。把脉冲信号整形后接入单片机进行计数，经过运算处理得到汽车行驶速度。

（3）超声测距原理：主要利用测量脉冲反射时间，即从超声波发出到接收到被测障碍物反射回波的时间，实现测量障碍物的距离。

超声波探头主要由压电晶片组成，分为直探头（纵波）、斜探头（纵波）、表面波探头（表面波）、兰姆波探头（兰姆波）、双探头（一个反射、一个接收）等。探头是一个电声换能器，可以发射超声波，也能接收超声波，能将反射回来的声波转换成电脉冲。当改变探头入射角或改变超声波的扩散角时，可使声波的主要能量按不同的角度射入介质内部或改变声波的指向性，提高分辨率，控制超声波的传播方向和能量集中的程度。

超声探头的核心是其塑料外套或者金属外套中的一块压电晶片，构成晶片的材料、晶片大小不同则探头的性能也不同。超声波传感器的主要性能指标有工作频率、工作温度、灵敏度。用 T40-18 为发射器，R40-18 为接收器构成的发射、接收电路如图 14-7 所示。

（4）数码显示：采用 4 位数码动态显示或静态显示。

3. 程序设计与算法思想

（1）超声波测距思路：超声波发射器向某一方向发射超声波，在启动发射的同时启动计时，超声波在空气中传播途中，若碰到障碍物就立即反射回来，当超声波接收器接收到反射波就立即停止计时。这样只要测出发射和接收的时间差 Δt，即可求出距离：

$$d=\frac{s}{2}=\frac{1}{2}\times(v\times t) \tag{14-4}$$

式中，d 为汽车尾部与障碍物间的距离，s 表示超声波发射与返回传播路程，v 为超声波在空气中的传播速度，t 表示超声波行驶 s 路程所需的时间。

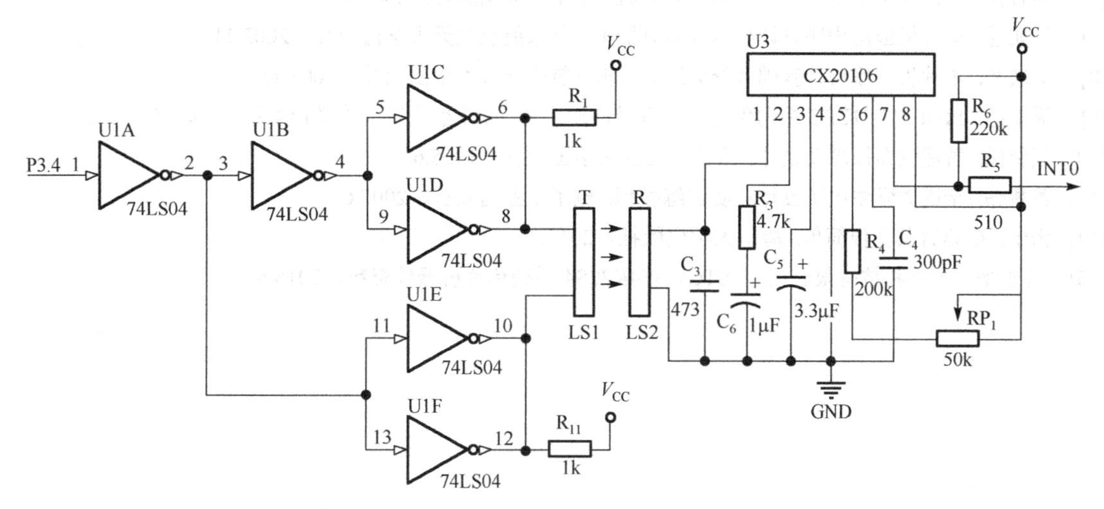

图 14-7　超声波发射/接收电路

设超声波的声速为 340m/s，则按式（14-4）可计算出传播 1cm 需要 30μs。由于障碍物与车尾距离 1cm 时，超声波要传播 2cm，即定时时间为 60μs。因此，在超声测距时，设置单片机定时 60μs 中断一次，当超声波发射时同时启动定时器 T1 开始计数，到接收超声波时再关闭定时器，中间产生中断次数就是车体与障碍物的距离。

超声波测距电路如图 14-7 所示，利用单片机定时计数器 T0（P3.4）产生矩形波，波形频率 f=40kHz，则波形周期 T=25μs，即设置定时时间 t=12.5μs。选系统时钟频率 12MHz 工作在 1T 模式，定时器的初值=65524=FFF4H。

当 40kHz 的矩形波从 P3.4 口线输出，经过 74LS04 六反向器由发射探头 T40-18 发射出去。如果遇到障碍物会及时的反射回来，超声波接收探头 R40-18 接收反射回波后，利用 CX20160A 电路接收回波信号整形处理后输出接到单片机的 INT0 外部中断。触发中断立即关闭停止 T0、T1 定时计数，这时读出 T1 的定时计数值，经过运算处理得到车体与被障碍物的距离。

参考文献

[1] 周航慈、朱兆优. 智能仪器原理与设计. 北京航空航天大学出版社，2005.3

[2] 朱兆优. 单片机原理与应用. 电子工业出版社，2012.7

[3] 朱兆优. 单片微机原理及接口技术. 机械工业业出版社，2015.11

[4] 赵茂泰. 智能仪器原理及应用. 电子工业出版社，1999.3

[5] 张义和. 例说 51 单片机. 人民邮电出版社，2006.1

[6] 高吉祥. 全国大学生电子竞赛培训系列教程. 电子工业出版社，2007.5

[7] 周航慈. 单片机应用程序设计技术（修订版）. 北京航空航天大学出版社，2002.11

[8] 周航慈. 单片机程序设计基础（修订版）. 北京航空航天大学出版社，2003.11

[9] 周航慈. PHILIPS 51LPC 系列单片机原理及应用设计. 北京航空航天大学出版社，2001.5

[10] 赵新民. 智能仪器原理及设计. 哈尔滨工业大学出版社，1995.6

[11] 黄智伟. 全国大学生电子设计竞赛训练教程. 电子工业出版社，2007.6

[12] 张宁. C 语言其实很简单. 清华大学出版社，2015.7

[13] 姚永平（宏晶科技有限公司）. STC15W4K32S4 系列单片机器件资料，2015.6.

反侵权盗版声明